Numerik
der Optimierung

Von Prof. Dr. rer. nat. Christian Großmann
Universität Kuwait

und Prof. Dr. rer. nat. Johannes Terno
Technische Universität Dresden

2., durchgesehene Auflage

B. G. Teubner Stuttgart 1997

Prof. Dr. rer. nat. Christian Großmann

Geboren 1946 in Ottendorf-Okrilla. Von 1965 bis 1972 Studium der Mathematik, 1971 Diplom und 1973 Promotion an der TH Ilmenau. 1972 wiss. Assistent an der TU Dresden, 1975/76 Studienaufenthalt an der Akademie der Wissenschaften, Nowosibirsk. 1979 Habilitation, 1980 Dozent und 1983 o. Professor TU Dresden. 1986/87 sowie seit 1992 Gastprofessor Universität Kuwait.

Prof. Dr. rer. nat. Johannes Terno

Geboren 1938 in Rampitz, Krs. Weststernberg. Von 1956 bis 1961 Studium der Mathematik, 1961 Diplom, 1966 Promotion, 1977 Habilitation TU Dresden. 1961 wiss. Assistent an der TU Dresden, 1988 ao. Dozent, 1990 Professor TU Dresden.

Die Deutsche Bibliothek – CIP-Einheitsaufnahme

Großmann, Christian:
Numerik der Optimierung / von Christian Großmann und Johannes Terno. – 2., durchges. Aufl. – Stuttgart : Teubner, 1997
   (Teubner-Studienbücher : Mathematik)
ISBN-13: 978-3-519-12090-2   e-ISBN-13: 978-3-322-80135-7
DOI: 10.1007/ 978-3-322-80135-7

Gesamtherstellung: Druckhaus Beltz, Hemsbach/Bergstraße

Vorwort

Diesem Buch liegen verschiedene Grund- und Spezialvorlesungen zur Theorie und Numerik der Optimierung, welche die Autoren in den zurückliegenden Jahren an der Technischen Universität Dresden vorrangig für Studenten der Mathematik gehalten haben, zugrunde. Ebenso sind Erfahrungen aus Gastlehrtätigkeiten an anderen Universitäten, insbesondere an der Universität Kuwait, eingeflossen.

Das vorliegende Manuskript entstand aus dem Bedürfnis heraus, den Studierenden, aber auch mathematisch interessierten Naturwissenschaftlern und Ingenieuren ein Lehrbuch zur Verfügung zu stellen, in dem gemeinsam *wesentliche* Grundprinzipien für *unterschiedliche* Klassen von Optimierungsaufgaben behandelt werden. Dabei umfaßt das Spektrum der einbezogenen Probleme optimierungstheoretische Fragen, wie Existenz und Charakterisierung von Optima, Hauptlinien der algorithmischen Behandlung stetiger und diskreter Optimierungsprobleme bis hin zu speziellen Fragen, wie z.b. Dekompositionstechniken zur Berücksichtigung problemspezifischer Strukturen.

Das Buch widmet sich schwerpunktmäßig endlichdimensionalen stetigen und diskreten Optimierungsproblemen, zeigt aber auch Verallgemeinerungen zu Aufgaben in Funktionenräumen auf. Dabei wird im Unterschied zu existierenden Lehrbüchern, bei denen endlichdimensionale Probleme als Spezialfall abstrakter Aufgaben mit skizziert werden, hier exemplarisch eine Sicht von den endlichdimensionalen Problemen ausgehend auf die abstrakten Aufgaben angestrebt. Insbesondere sollen damit auch Verbindungen der Numerik der Optimierung zu anderen mathematischen Spezialgebieten, wie z.b. zur Methode der Finiten Elemente und zur Diskretisierung von Variationsungleichungen aufgezeigt werden.

Die Optimierung hat sich in den zurückliegenden 30 Jahren zu einer breitgefächerten mathematischen Disziplin mit vielfältigen Verbindungen zu anderen Wissensgebieten entwickelt. Ein Anliegen des Buches besteht daher in einer möglichst breiten Reflexion dieser Entwicklung, wobei jedoch aus Platzgründen auf einige wichtige Gebiete, wie z.b. die parametrische Optimierung, die Kontrolltheorie, die Vektoroptimierung und die Spieltheorie nicht eingegangen wird. Wir konzentrieren uns auf Algorithmen und deren theoretische Fundierung, wobei ausschließlich deterministische Modelle zugrunde gelegt werden.

Wegen der thematischen Breite wird eine weitgehend selbständige Darstellung in den einzelnen Kapiteln angestrebt. Diese ermöglicht dem Leser einen unabhängigen direkten Zugang zu den interessierenden Themenkomplexen und damit z.B. auch eine Nutzung in unterschiedlichen Etappen des Studiums. Insbesondere wird in Kapitel 4 die lineare Optimierung als breit genutzte Grundlage etwas ausführlicher dargestellt. Das Buch ist zwar als eine Einführung in die Numerik der Optimierung gedacht, soll den Leser aber auch an aktuelle Entwicklungen in der Forschung heranführen. Dabei wird weniger der umfassende Überblick angestrebt, sondern durch die Herausarbeitung einfacher Prinzipien soll der Leser in die Lage versetzt werden, neuartige Entwicklungen eigenständig aufarbeiten zu können. Dazu dienen auch zahlreiche Hinweise auf weiterführende Literatur in dem ausführlich gehaltenen Literaturverzeichnis.

Die Autoren konnten bei der Gestaltung der dem Buch zugrunde liegenden Vorlesungen in dankenswerter Weise die Erfahrungen anderer Kollegen des Institutes für Numerische Mathematik der Technischen Universität Dresden, insbesondere von den Herren H. Kleinmichel und J. W. Schmidt, mit einbeziehen. Ihnen sowie allen Mitarbeitern des Institutes sind die Autoren für interessante Diskussionen und eine Reihe von Hinweisen und Verbesserungsvorschlägen zu Dank verpflichtet, und hier vor allem Dr. S. Dietze, Dr. B. Mulansky, Dr. P. Scheffler, Dr. G. Scheithauer und Dr. K. Vetters. Für Hinweise zu einzelnen Kapiteln danken wir ferner den Kollegen A. A. Kaplan (Nowosibirsk/Güstrow) und R. Reinhardt (Ilmenau).

Gedankt sei ebenso Frau G. Terno, die uns in bewährter Weise beim Schreiben und bei der Endgestaltung des TEX-Manuskriptes unterstützte, Herrn Stud.-Math. B. Baumbach für die Gestaltung der meisten Abbildungen und Dr. M. Al-Zanaidi (Al-Kuwait) für seine Hilfe bei der Realisierung des vorliegenden Buches.

Die Autoren wurden in anerkennenswerter Weise von dem Fachbereich Mathematik der TU Dresden und dem Department of Mathematics der Kuwait University unterstützt.

Unser Dank gilt Herrn Dr. Spuhler vom Teubner-Verlag für die stets aufgeschlossene und freundliche Zusammenarbeit.

Dresden, Juni 1993

Vorwort zur 2. Auflage

Die zweite Auflage des vorliegenden Buches stellt weitgehend eine Übernahme der ersten Auflage dar, wobei uns bisher bekanntgewordene Druckfehler und Ungenauigkeiten behoben wurden. Unser Dank gilt allen Kollegen, die auf das Buch zurückgegriffen und uns entsprechende Hinweise gegeben haben. Ausgehend von der inzwischen erfolgten Weiterentwicklung der Innere-Punkt-Methoden wurde das Kapitel 8 vollständig neu gestaltet. Entsprechend sind die Literaturangaben in diesem Gebiet aktualisiert, während insgesamt nur ausgewählt eine Ergänzung von Literaturstellen erfolgte.

Dresden, Juli 1997

Notation

Sätze, Lemmata usw. werden fortlaufend mit Angabe des jeweiligen Kapitels numeriert (z.B. Satz 3.12). Bei Formelnummern verzichten wir auf die Angabe des Kapitels. Dieses wird lediglich bei Verweisen über das aktuelle Kapitel hinaus ergänzt.

Häufig auftretende Bezeichnungen

$I\!N$	natürliche Zahlen
$Z\!\!\!Z$	ganze Zahlen
$I\!R$	reelle Zahlen
$\overline{I\!R}$	$= I\!R \cup \{-\infty\} \cup \{+\infty\}$
$\tilde{I\!R}$	$= I\!R \cup \{+\infty\}$
I	Identität
$O(\cdot),\ o(\cdot)$	Landau-Symbole
V^*	zu einem Hilbert-Raum V gehöriger Dualraum
V_h	endlichdimensionaler Finite-Elemente-Raum
$\|\cdot\|$	Norm
$(\cdot,\cdot)$	Skalarprodukt in einem Hilbert-Raum
$f(v)$ oder $\langle f,v\rangle$	Wert des Funktionals $f \in V^*$ bei Anwendung auf $v \in V$
$\|f\|_*$	Norm des linearen Funktionals f in V^*
$a(\cdot,\cdot)$	Bilinearform
$J(\cdot)$	Funktional
$\rightarrow\quad\rightharpoonup$	starke bzw. schwache Konvergenz
$\oplus$	direkte Summe
$\mathcal{L}(U,V)$	Raum der stetigen linearen Abbildungen von U in V
$C^l(\Omega)$	Räume differenzierbarer Funktionen
$L_p(\Omega)$	Räume zur p-ten Potenz integrabler Funktionen $(1 \le p \le \infty)$
$H^l(\Omega),\ H_0^l(\Omega)$	Sobolev-Räume
∇ oder grad	Gradient
div	Divergenz

$\triangle$	Laplace-Operator
$\nabla^2 f$	Hesse-Matrix einer Funktion f
$\det(A)$	Determinante der Matrix A
$\operatorname{cond}(A)$	Kondition der Matrix A
$\rho(A)$	Spektralradius der Matrix A
$\lambda_i(A)$	Eigenwerte der Matrix A
$\operatorname{diag}(a_i)$	Diagonalmatrix mit den Elementen a_i
$\mathcal{N}(A)$	Nullraum von A
$\mathcal{R}(A)$	Bildraum von A
$\operatorname{span}\{\varphi_i\}$	lineare Hülle der Elemente φ_i
$\operatorname{conv}\{\varphi_i\}$	konvexe Hülle der Elemente φ_i
$\operatorname{cone} Q$	Kegelhülle von Q
$\dim V$	Dimension von V
e^j	j-ter Einheitsvektor
e	Vektor, dessen Komponenten alle gleich 1 sind
rang	Rang
$\leq$	Halbordnung (i.allg. natürliche)
$\operatorname{int} \Omega$	Inneres von Ω
$\operatorname{rint} \Omega$	relativ Inneres von Ω
$\operatorname{vol} \Omega$	Maß von Ω
compl	Komplexität
x_B, x_N	Vektor der Basis- bzw. Nichtbasisvariablen
A_B, A_N	Teilmatrix von A bez. Basis- bzw. Nichtbasisvariablen
$\lceil a \rceil$	kleinste ganze Zahl größer gleich a
$\lfloor a \rfloor$	entier(a), (größte ganze Zahl kleiner gleich a)
ld	Logarithmus zur Basis 2

Inhaltsverzeichnis

Vorwort   3

Notation   5

1 Optimierungsaufgaben und Optimalitätskriterien   10
   1.1 Globale und lokale Optima, Konvexität 10
   1.2 Optimalitätsbedingungen 24
   1.3 Semiinfinite Probleme 34
   1.4 Ganzzahlige Probleme 39
   1.5 Optimierung über Graphen 42

2 Dualität   46
   2.1 Duale Probleme 46
   2.2 Gestörte Optimierungsprobleme 55
   2.3 Anwendungen der Dualität 59
        2.3.1 Erzeugung von Schranken für den optimalen Wert 60
        2.3.2 Lagrange-Relaxation 61
        2.3.3 Vereinfachung der Aufgabe durch Übergang zum dualen Problem 62
        2.3.4 Dualität in der linearen Optimierung 63

3 Minimierung ohne Restriktionen   66
   3.1 Gradientenverfahren 67
   3.2 Das Newton-Verfahren 74
        3.2.1 Dämpfung und Regularisierung 76
        3.2.2 Trust Region Technik 81
   3.3 Quasi-Newton-Verfahren 86
   3.4 CG-Verfahren 91
        3.4.1 Quadratische Probleme 91
        3.4.2 Allgemeine Probleme 98
   3.5 Minimierung nichtglatter Funktionen 101

4 Linear restringierte Probleme   106
   4.1 Polyedrische Mengen 106
   4.2 Lineare Optimierung 114
        4.2.1 Aufgabenstellung, Prinzip des Simplexverfahrens 114

	4.2.2	Tableauform des Simplexverfahrens	122
	4.2.3	Duales Simplexverfahren	125
	4.2.4	Simultane Lösung primaler und dualer Aufgaben mit dem Simplexverfahren	129
	4.2.5	Gewinnung eines ersten Simplexschemas	131
	4.2.6	Behandlung oberer Schranken und freier Variabler	135
	4.2.7	Das revidierte Simplexverfahren	139
	4.2.8	Dualitätsaussagen	142
	4.2.9	Das Transportproblem	144
4.3	Minimierung über Mannigfaltigkeiten		152
4.4	Probleme mit Ungleichungsrestriktionen		158
	4.4.1	Aktive Mengen Strategie, Mannigfaltigkeits-Suboptimierung	158
	4.4.2	Das Verfahren von Beale	161

5 Strafmethoden   165
5.1	Das Grundprinzip von Strafmethoden	165
5.2	Konvergenzabschätzungen	174
5.3	Modifizierte Lagrange-Funktionen	178
5.4	Strafmethoden und elliptische Randwertprobleme	184

6 Approximationsverfahren   194
6.1	Verfahren der zulässigen Richtungen		194
	6.1.1	Standardverfahren	194
	6.1.2	Ein Verfahren für nichtzulässige Startpunkte	202
6.2	Überlinear konvergente Verfahren		204

7 Komplexität   213
7.1	Definitionen, Polynomialität	213
7.2	Nichtdeterministisch polynomiale Algorithmen	221
7.3	Optimierungsprobleme und die Klasse $\mathcal{NP}$-hart	228
7.4	Komplexität in der linearen Optimierung	230

8 Innere-Punkt-Methoden   234
8.1	Innerer-Pfad-Methode für lineare Probleme	235
8.2	Parameterfreies Potential	248
8.3	Der Algorithmus von Karmarkar	255
8.4	Komplementaritätsprobleme	258
8.5	Komplexität der linearen Optimierung	261

9 Aufgaben über Graphen   264
9.1	Definitionen		264
9.2	Graphen und lineare Optimierung		266
9.3	Aufdatierungen in Graphen		273
	9.3.1	Kürzeste Wege	273

9.3.2 Netzplantechnik 274
9.3.3 Maximaler Fluß 277
9.4 Probleme aus der Klasse $\mathcal{NP}$-vollständig 280

10 Die Methode branch and bound **283**
10.1 Relaxation, Separation, Strategien 283
10.2 Branch and bound für GLO 289
10.3 Das Rundreiseproblem 291
  10.3.1 Das unsymmetrische Rundreiseproblem 292
  10.3.2 Das symmetrische Rundreiseproblem 295

11 Dekomposition **297**
11.1 Dekompositionsprinzipien 298
  11.1.1 Zerlegung durch Projektion 298
  11.1.2 Dekomposition durch Sattelpunkttechniken 300
  11.1.3 Zerlegung des zulässigen Bereiches 301
11.2 Dynamische Optimierung 302
  11.2.1 Grundlagen, Separabilität 303
  11.2.2 n-stufige Entscheidungsprozesse 305
  11.2.3 Die Forward State Strategie 308
11.3 Ausgewählte Anwendungen 312
  11.3.1 Lineare Optimierung mit blockangularen Nebenbedingungen 312
  11.3.2 Der Algorithmus von Benders 313
  11.3.3 Spaltengenerierung 315
  11.3.4 Lineare Optimierung mit flexiblen Restriktionen 315

12 Strukturuntersuchungen **317**
12.1 Ganzzahlige Polyeder 317
12.2 Gültige Ungleichungen 322
12.3 Matroide, Greedy-Algorithmus 325

Literaturverzeichnis **333**

Index **344**

1 Optimierungsaufgaben und Optimalitätskriterien

1.1 Globale und lokale Optima, Konvexität

Bei einer Vielzahl naturwissenschaftlich-technischer wie auch ökonomischer Modelle sind Parameter so zu bestimmen daß bei Beachtung gewisser Beschränkungen ein vorgegebenes Nutzenskriterium, z.B. die Energiekosten, optimiert wird. Je nach der Anzahl der auftretenden Parameter (endlich oder unendlich viele) und nach dem Charakter der Nebenbedingungen, wie z.b. in Form von durch Funktionen beschriebenen Gleichungs- und Ungleichungsnebenbedingungen oder durch Ganzzahligkeitsforderungen zusätzlich eingeschränkte Variable, besitzen diese Optimierungsaufgaben zum Teil eine grundsätzlich unterschiedliche Struktur. Andererseits gibt es wichtige übergreifende Eigenschaften, die gewissen Klassen von Optimierungsaufgaben gemeinsam sind.

Mit dem vorliegenden Buch widmen wir uns vorrangig stetigen und diskreten endlichdimensionalen Optimierungsaufgaben, skizzieren jedoch an ausgewählten Beispielen auch Eigenschaften von Optimierungsproblemen in Funktionenräumen. Insgesamt stehen numerische Lösungsverfahren im Mittelpunkt der Untersuchungen, wobei im erforderlichen Maße grundlegende Aussagen zur Theorie der mathematischen Optimierung, wie z.B. Fragen der Existenz optimaler Lösungen sowie deren Charakterisierung mittels notwendiger bzw. hinreichender Optimalitätsbedingungen mit einbezogen sind.

Ein Optimierungsproblem kann abstrakt als Aufgabe der Form

$$f(x) \to \min ! \quad \text{bei} \quad x \in G \tag{1}$$

mit einer **Zielfunktion** $f : G \to I\!R$ und einer Menge $G \subset X$ beschrieben werden. Dabei bezeichnen X den zugrunde gelegten Raum, z.B. $X = I\!R^n$, und G die **zulässige Menge**, auch **zulässiger Bereich** genannt. Wir betrachten das folgende

Beispiel 1.1 Es seien $X := I\!R^2$, $f(x) := -x_1 x_2$ und

$$G := \{\, x \in I\!R^2 \ : \ x_1 + 2x_2 \le 4, \ x_1^2 + x_2^2 \ge 1, \ x_1 \ge 0, \ x_2 \ge 0 \,\}.$$

Diese Aufgabe läßt sich in einfacher Weise grafisch lösen durch Angabe der zulässigen Menge G sowie von Niveaulinien der Zielfunktion f, wie in Abbildung 1.1

dargestellt. Der Lösungspunkt $\hat{x} = \begin{pmatrix} 2 \\ 1 \end{pmatrix}$ liegt auf dem Rand der zulässigen

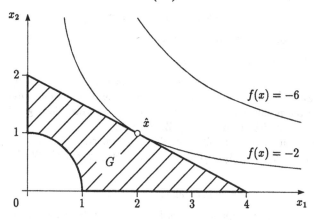

Abbildung 1.1: Beispiel 1.1

Menge G, der in diesem Punkt lokal durch $g_1(x) = 0$ mit $g_1(x) := x_1 + 2x_2 - 4$ beschrieben wird. Ferner existiert eine reelle Zahl $\lambda_1 > 0$ derart, daß

$$f'(\hat{x}) + \lambda_1 g_1'(\hat{x}) = 0$$

gilt, welches eine Erweiterung der klassischen Lagrangeschen Multiplikatoren-Regel für Aufgaben mit Gleichheitsnebenbedingungen (vgl. z.B. [Die72]) bildet. Wir werden diese später im Satz 1.2 ausführlich untersuchen. □

Im weiteren sollen zunächst einige wichtige Aspekte der zugrunde liegenden Aufgabenstellung (1) präzisiert werden.

Ein Element $x \in X$ heißt **zulässige Lösung** des Problems (1), wenn $x \in G$ gilt. Man sagt auch gleichberechtigt dazu: x ist **zulässig für die Aufgabe** (1). Als **optimale Lösung** von (1), oder kurz **Lösung** von (1), werden $\bar{x} \in G$ bezeichnet, die der Bedingung

$$f(\bar{x}) \leq f(x) \qquad \text{für alle } x \in G \tag{2}$$

genügen. Der zugehörige Funktionswert $f_{min} := f(\bar{x})$ wird **optimaler Wert** genannt. Die Forderung (2) wird häufig auch in der folgenden Art lokal formuliert. Ein Element $\bar{x} \in G$ heißt **lokale Lösung** von (1), wenn eine Umgebung $U(\bar{x})$ des Punktes $\bar{x}$ existiert mit

$$f(\bar{x}) \leq f(x) \qquad \text{für alle } x \in G \cap U(\bar{x}). \tag{3}$$

Dabei bezeichnet in der Regel $U(\bar{x})$ eine offene Normkugel um $\bar{x}$ mit einem hinreichend kleinen Radius $\varepsilon > 0$, d.h.

$$U(\bar{x}) = \{\, x \in X \,:\, \|x - \bar{x}\| < \varepsilon \,\}.$$

Man spricht von einem **isolierten lokalen Minimum** im Punkt $\bar{x}$, wenn verschärfend zu (3) gilt

$$f(\bar{x}) < f(x) \qquad \text{für alle } x \in G \cap U(\bar{x}), \ x \neq \bar{x}. \tag{4}$$

Da die Aufgabe (1) zum Optimierungsproblem

$$-f(x) \to \max ! \quad \text{bei } \ x \in G \tag{5}$$

in dem Sinn äquivalent ist, daß $\bar{x}$ genau dann eine (lokale) Lösung von (5) ist, wenn $\bar{x}$ auch (lokale) Lösung von (1) ist, kann man sich auf die Untersuchung von Minimierungsproblemen beschränken. Aussagen für Maximierungsaufgaben erhält man durch Vorzeichenänderung der Zielfunktion.

Optimierungsaufgaben mit Ganzzahligkeitsforderung können prinzipiell auch in der allgemeinen Form (1) dargestellt werden, etwa durch die Wahl von $X = \mathbb{Z}^n$ mit

$$\mathbb{Z}^n := \{\, x \in \mathbb{R}^n \ : \ x_i \text{ ganzzahlig}, \ i = 1(1)n \,\}.$$

Allgemeiner kann der zulässige Bereich G auch eine diskrete Menge, d.h. eine beliebige endliche oder eine abzählbare Menge ohne Häufungspunkt sein. Wir verweisen jedoch auf eine Reihe von wesentlichen Unterschieden zwischen stetigen Optimierungsaufgaben, d.h. von Problemen in denen keine Ganzzahligkeitsforderungen zu beachten sind, und Problemen der **diskreten Optimierung**. Dies spiegelt sich sowohl in den verwendeten Optimalitätskriterien als auch in der Struktur der numerischen Verfahren zu deren Lösung wider. Während bei stetigen Problemen auf der Differenzierbarkeit von Ziel- und Restriktionsfunktionen basierende lokale Entwicklungen dominieren, gelangen bei diskreten Optimierungsproblemen kombinatorische Algorithmen zum Einsatz, wobei zum Beispiel Einbettungen bzw. Relaxationen für das Ausgangsproblem oder für im jeweiligen Verfahren erzeugte Teilaufgaben genutzt werden. Durch eine geeignete Definition eines Abstandes und damit des Umgebungsbegriffes gelten die Definitionen (3) und (4) auch für diskrete Optimierungsprobleme.

Die zulässige Menge G wird häufig durch gewisse Gleichungs- oder Ungleichungsbedingungen beschrieben. Es sei Y ein weiterer Raum, und es existiere eine Halbordnung „$\geq$" in Y. Im endlichdimensionalen Fall kann z.B. $Y = \mathbb{R}^m$ mit der durch

$$y \geq 0 \qquad \Leftrightarrow \qquad y_j \geq 0, \ j = 1(1)m \tag{6}$$

definierten natürlichen Halbordnung gewählt werden. Wird der zulässige Bereich G mit Hilfe einer Abbildung $g : X \to Y$ gemäß

$$G = \{\, x \in X \ : \ g(x) \leq 0 \,\} \tag{7}$$

erklärt, so wird g **Restriktionsabbildung** genannt. Im Fall $Y = \mathbb{R}^m$ und der Halbordnung (6) hat man also

$$G = \{\, x \in X \ : \ g_j(x) \leq 0, \ j = 1(1)m \,\} \tag{8}$$

mit den **Restriktionsfunktionen** $g_j : X \to I\!R$ als Komponenten von g. Die einzelnen Forderungen $g_j(x) \leq 0$ in (8) heißen **Nebenbedingungen (Ungleichungsnebenbedingungen)** oder **Restriktionen**. Treten Restriktionen in Form von Gleichungen, etwa

$$g_j(x) = 0 \tag{9}$$

auf, so kann (9) formal äquivalent durch die beiden Ungleichungsrestriktionen

$$g_j(x) \leq 0, \qquad -g_j(x) \leq 0. \tag{10}$$

dargestellt werden. Dies gestattet in vielen theoretischen Untersuchungen eine sachgemäße Beschränkung auf Ungleichungsrestriktionen. Von einer praktischen Nutzung der genannten Überführung in numerischen Verfahren ist jedoch in der Regel abzuraten, da sich beim Übergang von (9) zu (10) sowohl die Zahl der Nebenbedingungen erhöht als auch die Kondition der Aufgabe verschlechtert.

Ist der Raum Y nicht endlichdimensional, wie z.B. bei semi-infiniten Optimierungsproblemen, dann setzen wir der Einfachheit halber voraus, daß Y ein Hilbert-Raum mit dem Skalarprodukt $(\cdot, \cdot)$ ist und die zugrunde gelegte Halbordnung in Y mit Hilfe eines abgeschlossenen, konvexen Kegels $K \subset Y$, **Ordnungskegel** genannt, definiert ist durch

$$y \geq 0 \quad \Leftrightarrow \quad y \in K. \tag{11}$$

Dabei heißt eine Menge $K \subset Y$ **konvexer Kegel**, falls gilt:

    i) $z \in K \Rightarrow \lambda z \in K$ für alle $\lambda \in I\!R, \lambda \geq 0$,
    ii) $y, z \in K \Rightarrow y + z \in K$.

Erfüllt K nur die Eigenschaft i), so wird K **Kegel** genannt. Entsprechend wird die **Kegelhülle** einer Menge $S \subset Y$ erklärt durch

$$\text{cone } S := \{ y \in Y : \exists s \in S, \lambda \geq 0 \text{ mit } y = \lambda s \}.$$

Die natürliche Halbordnung (6) läßt sich durch Wahl von $Y = I\!R^m$, $K = I\!R^m_+$ als Spezialfall von (11) betrachten, wobei der **nichtnegative Orthant** $I\!R^m_+$ durch

$$I\!R^m_+ := \{ y \in I\!R^m : y_j \geq 0, j = 1(1)m \}$$

definiert ist. Man erkennt leicht, daß die Menge $I\!R^m_+$ ein abgeschlossener, konvexer Kegel in $I\!R^m$ ist.

Einem Kegel K in dem Hilbert-Raum Y wird durch

$$K^* := \{ w \in Y : (w, y) \geq 0 \ \forall y \in K \}$$

der **polare Kegel** zugeordnet. Dabei wird hier und im weiteren i.allg. der zum Hilbert-Raum Y gehörige Dualraum Y^* mit Y identifiziert. Für den entsprechend erklärten **bipolaren** Kegel $K^{**} := (K^*)^*$ hat man (siehe z.B. [Sch89])

LEMMA 1.1 *Für beliebige Kegel* $K \subset Y$ *gilt* $K \subset K^{**}$. *Dabei gilt* $K = K^{**}$ *genau dann, wenn* K *ein konvexer und abgeschlossener Kegel ist.*

Diese Aussage wird als **Bipolarensatz** bezeichnet.

Einen wichtigen Spezialfall bilden **polyedrische Kegel**. Dies sind Kegel, die sich mit Hilfe endlich vieler Elemente $y^j \in Y$, $j = 1(1)s$, darstellen lassen in der Form

$$K = \{ y \in Y : y = \sum_{j=1}^{s} \alpha_j y^j, \ \alpha_j \geq 0, j = 1(1)s \}. \tag{12}$$

Für derartige Kegel gilt (vgl. [Vog67])

LEMMA 1.2 *Polyedrische Kegel sind stets konvex und abgeschlossen.*

Beweis: Übungsaufgabe 1.4.

Zur Verbindung zwischen polyedrischen Kegeln und homogenen linearen Ungleichungssystemen hat man im endlichdimensionalen Fall ferner die für die Kegeltheorie zentrale Aussage

LEMMA 1.3
i) **(Minkowsky)** *Für beliebige Matrizen* $A \in \mathcal{L}(\mathbb{R}^n, \mathbb{R}^m)$ *ist die Lösungsmenge eines linearen Ungleichungssystems* $Ax \geq 0$ *stets ein polyedrischer Kegel* $K \subset \mathbb{R}^n$.

ii) **(Weyl)** *Jeder polyedrische Kegel* $K \subset \mathbb{R}^n$ *läßt sich als Lösungsmenge eines linearen Ungleichunssystems* $Ax \geq 0$ *mit einer geeigneten Matrix* $A \in \mathcal{L}(\mathbb{R}^n, \mathbb{R}^m)$ *darstellen.*

Wir wenden uns nun der Frage der Existenz einer Optimallösung von (1) zu. Von prinzipieller Bedeutung hierfür ist ein Satz von Weierstraß. Bevor wir diesen angeben, seien zwei wichtige Eigenschaften genannt. Eine Menge $S \subset X$ heißt **kompakt**, falls jede beliebige Folge $\{s^k\}_{k=1}^{\infty} \subset S$ mindestens einen Häufungspunkt $\bar{s} \in S$ besitzt, d.h. eine Teilfolge $\{s^k\}_{k \in \mathcal{K}} \subset \{s^k\}_{k=1}^{\infty}$ existiert mit

$$\lim_{k \in \mathcal{K}} s^k = \bar{s} \in S.$$

Dabei bezeichnet $\mathcal{K}$ eine geordnete (unendliche) Teilmenge der natürlichen Zahlen, und wir legen, falls nicht anders vorausgesetzt wird, grundsätzlich die starke, durch die Norm begründete Topologie zugrunde. Eine Funktion $h : S \to \mathbb{R}$ heißt im Punkt $\bar{s} \in S$ **stetig**, falls für beliebige gegen $\bar{s}$ konvergente Folgen $\{s^k\} \subset S$ gilt

$$h(\bar{s}) = \lim_{k \to +\infty} h(s^k).$$

Ist h in jedem Punkt $s \in S$ stetig, so heißt h **auf der Menge** S **stetig**.

SATZ 1.1 (Weierstraß) *Es sei* $G \subset X$, $G \neq \emptyset$ *eine kompakte Menge, und* f *sei auf* G *stetig. Dann besitzt das Problem (1) mindestens eine optimale Lösung.*

Im endlichdimensionalen Raum ist die Kompaktheit einer Menge äquivalent zu ihrer Beschränktheit und Abgeschlossenheit. Diese Äquivalenz gilt jedoch nicht mehr in unendlichdimensionalen Funktionenräumen. So ist z.b. die Einheitskugel

$$\{\, x \in X \,:\, \|x\| \le 1 \,\}$$

in einem Hilbert-Raum X nur schwach kompakt, d.h. kompakt in der schwachen Topologie (vgl. [GGZ74], [Cea71]). Da jedoch die schwache Stetigkeit eine i.allg. zu starke Voraussetzung bildet, erfordert diese Situation eine geeignete Modifikation des Satzes von Weierstraß. Eine Funktion $h : S \to I\!R$ wird (schwach) **unterhalbstetig** (uhs) im Punkt $\bar{s} \in S$ genannt, falls für beliebige (schwach) gegen $\bar{s}$ konvergente Folgen $\{s^k\} \subset S$ gilt

$$h(\bar{s}) \le \underline{\lim}_{k\to+\infty} h(s^k).$$

KOROLLAR 1.1 *Es existiere ein $x^0 \in G$ derart, daß die Niveaumenge*

$$W(x^0) := \{\, x \in G \,:\, f(x) \le f(x^0) \,\}$$

(schwach) kompakt ist. Ferner sei die Funktion f auf $W(x^0)$ (schwach) unterhalbstetig. Dann besitzt das Problem (1) mindestens eine optimale Lösung.

Beweis: Nach der Definition des Infimums und der Niveaumenge $W(x^0)$ gilt

$$\inf_{x \in G} f(x) = \inf_{x \in W(x^0)} f(x),$$

und es existiert eine Folge $\{x^k\} \subset W(x^0)$ mit

$$\lim_{k\to\infty} f(x^k) = \inf_{x \in G} f(x). \tag{13}$$

Wegen der Kompaktheit von $W(x^0)$ besitzt $\{x^k\}$ eine konvergente Teilfolge. Ohne Beschränkung der Allgemeinheit kann angenommen werden (erforderlichenfalls Übergang zu einer Teilfolge), daß $\{x^k\}$ selbst gegen ein $\hat{x} \in W(x^0)$ konvergiert. Mit der Unterhalbstetigkeit von f folgt

$$f(\hat{x}) \le \underline{\lim}_{k\to\infty} f(x^k),$$

und wegen (13) gilt damit die Behauptung. ∎

Oft ist es zweckmäßig, anstelle des gegebenen Optimierungsproblems ein sogenanntes Ersatzproblem zu lösen. Wir nennen ein Optimierungsproblem

$$z(x) \to \min ! \quad \text{bei} \quad x \in Q \tag{14}$$

Relaxation zu (1), wenn $G \subset Q$ gilt und die Ersatzzielfunktion $z : Q \to I\!R$ eine Minorante für f auf G bildet, d.h.

$$z(x) \le f(x) \quad \text{für alle } x \in G. \tag{15}$$

Man erhält hieraus unmittelbar das folgende hinreichende Optimalitätskriterium

LEMMA 1.4 *Es sei* $\hat{x} \in Q$ *optimale Lösung der Relaxation (14) des Problems (1). Gilt* $\hat{x} \in G$ *und* $z(\hat{x}) = f(\hat{x})$, *dann löst* $\hat{x}$ *auch das Optimierungsproblem (1).*

Als Anwendung des obigen Lemmas betrachten wir die ganzzahlige Optimierungsaufgabe

$$f(x) \to \min ! \quad \text{bei} \quad x \in \mathbb{Z}^n, \ g(x) \leq 0 \tag{16}$$

mit einer Abbildung $g : \mathbb{R}^n \to \mathbb{R}^m$. Trivialerweise bildet dann die zugehörige Aufgabe

$$f(x) \to \min ! \quad \text{bei} \quad x \in \mathbb{R}^n, \ g(x) \leq 0 \tag{17}$$

ohne Ganzzahligkeitsforderung eine Relaxation zu (16). Löst $\hat{x}$ die Aufgabe (17) und genügt $\hat{x}$ zusätzlich der Bedingung $\hat{x} \in \mathbb{Z}^n$, dann löst $\hat{x}$ auch die diskrete Optimierungsaufgabe (16).

Als Aufgabe, die sich als diskretes Optimierungsproblem beschreiben läßt, betrachten wir das

Beispiel 1.2 Es seien N Jungen und M Mädchen zu gemischten Paaren zu ordnen, wobei Sympathienoten c_{ij}, $i \in I := \{1, \ldots, N\}$, $j \in J := \{1, \ldots, M\}$ dafür bekannt seien, daß Junge i mit dem Mädchen j ein Paar bildet. Die Gesamtsympathie ist zu maximieren unter der Bedingung, daß jeder Beteiligte zu höchstens einem Paar gehören darf. Beschreibt man mit

$$x_{ij} = \begin{cases} 1, & \text{falls Junge } i \text{ mit Mädchen } j \text{ ein Paar bildet} \\ 0, & \text{sonst,} \end{cases}$$

so kann die gestellte Aufgabe als Optimierungsproblem in der folgenden Form geschrieben werden

$$z(x) = \sum_{i \in I} \sum_{j \in J} c_{ij} x_{ij} \to \max !$$
$$\text{bei} \quad \sum_{i \in I} x_{ij} \leq 1, \quad \sum_{j \in J} x_{ij} \leq 1, \quad x_{ij} \in \{0, 1\}. \tag{18}$$

Dies ist ein spezielles Problem der 0-1-Optimierung, das ein Beispiel für ein Zuordnungsproblem bildet (vgl. Kapitel 12). $\square$

Wir betrachten nun Optimierungsprobleme mit einer differenzierbaren Zielfunktion. Dazu sei X als linearer normierter Raum vorausgesetzt. Zur Vereinfachung der Darstellung wird die Existenz der Fréchet-Ableitung vorausgesetzt. Dies schränkt die erhaltenen Aussagen nicht wesentlich ein, da an entsprechenden Stellen sich auch Abschwächungen der Differenzierbarkeitsvoraussetzungen, insbesondere Richtungsdifferenzierbarkeit, ohne große Schwierigkeiten einsetzen lassen, wie der geübte Leser unschwer erkennen wird. Die Fréchet-Ableitung von $f : X \to \mathbb{R}$ im Punkt $\hat{x}$ wird mit $f'(\hat{x})$ bezeichnet. Im endlichdimensionalen Fall $X = \mathbb{R}^n$ verwenden wir gleichbedeutend auch den Gradientenvektor

$$\nabla f(\hat{x}) := \left(\frac{\partial f}{\partial x_1}(\hat{x}), \ldots, \frac{\partial f}{\partial x_n}(\hat{x}) \right)^T \in \mathbb{R}^n.$$

Zur Charakterisierung des qualitativen Wachstums von Funktionen werden im weiteren die **Landau-Symbole** $o(\cdot)$, $O(\cdot)$ genutzt. Sind p, $q : I\!\!R \to I\!\!R$ Funktionen mit $\lim_{t \to 0} p(t) = \lim_{t \to 0} q(t) = 0$ und $q(t) \neq 0$ für $t \neq 0$, so beschreiben die Landau-Symbole folgendes relatives Verhalten von p und q:

i) $\quad p(t) = o(q(t)) \quad \Longleftrightarrow \quad \lim_{t \to 0} \dfrac{p(t)}{q(t)} = 0$

ii) $\quad p(t) = O(q(t)) \quad \Longleftrightarrow \quad \exists\, c > 0,\ \bar{t} > 0$ mit $|p(t)| \leq c|q(t)| \quad \forall\, t \in (0, \bar{t}\,]$.

Analog werden die Landau-Symbole für andere Grenzübergänge definiert.

Zu $\bar{x} \in G$ gehörig bezeichne

$$Z(\bar{x}) := \text{cone}\,\{\, d \in X \,:\, \bar{x} + td \in G \ \forall\, t \in [0,1]\,\} \tag{19}$$

den **Kegel der zulässigen Richtungen (Menge der zulässigen Richtungen)**. Eigenschaften dieses Kegels, insbesondere Darstellungsmöglichkeiten, werden später untersucht.

LEMMA 1.5 *Es sei* f *differenzierbar im Punkt* $\bar{x} \in G$. *Ist* $\bar{x} \in G$ *eine lokale Lösung des Optimierungsproblems (1), dann gilt*

$$\langle f'(\bar{x}), d \rangle \geq 0 \qquad \text{für alle } d \in Z(\bar{x}). \tag{20}$$

Beweis: Es sei $d \in Z(\bar{x})$, und es bezeichne $U(\bar{x})$ die in der Definition des lokalen Minimums auftretende Umgebung von $\bar{x}$. Da $U(\bar{x})$ offen ist, folgt aus der Definition von $Z(\bar{x})$ die Existenz eines $\tilde{t} > 0$ mit

$$\bar{x} + t\,d \in G \cap U(\bar{x}) \qquad \text{für alle } t \in (0, \tilde{t}\,],$$

und wegen des lokalen Minimums hat man

$$f(\bar{x}) \leq f(\bar{x} + td) \qquad \text{für alle } t \in (0, \tilde{t}\,]. \tag{21}$$

Aus der Differenzierbarkeit von f im Punkt $\bar{x}$ folgt die Darstellung

$$f(\bar{x} + td) = f(\bar{x}) + t\,\langle f'(\bar{x}), d \rangle + o(t). \tag{22}$$

Mit (21), (22) und der Eigenschaft des Landau-Symbols $o(\cdot)$ liefert dies

$$\langle f'(\bar{x}), d \rangle \geq \lim_{t \to +0} \frac{-o(t)}{t} = 0. \qquad \blacksquare$$

Bemerkung 1.1 Der gegebene Beweis bleibt in gleicher Weise gültig, wenn anstelle von $\langle f'(\bar{x}), d \rangle$ die einseitige Richtungsableitung von f im Punkt $\bar{x}$ in Richtung d verwendet wird. Dies führt in einfacher Weise zu einer Verallgemeinerung des notwendigen Optimalitätskriteriums (20) für nur richtungsdifferenzierbare Funktionen f. $\square$

Die zulässigen Richtungen $d \in Z(\bar{x})$ sind wegen der Struktur ihrer Definition nur unter Zusatzbedingungen praktisch nutzbar, wie z.B. im Fall eines konvexen zulässigen Bereiches G. Eine Menge $S \subset X$ heißt **konvexe Menge**, falls mit beliebigen Punkten $x, y \in S$ auch stets die gesamte Verbindungsstrecke

$$[x, y] := \{ z := (1 - \lambda)x + \lambda y \ : \ \lambda \in [0, 1] \}$$

in S enthalten ist, d.h. es gilt

$$x, y \in S \quad \Longrightarrow \quad [x, y] \subset S. \tag{23}$$

Während die erste Menge in der Abbildung 1.2 konvex ist, besitzt die zweite diese Eigenschaft offensichtlich nicht.

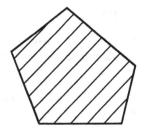 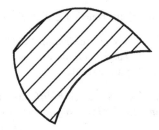

Abbildung 1.2: Konvexität

Es sei $S \subset X$ eine beliebige Menge. Zugeordnet wird die **konvexe Hülle** von S definiert durch

$$\text{conv } S := \left\{ x \in X \ : \ \begin{array}{l} x = \sum_{j=1}^{r} \alpha_j s^j \text{ mit } s^j \in S, \ \alpha_j \geq 0 \\ j = 1(1)r, \ \sum_{j=1}^{r} \alpha_j = 1, \ r \in I\!N \end{array} \right\}. \tag{24}$$

Dabei bezeichnet $I\!N := \{1, 2, 3, \ldots\}$ die Menge der natürlichen Zahlen. Ein durch $x = \sum_{j=1}^{r} \alpha_j s^j$ mit $\alpha_j \geq 0$, $j = 1(1)r$, $\sum_{j=1}^{r} \alpha_j = 1$ gebildetes Element x wird dabei **Konvexkombination** von s^j, $j = 1(1)r$, genannt.

Eine über einer konvexen Menge S erklärte Funktion $h : S \to I\!R$ heißt **konvex**, falls

$$x, y \in S \quad \Rightarrow \quad h((1 - \lambda)x + \lambda y) \leq (1 - \lambda)h(x) + \lambda h(y) \ \forall \lambda \in [0, 1] \tag{25}$$

gilt. In Verschärfung dazu wird h **streng konvex** genannt, falls

$$\begin{array}{l} x, y \in S, \\ x \neq y \end{array} \quad \Rightarrow \quad h((1 - \lambda)x + \lambda y) < (1 - \lambda)h(x) + \lambda h(y) \ \forall \lambda \in (0, 1). \tag{26}$$

Ist die Funktion h differenzierbar, dann ist h genau dann konvex über S, wenn

$$h(y) \geq h(x) + (h'(x), y - x) \quad \text{für alle } x, y \in S \tag{27}$$

gilt. Mit den folgenden Lemmata stellen wir einige im weiteren genutzte Aussagen zur Konvexität zusammen. Für weiterführende Untersuchungen verweisen wir z.B. auf [Roc70], [ERSD77].

LEMMA 1.6 *Es sei der zulässige Bereich G eine konvexe Menge, und die Zielfunktion f sei differenzierbar. Dann ist die Bedingung*

$$(f'(\bar{x}), x - \bar{x}) \geq 0 \qquad \text{für alle } x \in G \tag{28}$$

notwendig dafür, daß $\bar{x} \in G$ eine lokale Lösung von (1) bildet. Ist G speziell ein konvexer Kegel, dann ist (28) äquivalent zu

$$(f'(\bar{x}), \bar{x}) = 0 \qquad und \qquad (f'(\bar{x}), x) \geq 0 \qquad \text{für alle } x \in G. \tag{29}$$

Beweis: Da G konvex ist, hat man mit (19), (23) unmittelbar $x - \bar{x} \in Z(\bar{x})$ für alle $x \in G$. Mit Lemma 1.5 folgt der erste Teil der Behauptung.

Es sei nun G ein konvexer Kegel. Mit $\bar{x} \in G$ gilt dann auch $x \in G$ für $x = 2\bar{x}$ bzw. für $x = \bar{x}/2$. Aus (28) folgt damit

$$(f'(\bar{x}), \bar{x}) \geq 0 \qquad und \qquad (f'(\bar{x}), \bar{x}) \leq 0$$

und unter nochmaliger Anwendung von (28) auch die Gültigkeit von (29). Umgekehrt erhält man aus den beiden Teilen von (29) durch Subtraktion bei Beachtung der Linearität von $(f'(\bar{x}), \cdot)$ die Ungleichung (28). ∎

Bemerkung 1.2 Eine weitere Vereinfachung von (29) erhält man für den Fall, daß G ein polyedrischer Kegel (vgl. (12)) ist. Dieser sei durch die Elemente $x^j \in X$, $j = 1(1)s$, aufgespannt, d.h.

$$G = \{\, x \in X : x = \sum_{j=1}^{s} \alpha_j x^j, \; \alpha_j \geq 0 \,\}. \tag{30}$$

Dann ist (29) äquivalent zu

$$(f'(\bar{x}), \bar{x}) = 0, \qquad (f'(\bar{x}), x^j) \geq 0, \qquad j = 1(1)s. \qquad \square \tag{31}$$

LEMMA 1.7 *Es seien die Menge G konvex und die Zielfunktion f konvex und differenzierbar. Dann ist die Bedingung (28) notwendig und hinreichend dafür, daß $\bar{x} \in G$ optimale Lösung von (1) ist.*

Beweis: Wegen Lemma 1.6 ist nur zu zeigen, daß (28) eine hinreichende Optimalitätsbedingung bildet. Mit $Q := G$ und

$$z(x) := f(\bar{x}) + (f'(\bar{x}), x - \bar{x})$$

liefert (14) eine Relaxation zu (1). Gilt (28), dann löst $\bar{x}$ das Ersatzproblem (14). Wegen $\bar{x} \in G$ und $z(\bar{x}) = f(\bar{x})$ kann Lemma 1.4 angewandt werden. Damit ist $\bar{x}$ optimale Lösung von (1). ∎

Als Folgerung hieraus erhält man unmittelbar, daß bei konvexen Aufgaben, d.h. bei Optimierungsproblemen (1) mit einem konvexen zulässigen Bereich G und einer konvexen Zielfunktion f, jede lokale Lösung auch eine globale Lösung darstellt. Ist f zusätzlich streng konvex, so läßt sich leicht zeigen, daß (1) höchstens eine Lösung besitzt.

Bedingungen der Form (28) werden **Variationsungleichungen** genannt. Aufgaben, die auf Variationsungleichungen führen, treten speziell bei Randwertproblemen gewöhnlicher und partieller Differentialgleichungen mit einseitigen Beschränkungen als selbständige Probleme auf, zu deren numerischer Lösung angepaßte Verfahren entwickelt wurden. Wir verweisen für weiterführende Untersuchungen z.B. auf [GLT81], [GR92].

Wird der zulässige Bereich G mit Hilfe einer differenzierbaren Restriktionsabbildung $g : X \to Y$ in der Form (7) beschrieben, so läßt sich eine Approximation (siehe folgendes Lemma 1.8) für den Kegel der zulässigen Richtungen durch lokale Linearisierung der Restriktionsfunktionen im Punkt $\bar{x} \in G$ gewinnen gemäß

$$T(\bar{x}) := \text{cone} \{ d \in X : g(\bar{x}) + g'(\bar{x})d \leq 0 \}. \tag{32}$$

Wir definieren ferner

$$T^0(\bar{x}) := \text{cone} \{ d \in X : g(\bar{x}) + g'(\bar{x})d < 0 \}. \tag{33}$$

Dabei bezeichne

$$y < 0 \quad \Longleftrightarrow \quad -y \in \text{int } K$$

mit dem die Halbordnung definierenden Kegel K. Die Menge $T(\bar{x})$ wird **Linearisierungskegel** an G im Punkt $\bar{x}$ genannt. Es sei hier darauf hingewiesen, daß insbesondere in unendlichdimensionalen Anwendungen int $K = \emptyset$ sein kann (vgl. Übungsaufgabe 1.2). In diesen Fällen hat man folglich $T^0(\bar{x}) = \emptyset$.

Bemerkung 1.3 Im Fall $Y = \mathbb{R}^m$, $K = \mathbb{R}^m_+$, d.h. wenn der zulässige Bereich G in der Form

$$G = \{ x \in X : g_i(x) \leq 0, \ i = 1(1)m \}$$

vorliegt, lassen sich mit Hilfe von

$$I_0(\bar{x}) := \{ i \in \{1, \ldots, m\} : g_i(\bar{x}) = 0 \} \tag{34}$$

die Kegel $T(\bar{x})$, $T^0(\bar{x})$ äquivalent darstellen durch

$$T(\bar{x}) = \{ d \in X : (g_i'(\bar{x}), d) \leq 0, \ i \in I_0(\bar{x}) \} \tag{35}$$

bzw.

$$T^0(\bar{x}) = \{ d \in X : (g_i'(\bar{x}), d) < 0, \ i \in I_0(\bar{x}) \}. \tag{36}$$

Die durch (34) definierte Menge $I_0(\bar{x})$ wird **Indexmenge der aktiven Restriktionen** im Punkt $\bar{x} \in G$ genannt. Restriktionen $g_i(x) \leq 0$ heißen **aktiv** im Punkt $\bar{x}$, wenn $g_i(\bar{x}) = 0$ gilt. $\square$

Zur Beziehung von $T(\bar{x})$ bzw. $T^0(\bar{x})$ zur Menge der zulässigen Richtungen gilt

LEMMA 1.8 *Für beliebige $\bar{x} \in G$ gilt die Inklusion $T^0(\bar{x}) \subset Z(\bar{x})$. Sind der Raum Y endlichdimensional und der Ordnungskegel $K \subset Y$ polyedrisch, so hat man ferner $Z(\bar{x}) \subset T(\bar{x})$.*

Beweis: Es sei $z \in T^0(\bar{x})$. Nach (33) gibt es ein $\mu \geq 0$ und ein $d \in X$ mit $z = \mu d$ und

$$- [g(\bar{x}) + g'(\bar{x})d] \in \text{int } K. \tag{37}$$

Im Fall $\mu = 0$ gilt trivialerweise $z \in Z(\bar{x})$. Es sei nun $\mu > 0$. Aus der Definition der Ableitung folgt

$$g(\bar{x} + \lambda z) = g(\bar{x}) + \lambda g'(\bar{x})z + s$$

mit $\|s\| = o(\lambda)$. Unter Beachtung von $z = \mu d$ folgt für $\lambda\mu \in (0,1]$ hieraus

$$g(\bar{x} + \lambda z) = (1 - \lambda\mu)g(\bar{x}) + \lambda\mu [g(\bar{x}) + g'(\bar{x})d + \frac{1}{\lambda\mu} s]. \tag{38}$$

Wegen $\|s\| = o(\lambda)$ und (37) existiert ein $\bar{\lambda} \in (0, \frac{1}{\mu}]$ derart, daß

$$-[g(\bar{x}) + g'(\bar{x})d + \frac{1}{\lambda\mu} s] \in K \qquad \text{für alle } \lambda \in (0,\bar{\lambda}\,].$$

Mit $1 - \lambda\mu \geq 0$ für $\lambda \in (0,\bar{\lambda}\,]$ und $g(\bar{x}) \leq 0$ folgt aus (38) nun

$$g(\bar{x} + \lambda z) \leq 0 \qquad \text{für alle } \lambda \in (0,\bar{\lambda}\,].$$

Nach der Definition von $Z(\bar{x})$ gilt also $z \in Z(\bar{x})$. Damit ist die Inklusion $T^0(\bar{x}) \subset Z(\bar{x})$ gezeigt.

Wir wenden uns nun dem Nachweis von $Z(\bar{x}) \subset T(\bar{x})$ zu. Es sei $z \in Z(\bar{x})$. Da der Ordnungskegel $K \subset Y$ für diesen Teil der Aussage als polyedrisch vorausgesetzt wurde, hat man nach Lemma 1.1 und Lemma 1.2 die Darstellung

$$K = \{\, y \in Y : (w, y) \geq 0 \,\forall w \in K^* \,\}$$

mit Hilfe des polaren Kegels K^*. Nach Lemma 1.3 ist K^* polyedrisch. Damit gibt es w^j, $j = 1(1)q$, mit

$$K = \{\, y \in Y : (w^j, y) \geq 0, \; j = 1(1)q \,\}. \tag{39}$$

Zum Nachweis von $z \in T(\bar{x})$ betrachten wir zwei Fälle:
i) Es sei w^j mit $(w^j, g(\bar{x})) = 0$. Die Differenzierbarkeit von g liefert

$$g(\bar{x} + \lambda z) = g(\bar{x}) + \lambda g'(\bar{x})z + s$$

mit $\|s\| = o(\lambda)$. Folglich hat man

$$(w^j, g(\bar{x} + \lambda z)) = \lambda (w^j, g'(\bar{x})z + \frac{1}{\lambda} s). \tag{40}$$

Wegen $z \in Z(\bar{x})$ und Definition (19) kann o.B.d.A. angenommen werden, daß

$$g(\bar{x} + \lambda z) \le 0 \qquad \text{für alle } \lambda \in [0,1] \tag{41}$$

gilt. Aus (39) - (41) folgt

$$\left(w^j, g'(\bar{x})z + \frac{1}{\lambda}s\right) \le 0 \qquad \text{für alle } \lambda \in (0,1]$$

und wegen $\|s\| = o(\lambda)$ auch $(w^j, g'(\bar{x})z) \le 0$. Bei Beachtung von $(w^j, g(\bar{x})) = 0$ hat man damit

$$(w^j, g(\bar{x}) + g'(\bar{x})z) \le 0.$$

ii) Es sei w^j mit $(w^j, g(\bar{x})) < 0$. Dann läßt sich $\lambda_j \in (0,1]$ derart wählen, daß

$$(w^j, g(\bar{x}) + \lambda_j g'(\bar{x})z) \le 0$$

gilt. Setzt man $d = \lambda z$ mit $\lambda := \min\{\lambda_j : (w^j, g(\bar{x})) < 0\}$, so folgt mit Fall i) insgesamt

$$(w, g(\bar{x}) + g'(\bar{x})d) \le 0 \qquad \text{für alle } w \in K^*$$

und damit $g(\bar{x}) + g'(\bar{x})d \le 0$. Dies liefert $z \in T(\bar{x})$. ∎

Als Folgerung aus Lemma 1.5 und Lemma 1.8 erhält man unmittelbar die folgenden notwendigen Optimalitätsbedingungen.

LEMMA 1.9 *Gegeben sei das Problem (1) mit G in der Form (7) mit differenzierbaren f und g. Ist $\bar{x} \in G$ eine lokale Lösung von (1), so gilt*

$$(f'(\bar{x}), d) \ge 0 \qquad \text{für alle } d \in T^0(\bar{x}). \tag{42}$$

Sind ferner der Raum Y endlichdimensional sowie der Ordnungskegel $K \subset Y$ polyedrisch und genügt der zulässige Bereich von (1) der Bedingung

$$\overline{Z}(\bar{x}) = T(\bar{x}), \tag{43}$$

so gilt

$$(f'(\bar{x}), d) \ge 0 \qquad \text{für alle } d \in T(\bar{x}). \tag{44}$$

Die **Regularitätsforderung** (43), wobei $\overline{Z}(\bar{x})$ die abgeschlossene Hülle von $Z(\bar{x})$ bezeichnet, wird **constraint qualification** genannt. Sie sichert, daß die der Definition des Kegels $T(\bar{x})$ zugrunde liegende lokale Linearisierung der Restriktionen zur Beschreibung der zulässigen Richtungen genutzt werden kann. Hinreichend für (43) ist z.B. die Forderung $T^0(\bar{x}) \ne \emptyset$. Anhand des folgenden Beispiels wird ein typischer Fall für die Verletzung von (43) illustriert.

Beispiel 1.3 Es seien $X = I\!R^2$, $Y = I\!R^3$, $K = I\!R^3_+$ sowie

$$G = \{ x \in I\!R^2 : x_2 \geq 0, -x_1^3 + x_2 \leq 0, x_1 + x_2 \leq 1 \}.$$

Für den Punkt $\bar{x} = (0,0)^T$ gilt dann mit dem Einheitsvektor e^1

$$Z(\bar{x}) = \{ x = \lambda e^1, \lambda \geq 0 \} \quad \text{und} \quad T(\bar{x}) = \{ x = \lambda e^1, \lambda \in I\!R \}. \quad \Box$$

Übung 1.1 Es sei $S \subset I\!R^n$ eine konvexe Menge, und es seien $g_i : S \to I\!R$, $i = 1(1)m$, konvexe Funktionen. Man zeige, daß dann

$$G := \{ x \in S : g_i(x) \leq 0, i = 1(1)m \}$$

eine konvexe Menge bildet.

Übung 1.2 Es sei (a,b) ein vorgegebenes Intervall, und $Y = L_2(a,b)$ sei der Raum der über (a,b) quadratisch integrierbaren Funktionen. Weisen Sie nach, daß durch

$$K := \{ y \in L_2(a,b) : y(t) \geq 0 \text{ für fast alle } t \in (a,b) \}$$

ein abgeschlossener konvexer Kegel definiert wird und int $K = \emptyset$ gilt.

Übung 1.3 Ein Busbetrieb habe den Einsatzplan für die Fahrer unter folgenden Zusatzbedingungen zu optimieren:

- Jeder Busfahrer arbeitet in zusammenhängenden Schichten von je 8 Stunden.
- Als Schichtbeginn sind die Zeiten 0 Uhr, 4 Uhr, 6 Uhr, 8 Uhr, 12 Uhr, 14 Uhr, 16 Uhr, 20 Uhr möglich.
- Der folgende Bedarf an Bussen ist abzusichern

Zeit (Uhr)	0-1	1-2	2-4	4-5	5-7	8-10	10-15	15-17	17-20	20-24
Anz.Busse	5	4	3	4	12	8	7	10	13	8

Stellen Sie ein mathematisches Modell zur Minimierung der Gesamtzahl der einzusetzenden Busfahrer auf.

Übung 1.4 Weisen Sie nach, daß ein polyedrischer Kegel stets konvex und abgeschlossen ist.

Übung 1.5 Es seien $X = I\!R^n$, $Y = I\!R^m$ sowie

$$K := \{ y \in I\!R^m : y = \sum_{j=1}^q \alpha_j e^j, \alpha_j \geq 0, j = 1(1)q \}$$

mit $1 \leq q < m$. Dabei bezeichne $e^j \in I\!R^m$ den $j-$ten Einheitsvektor. Wie lautet der zu K polare Kegel K^*?

Es sei $g : I\!R^n \to I\!R^m$. Man gebe komponentenweise die Restriktionen an, die durch $g(x) \leq 0$ in der mittels K induzierten Halbordnung gegeben sind.

Übung 1.6 Vektoren $s^j \in X$, $j = 1(1)q$, werden **positiv linear unabhängig** genannt, wenn

$$\sum_{j=1}^{q} \alpha_j s^j = 0, \ \alpha_j \geq 0, \ j = 1(1)q \implies \alpha_j = 0, \ j = 1(1)q.$$

Man zeige, daß die constraint qualification (43) im Punkt

$$\bar{x} \in G := \{\, x \in I\!\!R^n \ : \ g_j(x) \leq 0, \ j = 1(1)m \,\}$$

erfüllt ist, wenn die Gradienten $\nabla g_j(\bar{x})$, $j \in I_0(\bar{x})$, der in $\bar{x}$ aktiven Restriktionen positiv linear unabhängig sind.

Übung 1.7 Gegeben sei die Optimierungsaufgabe

$$f(x) \to \min! \quad \text{bei} \quad x \in I\!\!R^n, \ g_i(x) \leq 0, \ i = 1(1)m,$$

mit stetig differenzierbaren Funktionen f, $g_i : I\!\!R^n \to I\!\!R$. Weisen Sie nach (vgl. auch Abschnitte 1.2 und 6.1), daß die in Lemma 1.9 angegebene notwendige Optimalitätsbedingung (42) äquivalent dazu ist, daß $\nu_{min} \geq 0$ für den minimalen Wert ν_{min} der Optimierungsaufgabe

$$
\begin{aligned}
\nu &\to \min! \\
\text{bei} \qquad (f'(\bar{x}), d) &\leq \nu \\
g_i(\bar{x}) + (g_i'(\bar{x}), d) &\leq \nu, \quad i = 1(1)m, \\
\|d\| &\leq 1
\end{aligned}
\tag{45}
$$

gilt.

1.2   Optimalitätsbedingungen

In diesem Abschnitt konzentrieren wir uns vor allem auf die Begründung von notwendigen bzw. hinreichenden Optimalitätskriterien für stetige endlichdimensionale Probleme der Form

$$f(x) \to \min! \text{ bei } x \in G := \{\, x \in I\!\!R^n \ : \ g_i(x) \leq 0, \ i = 1(1)m \} \tag{46}$$

mit stetig differenzierbaren Funktionen f, $g_i : I\!\!R^n \to I\!\!R$. Auf für später wichtige Verallgemeinerungen wird dabei an ausgewählten Stellen hingewiesen.

Es bezeichne wieder $I_0(\bar{x})$ die Indexmenge der im Punkt $\bar{x} \in G$ aktiven Restriktionen (siehe (34)). Die in Lemma 1.9 angegebenen notwendigen Optimalitätsbedingungen besitzen wegen (36) bzw. (35) für das Ausgangsproblem (46) die spezielle Form

$$\nabla g_i(\bar{x})^T d < 0, \ i \in I_0(\bar{x}) \implies \nabla f(\bar{x})^T d \geq 0 \tag{47}$$

bzw.

$$\nabla g_i(\bar{x})^T d \leq 0, \ i \in I_0(\bar{x}) \implies \nabla f(\bar{x})^T d \geq 0. \tag{48}$$

Dabei wird für (48) vorausgesetzt, daß die constraint qualification (43) erfüllt ist. Mit dem Ziel der einfacheren Überprüfbarkeit werden in der Literatur häufig folgende für (43) hinreichende (vgl. Übungsaufgabe 1.6) Regularitätsbedingungen eingesetzt:

(MFCQ) Die Gradienten $\nabla g_i(\bar{x})$, $i \in I_0(\bar{x})$, der aktiven Restriktionen sind positiv linear unabhängig.

(SLB) Die Restriktionsfunktionen g_i, $i = 1(1)m$, sind konvex, und es existiert ein $\hat{x} \in I\!\!R^n$ mit $g_i(\hat{x}) < 0$, $i = 1(1)m$.

Die Bedingung (MFCQ) wird heute häufig als **Mangasarian-Fromowitz constraint qualification** bezeichnet, während (SLB) **Slater-Bedingung** genannt wird. Die Bedingung (MFCQ) läßt sich durch die lineare Unabhängigkeit der Gradienten der Restriktionen sichern.

Zur Verbindung der Optimalitätsbedingungen (47) und (48) mit Verallgemeinerungen der klassischen Lagrangeschen Multiplikatorenregel betrachten wir zunächst den folgenden wichtigen Alternativsatz

LEMMA 1.10 (Farkas) *Es seien A eine (p,q)-Matrix und $a \in I\!\!R^q$. Von den beiden Systemen*

$$z \in I\!\!R^q, \quad Az \leq 0, \quad a^T z > 0 \tag{49}$$

und

$$u \in I\!\!R_+^p, \quad A^T u = a \tag{50}$$

ist stets genau eines lösbar.

Beweis: Falls beide Systeme gleichzeitig eine Lösung z bzw. u besitzen würden, erhält man mit (49), (50)

$$0 \geq u^T A z = a^T z > 0,$$

also einen Widerspruch. Für den vollständigen Beweis der Aussage des Lemmas genügt es nun zu zeigen, daß aus der Unlösbarkeit von (50) die Lösbarkeit von (49) folgt.

Annahme: Es sei (50) nicht lösbar. Damit gilt

$$a \notin B := \{\, x = A^T u, \ u \in I\!\!R_+^p \,\}.$$

Da B ein abgeschlossener konvexer Kegel ist (vgl. Übungsaufgabe 1.4), besitzt die Minimierungsaufgabe

$$(x - a)^T (x - a) \to \min! \quad \text{bei} \quad x \in B \tag{51}$$

eine eindeutige Lösung $\tilde{x} \in B$. Wegen $a \notin B$ gilt $z \neq 0$ für $z := a - \tilde{x}$. Nach Kriterium (29) aus Lemma 1.6 hat man mit der speziellen Zielfunktion von (51) nun

$$z^T \tilde{x} = 0, \quad z^T x \leq 0 \quad \text{für alle } x \in B.$$

Aus dem ersten Teil und der Definition von z folgt $0 < z^T z = a^T z$. Der zweite Teil ist äquivalent dazu, daß $(Az)^T u = z^T A^T u \leq 0$ für alle $u \in \mathbb{R}^p_+$ gilt. Dies liefert $Az \leq 0$, und z löst (49). ∎

Bemerkung 1.4 Ist K ein Kegel, so gilt nach der Definition des polaren Kegels K^* die Äquivalenz

$$a^T z \geq 0 \quad \text{für alle } z \in K \quad \Longleftrightarrow \quad a \in K^*.$$

Das Lemma von Farkas liefert damit eine Darstellung des zu

$$K := \{ z \in \mathbb{R}^q : Az \geq 0 \}$$

polaren Kegels K^* in der Form

$$K^* = \{ z \in \mathbb{R}^q : z = A^T u, \ u \in \mathbb{R}^p_+ \}.$$

Durch nochmalige Anwendung dieser Schlußweise erhält man einen Beweis des Bipolarensatzes (Lemma 1.1) für polyedrische Kegel. □

Durch Anwendung des Lemmas von Farkas erhält man unmittelbar die folgenden, als **John-Bedingungen** (52) bzw. **Kuhn-Tucker-Bedingungen** (53) bezeichneten, zu (47) bzw. zu (48) äquivalenten Optimalitätskriterien.

SATZ 1.2 *Es sei $\bar{x} \in G$ eine lokale Lösung von Problem (46). Dann existieren Zahlen $\bar{u}_0$ und $\bar{u}_j$, $j \in I_0(\bar{x})$, derart, daß*

$$
\begin{aligned}
\bar{u}_0 \nabla f(\bar{x}) + \sum_{j \in I_0(\bar{x})} \bar{u}_j \nabla g_j(\bar{x}) &= 0, \\
\bar{u}_0 + \sum_{j \in I_0(\bar{x})} \bar{u}_j &= 1, \\
\bar{u}_0 \geq 0, \quad \bar{u}_j &\geq 0, \ j \in I_0(\bar{x}).
\end{aligned}
\tag{52}
$$

Ist ferner in $\bar{x}$ die constraint qualification erfüllt, so gilt $\bar{u}_0 \neq 0$. Damit existieren $\bar{u}_j$, $j \in I_0(\bar{x})$, mit

$$
\begin{aligned}
\nabla f(\bar{x}) + \sum_{j \in I_0(\bar{x})} \bar{u}_j \nabla g_j(\bar{x}) &= 0, \\
\bar{u}_j &\geq 0, \ j \in I_0(\bar{x}).
\end{aligned}
\tag{53}
$$

Beweis: Wir zeigen zunächst, daß (52) äquivalent zu (47) ist. Werden die Spalten der $(n+1, p)$-Matrix A^T mit $p = |I_0(\bar{x})| + 1$ gewählt gemäß

$$\begin{pmatrix} \nabla f(\bar{x}) \\ 1 \end{pmatrix} \in \mathbb{R}^{n+1} \quad \text{bzw.} \quad \begin{pmatrix} \nabla g_j(\bar{x}) \\ 1 \end{pmatrix} \in \mathbb{R}^{n+1}, \ j \in I_0(\bar{x}),$$

und wird $a = e^{n+1} \in \mathbb{R}^{n+1}$ gesetzt, so gilt (47) genau dann, wenn das System

$$Az \leq 0, \quad a^T z > 0$$

unlösbar ist. Nach dem Lemma von Farkas ist damit (47) äquivalent dazu, daß

$$A^T u = a, \quad u \geq 0$$

eine Lösung besitzt. Mit der speziellen Wahl der Matrix A und des Vektors a ist dies gleichbedeutend mit der Lösbarkeit von (52).

Der Nachweis der Kuhn-Tucker-Bedingungen (53) erfolgt analog. Hierzu wird das Farkas-Lemma auf die Matrix A^T mit den Vektoren $\nabla g_i(\bar{x})$, $i \in I_0(\bar{x})$, als Spalten und mit $a = -\nabla f(\bar{x}) \in \mathbb{R}^n$ angewandt. ∎

Die Kuhn-Tucker-Bedingungen lassen sich wie in Abbildung 1.3 gezeigt geometrisch so interpretieren, daß $\nabla f(\bar{x})$ Element des Kegels K sein muß, der durch die Gradientenvektoren $\nabla g_i(\bar{x})$ der aktiven Restriktionen aufgespannt wird.

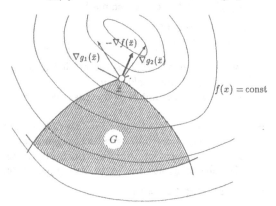

Abbildung 1.3: Kuhn-Tucker-Bedingungen

Bemerkung 1.5 Da $\bar{x} \in G$ gilt, können die Kuhn-Tucker-Bedingungen (53) auch in der folgenden Form dargestellt werden:

$$\nabla f(\bar{x}) + \sum_{j=1}^{m} \bar{u}_j \, \nabla g_j(\bar{x}) = 0,$$
$$\bar{u}^T g(\bar{x}) = 0, \tag{54}$$
$$\bar{u} \in \mathbb{R}_+^m, \quad g(\bar{x}) \leq 0.$$

Analog lassen sich auch die John-Bedingungen (52) in einer (54) entsprechenden Form schreiben. □

Die in (54) enthaltene Gleichung $\bar{u}^T g(\bar{x}) = 0$ wird **Komplementaritätsbedingung** genannt.

KOROLLAR 1.2 *Sind die Funktionen f und g_i, $i = 1(1)m$, zusätzlich konvex, dann sind die Kuhn-Tucker-Bedingungen hinreichend dafür, daß $\bar{x}$ optimale Lösung von (46) ist.*

Beweis: Aus der Konvexität der Funktionen g_i, $i = 1(1)m$, folgt die Konvexität des zulässigen Bereiches. Damit gilt

$$\{ d \in \mathbb{R}^n : \bar{x} + d \in G \} \subset Z(\bar{x}).$$

Mit der Äquivalenz von (54) und (44), Lemma 1.8 sowie mit der Ungleichung (27) erhält man die obige Aussage. ∎

Zur weiteren Vereinfachung der Darstellung der Kuhn-Tucker-Bedingungen wie auch zur Gewinnung anderer Optimalitätsbedingungen, insbesondere hinreichender, eignet sich die dem Ausgangsproblem (46) zugeordnete **Lagrange-Funktion**

$$L(x,u) := f(x) + u^T g(x), \qquad x \in I\!\!R^n, \ u \in I\!\!R^m_+. \tag{55}$$

Die Kuhn-Tucker-Bedingungen lassen sich mit Hilfe der Lagrange-Funktion darstellen in der Form (vgl. auch Beweis zu Lemma 1.11)

$$
\begin{aligned}
\nabla_x L(\bar{x},\bar{u}) &= 0, \quad \bar{u} \in R^m_+ \\
\nabla_u L(\bar{x},\bar{u})^T \bar{u} &= 0, \quad \nabla_u L(\bar{x},\bar{u})^T u \leq 0, \quad \text{für alle } u \in I\!\!R^m_+.
\end{aligned}
\tag{56}
$$

Dabei bezeichnen $\nabla_x L(\bar{x},\bar{u})$ und $\nabla_u L(\bar{x},\bar{u})$ die partiellen Gradienten von $L(\cdot,\cdot)$ bezüglich $x \in I\!\!R^n$ bzw. $u \in I\!\!R^m$ im Punkt $(\bar{x},\bar{u})$.

Im Kapitel 2 werden wir ferner mit Hilfe der Lagrange-Funktion Dualitätsaussagen begründen.

Der im Abschnitt 1.1 begründete Zugang zu notwendigen Optimalitätsbedingungen basiert auf dem Konzept der zulässigen Richtungen $Z(\bar{x})$. Dies ist jedoch in der genutzten einfachen Form nicht auf Probleme mit Restriktionen in Gleichungsform anwendbar. Man überzeugt sich z.B. leicht, daß in jedem Punkt

$$\bar{x} \in G := \{ x \in I\!\!R^2 : x_1^2 + x_2^2 = 1 \}$$

gilt $Z(\bar{x}) = \{0\}$. Stellt man die Menge G äquivalent durch

$$G = \{ x \in I\!\!R^2 : x_1^2 + x_2^2 \leq 1, \ x_1^2 + x_2^2 \geq 1 \}$$

dar, so ist in keinem Punkt $\bar{x} \in G$ die constraint qualification erfüllt. Die klassische Multiplikatorenregel

$$\nabla_x L(\bar{x},\bar{u}) = 0, \qquad \nabla_u L(\bar{x},\bar{u}) = 0$$

läßt sich damit nicht aus (54) gewinnen. Eine Möglichkeit zur Überwindung dieser Schwierigkeiten besteht darin, die zulässigen Richtungen im Punkte $\bar{x}$ durch asymptotisch zulässige Richtungen

$$\tilde{Z}(\bar{x}) := \operatorname{cone} \left\{ d \in X : \exists \{x^k\} \subset G, \ x^k \neq \bar{x}, \ x^k \to \bar{x}, \ \frac{x^k - \bar{x}}{\|x^k - \bar{x}\|} \to d \right\} \tag{57}$$

zu erweitern. Analog zu (20) erhält man die Bedingung

$$(f'(\bar{x}),d) \geq 0 \qquad \text{für alle } d \in \tilde{Z}(\bar{x}) \tag{58}$$

als notwendiges lokales Optimalitätskriterium im Punkt $\bar{x} \in G$, die wegen $Z(\bar{x}) \subset \tilde{Z}(\bar{x})$ eine Verallgemeinerung von (20) bildet (vgl. auch [Sch89]). Nach Konstruktion (57) ist die Menge $\tilde{Z}(\bar{x})$ abgeschlossen. Für polyedrische Ordnungskegel $K \subset Y$ gilt ferner $\tilde{Z}(\bar{x}) \subset T(\bar{x})$. Die Forderung

$$\tilde{Z}(\bar{x}) = T(\bar{x}) \tag{59}$$

bildet damit eine gegenüber (43) abgeschwächte constraint qualification.

In Anwendung des eben Dargelegten betrachten wir das Optimierungsproblem

$$f(x) \to \min !$$
$$\text{bei } x \in G := \left\{ x \in I\!R^n : \begin{array}{l} g_i(x) \leq 0, \ i = 1(1)m, \\ h_j(x) = 0, \ j = 1(1)l \end{array} \right\}. \tag{60}$$

Analog zu Satz 1.2 gilt hierfür

SATZ 1.3 *Es seien* f, g_i, h_j *stetig differenzierbar, und es gelte für* $\bar{x} \in G$ *die Regularitätsbedingung (59), d.h. es sei*

$$\tilde{Z}(\bar{x}) = \left\{ d \in I\!R^n : \begin{array}{l} \nabla g_i(\bar{x})^T d \leq 0, \ i \in I_0(\bar{x}), \\ \nabla h_j(\bar{x})^T d = 0, \ j = 1(1)l \end{array} \right\}. \tag{61}$$

Ist $\bar{x}$ *eine lokale Lösung von (60), dann gibt es ein* $\bar{u} \in I\!R_+^m$ *und ein* $\bar{v} \in I\!R^l$ *mit*

$$\nabla f(\bar{x}) + \sum_{i=1}^{m} \bar{u}_i \nabla g_i(\bar{x}) + \sum_{j=1}^{l} \bar{v}_j \nabla h_j(\bar{x}) = 0,$$
$$\bar{u}_i g_i(\bar{x}) = 0, \ i = 1(1)m. \tag{62}$$

Der Nachweis dieses Satzes kann über (58) und die in Übung 1.9 angegebene Modifikation des Lemmas von Farkas erfolgen.

Wir wenden uns nun hinreichenden Optimalitätskriterien für (46) zu. Ein Element $(\bar{x}, \bar{u}) \in I\!R^n \times I\!R_+^m$ heißt **Sattelpunkt** der Lagrange-Funktion, wenn gilt

$$L(\bar{x}, u) \leq L(\bar{x}, \bar{u}) \leq L(x, \bar{u}) \quad \text{für alle } x \in I\!R^n, \ u \in I\!R_+^m. \tag{63}$$

Durch Einschränkung der Variablen x auf eine Umgebung $U(\bar{x})$ von $\bar{x}$ lassen sich in gleicher Weise lokale Sattelpunkte definieren und analog zu den nachfolgenden Untersuchungen Beziehungen zu lokalen Minima zeigen (vgl. Bemerkung 1.6).

Für differenzierbare Ziel- und Restriktionsfunktionen erhält man durch Anwendung von Lemma 1.6 auf beide in den Ungleichungen (63) bezüglich $L(\bar{x}, \cdot)$ bzw. $L(\cdot, \bar{u})$ enthaltenen Optimalitätsaussagen als notwendiges Kriterium

$$\nabla_x L(\bar{x}, \bar{u}) = 0,$$
$$\nabla_u L(\bar{x}, \bar{u}) \leq 0,$$
$$u^T \nabla_u L(\bar{x}, \bar{u}) = 0,$$
$$\bar{u} \geq 0$$

für das Vorliegen eines Sattelpunkts von $L(\cdot, \cdot)$ in $(\bar{x}, \bar{u})$. Bei Erfüllung einer constraint qualification entsprechen diese den Kuhn-Tucker-Bedingungen (54).

Setzt man voraus, daß $(\bar{x}, \bar{u})$ ein (globaler) Sattelpunkt im Sinne der Definition (63) ist, so folgt sogar

LEMMA 1.11 *Es sei* $(\bar{x}, \bar{u}) \in I\!R^n \times I\!R_+^m$ *ein Sattelpunkt der Lagrange-Funktion* $L(\cdot, \cdot)$. *Dann ist* $\bar{x}$ *optimale Lösung des Ausgangsproblems (46).*

Beweis: Da die Menge $I\!R_+^m$ ein abgeschlossener konvexer Kegel ist, erhält man aus (29) und dem linken Teil der Sattelpunktungleichung (63) nun

$$\nabla_u L(\bar{x}, \bar{u})^T \bar{u} = 0, \qquad \nabla_u L(\bar{x}, \bar{u})^T u \leq 0 \quad \text{für alle } u \in I\!R_+^m. \tag{64}$$

Mit der Definition der Lagrange-Funktion gilt für den partiellen Gradienten bez. u die Identität $\nabla_u L(\bar{x}, \bar{u}) = g(\bar{x})$, und damit erhält man aus (64) die Bedingung

$$\bar{u}^T g(\bar{x}) = 0 \qquad \text{sowie} \qquad g(\bar{x}) \leq 0.$$

Insbesondere ist damit $\bar{x}$ zulässig für das Problem (46). Es sei $x \in G$ beliebig. Mit dem rechten Teil der Sattelpunktungleichung (63) und $\bar{u} \geq 0$ folgt nun

$$f(\bar{x}) = L(\bar{x}, \bar{u}) \leq L(x, \bar{u}) \leq f(x).$$

Also löst $\bar{x}$ das Problem (46). ∎

Bemerkung 1.6 Das angegebene hinreichende Optimalitätskriterium läßt sich in einfacher Weise auf Funktionenräume übertragen. Ebenso können zusätzliche Beschränkungen einbezogen werden. Es seien X, Y Hilbert-Räume und $f : X \to I\!R$, $g : X \to Y$. Ferner bezeichne $K \subset Y$ einen Ordnungskegel in Y sowie $D \subset X$ eine nichtleere Menge. Bildet $(\bar{x}, \bar{y}) \in D \times K^*$ einen eingeschränkten Sattelpunkt der Lagrange-Funktion $L(x, y) := f(x) + (y, g(x))$ im Sinne von

$$L(\bar{x}, y) \leq L(\bar{x}, \bar{y}) \leq L(x, \bar{y}) \qquad \text{für alle } x \in D,\ y \in K^*,$$

dann löst $\bar{x}$ das Problem

$$f(x) \to \min ! \quad \text{bei} \quad x \in G := \{\, x \in D : g(x) \leq 0 \,\}.$$

Wird als Menge D speziell eine Umgebung des Punktes $\bar{x}$ gewählt, so erhält man hinreichende lokale Optimalitätskriterien. □

Das mit Lemma 1.11 gegebene hinreichende Optimalitätskriterium erscheint auf den ersten Blick sowohl einfach als auch leistungsfähig. Schwierigkeiten liegen jedoch einerseits darin, daß selbst bei vorausgesetzter Existenz einer Lösung des nichtlinearen Optimierungsproblems die Existenz eines Sattelpunktes nicht gesichert ist und andererseits eine effektive lokale Charakterisierung von Sattelpunkten aufwendig ist. Beide Aspekte vereinfachen sich z.B. wesentlich, wenn die Ausgangsaufgabe (46) ein konvexes Optimierungsproblem ist.

Eine weitere wichtige Nutzung erfährt die Lagrange-Funktion bei der Gewinnung von unteren Schranken für den Optimalwert sowie bei der Begründung dualer Probleme, wie im Kapitel 2 gezeigt wird.

Das lokale Konvexitätsverhalten einer zweimal stetig differenzierbaren Funktion f läßt sich mit Hilfe der **Hesse-Matrix** $\nabla^2 f(x) := (p_{ij})_{i,j=1}^n$ mit $p_{ij} := \dfrac{\partial^2 f}{\partial x_i \partial x_j}(x)$ charakterisieren. So ist die Bedingung

$$\nabla f(\bar{x}) = 0 \quad \text{und} \quad \nabla^2 f(\bar{x}) \text{ positiv definit} \tag{65}$$

hinreichend dafür, daß f im Punkt $\bar{x} \in I\!\!R^n$ ein isoliertes lokales Minimum annimmt, d.h. es gibt eine Umgebung $U(\bar{x})$ mit

$$f(\bar{x}) < f(x) \qquad \text{für alle } x \in U(\bar{x}),\ x \neq \bar{x}.$$

Entsprechend bilden die Kuhn-Tucker-Bedingungen in $\bar{x}$ mit der Zusatzforderung der positiven Definitheit von $\nabla^2 f(\bar{x})$ ein hinreichendes Optimalitätskriterium für lokale Lösungen von (46). Da im Unterschied zu einer Aufgabe ohne Nebenbedingungen einerseits die zulässigen Richtungen eingeschränkt sind und andererseits die Ableitungen der Zielfunktion in zulässige Richtungen nicht notwendig verschwinden, erweist sich die positive Definitheit von $\nabla^2 f(\bar{x})$ als eine i.allg. zu starke Forderung. Eine sachgemäße Verallgemeinerung von (65) liefert

SATZ 1.4 *Es seien die Funktionen f und g_i, $i = 1(1)m$, zweimal stetig differenzierbar. Zu $\bar{x} \in G$ existiere ein $\bar{u} \in I\!\!R_+^m$ derart, daß $(\bar{x}, \bar{u})$ den Kuhn-Tucker-Bedingungen (54) genügt. Ferner gelte*

$$w^T \nabla_{xx}^2 L(\bar{x}, \bar{u})\, w > 0 \tag{66}$$

für alle $w \in I\!\!R^n$, $w \neq 0$ mit

$$\begin{aligned} \nabla g_i(\bar{x})^T w &\leq 0, \qquad i \in I_0(\bar{x}) \backslash I_+(\bar{x}), \\ \nabla g_i(\bar{x})^T w &= 0, \qquad i \in I_+(\bar{x}). \end{aligned} \tag{67}$$

Hierbei bezeichnen $\nabla_{xx}^2 L(\bar{x}, \bar{u})$ die partielle Hesse-Matrix von $L(\cdot, \cdot)$ bez. x im Punkt $(\bar{x}, \bar{u})$ und

$$I_+(\bar{x}) := \{\, i \in I_0(\bar{x})\ :\ \bar{u}_i > 0 \,\}.$$

Dann ist $\bar{x}$ eine isolierte lokale Minimumstelle des Optimierungsproblems (46).

Beweis: Wir führen den Beweis indirekt. Ist $\bar{x} \in G$ kein isoliertes lokales Minimum von (46), dann gibt es eine Folge $\{x^k\} \subset G$ mit

$$\lim_{k \to \infty} x^k = \bar{x}, \qquad x^k \neq \bar{x}, \qquad f(x^k) \leq f(\bar{x}), \qquad k = 1, 2, \ldots . \tag{68}$$

Wir setzen

$$s^k := \frac{x^k - \bar{x}}{\|x^k - \bar{x}\|}, \qquad \alpha_k := \|x^k - \bar{x}\|, \qquad k = 1, 2, \ldots .$$

Damit gilt $x^k = \bar{x} + \alpha_k s^k$. Wegen $\|s^k\| = 1$, $k = 1, 2, \ldots$ ist die Folge $\{s^k\}$ kompakt. Es kann daher o.B.d.A. angenommen werden, daß ein $\bar{s} \in I\!\!R^n$ existiert mit $\lim_{k \to \infty} s^k = \bar{s}$. Da die Funktionen f und g_i, $i = 1(1)m$, stetig differenzierbar sind, gilt

$$\left.\begin{aligned} f(x^k) &= f(\bar{x}) + \alpha_k \nabla f(\bar{x})^T s^k + o(\alpha_k), \\ g_i(x^k) &= g_i(\bar{x}) + \alpha_k \nabla g_i(\bar{x})^T s^k + o_i(\alpha_k),\ i = 1(1)m, \end{aligned}\right\} \quad k = 1, 2, \ldots .$$

Mit $\{x^k\} \subset G$ und $f(x^k) \le f(\bar{x})$ folgen hieraus für $k \to \infty$ die Abschätzungen

$$\nabla f(\bar{x})^T \bar{s} \le 0 \quad \text{und} \quad \nabla g_i^T \bar{s} \le 0, \; i \in I_0(\bar{x}). \tag{69}$$

Wir nutzen nun die Kuhn-Tucker-Bedingungen (56) und erhalten

$$0 = \nabla_x L(\bar{x}, \bar{u})^T \bar{s} = \nabla f(\bar{x})^T \bar{s} + \sum_{i \in I_0(\bar{x})} \bar{u}_i \nabla g_i(\bar{x})^T \bar{s} \le \bar{u}_j \nabla g_j(\bar{x})^T \bar{s} \le 0$$

für jedes $j \in I_0(\bar{x})$. Speziell für $j \in I_+(\bar{x})$ liefert dies $\nabla g_j(\bar{x})^T \bar{s} = 0$. Nach Voraussetzung (66), (67) gilt mit (69) folglich

$$\bar{s}^T \nabla_{xx}^2 L(\bar{x}, \bar{u}) \, \bar{s} > 0. \tag{70}$$

Aus der Taylorschen Formel erhält man

$$L(x^k, \bar{u}) = L(\bar{x}, \bar{u}) + \alpha_k \nabla_x L(\bar{x}, \bar{u})^T s^k + \frac{\alpha_k^2}{2} s^{kT} \nabla_{xx}^2 L(\bar{x} + \xi_k s^k, \bar{u}) s^k \tag{71}$$

mit $\xi_k \in (0, \alpha_k)$. Wegen $\bar{u} \ge 0$ und (68) ist $L(x^k, \bar{u}) \le L(\bar{x}, \bar{u})$, $k = 1, 2, \ldots$. Unter Beachtung von $\nabla_x L(\bar{x}, \bar{u}) = 0$ folgt aus (71) damit

$$s^{kT} \nabla_{xx}^2 L(\bar{x} + \xi_k s^k, \bar{u}) s^k \le 0.$$

Da die Funktionen f und g_i, $i = 1(1)m$, zweimal stetig differenzierbar sind und $\alpha_k \to 0$ für $s^k \to \bar{s}$ gilt, liefert dies für $k \to \infty$ einen Widerspruch zu (70). Also war die Annahme falsch. Damit ist die Aussage des Satzes nachgewiesen ∎

Bemerkung 1.7 Falls zusätzlich die **strenge Komplementaritätsbedingung**

$$\bar{u}_i > 0 \quad \Longleftrightarrow \quad g_i(\bar{x}) = 0$$

im Punkt $(\bar{x}, \bar{u})$ erfüllt ist, reduziert sich die Definitheitsforderung (66), (67) wegen $I_+(\bar{x}) = I_0(\bar{x})$ zu

$$w^T \nabla_{xx}^2 L(\bar{x}, \bar{u}) w > 0 \qquad \begin{array}{l} \text{für alle } w \in \mathbb{R}^n, \; w \ne 0 \\ \text{mit } \nabla g_i(\bar{x})^T w = 0, \; i \in I_0(\bar{x}). \end{array} \tag{72}$$

Beispiel 1.4 Gegeben sei das Problem

$$\begin{aligned} f(x) &:= -x_1^2 + x_2^2 \to \min ! \\ \text{bei} \quad x \in G &:= \{ x \in \mathbb{R}^2 : 0 \le x_1 \le 1, \; -1 \le x_2 \le 1 \}. \end{aligned} \tag{73}$$

Werden die Restriktionen dieser Aufgabe mit

$$g_1(x) := -x_1, \; g_2(x) := x_1 - 1, \; g_3(x) := -x_2 - 1, \; g_4(x) = x_2 - 1$$

bezeichnet, so hat man $I_0(\bar{x}) = \{2\}$ für $\bar{x} = \begin{pmatrix} 1 \\ 0 \end{pmatrix}$, und mit $\bar{u}_2 = 2$ sowie $\bar{u}_j = 0$, $j \notin I_0(\bar{x})$, sind die Kuhn-Tucker-Bedingungen erfüllt. Die zugehörige Hesse-Matrix hat die Gestalt $\nabla_{xx}^2 L(\bar{x}, \bar{u}) = \begin{pmatrix} -2 & 0 \\ 0 & 2 \end{pmatrix}$. Diese ist offensichtlich indefinit.

Da die Bedingung (72) erfüllt ist, kann Satz 1.4 angewandt werden. Damit ist $\bar{x}$ ein isoliertes lokales Minimum von (73). $\square$

Übung 1.8 Bestimmen Sie die optimale Lösung von

$$f(x) = -x_1^2 + x_2^2 \to \min ! \qquad \text{bei } x \in I\!\!R_+^2, \ (x_1 + 1)(x_2 + 2) \le 4$$

durch die Ermittlung der Kuhn-Tucker-Punkte und den Vergleich der Funktionswerte. Skizzieren Sie den zulässigen Bereich der Aufgabe.

Übung 1.9 Durch Zurückführung auf das Lemma von Farkas beweise man, daß genau eines der beiden Systeme

$$Az \le 0, \quad Bz = 0, \quad c^T z > 0 \qquad \text{und} \qquad A^T v + B^T w = c, \quad v \ge 0$$

lösbar ist.

Übung 1.10 Es seien $P \subset X$ und $Q \subset Y$ abgeschlossene konvexe Kegel. Für eine differenzierbare Funktion $L : P \times Q \to I\!\!R$ gebe man eine notwendige Bedingung dafür an, daß $(\bar{x}, \bar{y}) \in P \times Q$ Sattelpunkt von $L(\cdot, \cdot)$ ist, d.h.

$$L(\bar{x}, y) \le L(\bar{x}, \bar{y}) \le L(x, \bar{y}) \qquad \text{für alle } x \in P, \ y \in Q.$$

Übung 1.11 Es seien $a^i \in I\!\!R^n$, $i = 1(1)m$, und $b^j \in R^n$, $j = 1(1)l$, beliebige Vektoren, und es bezeichne $A := (a^i)_{i=1}^m$, $B := (b^j)_{j=1}^l$ die mit a^i bzw. b^j als Spalten gebildeten (n, m)- bzw. (n, l)-Matrizen. Zeigen Sie, daß die folgenden Aussagen äquivalent sind:

i) $\displaystyle\sum_{i=1}^m \alpha_i a^i + \sum_{j=1}^l \beta_j b^j = 0,$ $\implies$ $\alpha_i = 0, \ i = 1(1)m,$
$\alpha_i \ge 0, \ i = 1(1)m,$ $\qquad\qquad\quad$ $\beta_j = 0, \ j = 1(1)l,$

ii) Es existiert ein $\gamma > 0$ mit

$$\|Ax + By\| \ge \gamma \left(\|x\| + \|y\| \right) \qquad \text{für alle } x \in I\!\!R_+^m, \ y \in I\!\!R^l.$$

Übung 1.12 Man zeige, daß die in Übung 1.11 gegebenen Bedingungen mit $a^i := \nabla g_i(\bar{x})$, $i \in I_0(\bar{x})$, und $b^j := \nabla h_j(\bar{x})$, $j = 1(1)l$, hinreichend dafür sind, daß die Regularitätsbedingung (61) für das Problem (60) erfüllt ist.

Übung 1.13 Beweisen Sie Satz 1.3.

Übung 1.14 Es sei B eine (m, n)-Matrix. Wie lautet der zu $\mathcal{N}(B) := \{ x \in I\!\!R^n : Bx = 0 \}$ gehörige polare Kegel? Zeigen Sie mit Hilfe des Lemmas von Farkas, daß stets genau eines der Systeme

$$Bx = 0, \quad b^T x \ne 0 \qquad \text{oder} \qquad B^T u = b$$

lösbar ist.

1.3 Semiinfinite Probleme und Approximationsaufgaben

Es seien X, Y lineare Räume, und in Y sei eine Halbordnung durch einen abgeschlossenen konvexen Kegel induziert. Unter der allgemeinen Optimierungsaufgabe

$$f(x) \to \min ! \quad \text{bei } x \in G := \{ x \in X : g(x) \leq 0 \} \tag{74}$$

mit einer Funktion $f : X \to I\!\!R$ und einer Abbildung $g : X \to Y$ besitzen diejenigen einige besondere Eigenschaften, bei denen nur jeweils einer der Räume X oder Y unendlichdimensional ist. Derartige Aufgaben heißen **semiinfinite Optimierungsprobleme**, wobei im engeren Sinne häufig der Fall $X = I\!\!R^n$ und $\dim Y = +\infty$ darunter verstanden wird (vgl. [HZ82]). Modelle dieses Typs treten z.B. auf bei:

- der Approximation von Funktionen mit Hilfe endlichdimensionaler Ansätze;
- der Interpolation bzw. Approximation mit Nebenbedingungen;
- der Dimensionierung von Robotern unter Beachtung der Kollisionsfreiheit;
- der Dimensionierung von Koppelgetrieben unter Berücksichtigung von Schranken für Übertragungswinkel.

Wir betrachten zunächst die Aufgabe der linearen T-Approximation (Tschebyscheff-Approximation). Gegeben seien stetige Funktionen $s : [0,1] \to I\!\!R$ und $\varphi_j : [0,1] \to I\!\!R$, $j = 1(1)l$. Gesucht sind Koeffizienten $c_j \in I\!\!R$, $j = 1(1)l$, so, daß

$$\left\| \sum_{j=1}^{l} c_j \varphi_j - s \right\|_\infty := \max_{t \in [0,1]} \left| \sum_{j=1}^{l} c_j \varphi_j(t) - s(t) \right|$$

minimal wird. Dieses Problem ist äquivalent zu

$$\sigma \to \min !$$

$$\text{bei} \quad \sum_{j=1}^{l} c_j \varphi_j(t) - s(t) \leq \sigma \quad \forall t \in [0,1],$$

$$-\sum_{j=1}^{l} c_j \varphi_j(t) + s(t) \leq \sigma \quad \forall t \in [0,1]. \tag{75}$$

Wählt man $X := I\!\!R^{l+1}$ mit $x_j := c_j$, $j = 1(1)l$, und $x_{l+1} := \sigma$ sowie $Y := C[0,1] \times C[0,1]$ mit der natürlichen punktweisen Halbordnung, dann läßt sich (75) als spezielles semiinfinites Optimierungsproblem des Typs (74) einordnen. Dabei wird

$$G := \{ x \in I\!\!R^{l+1} : -x_{l+1} \leq \sum_{j=1}^{l} x_j \varphi_j(t) - s(t) \leq x_{l+1}, \forall t \in [0,1] \} \tag{76}$$

und $f(x) := x_{l+1}$ gesetzt. Unabhängig von den Eigenschaften der vorgegebenen Ansatzfunktionen φ_j, $j = 1(1)l$, ist die Aufgabe (75) ein lineares und damit ein konvexes Optimierungsproblem. Bezeichnet man für $\bar{x} \in G$ mit

$$
\begin{aligned}
T_+(\bar{x}) &:= \{\, t \in [0,1] : \sum_{j=1}^{l} \bar{x}_j \varphi_j(t) - s(t) = \bar{x}_{l+1} \,\}, \\
T_-(\bar{x}) &:= \{\, t \in [0,1] : -\sum_{j=1}^{l} \bar{x}_j \varphi_j(t) + s(t) = \bar{x}_{l+1} \,\},
\end{aligned}
\tag{77}
$$

dann kann die Menge der zulässigen Richtungen dargestellt werden durch

$$
Z(\bar{x}) = \left\{ d \in I\!\!R^{l+1} :
\begin{array}{l}
\sum_{j=1}^{l} d_j \varphi_j(t) - d_{l+1} \leq 0, \ \forall\, t \in T_+(\bar{x}), \\
-\sum_{j=1}^{l} d_j \varphi_j(t) - d_{l+1} \leq 0, \ \forall\, t \in T_-(\bar{x})
\end{array}
\right\}.
\tag{78}
$$

Das Optimalitätskriterium (20) liefert somit

$$
d_{l+1} \geq 0 \qquad \text{für alle } d \in Z(\bar{x}).
\tag{79}
$$

Wegen der Konvexität der Aufgabe ist die Bedingung (79) auch hinreichend dafür, daß $\bar{x} \in G$ das semiinfinite Problem (75) löst. Eine in der Approximationstheorie verbreitete andere Formulierung von (79) geht nicht von der Repräsentation durch die Parameter c_j, $j = 1(1)l$, sondern von einem abgeschlossenen linearen Unterraum $W \subset C[0,1]$ aus. In unserem Fall ist $W = \text{span } \{\varphi_j\}_{j=1}^{l}$. Das Ausgangsproblem besitzt damit die Form

$$
\|w - s\|_\infty \to \min ! \qquad \text{bei } w \in W.
\tag{80}
$$

Analog zu $T_+(\bar{x})$, $T_-(\bar{x})$ bezeichne

$$
\begin{aligned}
\mathcal{E}_+(\bar{w}) &:= \{\, t \in [0,1] : (\bar{w} - s)(t) = \|\bar{w} - s\|_\infty \,\}, \\
\mathcal{E}_-(\bar{w}) &:= \{\, t \in [0,1] : (\bar{w} - s)(t) = -\|\bar{w} - s\|_\infty \,\},
\end{aligned}
\tag{81}
$$

mit der Maximumnorm $\|\cdot\|_\infty$, und wir setzen $\mathcal{E}(\bar{w}) := \mathcal{E}_+(\bar{w}) \cup \mathcal{E}_-(\bar{w})$, d.h.

$$
\mathcal{E}(\bar{w}) = \{\, t \in [0,1] : |\bar{w}(t) - s(t)| = \|\bar{w} - s\|_\infty \,\}.
\tag{82}
$$

Werden $\bar{x} \in G$ und $\bar{w} \in W$ durch

$$
\bar{w}(t) = \sum_{j=1}^{l} \bar{x}_j \varphi_j(t), \qquad t \in [0,1]
\tag{83}
$$

verbunden und beschränkt man sich auf den für das semiinfinite Problem (75) sachgemäßen Fall $\bar{x}_{l+1} := \sigma = \|\bar{w} - s\|_\infty$, dann gilt

$$
T_+(\bar{x}) = \mathcal{E}_+(\bar{w}) \qquad \text{sowie} \qquad T_-(\bar{x}) = \mathcal{E}_-(\bar{w}).
$$

Durch (83) wird eine eindeutige Zuordnung $\bar{x} \in I\!\!R^{l+1} \to \bar{w} \in W$ definiert. Die Eineindeutigkeit der Zuordnung läßt sich durch die lineare Unabhängigkeit der Ansatzfunktionen φ_j, $j = 1(1)l$, und $\bar{x}_{l+1} := \|\bar{w} - s\|_\infty$ sichern.
Die notwendige und hinreichende Optimalitätsbedingung (79) kann nun äquivalent in der folgenden Form dargestellt werden.

LEMMA 1.12 (Kolmogoroff-Kriterium) *Ein Element $\bar{w} \in W$ löst die Aufgabe (80) der T-Approximation genau dann, wenn kein $w \in W$ existiert mit*

$$w(t)\,[\bar{w}(t) - s(t)] < 0 \qquad \text{für alle } t \in \mathcal{E}(\bar{w}). \tag{84}$$

Wir definieren nun $q : \mathcal{E}(\bar{w}) \to I\!\!R^{l+1}$ durch

$$q(t) := \begin{pmatrix} -\varphi_1(t) \\ \cdot \\ \cdot \\ -\varphi_l(t) \\ 1 \end{pmatrix}, \, t \in \mathcal{E}_+(\bar{w}) \text{ und } q(t) := \begin{pmatrix} \varphi_1(t) \\ \cdot \\ \cdot \\ \varphi_l(t) \\ 1 \end{pmatrix}, \, t \in \mathcal{E}_-(\bar{w}). \tag{85}$$

Bezeichnet $P(\bar{w}) \subset I\!\!R^{l+1}$ den durch

$$P(\bar{w}) := \text{cone} \{\text{conv} \{ q(t) : t \in \mathcal{E}(\bar{w}) \} \} \tag{86}$$

erklärten Kegel, dann ist (79) äquivalent zu

$$e^{l+1} \in P(\bar{w}). \tag{87}$$

Auf Grund der Definition von $P(\bar{w})$ ist dies, wie auch die äquivalente Bedingung (79), ein i.allg. unendliches System von Ungleichungen. Die endliche Dimension des Raumes X erlaubt jedoch eine Reduktion auf endlich viele Ungleichungen. Grundlage hierfür ist das

LEMMA 1.13 (Carathéodory) *Es sei V ein linearer Raum mit $\dim V < +\infty$, und es sei $Q \subset V$. Dann gelten folgende Aussagen:*

    i) *Jedes $x \in \text{conv}\, Q$ läßt sich als Konvexkombination von höchstens $r \le \dim V + 1$ Elementen $q^j \in Q$, $j = 1(1)r$, darstellen.*

    ii) *Zu jedem Element $x \in \text{cone}\{\text{conv}\, Q\}$ existieren $q^j \in Q$, $j = 1(1)r$, mit $r \le \dim V$ derart, daß*

$$x = \sum_{j=1}^{r} \alpha_j q^j, \; \alpha_j \ge 0, \, j = 1(1)r.$$

Der Beweis des Lemmas wird als Übungsaufgabe gestellt.
Das Optimalitätskriterium (87) läßt sich nun weiter vereinfachen, denn nach dem Lemma von Carathéodory gibt es Zahlen $t_i \in \mathcal{E}(\bar{w})$, $i = 1(1)l + 1$, mit

$$e^{l+1} \in \text{cone} \{\text{conv} \{ q(t_i) : i = 1(1)l + 1 \} \},$$

d.h. mit gewissen $\alpha_i \geq 0$, $i = 1(1)l + 1$, gilt

$$e^{l+1} = \sum_{i=1}^{l+1} \alpha_i q(t_i). \tag{88}$$

Dies bildet eine spezielle Form der Kuhn-Tucker-Bedingungen (53). Ordnet man die Stellen t_i, $i = 1(1)l + 1$, in natürlicher Reihenfolge, d.h.

$$t_1 < t_2 < \ldots < t_l < t_{l+1},$$

so läßt sich unter Zusatzbedingungen zeigen, daß

$$(\bar{w} - s)(t_i) = -(\bar{w} - s)(t_{i+1}), \qquad i = 1(1)l,$$

gilt. Man nennt diese $\{t_i\}_{i=1}^{l+1}$ eine **Alternante** des Problems (80). Für weiterführende Untersuchungen verweisen wir z.B. auf [Hol72], [Kos91].

Bei der numerischen Behandlung semiinfiniter Probleme dominieren zwei Strategien, zum einen die Vorgabe eines hinreichend feinen Gitters über dem Intervall [0,1] für t, wodurch die unendlich vielen Restriktionen durch endlich viele ersetzt werden, oder zum anderen Verfahren zur Bestimmung wesentlicher Restriktionen (lokale Reduktion), d.h. zur Bestimmung der Alternante. Letztere Technik wird im Remes-Algorithmus genutzt (vgl. z.B. [Hol72]).

Wir geben nun ein kubisches C^1-Spline-Interpolationsproblem mit Nebenbedingungen als ein weiteres Beispiel für eine semiinfinite Optimierungsaufgabe an. Diese kann wegen ihrer speziellen Struktur auf ein endlichdimensionales Problem zurückgeführt werden.

Gegeben seien Funktionswerte s_i, $i = 0(1)N$, über einem Gitter $\{\tau_i\}_{i=0}^N$. Es gelte

$$a := \tau_0 < \tau_1 < \ldots < \tau_{N-1} < \tau_N =: b.$$

Ferner sei

$$W := \left\{ w \in C^1[a, b] : \begin{array}{l} w|_{\Omega_i} \in P_3(\Omega_i),\ i = 1(1)N, \\ w(\tau_i) = s_i,\ i = 0(1)N \end{array} \right\}, \tag{89}$$

wobei $\Omega_i := (\tau_{i-1}, \tau_i)$, $i = 1(1)N$, und $P_3(\Omega_i)$ die Polynome über Ω_i vom Höchstgrad 3 bezeichnen. Als Optimierungsproblem wird betrachtet

$$J(w) := \int_a^b [w''(t)]^2\, dt \to \min ! \tag{90}$$

$$\text{bei} \quad w \in G := \{ w \in W : w'' \geq 0 \text{ fast überall in } (a, b) \}.$$

Wählt man die durch die Bedingungen

$$\left. \begin{array}{ll} \varphi_i(\tau_j) = \delta_{ij}, & \varphi_i'(\tau_j) = 0 \\ \psi_i(\tau_j) = 0, & \psi_i'(\tau_j) = \delta_{ij} \end{array} \right\} \quad i, j = 0(1)N, \tag{91}$$

eindeutig bestimmten stückweise kubischen Funktionen φ_i, ψ_i (lokale Hermite-Basen) für den Ansatz

$$w(t) := \sum_{i=0}^{N} s_i \varphi_i(t) + \sum_{i=0}^{N} p_i \psi_i(t), \quad t \in [a, b] \tag{92}$$

mit Parametern $p_i \in \mathbb{R}$, $i = 0(1)N$, dann sind die Interpolationsbedingungen sowie die Glattheitsforderung $w \in C^1[a, b]$ automatisch erfüllt. Das Problem (90) reduziert sich unter Beachtung von (91), (92) zu

$$J(w) = \sum_{i=1}^{N} \int_{\tau_{i-1}}^{\tau_i} [s_{i-1}\varphi_{i-1}'' + s_i\varphi_i'' + p_{i-1}\psi_{i-1}'' + p_i\psi_i''] \, dt \to \min!$$

$$\text{bei} \quad s_{i-1}\varphi_{i-1}''(t) + s_i\varphi_i''(t) + p_{i-1}\psi_{i-1}''(t) + p_i\psi_i''(t) \geq 0 \tag{93}$$

$$\forall t \in \Omega_i, \; i = 1(1)N.$$

Wegen $w|_{\Omega_i} \in P_3(\Omega_i)$ hat man $w''|_{\Omega_i} \in P_1(\Omega_i)$, und damit wird das Infimum von w'' über Ω_i durch den Grenzwert in einem der Randpunkte τ_{i-1} oder τ_i realisiert. Damit sind die infiniten Nebenbedingungen von (93) unter Ausnutzung des vorliegenden Ansatzes äquivalent zu

$$\left.\begin{array}{l} [s_{i-1}\varphi_{i-1}'' + s_i\varphi_i'' + p_{i-1}\psi_{i-1}'' + p_i\psi_i''](\tau_{i-1}+0) \geq 0 \\[2mm] [s_{i-1}\varphi_{i-1}'' + s_i\varphi_i'' + p_{i-1}\psi_{i-1}'' + p_i\psi_i''](\tau_i-0) \geq 0 \end{array}\right\}, \; i = 1(1)N. \tag{94}$$

Das Problem ist also in diesem Spezialfall auf eine endlichdimensionale Optimierungsaufgabe zurückgeführt worden. Für die bei praktischen Anwendungen häufig auftretende große Anzahl N von Interpolationsstellen sind jedoch angepaßte Lösungsverfahren, welche die Struktur der Aufgabe nutzen, erforderlich. Für Problem (90) sowie damit verwandte Aufgaben wurden z.B. in [Sch92] spezielle Algorithmen vorgeschlagen und analysiert.

Abschließend sei noch einmal darauf hingewiesen, daß die einfache Struktur des Linearisierungskegels $Z(\bar{x})$ für Problem (75) wesentlich aus dem zugrunde gelegten linearen Ansatz resultiert. Entsprechend führen z.B. T-Approximationsaufgaben für Spline mit freien Knoten auf kompliziertere Optimalitätsbedingungen. Für neuere Untersuchungen verweisen wir z.B. auf [Mul92].

Übung 1.15 Beweisen Sie Lemma 1.13, das in der Literatur oft auch als Satz von Carathéodory bezeichnet wird.

Übung 1.16 Es seien $t_i \in [0, 1]$, $i = 1(1)m$, gegeben. Man zeige, daß dann das Problem

$$\max_{1 \leq i \leq m} \left| \sum_{j=1}^{l} c_j \varphi_j(t_i) - s(t_i) \right| \to \min! \quad \text{bei } c_j \in \mathbb{R}, \; j = 1(1)l, \tag{95}$$

eine Relaxation für (75) bildet. Unter welchen Bedingungen liefert eine Lösung von (95) auch eine Lösung von (75)? Man leite hieraus eine Strategie zur Ermittlung neuer Diskretisierungspunkte $t_i \in [0, 1]$ ab.

Übung 1.17 Ermitteln Sie bei vorgegebenem Gitter $\{\tau_i\}_{i=0}^N$ die durch (91) bestimmten stückweise kubischen, lokalen Hermite-Basen φ_i, ψ_i, $i = 0(1)N$. In welcher Form kann damit (90) als endlichdimensionales Optimierungsproblem dargestellt werden?

1.4 Probleme mit Ganzzahligkeitsforderung

Bei einer Reihe von Optimierungsmodellen wird neben anderen Restriktionen die Ganzzahligkeit aller oder einzelner Komponenten der gesuchten Lösung gefordert. Dies schränkt die direkte Anwendbarkeit von auf der Taylorschen Formel basierenden Linearisierungen sowohl für Optimalitätskriterien als auch zur Begründung numerischer Verfahren ein. Mit Hilfe von Relaxationen können jedoch einige Techniken zur Behandlung stetiger Probleme auf Teilaufgaben, die in Verfahren für Optimierungsprobleme mit Ganzzahligkeitsforderungen erzeugt werden, übertragen (vgl. auch Kapitel 10 und 12) und effektiv zu deren Lösung eingesetzt werden.

Gibt es nur endlich viele Variable, unterliegen alle Variablen einer Ganzzahligkeitsforderung und ist der zulässige Bereich beschränkt, dann enthält dieser nur endlich viele Elemente. Prinzipiell erlaubt dies auch den Einsatz gezielter Enumerationstechniken, d.h. von Verfahren, die mit einer geeigneten Strategie nacheinander unterschiedliche zulässige Lösungen erzeugen und nach Vergleich der zugehörigen Zielfunktionswerte bewerten. Hierbei ist jedoch zu beachten, daß ganzzahlige Optimierungsprobleme wegen ihrer Verwandtschaft zu kombinatorischen Aufgaben eine mit der Dimension i.allg. exponentiell wachsende Zahl zulässiger Lösungen besitzen. Das schließt eine vollständige Enumeration, d.h. die Bestimmung aller zulässigen Lösungen, als praktikable numerische Technik aus. Häufig werden mit Verfahren nur Näherungslösungen ermittelt, um die Zahl der zu ihrer Bestimmung erforderlichen Operationen zu begrenzen. Das als **Komplexität** bezeichnete Maß für den Aufwand eines Algorithmus in Abhängigkeit der Zahl der Variablen und der Restriktionen besitzt für Verfahren der diskreten Optimierung daher eine exponierte Bedeutung. Wir wenden uns dieser Frage im Kapitel 7 exemplarisch zu.

Als ein konkretes Modell zur ganzzahligen Optimierung betrachten wir das

Beispiel 1.5 Aus Profilen der Länge L sind Teilstücke unterschiedlicher Längen L_j, $j = 1(1)m$, zu fertigen. Dabei soll die Gesamtzahl der zu zerschneidenden Profile minimiert werden bei Sicherung eines vorgegebenen Bedarfs b_j, $j = 1(1)m$, für die jeweiligen Teilstücke.

Das Problem besteht aus zwei Stufen. Zunächst sind alle zulässigen Zerteilungsstrategien $y^i \in \mathbb{Z}_+^m$, $i = 1(1)n$, zu ermitteln, d.h. alle Vektoren $y^i = (y_j^i)_{j=1}^m \in \mathbb{Z}^m$ mit $y_j^i \geq 0$ zu bestimmen, die der Forderung

$$\sum_{j=1}^m y_j^i L_j \leq L \tag{96}$$

genügen. Bezeichnet $x_i \in \mathbb{Z}$ die verwendete Anzahl der Nutzung der Zerteilungsstrategie y^i, so lautet die erhaltene Optimierungsaufgabe nun

$$\sum_{i=1}^{n} x_i \to \min !$$

bei $\quad \sum_{i=1}^{n} x_i y_j^i \geq b_j, \ j = 1(1)m, \ x = (x_1, \dots, x_n)^T \in \mathbb{Z}_+^n.$ $\qquad$ (97)

Aufgaben dieses Typs werden (eindimensionale) **Zuschnittprobleme** genannt. Anstelle einer vorausgehenden Ermittlung aller zulässigen Zerteilungen y^i können die erforderlichen über die Optimalitätsbedingung für (97) im Lösungsverfahren mit erzeugt werden (vgl. [TLS87]). □

Die spezifische Situation bei der Lösung einer ganzzahligen Optimierungsaufgabe illustrieren wir anhand des Problems

$$f(x) := -x_1 - x_2 \to \min !$$

bei $\quad x \in G := \{\, x \in \mathbb{Z}_+^2 \ : \ 2x_1 + x_2 \leq 8, \ -2x_1 + 2x_2 \leq 3 \,\}.$ $\qquad$ (98)

Der zulässige Bereich G und die Niveaulinien der Zielfunktion f sind in Abbildung 1.4 skizziert. Auf Grund der Ganzzahligkeitsforderung $x \in \mathbb{Z}_+^2$ besteht G nur aus

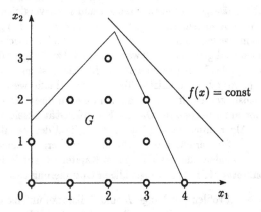

Abbildung 1.4: Zulässiger Bereich G und Niveaulinie der Zielfunktion f

den markierten Punkten. Die zu (98) gehörige stetige Relaxation

$$f(x) \to \min !$$

bei $\quad x \in Q_0 := \{\, x \in \mathbb{R}_+^2 \ : \ 2x_1 + x_2 \leq 8, \ -2x_1 + 2x_2 \leq 3 \,\}.$ $\qquad$ (99)

besitzt die optimale Lösung $x^0 = (\frac{13}{6}, \frac{11}{3})^T$. Komponentenweise Rundung von x^0 liefert $\tilde{x} = (2,4)^T \notin G$ und damit jedoch keine Lösung des Ausgangsproblems.

Eine auf Gomory [Gom58] zurückgehende Technik erzeugt ausgehend von (99) eine Familie von Relaxationen

$$f(x) \rightarrow \min ! \quad \text{bei} \quad x \in Q_k \tag{100}$$

durch $Q_{k+1} := Q_k \cap D_k$. Dabei bezeichnet D_k einen geeignet konstruierten linearen Halbraum, für den mit der erzeugten Lösung $x^k \notin G$ von (100) gilt

$$x^k \notin D_k \quad \text{und} \quad G \subset D_k. \tag{101}$$

Derartige Schnitte werden auch **echte Schnitte** genannt. Im folgenden skizzieren wir einen Typ von **Gomory-Schnitten**. Es bezeichne $I^k := \{ i : x_i^k = 0 \}$. Gilt $x^k \notin G$, so gibt es einen Index j mit $x_j^k \notin \mathbb{Z}$. Damit gilt insbesondere auch $j \notin I^k$. Es sei eine lokale Darstellung einer Restriktion (vgl. hierzu die Simplex-Methode für lineare Optimierungsprobleme im Abschnitt 4.2) in der Form

$$x_j = \rho^k - \sum_{i \in I^k} \rho_i^k x_i \quad x_i \in \mathbb{Z}_+ \tag{102}$$

bekannt. Durch $\lfloor t \rfloor \in \mathbb{Z}$ mit $t - 1 < \lfloor t \rfloor \le t$ sowie durch $\{t\} := t - \lfloor t \rfloor$ werden Funktionen $\lfloor \cdot \rfloor : \mathbb{R} \rightarrow \mathbb{Z}$ (entier-Funktion) und $\{\cdot\} : \mathbb{R} \rightarrow [0, 1)$ definiert. Jedes $t \in \mathbb{R}$ läßt sich nun darstellen in der Form $t = \lfloor t \rfloor + \{t\}$. Mit Hilfe dieser Zerlegung und (102) wurde von Gomory der Schnitt

$$D_k := \{ x \in \mathbb{R}^n : -\{\rho^k\} + \sum_{i \in I^k} \{\rho_i^k\} x_i \ge 0 \} \tag{103}$$

vorgeschlagen. Wegen $x_j^k \notin \mathbb{Z}$ gilt $\{\rho^k\} > 0$, und mit $x_i^k = 0$, $i \in I^k$ folgt $x^k \notin D_k$. Es läßt sich ferner $G \subset D_k$ zeigen (vgl. z.B. [Ter81]). In dem von uns betrachteten Beispiel gilt $x_2^0 \notin \mathbb{Z}$ und

$$x_2 = \frac{11}{3} - \frac{1}{3} x_3 - \frac{1}{3} x_4$$

mit den Schlupfvariablen x_3, $x_4 \in \mathbb{Z}_+$. Aus (103) erhält man nun den Schnitt

$$D_0 = \{ x : -\frac{2}{3} + \frac{2}{3} x_3 + \frac{2}{3} x_4 \ge 0 \}.$$

Für weitergehende Untersuchungen zu der skizzierten Schnittmethode verweisen wir auf [Gom58], [KF71], [NW88].

Eine andere Technik zur Behandlung diskreter Optimierungsprobleme besteht in der gezielten Zerlegung von G, wobei die Ganzzahligkeit entsprechend ausgenutzt wird. Auf diese Weise generiert man sich verzweigende Strukturen von Hilfsproblemen. Im betrachteten Beispiel (98) könnten von x^0 ausgehend etwa die Aufgaben

$$f(x) \rightarrow \min ! \quad \text{bei} \quad x \in Q_{00} := \{ x \in Q_0 : x_1 \le \lfloor x_1^0 \rfloor \}$$

und

$$f(x) \rightarrow \min ! \quad \text{bei} \quad x \in Q_{01} := \{ x \in Q_0 : x_1 \ge \lfloor x_1^0 \rfloor + 1 \}$$

als erste Verzweigung genutzt werden. Die weitere Behandlung erfordert einen Vergleich der erhaltenen optimalen Werte von f über den disjunkten Mengen Q_{00} und Q_{01}. Systematisch werden derartige Techniken in der Methode **branch and bound** entwickelt. Wir untersuchen diese im Kapitel 10 ausführlich.

Übung 1.18 Ermitteln Sie alle zulässigen Zerteilungsstrategien für das Beispiel 1.5 mit der Gesamtlänge des Profils $L = 8$ und den Teillängen $L_1 = 2$, $L_2 = 3$, $L_3 = 4$. Stellen Sie ein zugehöriges Optimierungsmodell für

a) die Minimierung der Gesamtzahl benötigter Profile,

b) die Minimierung des Abfalls

auf, wenn folgender Bedarf $b_1 = 100$, $b_2 = 80$, $b_3 = 65$ abzudecken ist.

Übung 1.19 Skizzieren Sie den zulässigen Bereich der gemischt-ganzzahligen Optimierungsaufgabe

$$f(x) = -2x_1 + x_2 \to \min\ !$$

bei $x \in \mathbb{R}^2_+$, $3x_1 + 2x_2 \geq 1$, $2x_1 + 3x_2 \leq 5$, x_1 ganzzahlig.

Wie lautet die optimale Lösung dieses Problems?

Übung 1.20 Man gebe eine differenzierbare, nichtlineare Funktion $g : \mathbb{R} \to \mathbb{R}$ an mit

$$g(t) = 0 \qquad \Longleftrightarrow \qquad t \in \mathbb{Z}.$$

Diskutieren Sie kritisch deren Eigenschaften.

1.5   Optimierung über Graphen

Betrachtet man Optimierungsaufgaben ausschließlich als abstrakte Probleme zur Ermittlung einer Lösung, die bei Beachtung der Zulässigkeit die vorgegebene Zielfunktion minimiert, dann werden mitunter dem Ausgangsproblem innewohnende Strukturen zu weit vernachlässigt. Insbesondere gilt dies z.B. bei Flußproblemen in Netzwerken oder bei der Gestaltung von Produktionsabläufen mit unterschiedlichen Teilprozessen. Zur Beschreibung derartiger Aufgaben sowie zu ihrer effektiven Behandlung unter Ausnutzung innewohnender Strukturen eignen sich Graphen. Dabei wird unter einem Graphen $G(V, E)$ eine **Bogenmenge** $E = \{e_1, \ldots, e_m\}$ und eine **Knotenmenge** $V = \{v_1, \ldots, v_n\}$ verstanden, die durch **Inzidenzabbildungen** miteinander verknüpft sind (siehe Kapitel 9). Der in der Abbildung 1.5 dargestellte Graph kann damit durch $E = \{e_1, e_2, \ldots, e_7\}$, $V = \{v_1, \ldots, v_5\}$ und die Tabelle

e_1	e_2	e_3	e_4	e_5	e_6	e_7
v_1	v_2	v_2	v_1	v_4	v_1	v_5
v_2	v_3	v_4	v_4	v_3	v_5	v_4

(104)

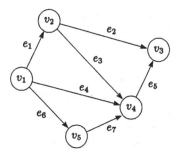

Abbildung 1.5: Graph zu (104)

beschrieben werden. Bei der Anwendung in Optimierungsaufgaben erfolgt i.allg. eine zusätzliche Bewertung der Bögen oder Knoten, etwa durch Längen oder Durchflußkapazitäten oder Potentiale.

Als Beispiel für ein Optimierungsproblem über Graphen betrachten wir das folgende Flußproblem. Gegeben sei der durch (104) beschriebene Graph. Dabei seien zusätzlich obere Schranken b_j für die Flüsse in den Bögen e_j gegeben entsprechend

$$b_1 = 5, \ b_2 = b_5 = 3, \ b_3 = b_4 = 4, \ b_6 = 2, \ b_7 = 1. \tag{105}$$

Die unteren Schranken seien einheitlich 0. Gesucht ist ein maximaler Fluß im obigen Graphen vom Knoten v_1 nach v_3.

Bezeichnet x_j den jeweiligen Fluß im Bogen e_j, so erhält man unter Beachtung des Kirchhoffschen Knotensatzes das Optimierungsproblem

$$\begin{aligned}
f(x) &:= -(x_2 + x_5) \ \rightarrow \ \min ! \\
\text{bei} \quad x_1 - x_2 - x_3 &= 0, \\
x_3 + x_4 - x_5 + x_7 &= 0, \\
-x_6 + x_7 &= 0, \qquad 0 \le x_j \le b_j, \ j = 1(1)7.
\end{aligned} \tag{106}$$

Dies ist ein lineares Optimierungsproblem. Auf Grund der im Beispiel vorgegebenen geringen Anzahl von Bögen und Knoten kann dies natürlich mit einem Standardverfahren der linearen Optimierung (vgl. Abschnitt 4.2) gelöst werden. Treten dagegen, wie in praktischen Problemen üblich, eine große Anzahl von Bögen und Knoten auf, dann sollte die Spezifik des zugrunde liegenden Graphen explizit berücksichtigt werden. Wir illustrieren dies am Beispiel des Markierungsalgorithmus von Ford und Fulkerson [FF62].

Es sei $\bar{x}$ ein bereits ermittelter zulässiger Fluß für das Problem (106), d.h. $\bar{x}$ genüge den Restriktionen von (106). Als Startlösung eignet sich im vorliegenden Beispiel trivialerweise $\bar{x} = 0 \in \mathbb{R}^7$. Ausgehend vom Anfangsknoten v_1 wird eine **nichtabgesättigte Kette** nach v_3 bestimmt. Eine Kette ist dabei eine zusammenhängende Verbindung zwischen dem Anfangs- und dem Endknoten, wobei die Orientierung der Bögen unberücksichtigt ist. Bezeichnen μ^+ und μ^- die Indizes derjenigen Bögen, die in Orientierungsrichtung bzw. gegen die Orientierungsrichtung durchlaufen werden, so läßt sich eine nichtabgesättigte Kette von v_1 nach v_3 beschreiben durch eine geordnete Indexfolge $\mu := \{j_1, j_2, \ldots, j_s\} := \mu^+ \cup \mu^-$ mit

$$\delta := \min\left\{ \min_{j \in \mu^+}\{b_j - \bar{x}_j\},\; \min_{j \in \mu^-} \bar{x}_j \right\} > 0. \tag{107}$$

Als Optimalitätskriterium erhält man, daß ein Fluß genau dann optimal ist, wenn keine derartige nichtabgesättigte Kette vom Anfangsknoten v_1 zum Endknoten v_3 existiert. Dies ist lediglich eine andere Formulierung der notwendigen und wegen der Konvexität des Problems im vorliegenden Fall auch hinreichenden Optimalitätsbedingung (20), d.h.

$$(f'(\bar{x}), d) \geq 0 \qquad \text{für alle } d \in Z(\bar{x}).$$

Existiert eine nichtabgesättigte Kette von v_1 nach v_3, so gilt mit

$$d_i := \begin{cases} +\delta, & \text{falls } i \in \mu^+ \\ -\delta, & \text{falls } i \in \mu^- \\ 0 & \text{sonst} \end{cases} \tag{108}$$

nun $d \in Z(\bar{x})$ und $(f'(\bar{x}), d) = -\delta < 0$, und es liefert $\tilde{x} := \bar{x} + d$ einen neuen zulässigen Fluß. Damit kann die Methode von Ford und Fulkerson auch als eine spezielle Realisierung eines Verfahrens der zulässigen Richtungen (vgl. Abschnitt 6.1) betrachtet werden. Die Praktikabilität dieses Verfahrens hängt dabei wesentlich von der schnellen Berechnung nichtabgesättigter Ketten in Graphen ab. Im Abschnitt 9.3.3 wird mit der Methode von Goldberg ein effektiveres Verfahren zur Bestimmung eines maximalen Flusses vorgestellt.

Als weiteres typisches Beispiel für die Anwendung von Graphen in der Optimierung kann die Netzplantechnik angesehen werden. Im **Vorgangsbogennetz** werden dabei den Bögen des Graphen die auszuführenden Aktivitäten zugeordnet und mit ihrer Dauer d_j bewertet. Zur Erfassung von Abhängigkeiten in der Reihenfolge wird festgelegt, daß die in einen Knoten v_i mündenden Aktivitäten (Bögen) $\omega^-(v_i)$ abgeschlossen sein müssen, bevor die in diesem Knoten beginnenden Aktivitäten $\omega^+(v_i)$ gestartet werden können.

Bezeichnen x_j den Beginn der Aktivität j und v_1 den Startknoten sowie v_n den Endknoten, so kann die Minimierung der Gesamtdauer beschrieben werden durch

$$\begin{aligned} &\max_{j \in \omega^-(v_n)} \{x_j + d_j\} \to \min! \\ \text{bei} \quad &\max_{j \in \omega^-(v_i)} \{x_j + d_j\} \leq x_k \;\; \forall k \in \omega^+(v_i),\; i = 2(1)n. \end{aligned} \tag{109}$$

Prinzipiell läßt sich diese Aufgabe auch als lineares Optimierungsproblem formulieren (vgl. Übungsaufgabe 1.22). Es sind jedoch spezielle Algorithmen zur Ausnutzung des entsprechenden Vorgangsbogengraphen entwickelt worden, welche die vorliegende Struktur wesentlich effektiver ausnutzen als Standardtechniken der linearen Optimierung. Ferner lassen sich Zusatzinformationen über frühestmögliche

Starttermine und spätestmögliche Endtermine für die einzelnen Aktivitäten gewinnen (vgl. Abschnitt 9.3.2).

Abschließend wollen wir noch das **Rundreiseproblem** (Problem des Handelsreisenden, Traveling Salesman Problem, kurz: TSP) definieren. Ein Reisender besucht ausgehend von einer Stadt $n-1$ weitere Städte, jede genau einmal, und kehrt anschließend in die Ausgangsstadt zurück. Gesucht ist eine Tour minimaler Länge. Trotz einfacher Formulierung gibt es keinen entsprechend einfachen Algorithmus zur Lösung dieses Problems. Wir untersuchen dieses Problem ausführlich in Abschnitt 10.3.

Übung 1.21 Skizzieren Sie den Graphen $G(V, E)$ mit $E = \{e_j\}_{j=1}^{14}$ und $V = \{v_i\}_{i=1}^{8}$ sowie den in der folgenden Tabelle angegebenen Inzidenzabbildungen und oberen Kapazitätsschranken

e	1	2	3	4	5	6	7	8	9	10	11	12	13	14
Anfangsknoten	1	1	1	2	2	2	3	3	4	5	7	7	6	5
Endknoten	2	3	4	8	7	3	7	9	5	7	6	8	8	6
b	3	1	2	2	5	1	3	2	7	1	2	3	6	1

Ermitteln Sie den maximalen Fluß von v_1 nach v_8, wobei die nichtabgesättigten Ketten heuristisch zu bestimmen sind.

Übung 1.22 Zeigen Sie, daß sich das Optimierungsproblem (109) äquivalent als Aufgabe der linearen Optimierung formulieren läßt.

Übung 1.23 Man stelle für die folgende Realisierung eines Praktikums einen Vorgangsbogengraphen auf.

	Ereignis	Dauer	Vorgänger
A	Vertrautmachen mit der Aufgabe	2	-
B	Einweisung an Rechentechnik	1	-
C	1. Konsultation	1	A
D	Aufarbeitung des Problems	2	A, C
E	Rohentwurf des Programmes	2	A, B
F	Verbesserung des Programmes, Testrechnungen	1	E, D
G	Rohentwurf der Ausarbeitung	2	D
H	2. Konsultation	1	F, G
I	Abschlußrechnung	1	H
J	Auswertung	1	I
K	Abschluß der theoretischen Untersuchungen	3	H
L	Fertigstellung der Ausarbeitung	2	K, J

Zur Vorbereitung des Einsatzes entsprechender Algorithmen sichere man durch Einfügen von Scheinaktivitäten (Dauer 0), daß in jedem Knoten nur eine Aktivität beginnt.

2 Dualität

2.1 Sattelpunkte und Paare dualer Probleme

Gegeben seien reelle Hilbert-Räume X, Y sowie abgeschlossene Teilmengen $P \subset X$, $Q \subset Y$. Zur Vereinfachung der weiteren Darstellung erweitern wir den Raum $I\!R$ der reellen Zahlen in der in der konvexen Analysis üblichen Weise (vgl. [Roc70], [Sch89]) durch Hinzunahme der uneigentlichen Werte $-\infty$ und $+\infty$ zu $\overline{I\!R} := I\!R \cup \{-\infty\} \cup \{+\infty\}$. Die Arithmetik wird dabei durch entsprechende Grenzwerte erweitert, wobei $(\pm\infty) \cdot 0 := 0 \cdot (\pm\infty) := 0$ gesetzt und $-\infty + \infty$ sowie $+\infty - \infty$ ausgeschlossen werden.

Es sei $S : P \times Q \to I\!R$ vorgegeben. Zugehörig definieren wir die Funktionen $\underline{s} : Q \to \overline{I\!R}$ und $\overline{s} : P \to \overline{I\!R}$ durch

$$\underline{s}(y) := \inf_{x \in P} S(x,y) \qquad \text{für alle } y \in Q \tag{1}$$

bzw.

$$\overline{s}(x) := \sup_{y \in Q} S(x,y) \qquad \text{für alle } x \in P. \tag{2}$$

Ein Element $(\hat{x}, \hat{y}) \in P \times Q$ wird als **Sattelpunkt** von $S(\cdot, \cdot)$ über $P \times Q$ – oder kurz Sattelpunkt – bezeichnet, wenn gilt

$$S(\hat{x}, y) \leq S(\hat{x}, \hat{y}) \leq S(x, \hat{y}) \qquad \text{für alle } (x,y) \in P \times Q. \tag{3}$$

Dies ist eine direkte Übertragung der für die Lagrange-Funktion $L(\cdot, \cdot)$ mit $P = X$ und $Q = K^*$ im Kapitel 1 gegebenen Definition. Zur Beziehung zwischen den Funktionen $\underline{s}$, $\overline{s}$ und Sattelpunkten hat man

LEMMA 2.1 *Es gilt*

$$\underline{s}(y) \leq \overline{s}(x) \qquad \text{für alle } (x,y) \in P \times Q, \tag{4}$$

und ein Punkt $(\hat{x}, \hat{y}) \in P \times Q$ ist genau dann Sattelpunkt von $S(\cdot, \cdot)$, wenn er der folgenden Bedingung genügt:

$$\underline{s}(\hat{y}) = \overline{s}(\hat{x}). \tag{5}$$

Beweis: Aus den Definitionen (1), (2) der Funktionen $\underline{s}$, $\overline{s}$ erhält man für beliebige $(x,y) \in P \times Q$ unmittelbar

$$\underline{s}(y) = \inf_{v \in P} S(v,y) \leq S(x,y) \leq \sup_{w \in Q} S(x,w) = \overline{s}(x),$$

und damit gilt (4).

Ist $(\hat{x}, \hat{y})$ ein Sattelpunkt von S, dann folgt aus (3) mit (1), (2) die Gleichung

$$\underline{s}(\hat{y}) = S(\hat{x}, \hat{y}) = \overline{s}(\hat{x}).$$

Gilt umgekehrt (5), so erhält man

$$S(\hat{x}, y) \leq \overline{s}(\hat{x}) = \underline{s}(\hat{y}) \leq S(x, \hat{y}) \quad \text{für alle } (x, y) \in P \times Q.$$

Mit $(x, y) = (\hat{x}, \hat{y})$ folgt hieraus speziell auch $S(\hat{x}, \hat{y}) = \overline{s}(\hat{x}) = \underline{s}(\hat{y})$, also ist $(\hat{x}, \hat{y})$ ein Sattelpunkt von S. ∎

Auf der Basis von Lemma 2.1 lassen sich formal zwei zueinander **duale Optimierungsaufgaben** definieren durch

$$\overline{s}(x) \to \min ! \qquad \text{bei } x \in P \tag{6}$$

und

$$\underline{s}(y) \to \max ! \qquad \text{bei } y \in Q. \tag{7}$$

Die Existenz eines Sattelpunktes $(\hat{x}, \hat{y})$ von S über $P \times Q$ ist nach Lemma 2.1 hinreichend dafür, daß sowohl (6) als auch (7) lösbar sind. Die jeweiligen Komponenten $\hat{x} \in P$ bzw. $\hat{y} \in Q$ bilden globale Lösungen von (6) bzw. (7). Dabei stimmen die optimalen Werte beider Aufgaben wegen (5) überein. Aus Lemma 2.1 erhält man unmittelbar die

Folgerung 2.1 *Gilt für Elemente $\hat{x} \in P$, $\hat{y} \in Q$ die Gleichheit (5), dann löst $\hat{x}$ das Problem (6) und $\hat{y}$ das Problem (7).*

Es sei jedoch darauf hingewiesen, daß beide Aufgaben (6) und (7) lösbar sein können, ohne daß ihre optimalen Werte übereinstimmen (vgl. Beispiel 2.1). In diesem Fall kann die Funktion S keinen Sattelpunkt über $P \times Q$ besitzen, und es gilt

$$\inf_{x \in P} \overline{s}(x) > \sup_{y \in Q} \underline{s}(y).$$

Tritt dieser Fall ein, so wird von einer **Dualitätslücke** gesprochen.

Beispiel 2.1 Es seien $X = Y = I\!\!R$ und $P = [-1, 1]$, $Q = [0, +\infty)$. Wir untersuchen die Funktion

$$S(x, y) = -x^3 + x y$$

über $P \times Q$ auf Sattelpunkte. Wegen $Q = I\!\!R_+$ gilt unmittelbar

$$\overline{s}(x) = \sup_{y \in I\!\!R_+} [-x^3 + x y] = \begin{cases} +\infty, & \text{falls } x > 0, \\ -x^3, & \text{falls } x \leq 0. \end{cases}$$

Dies liefert

$$\inf_{x \in P} \overline{s}(x) = \min_{x \in [-1, 0]} -x^3 = 0.$$

Die Werte der Funktion $\underline{s}$ erhält man durch Untersuchung der unterschiedlichen
Fälle für das Auftreten von Extrema am Rand bzw. im Innern von P in der Form

$$\underline{s}(y) = \begin{cases} -1 + y, & \text{falls } 0 \le y \le \tilde{y}, \\ -2\left(\frac{y}{3}\right)^{3/2}, & \text{falls } \tilde{y} < y \le 3, \\ -2, & \text{falls } y > 3, \end{cases}$$

wobei $\tilde{y} > 0$ die Lösung von $-1 + y = -2\left(\frac{y}{3}\right)^{3/2}$ bezeichnet. Insgesamt gilt nun

$$\sup_{y \in \mathbb{R}_+} \underline{s}(y) = \underline{s}(\tilde{y}) < 0 = \inf_{x \in [-1,1]} \overline{s}(x).$$

Es tritt also eine Dualitätslücke auf, und S besitzt folglich keinen Sattelpunkt über
$P \times Q$. $\square$

In Verbindung mit Minimierungsaufgaben wurden in Kapitel 1 die Eigenschaften
Konvexität sowie Unterhalbstetigkeit von Funktionen eingeführt. Für die Untersuchung von Maximierungsaufgaben sind entsprechend die Konkavität und Oberhalbstetigkeit bedeutsam. Dabei heißt eine Funktion $h(\cdot)$ über einer konvexen Menge
konkav, wenn $-h(\cdot)$ über dieser konvex ist. Analog wird $h(\cdot)$ **oberhalbstetig**
genannt, wenn $-h(\cdot)$ unterhalbstetig ist. Für die Stetigkeitseigenschaften von $\underline{s}$, $\overline{s}$
gilt nun

LEMMA 2.2 *Es sei S auf $P \times Q$ stetig. Dann sind die durch (2) bzw. durch (1)
zugeordneten Funktionen $\overline{s} : P \to \overline{\mathbb{R}}$ auf P unterhalbstetig bzw. $\underline{s} : Q \to \overline{\mathbb{R}}$ auf Q
oberhalbstetig. Ist ferner Q kompakt, dann ist $\overline{s}$ auf P stetig, und ist P kompakt,
dann ist $\underline{s}$ auf Q stetig.*

Beweis: Wir untersuchen ausschließlich die Eigenschaften der Funktion $\overline{s}$. Wegen

$$\underline{s}(y) = -\sup_{x \in P}[-S(x,y)], \quad \text{für alle } y \in Q$$

erhält man die Aussagen über $\underline{s}$ in gleicher Weise.

Es sei $\tilde{x} \in P$ und $\{x^k\} \subset P$, $x^k \neq \tilde{x}$, $k = 1, 2, \ldots$ bezeichne eine beliebige, gegen
$\tilde{x}$ konvergente Folge. Für jedes $\rho < \overline{s}(\tilde{x})$ gibt es nach Definition (2) der Funktion $\overline{s}$
ein $\tilde{y} = \tilde{y}(\rho) \in Q$ mit

$$S(\tilde{x}, \tilde{y}) \ge \rho. \tag{8}$$

Ferner hat man wegen (2) auch

$$\overline{s}(x^k) = \sup_{y \in Q} S(x^k, y) \ge S(x^k, \tilde{y}),$$

und mit (8) gilt $\underline{\lim}_{k \to \infty} \overline{s}(x^k) \ge \rho$. Da $\rho < \overline{s}(\tilde{x})$ beliebig gewählt wurde, folgt
hieraus die Unterhalbstetigkeit von $\overline{s}$.

Es sei nun die Menge Q kompakt. Zu $\{x^k\} \subset P$ gibt es wegen der Stetigkeit
von $S(x^k, \cdot)$ auf Q nach dem Satz von Weierstraß (Satz 1.1) eine zugehörige Folge

$\{y^k\} \subset Q$ mit $\overline{s}(x^k) = S(x^k, y^k)$, $k = 1, 2, \ldots$. Wir bezeichnen mit $\{x^k\}_{\mathcal{K}} \subset \{x^k\}$ eine Teilfolge, für die gilt

$$\overline{\lim}_{k \to \infty} \overline{s}(x^k) = \lim_{k \in \mathcal{K}} \overline{s}(x^k).$$

Wegen der Kompaktheit von Q kann o.B.d.A. (erforderlichenfalls Auswahl einer Teilfolge) auch angenommen werden, daß $\{y^k\}_{\mathcal{K}}$ gegen ein $\hat{y} \in Q$ konvergiert. Damit gilt wegen der Stetigkeit von S auf $P \times Q$ bei Beachtung von (2) die Abschätzung

$$\overline{\lim}_{k \to \infty} \overline{s}(x^k) = \lim_{k \in \mathcal{K}} S(x^k, y^k) = S(\tilde{x}, \hat{y}) \leq \sup_{y \in Q} S(\tilde{x}, y) = \overline{s}(\tilde{x}).$$

Insgesamt liefert dies

$$\overline{s}(\tilde{x}) \leq \underline{\lim}_{k \to \infty} \overline{s}(x^k) \leq \overline{\lim}_{k \to \infty} \overline{s}(x^k) = \overline{s}(\tilde{x})$$

für beliebige gegen $\tilde{x} \in P$ konvergente Folgen $\{x^k\} \subset P$ mit $x^k \neq \tilde{x}$, $k = 1, 2, \ldots$. Also ist $\overline{s}$ auf der Menge P stetig. ∎

Unter Verwendung des Satzes von Weierstraß erhält man hieraus unmittelbar

KOROLLAR 2.1 *Es sei $S : P \times Q \to \mathbb{R}$ stetig. Ist $P \subset X$ kompakt, dann besitzt das Problem (6) eine optimale Lösung. Ist $Q \subset Y$ kompakt, dann besitzt (7) eine optimale Lösung.*

Bezüglich der Konvexitätseigenschaften der zueinander dualen Optimierungsprobleme (6), (7) gilt

LEMMA 2.3 *Sind $P \subset X$ eine konvexe Menge und $S(\cdot, y) : P \to \mathbb{R}$ für jedes $y \in Q$ konvex, dann ist die durch (2) definierte Funktion $\overline{s} : P \to \overline{\mathbb{R}}$ konvex.*
Sind $Q \subset Y$ eine konvexe Menge und $S(x, \cdot) : Q \to \mathbb{R}$ für jedes $x \in P$ konkav, dann ist die durch (1) definierte Funktion $\underline{s} : Q \to \overline{\mathbb{R}}$ konkav.

Beweis: Aus der Konvexität von $S(\cdot, y)$ folgt

$$S(\lambda x_1 + (1 - \lambda)x_2, y) \leq \lambda S(x_1, y) + (1 - \lambda) S(x_2, y)$$
$$\text{für alle } x_1, x_2 \in P, \ \lambda \in [0, 1], \ y \in Q.$$

Dies liefert für beliebige $x_1, x_2 \in P$, $\lambda \in [0, 1]$ die Abschätzung

$$\begin{aligned}
\overline{s}(\lambda x_1 + (1 - \lambda x_2)) &= \sup_{y \in Q} S(\lambda x_1 + (1 - \lambda)x_2, y) \\
&\leq \sup_{y \in Q} [\lambda S(x_1, y) + (1 - \lambda) S(x_2, y)] \\
&\leq \lambda \sup_{y \in Q} S(x_1, y) + (1 - \lambda) \sup_{y \in Q} S(x_2, y) \\
&= \lambda \overline{s}(x_1) + (1 - \lambda) \overline{s}(x_2).
\end{aligned}$$

Damit ist $\overline{s}$ konvex auf P. Analog zeigt man die Konkavität von $\underline{s}$. ∎

Sind die Mengen P und Q konvex und die Funktionen $S(\cdot, y) : P \to I\!R$ für jedes $y \in Q$ bzw. $S(x, \cdot) : Q \to I\!R$ für jedes $x \in P$ konvex bzw. konkav, so heißt die Funktion S **konvex-konkav** auf $P \times Q$.

Wir wenden nun die obigen Untersuchungen an, um duale Aufgaben zum Optimierungsproblem

$$f(x) \to \text{min}\,! \qquad \text{bei } x \in G := \{\, x \in P \,:\, g(x) \leq 0 \,\} \tag{9}$$

zu erzeugen. Hierbei bezeichnen $f : P \to I\!R$ sowie $g : P \to Y$ die Zielfunktion bzw. die Restriktionsabbildung, und die Halbordnung in Y sei durch einen abgeschlossenen konvexen Kegel $K \subset Y$ induziert (vgl. Abschnitt 1.1). Mit dem zu K polaren Kegel K^* wird als konkrete Funktion $S(\cdot, \cdot)$ die durch

$$L(x, y) = f(x) + (y, g(x)), \qquad \text{für alle } x \in P,\ y \in K^* \tag{10}$$

beschriebene Lagrange-Funktion gewählt, d.h. mit $Q := K^*$ setzen wir

$$S(x, y) := L(x, y), \qquad \text{für alle } x \in P,\ y \in Q \tag{11}$$

für die weiteren Untersuchungen in diesem Abschnitt.

Zur Verbindung zwischen den Problemen (6) und (9) hat man

LEMMA 2.4 *Für die durch (2) mit (10), (11) definierte Funktion* $\bar{s} : P \to \overline{I\!R}$ *gilt die Darstellung*

$$\bar{s}(x) = \begin{cases} f(x), & \text{falls } x \in G \\ +\infty, & \text{sonst.} \end{cases} \tag{12}$$

Beweis: Es sei $x \in G$, dann folgt aus $-g(x) \in K$ und der Definition des zu K polaren Kegels K^* die Abschätzung

$$(y, g(x)) \leq 0 \qquad \text{für alle } y \in K^*.$$

Dies liefert mit $0 \in K^*$ nun

$$\bar{s}(x) = \sup_{y \in K^*} [\, f(x) + (y, g(x)) \,] = f(x) \qquad \text{für alle } x \in G.$$

Da der Kegel K konvex und abgeschlossen ist, gilt nach dem Bipolarensatz $K = K^{**}$. Für $x \in P$ mit $x \notin G$ existiert folglich ein $\tilde{y} \in K^*$ derart, daß $(\tilde{y}, g(x)) > 0$. Da K^* ein Kegel ist, hat man auch $\lambda \tilde{y} \in K^*$ für beliebige $\lambda \geq 0$. Damit gilt

$$\bar{s}(x) = \sup_{y \in K^*} [\, f(x) + (y, g(x)) \,] \geq \sup_{\lambda \geq 0} [\, f(x) + \lambda (y, g(x)) \,] = +\infty$$

falls $x \notin G$. ∎

Auf der Grundlage des soeben bewiesenen Lemmas erhält man leicht

SATZ 2.1 *Es sei* $G \neq \emptyset$. *Ein Element* $\bar{x} \in P$ *löst genau dann das Problem (9), wenn* $\bar{x}$ *die durch (2), (10), (11) zugeordnete Aufgabe (6) löst.*

Man kann damit auch (6) als Ausgangsproblem betrachten und nennt (6) ebenso
wie (9) **primales Problem**. Die entsprechende Aufgabe (7) heißt zu (6) oder (9)
gehöriges **duales Problem**. Die Variablen in (6) bzw. (7) werden **primale** bzw.
duale Variable genannt.

Mit Lemma 2.4 bzw. mit Satz 2.1 wurde eine Interpretation des primalen Problems (6) gegeben. Wir wollen nun auch einige Eigenschaften des dualen Problems (7) herausstellen und dabei insbesondere die Frage nach Bedingungen für
die Gültigkeit von

$$\inf_{x \in P} \overline{s}(x) = \sup_{y \in Q} \underline{s}(y)$$

stellen. Falls zusätzlich zu dieser Bedingung beide Probleme (6) und (7) eine optimale Lösung besitzen, ist dies äquivalent zur Existenz eines Sattelpunktes der
Lagrange-Funktion $L(\cdot, \cdot)$, wie aus Lemma 2.1 folgt.

Bemerkung 2.1 Betrachtet man die Optimierungsaufgabe

$$f(x) \rightarrow \min ! \qquad \text{bei } g_i(x) \leq 0, \ i = 1(1)m, \tag{13}$$

so lassen sich die zugehörigen Kuhn-Tucker-Bedingungen (1.56) darstellen durch

$$\begin{aligned} \nabla_x L(\bar{x}, \bar{y}) &= 0, \\ \nabla_y L(\bar{x}, \bar{y})^T \bar{y} &= 0, \qquad \nabla_y L(\bar{x}, \bar{y})^T y \leq 0, \quad \forall y \in \mathbb{R}^m_+. \end{aligned} \tag{14}$$

Mit $K^* = \mathbb{R}^m_+$ bildet dies gerade ein notwendiges Kriterium dafür, daß $(\bar{x}, \bar{y}) \in$
$\mathbb{R}^n \times \mathbb{R}^m_+$ einen Sattelpunkt der Lagrange-Funktion $L(\cdot, \cdot)$ von (13) bildet. Ist
ferner $L(\cdot, \cdot)$ konvex-konkav, dann sind die Bedingungen (14) auch hinreichend
für das Vorliegen eines Sattelpunktes der Lagrange-Funktion. Auf diese Weise
ergibt sich ein natürlicher Zusammenhang zwischen den im vorliegenden Abschnitt
behandelten Dualitätsbeziehungen und den Kuhn-Tucker-Bedingungen (vgl. auch
Übung 2.6). □

Es bezeichne $B : P \times Y \times Y \rightarrow \overline{\mathbb{R}}$ die durch

$$B(x, y, v) := \begin{cases} f(x) + (y, v) & \text{, falls } g(x) \leq v \\ +\infty & \text{, sonst} \end{cases} \tag{15}$$

erklärte Abbildung. Aus der Definition des zu K polaren Kegels folgt damit die
Darstellung

$$L(x, y) = \inf_{v \in Y} B(x, y, v) \qquad \text{für alle } x \in P, \ y \in K^* \tag{16}$$

für die Lagrange-Funktion L. Vor einer weiteren Umformung sei bemerkt, daß sich
iterierte Infimumbildungen in der Reihenfolge vertauschen lassen (vgl. Übung 2.1).
Wir definieren nun mit

$$G(v) := \{ x \in P : g(x) \leq v \} \tag{17}$$

die zum Ausgangsproblem (9) und Störungen im Sinne von (17) gehörige **Empfindlichkeitsfunktion** $\chi : Y \to \overline{\mathbb{R}}$ durch

$$\chi(v) := \inf_{x \in G(v)} f(x) \qquad \text{für alle } v \in Y. \tag{18}$$

Im Fall $G(v) = \emptyset$ wird von der Definition des Infimums als größte untere Schranke ausgehend $\chi(v) = +\infty$ gesetzt. Wegen (1), (11) und (16) hat man nun

$$
\begin{aligned}
\underline{s}(y) &= \inf_{x \in P} L(x,y) = \inf_{x \in P} \inf_{v \in Y} B(x,y,v) \\
&= \inf_{v \in Y} \inf_{x \in P} B(x,y,v) = \inf_{v \in Y} \inf_{x \in G(v)} [f(x) + (y,v)] \\
&= \inf_{v \in Y} [\inf_{x \in G(v)} f(x) + (y,v)] = \inf_{v \in Y} [\chi(v) + (y,v)].
\end{aligned}
\tag{19}
$$

Es ist zweckmäßig, an dieser Stelle den Begriff der Fenchel-Konjugierten und den Begriff des Subdifferentials einer Funktion $b : Y \to \overline{\mathbb{R}}$ einzuführen, um mit Hilfe dieser Begriffe das Verhalten der Empfindlichkeitsfunktion χ und die Lösbarkeitseigenschaften des Paares dualer Probleme zu charakterisieren.

Bezeichnet man mit $b^* : Y \to \overline{\mathbb{R}}$ die durch

$$b^*(z) := \sup_{v \in Y} \{ (z,v) - b(v) \} \qquad \text{für alle } z \in Y \tag{20}$$

einer Funktion $b : Y \to \overline{\mathbb{R}}$ zugeordnete **Fenchel-Konjugierte**, so gilt damit die Beziehung

$$\underline{s}(y) = -\chi^*(-y) \qquad \text{für alle } y \in Y. \tag{21}$$

Die gemäß (20) erklärte Zuordnung einer Funktion b^* zu b wird in der Literatur auch als **Young-Transformation** bezeichnet.

Ist eine konvexe Funktion $b : Y \to \overline{\mathbb{R}}$ im Punkt $\bar{y} \in Y$ differenzierbar, dann gilt (vgl. Abschnitt 1.1) auch für Funktionswerte in dem erweiterten Raum $\overline{\mathbb{R}}$ die Abschätzung

$$b(y) \geq b(\bar{y}) + (b'(\bar{y}), y - \bar{y}) \qquad \text{für alle } y \in Y.$$

Diese Stützeigenschaft wird auf den nichtdifferenzierbaren Fall und auch auf nicht notwendig konvexe Funktionen b mit Hilfe des durch

$$\partial b(\bar{y}) := \{ z \in Y : b(y) \geq b(\bar{y}) + (z, y - \bar{y}) \ \ \forall y \in Y \} \tag{22}$$

definierten **Subdifferentials** $\partial b(\bar{y})$ von b im Punkt $\bar{y}$ verallgemeinert. Die Elemente des Subdifferentials $\partial b(\bar{y})$ heißen **Subgradienten** von b in $\bar{y}$. Die mit Hilfe der Subgradienten gebildeten affinen Funktionale liefern stets eine globale Minorante für b. So kann z.B. das Vorliegen eines globalen Minimums von b im Punkt $\bar{y}$ äquivalent beschrieben werden durch $0 \in \partial b(\bar{y})$.

Mit Hilfe des Subdifferentials der Empfindlichkeitsfunktion χ läßt sich eine notwendige und hinreichende Bedingung für das Vorliegen eines Sattelpunktes der Lagrange-Funktion angeben.

SATZ 2.2 *Ein Punkt* $(\bar{x}, \bar{y}) \in P \times K^*$ *ist genau dann Sattelpunkt der zu (9) gehörigen Lagrange-Funktion* L, *wenn folgende zwei Bedingungen erfüllt sind:*

i) $\bar{x}$ *löst das Ausgangsproblem (9),*

ii) $-\bar{y} \in \partial\chi(0)$.

Beweis: ‚$\Rightarrow$': Es sei $(\bar{x}, \bar{y})$ ein Sattelpunkt von L. Dann löst $\bar{x}$ das Problem (9) (Nachweis als Übung 2.2, vgl. auch Lemma 1.11). Aus Lemma 2.1 und Lemma 2.4 sowie mit der Definition der Empfindlichkeitsfunktion χ erhält man

$$\chi(0) = \bar{s}(\bar{x}) = L(\bar{x}, \bar{y}) = \underline{s}(\bar{y}).$$

Unter Beachtung der Darstellung (19) für die Funktion $\underline{s}(\cdot)$ folgt

$$\chi(0) = \underline{s}(\bar{y}) = \inf_{v \in Y}\{\chi(v) + (\bar{y}, v)\} \leq \chi(y) + (\bar{y}, y) \quad \text{für alle } y \in Y.$$

Dies liefert

$$\chi(y) \geq \chi(0) + (-\bar{y}, y - 0) \qquad \text{für alle } y \in Y. \tag{23}$$

Mit der Definition (22) des Subdifferentials hat man also $-\bar{y} \in \partial\chi(0)$.

‚$\Leftarrow$': Es sei nun $\bar{x} \in P$ Lösung von (9), und es gelte $-\bar{y} \in \partial\chi(0)$. Aus dem ersten Teil folgt mit der Definition (18) der Empfindlichkeitsfunktion χ und Lemma 2.4 sofort $\chi(0) = f(\bar{x}) = \bar{s}(\bar{x})$. Aus dem zweiten Teil folgt die Gültigkeit von (23), und mit (19) erhält man insgesamt

$$\underline{s}(\bar{y}) \geq \chi(0) = \bar{s}(\bar{x}).$$

Beachtet man beide Aussagen von Lemma 2.1, so ist damit gezeigt, daß $(\bar{x}, \bar{y})$ einen Sattelpunkt der Lagrange-Funktion L bildet. ∎

Die Existenz eines Sattelpunktes der Lagrange-Funktion ist nach Satz 2.2 äquivalent mit der Lösbarkeit des Ausgangsproblems und $\partial\chi(0) \neq \emptyset$. In der Abbildung 2.1 sind zwei Fälle a) $\partial\chi(0) \neq \emptyset$ und b) $\partial\chi(0) = \emptyset$ für $Y = I\!R$ skizziert.

Bemerkung 2.2 Zur Vereinfachung wurden X, Y als Hilbert-Räume vorausgesetzt und lineare Funktionale stets in Form des Skalarproduktes $(\cdot, \cdot)$ dargestellt, was wegen des Rieszschen Darstellungssatzes (vgl. [Sch89]) in diesem Fall stets möglich ist. Ohne prinzipielle Schwierigkeiten lassen sich die voranstehenden Aussagen auch auf reflexive Banach-Räume übertragen. Bezeichnet Y^* den als Dualraum bezeichneten Raum der über Y linearen und stetigen Funktionale, so wird z.B. die Fenchel-Konjugierte als Abbildung $b^* : Y^* \to \overline{I\!R}$ mit der dualen Paarung $\langle \cdot, \cdot \rangle$ definiert durch

$$b^*(z^*) := \sup_{v \in Y}\{ \langle z^*, v \rangle - b(v) \}, \qquad \text{für alle } z^* \in Y^*. \quad \square$$

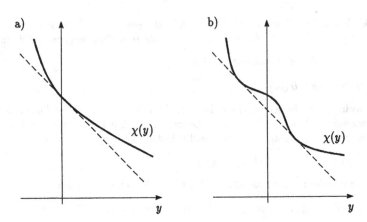

Abbildung 2.1: Lagrange-Funktion: Existenz eines Sattelpunktes

Übung 2.1 Es seien A, B zwei beliebige Mengen, und es bezeichne $F : A \times B \to \overline{\mathbb{R}}$. Man zeige, daß stets gilt

$$\inf_{v \in A} \left[\inf_{w \in B} F(v, w) \right] = \inf_{w \in B} \left[\inf_{v \in A} F(v, w) \right].$$

Übung 2.2 Weisen Sie für die allgemeine Aufgabe (9) nach, daß aus der Eigenschaft $(\bar{x}, \bar{y})$ ist Sattelpunkt von $L(\cdot, \cdot)$ folgt: $\bar{x}$ löst das Problem (9).

Übung 2.3 Es sei $b : \mathbb{R} \to \mathbb{R}$. Interpretieren Sie die Berechnung von $b^*(s)$ geometrisch über Stützhalbräume. Berechnen Sie die Fenchel-Konjugierte b^* für die Funktion $b(x) = x^2$, $x \in \mathbb{R}$.

Übung 2.4 Es sei $b : \mathbb{R} \to \mathbb{R}$ eine konvexe Funktion. Zeigen Sie, daß b im Punkt $s \in \mathbb{R}$ genau dann differenzierbar ist, wenn das Subdifferential $\partial b(s)$ aus genau einem Element besteht. Bestimmen Sie $\partial b(\cdot)$ für die Funktion

$$b(t) = \max\{t, t^2\}, \qquad t \in \mathbb{R}.$$

Übung 2.5 Konstruieren Sie zur Aufgabe

$$-x_1 - 2x_2 \to \min ! \qquad \text{bei } x \in P, \ x_1 + x_2 \leq 3$$

mit $P := [0,1] \times [0,1]$ die über (10), (11) zugeordnete duale Zielfunktion $\underline{s} : \mathbb{R}_+ \to \overline{\mathbb{R}}$, und lösen Sie das primale und das duale Problem.

Übung 2.6 Es seien $P \subset X$, $Q \subset Y$ konvexe Mengen, und $S : P \times Q \to \mathbb{R}$ bezeichne eine differenzierbare konvex-konkave Funktion, d.h. insbesondere $S(\cdot, y) : P \to \mathbb{R}$ ist konvex und $S(x, \cdot) : Q \to \mathbb{R}$ ist konkav. Geben Sie mit Hilfe von Variationsungleichungen eine notwendige und hinreichende Bedingung dafür an, daß

$(\bar{x}, \bar{y}) \in P \times Q$ einen Sattelpunkt der Lagrange-Funktion L bildet. Wie vereinfacht sich diese Bedingung für $X = I\!\!R^n$, $Y = I\!\!R^m$ mit:

a) $P = I\!\!R^n$, $Q = I\!\!R^m_+$ bzw.   b) $P = I\!\!R^n_+$, $Q = I\!\!R^m_+$?

Übung 2.7 Es seien $P := X := I\!\!R^n$ und $Q := Y := I\!\!R^m$. Geben Sie ein lineares Gleichungssystem zur Bestimmung von $(\bar{x}, \bar{y})$ als notwendige Bedingung dafür an, daß dieser Punkt Sattelpunkt der zum Problem

$$\frac{1}{2} x^T A x - c^T x \to \text{min} ! \text{ bei } B x = b$$

gehörigen Lagrange-Funktion ist. Geben Sie eine zusätzliche Voraussetzung an, die sichert, daß dieses Gleichungssystem lösbar ist und die auch hinreichend für das Vorliegen eines Sattelpunktes ist.

2.2 Gestörte Optimierungsprobleme

Bei der Analyse von Sattelpunkteigenschaften der Lagrange-Funktion des Optimierungsproblems (9) wurden bereits im Abschnitt 2.1 Beziehungen zwischen Lösungen dualer Aufgaben und der Empfindlichkeit des Optimalwertes des Ausgangsproblems bei speziellen Störungen in den Restriktionen aufgezeigt. Besitzt speziell die Lagrange-Funktion zu (9) im Punkt $(\bar{x}, \bar{y}) \in P \times K^*$ einen Sattelpunkt, so gilt nach Satz 2.2 die Beziehung $-\bar{y} \in \partial \chi(0)$. Damit läßt sich der Wert der Empfindlichkeitsfunktion χ, also der Optimalwert einer gestörten Optimierungsaufgabe nach unten abschätzen. Beschreiben z.B. die Restriktionen Ressourcenbeschränkungen in ökonomischen Modellen, so kann unter bestimmten Voraussetzungen damit lokal der Effekt einer durch Investitionen bewirkten Ressourcenerweiterung gegenüber der zu erwartenden Gewinnsteigerung abgeschätzt werden. Diese Interpretation wird bei wirtschaftlichen Entscheidungen mit berücksichtigt. Die optimalen dualen Variablen werden in diesem Zusammenhang auch **Schattenpreise** (shadow prices) genannt.

Wir betrachten nun das Optimierungsproblem

$$f(x) \to \text{min} ! \text{ bei } x \in I\!\!R^n, \ g_i(x) \le 0, \ i = 1(1)m. \tag{24}$$

Besitzt die zugehörige Lagrange-Funktion einen Sattelpunkt $(\bar{x}, \bar{y})$ und ist die Empfindlichkeitsfunktion $\chi : I\!\!R^m \to \overline{I\!\!R}$, d.h. der optimale Wert in Abhängigkeit von Störungen des Problems (24) in der Form

$$g_i(x) \le p_i, \qquad i = 1(1)m, \tag{25}$$

im Punkt 0 differenzierbar, so gilt nach Satz 2.2 die Darstellung

$$\frac{\partial \chi}{\partial p_i}(0) = -\bar{y}_i, \ i = 1(1)m. \tag{26}$$

Wir untersuchen im weiteren auch allgemeinere Störungen des Ausgangsproblems (24). Dazu seien sowohl die Zielfunktion als auch die Restriktionsfunktionen von einem gewissen Parametervektor $w \in W := I\!\!R^l$ abhängig, d.h. wir legen Aufgaben des Typs

$$f(x,w) \to \min! \quad \text{bei } x \in I\!\!R^n, \ g_i(x,w) \leq 0, \ i = 1(1)m, \quad (27)$$

mit vorgegebenen Funktionen $f, g_i : I\!\!R^n \times W \to I\!\!R$ zugrunde. Für jeden fixierten Parametervektor $w \in W$ besitzt diese Aufgabe die Form (24). Die zu (27) gehörige Lagrange-Funktion wird durch

$$L(x,y,w) := f(x,w) + \sum_{i=1}^{m} y_i g_i(x,w)$$

definiert. Im folgenden Satz werden hinreichende Bedingungen dafür angegeben, daß ein isoliertes lokales Minimum $x(w)$ von (27) stetig vom Störungsparameter w abhängt.

SATZ 2.3 *Es sei $\bar{w} \in W$, und $\bar{x} \in I\!\!R^n$ bezeichne eine lokale Lösung von (27) für $w = \bar{w}$, die folgenden Voraussetzungen genüge:*

i) Es gibt Umgebungen $U(\bar{x})$ und $U(\bar{w})$ derart, daß die Funktionen f, g_i, $i = 1(1)m$, auf $U(\bar{x}) \times U(\bar{w})$ zweimal stetig partiell nach den Variablen x_j, $j = 1(1)n$, differenzierbar sind.

ii) Die partiellen Gradienten $\nabla_x g_i(\bar{x}, \bar{w})$, $i \in I_0(\bar{x}, \bar{w})$, mit

$$I_0(\bar{x}, \bar{w}) := \{\, i \in \{1, \ldots, m\} : \ g_i(\bar{x}, \bar{w}) = 0 \,\}$$

sind linear unabhängig.

iii) Mit den durch

$$\nabla_x L(\bar{x}, \bar{y}, \bar{w}) = 0, \qquad \bar{y} \geq 0, \qquad \bar{y}^T g(\bar{x}, \bar{w}) = 0 \quad (28)$$

zugeordneten Lagrange-Multiplikatoren $\bar{y}_j$, $j = 1(1)m$, gilt

$$\bar{y}_i > 0 \qquad \Longleftrightarrow \qquad g_i(\bar{x}, \bar{w}) = 0 \quad (29)$$

und

$$\left.\begin{array}{l} \nabla_x g_i(\bar{x}, \bar{w})^T z = 0, \ i \in I_0(\bar{x}, \bar{w}), \\ z \neq 0 \end{array}\right\} \ \Rightarrow \ z^T \nabla_{xx}^2 L(\bar{x}, \bar{y}, \bar{w}) z > 0. \quad (30)$$

Dann gibt es Umgebungen $V(\bar{x}) \subset I\!\!R^n$, $V(\bar{w}) \subset W$ derart, daß für jeden Parameter $w \in V(\bar{w})$ das Problem (27) eine isolierte lokale Lösung $x(w) \in V(\bar{x})$ besitzt. Dabei gilt

$$\lim_{w \to \bar{w}} x(w) = x(\bar{w}) = \bar{x}.$$

Beweis: Nach den getroffenen Voraussetzungen genügt $\bar{x} = x(\bar{w})$ den in Satz 1.4 angegebenen hinreichenden Optimalitätsbedingungen zweiter Ordnung. Diese bestehen mit der strengen Komplementarität (29) aus den beiden Anteilen:

- Gültigkeit der Kuhn-Tucker-Bedingungen;
- positive Definitheit von $\nabla_{xx}^2 L(\bar{x}, \bar{y}, \bar{w})$ auf dem durch die Gradienten der aktiven Restriktionen bestimmten Unterraum.

Unter Ausnutzung von Stetigkeitseigenschaften und des Satzes über implizite Funktionen (vgl. z.B. [FM68]) wird gezeigt, daß sich beide Eigenschaften lokal fortsetzen lassen. Es bezeichne $F : I\!R^n \times I\!R^m \times W \to I\!R^n \times I\!R^m$ die durch

$$F_i(x, y, w) := \begin{cases} \dfrac{\partial}{\partial x_i} L(x, y, w) & , \ i = 1(1)n, \\ y_{i-n}\, g_{i-n}(x, w) & , \ i = n+1(1)n+m, \end{cases} \tag{31}$$

definierte Abbildung. Mit der strengen Komplementarität (29) und der linearen Unabhängigkeit der Gradienten $\nabla_x g_i(\bar{x}, \bar{w})$, $i \in I_0(\bar{x}, \bar{w})$, sind die Kuhn-Tucker-Bedingungen (28) äquivalent zum Gleichungssystem

$$F(\bar{x}, \bar{y}, \bar{w}) = 0. \tag{32}$$

Wir weisen nun die lokale Auflösbarkeit dieses Gleichungssystems nach (x, y) in Abhängigkeit von w nach. Dazu zeigen wir zunächst die Regularität der Matrix

$$A := \begin{pmatrix} \nabla_{xx}^2 L(\bar{x}, \bar{y}, \bar{w}) & \nabla_x g_1(\bar{x}, \bar{w}) & \cdot & \cdot & \nabla_x g_m(\bar{x}, \bar{w}) \\ \bar{y}_1 \nabla_x g_1(\bar{x}, \bar{w})^T & g_1(\bar{x}, \bar{w}) & & & \\ \cdot & & \cdot & & \mathbf{0} \\ \cdot & & & \cdot & \\ \bar{y}_m \nabla_x g_m(\bar{x}, \bar{w})^T & & \mathbf{0} & & g_m(\bar{x}, \bar{w}) \end{pmatrix}. \tag{33}$$

Die Matrix A ist genau dann regulär, wenn das lineare Gleichungssystem

$$\begin{aligned} \nabla_{xx}^2 L(\bar{x}, \bar{y}, \bar{w}) z &+ \sum_{i=1}^{m} v_i \nabla_x g_i(\bar{x}, \bar{w}) = 0, \\ \bar{y}_i \nabla_x g_i(\bar{x}, \bar{w})^T z &+ \quad v_i\, g_i(\bar{x}, \bar{w}) = 0, \ i = 1(1)m, \end{aligned} \tag{34}$$

nur die triviale Lösung $z = 0$, $v = 0$ besitzt. Mit der strengen Komplementarität (29) erhält man aus dem zweiten Teil von (34) unmittelbar

$$g_i(\bar{x}, \bar{w}) < 0 \quad \Rightarrow \quad \bar{y}_i = 0 \quad \Rightarrow \quad v_i = 0 \tag{35}$$

und

$$g_i(\bar{x}, \bar{w}) = 0 \quad \Rightarrow \quad \bar{y}_i > 0 \quad \Rightarrow \quad \nabla_x g_i(\bar{x}, \bar{w})^T z = 0. \tag{36}$$

Aus dem ersten Teil von (34) folgt damit

$$0 = z^T \left(\nabla_{xx}^2 L(\bar{x}, \bar{y}, \bar{w}) z + \sum_{i=1}^{m} v_i \nabla_x g_i(\bar{x}, \bar{w}) \right) = z^T \nabla_{xx}^2 L(\bar{x}, \bar{y}, \bar{w}) z.$$

Mit (36) und der Voraussetzung (30) liefert dies $z = 0$. Unter Beachtung des ersten Teils von (34) und von (35) folgt hieraus

$$\sum_{i \in I_0(\bar{x},\bar{w})} v_i \nabla_x g_i(\bar{x},\bar{w}) = 0.$$

Da die Vektoren $\nabla_x g_i(\bar{x},\bar{w})$, $i \in I_0(\bar{x},\bar{w})$, linear unabhängig sind, gilt damit $v_i = 0$, $i \in I_0(\bar{x},\bar{w})$, und mit (35) auch $v = 0$. Also besitzt das System (34) nur die triviale Lösung, folglich ist die Matrix A regulär.

Mit der vorausgesetzten zweimaligen stetigen partiellen Differenzierbarkeit von f und g_i, $i = 1(1)m$, nach den Variablen x_j, $j = 1(1)n$, läßt sich nun der Satz über implizite Funktionen auf (32) anwenden. Es gibt damit Umgebungen $V(\bar{x}) \subset \mathbb{R}^n$, $V(\bar{y}) \subset \mathbb{R}^m$ und $V(\bar{w}) \subset W$ derart, daß für jedes $w \in V(\bar{w})$ eindeutig bestimmte $x = x(w) \in V(\bar{x})$, $y = y(w) \in V(\bar{y})$ existieren mit

$$F(x(w), y(w), w) = 0 \qquad \text{für alle } w \in V(\bar{w}). \tag{37}$$

Dabei gilt

$$\lim_{w \to \bar{w}} x(w) = x(\bar{w}), \qquad \lim_{w \to \bar{w}} y(w) = y(\bar{w}). \tag{38}$$

Wir zeigen abschließend, daß für genügend kleine Umgebungen diese Lösungen von (37) auch den hinreichenden Optimalitätsbedingungen zweiter Ordnung genügen.

Wegen der strengen Komplementarität, der Stetigkeit und wegen (38) kann die Umgebung $V(\bar{w})$ hinreichend klein gewählt werden, so daß für $w \in V(\bar{w})$ gilt

$$g_i(x(w), w) < 0, \ i \notin I_0(\bar{x},\bar{w}) \qquad \text{und} \qquad y_i(w) > 0, \ i \in I_0(\bar{x},\bar{w}).$$

Mit der Definition (31) der Abbildung F folgt hieraus $g_i(x(w), w) = 0$ für $i \in I_0(\bar{x},\bar{w})$. Damit hat man

$$I_0(x(w), w) = I_0(\bar{x},\bar{w}) \qquad \text{für alle } w \in V(\bar{w}).$$

Die Menge der aktiven Indizes ändert sich also für hinreichend kleine Störungen nicht.

Den restlichen Beweis führen wir indirekt. Falls keine Umgebung $V(\bar{w})$ derart existiert, daß $x(w)$ für $w \in V(\bar{w})$ den hinreichenden Optimalitätsbedingungen zweiter Ordnung genügt, dann gibt es eine Folge $\{w^k\}$ mit $w^k \to \bar{w}$ und zugehörigen $x^k = x(w^k)$, $y^k = y(w^k)$ mit $x^k \to \bar{x}$, $y^k \to \bar{y}$ sowie $z^k \in \mathbb{R}^n$ mit $\|z^k\| = 1$, daß

$$\begin{aligned} \nabla_x g_i(x^k, w^k)^T z^k &= 0, \ i \in I_0(\bar{x},\bar{w}), \\ z^{k^T} \nabla_{xx}^2 L(x^k, y^k, w^k) z^k &\leq 0. \end{aligned} \tag{39}$$

O.B.d.A. kann angenommen werden, daß $z^k \to \bar{z}$ mit einem $\bar{z}$ gilt. Wegen (39) und der stetigen Differenzierbarkeit hat man

$$\nabla_x g_i(\bar{x},\bar{w})^T \bar{z} = 0, \ i \in I_0(\bar{x},\bar{w}) \qquad \text{und} \qquad \bar{z}^T \nabla_{xx}^2 L(\bar{x}, \bar{y}, \bar{w}) \bar{z} \leq 0.$$

Mit $\|\bar{z}\| = 1$ liefert dies einen Widerspruch zur Voraussetzung (30). Damit war die Annahme falsch, und es gilt die Aussage des Satzes. ∎

Bemerkung 2.3 Sind die Funktionen f und g_i, $i = 1(1)m$, auf $U(\bar{x}) \times U(\bar{w})$ ferner stetig partiell nach den Parametern w_k, $k = 1(1)l$, differenzierbar, so gilt dies nach dem Satz über implizite Funktionen auch für die durch (37) erklärten Abbildungen $x(\cdot): V(\bar{w}) \to V(\bar{x}) \subset I\!R^n$ und $y(\cdot): V(\bar{w}) \to V(\bar{y}) \subset I\!R^m$. □

Übung 2.8 Gegeben sei das parametrische Optimierungsproblem

$$(x_1 - 2)^2 + (x_1 - 1)^2 \to \min !$$
$$\text{bei} \quad -x_1 \leq w,\ x_1 - 1 \leq w,\ -x_2 \leq w,\ x_2 - 1 \leq w$$

mit $w \in W := I\!R$. Stellen Sie die Optimallösung und den optimalen Zielfunktionswert in Abhängigkeit von w dar. Für welche Parameter $\bar{w} \in W$ kann der Störungssatz 2.3 nicht angewandt werden?

Übung 2.9 Es sei die Funktion $f: I\!R^n \to I\!R$ definiert durch

$$f(x) := \frac{1}{2} x^T A x - c^T x$$

mit einer positiv definiten Matrix A. Man zeige, daß für beliebige abgeschlossene, nichtleere Mengen $G \subset I\!R^n$ und $Q \subset I\!R^n$ die Optimierungsprobleme

$$f(x) \to \min ! \quad \text{bei } x \in G \qquad \text{und} \qquad f(x) \to \min ! \quad \text{bei } x \in Q$$

eine eindeutige Lösung $\bar{x}_G$ bzw. $\bar{x}_Q$ besitzen. Man schätze $\|\bar{x}_G - \bar{x}_Q\|$ mit Hilfe des Hausdorff-Abstandes

$$d(G, Q) := \max\{\sup_{x \in G} \inf_{z \in Q} \|z - x\|,\ \sup_{x \in Q} \inf_{z \in G} \|x - z\|\}$$

ab.

2.3 Anwendungen der Dualität und spezielle Optimierungsaufgaben

Die Bedeutung der Dualität in der Optimierung besteht, wie auch in den voranstehenden beiden Abschnitten skizziert wurde, vor allem in:

- der Gewinnung von Schranken für den optimalen Wert des Optimierungsproblems;
- der Konstruktion spezieller Relaxationen für das Ausgangsproblem;
- der Zuordnung einfacher zu lösender dualer Aufgaben und in der Behandlung dieser anstelle des Ausgangsproblems;
- der Gewinnung von Lösbarkeitsaussagen, insbesondere für lineare Optimierungsaufgaben;

- der Abschätzung des Einflusses von Störungen der Restriktionen auf den Optimalwert.

In den weiteren Ausführungen werden wir diese Anwendungen der Dualität anhand einfacher Beispiele illustrieren. Insbesondere sollen dabei auch die Ermittlung dual zulässiger Punkte und mögliche Darstellungen der dualen Zielfunktion diskutiert werden. Zur Nutzung der Dualität für Sensitivitätsaussagen verweisen wir auf Abschnitt 2.2.

2.3.1 Erzeugung von Schranken für den optimalen Wert

Gegeben sei das Optimierungsproblem

$$f(x) \rightarrow \min! \quad \text{bei} \quad x \in G := \{x \in \mathbb{R}^n : g_i(x) \leq 0, \, i = 1(1)m\} \tag{40}$$

mit konvexen, stetig differenzierbaren Funktionen $f : \mathbb{R}^n \rightarrow \mathbb{R}$ und $g_i : \mathbb{R}^n \rightarrow \mathbb{R}$, $i = 1(1)m$. Unter diesen Voraussetzungen ist die zugehörige Lagrange-Funktion

$$L(x,y) = f(x) + \sum_{i=1}^{m} y_i \, g_i(x)$$

auf $\mathbb{R}^n \times \mathbb{R}^m_+$ konvex-konkav. Damit gilt

$$\left.\begin{array}{l} (\tilde{x}, \tilde{y}) \in \mathbb{R}^n \times \mathbb{R}^m_+, \\ \nabla_x L(\tilde{x}, \tilde{y}) = 0 \end{array}\right\} \quad \Rightarrow \quad L(\tilde{x}, \tilde{y}) \leq L(x, \tilde{y}) \; \forall \, x \in \mathbb{R}^n. \tag{41}$$

Für die mit $S := L$ definierte Funktion $\underline{s}$ erhält man also die Darstellung

$$\underline{s}(\tilde{y}) = L(\tilde{x}, \tilde{y}) \; \forall \, (\tilde{x}, \tilde{y}) \in \mathbb{R}^n \times \mathbb{R}^m_+, \; \nabla_x L(\tilde{x}, \tilde{y}) = 0, \tag{42}$$

und wegen der schwachen Dualitätsabschätzung (4) gilt damit

$$\underline{s}(\tilde{y}) \leq f(x) \; \forall \, x \in G, \; (\tilde{x}, \tilde{y}) \in \mathbb{R}^n \times \mathbb{R}^m_+, \; \nabla_x L(\tilde{x}, \tilde{y}) = 0. \tag{43}$$

Auf dieser Basis lassen sich für konvexe Ausgangsprobleme (40) auch zugehörige duale Probleme schreiben in der Form (siehe z.B. [BO75])

$$L(x,y) \rightarrow \max! \quad \text{bei} \quad (x,y) \in \mathbb{R}^n \times \mathbb{R}^m_+, \; \nabla_x L(x,y) = 0. \tag{44}$$

Zur Konstruktion von zulässigen Lösungen für (44) kann z.B. eine Straftechnik, wir gehen hierauf im Kapitel 5 näher ein, genutzt werden. Dabei wird dem Ausgangsproblem (40) eine von einem Strafparameter $\rho > 0$ abhängige Familie von Minimierungsaufgaben ohne Restriktionen zugeordnet, z.B. die Aufgaben

$$E_\rho(x) := f(x) + \rho \sum_{i=1}^{m} \max^2\{0, g_i(x)\} \rightarrow \min! \quad \text{bei} \quad x \in \mathbb{R}^n. \tag{45}$$

Notwendig und wegen der vorausgesetzten Konvexität auch hinreichend dafür, daß $x^\rho \in \mathbb{R}^n$ das Ersatzproblem (45) löst, ist die Bedingung

$$\nabla E_\rho(x^\rho) = 0.$$

Beachtet man ferner die Struktur der Ersatzzielfunktion $E_\rho(\cdot)$, so ist dies äquivalent zu

$$\nabla f(x^\rho) + \sum_{i=1}^m 2\rho \max\{0, g_i(x^\rho)\} \nabla g_i(x^\rho) = 0. \tag{46}$$

Bezeichnet man mit $y^\rho \in I\!\!R^m$ den durch

$$y_i^\rho := 2\rho \max\{0, g_i(x^\rho)\}, \ i = 1(1)m, \tag{47}$$

zugeordneten Vektor, dann ist (x^ρ, y^ρ) zulässig für das duale Problem (44). Mit (42), (43) folgt hieraus

$$f(x^\rho) + 2\rho \sum_{i=1}^m \max^2\{0, g_i(x^\rho)\} \le f(x) \qquad \text{für alle } x \in G. \tag{48}$$

Bemerkung 2.4 Auf der Grundlage von (45) - (47) lassen sich auch die Kuhn-Tucker-Bedingungen herleiten. Dieser Zugang wurde von Beltrami [Bel70] als Ausgangspunkt für eine algorithmische Begründung der Optimierungstheorie entwickelt (vgl. auch [Kos91]). □

2.3.2 Lagrange-Relaxation

Mit Lemma 2.4 wurde eine Beziehung zwischen der Zielfunktion f von (40) und der durch (2), d.h. entsprechend

$$\overline{s}(x) := \sup_{y \in I\!\!R_+^m} L(x, y), \ x \in I\!\!R^n \tag{49}$$

definierten Funktion $\overline{s} : I\!\!R^n \to \overline{I\!\!R}$ angegeben. Wird die Supremumbildung in (49) durch ein Maximum über eine endliche Teilmenge $\{y^j\}_{j=1}^k \subset I\!\!R_+^m$ ersetzt, so erhält man für die durch

$$\overline{s}^k(x) := \max_{1 \le j \le k} L(x, y^j), \ x \in I\!\!R^n \tag{50}$$

erklärte Funktion $\overline{s}^k : I\!\!R^n \to I\!\!R$ trivialerweise $\overline{s}^k(x) \le \overline{s}(x)$ für beliebige $x \in I\!\!R^n$, und mit Lemma 2.4 folgt hieraus

$$\overline{s}^k(x) \le f(x) \qquad \text{für alle } x \in G.$$

Damit bildet jedes Problem der Form

$$\overline{s}^k(x) \to \min ! \qquad \text{bei} \quad x \in Q \tag{51}$$

mit einer Menge $Q \supset G$ eine Relaxation zu (40). Die Aufgabe (51) wird **Lagrange-Relaxation** genannt. Ihre algorithmische Nutzung ist in der Regel mit einem speziellen Verfahren zur Erzeugung der Menge $\{y^j\}_{j=1}^k \subset I\!\!R_+^m$ verbunden.

2.3.3   Vereinfachung der Aufgabe durch Übergang zum dualen Problem

Wir betrachten als spezielles Beispiel hierfür ein semiinfinites Problem, bei dem die primalen Variablen aus einem Funktionenraum sind, während die Anzahl der Nebenbedingungen endlich ist. Durch Übergang zum dualen Problem erhält man dann eine Optimierungsaufgabe mit endlich vielen Variablen, aber mit unendlich vielen Restriktionen.

Es sei $X := H_0^1(0,1)$ der Sobolev-Raum der verallgemeinert differenzierbaren Funktionen, die einschließlich ihrer Ableitung quadratisch integrierbar sind (vgl. z.B. [Ada75]), und deren Werte in den Randpunkten 0 und 1 verschwinden. Das primale Problem habe die Form

$$f(x) := \int_0^1 [\dot{x}(t)]^2 dt \to \text{min}! \quad \text{bei} \quad x \in X, \quad \int_0^1 x(t)\, dt = 1. \tag{52}$$

Mit $Y := I\!R$ und $K := \{0\} \subset Y$ erhält man als zugeordnetes Lagrange-Funktional

$$L(x,y) = \int_0^1 [\dot{x}(t)]^2 dt + y\left[\int_0^1 x(t)\, dt - 1\right], \quad x \in H_0^1(0,1), \ y \in I\!R. \tag{53}$$

Dabei wurde beachtet, daß $K^* = I\!R$ gilt. Unter den getroffenen Voraussetzungen besitzt die Aufgabe

$$L(x,y) \to \text{min}! \quad \text{bei} \quad x \in H_0^1(0,1) \tag{54}$$

für jedes feste $y \in I\!R$ eine eindeutige Lösung $z = z[y] \in H_0^1(0,1)$. Zu deren Charakterisierung hat man als notwendige und wegen der vorliegenden Konvexität auch hinreichende Bedingung

$$\left(\frac{\partial L}{\partial x}(z[y],y),x\right) = 0 \quad \text{für alle } x \in H_0^1(0,1).$$

Dies liefert die Variationsgleichung

$$2\int_0^1 \dot{z}(t)\,\dot{x}(t)\, dt + y \int_0^1 x(t)\, dt = 0 \quad \text{für alle } x \in H_0^1(0,1).$$

Mit der Eindeutigkeit der Lösung z (vgl. z.B. [GGZ74]) ist dies äquivalent (partielle Integration bei Beachtung der homogenen Randbedingungen) dazu, daß z das folgende Randwertproblem löst

$$\begin{aligned} \ddot{z}(t) &= \tfrac{1}{2}y, \quad \forall t \in (0,1) \\ z(0) &= z(1) = 0. \end{aligned} \tag{55}$$

Damit gilt $z(t) = -\frac{1}{4}y \cdot t(1-t)$, $t \in [0,1]$. Setzt man diese Funktion als Realisierung in das Lagrange-Funktional ein, so erhält man wegen der Optimalität von x für (54) die Beziehung

$$\underline{s}(y) = L(z,y) = \frac{y^2}{16} \int\limits_0^1 (2t-1)^2 dt + y\,[\,\frac{y}{4} \int\limits_0^1 t(t-1)\,dt\, -\, 1\,].$$

Damit lautet die zu (52) duale Aufgabe

$$\underline{s}(y) = -\frac{1}{48}y^2 - y \to \max ! \qquad \text{bei} \quad y \in \mathbb{R}.$$

Diese besitzt die optimale Lösung $\bar{y} = -24$ mit dem optimalen Wert $\underline{s}(\bar{y}) = 12$. Für die über (55) für $y = \bar{y}$ zugeordnete Funktion $\bar{x} := z[\bar{y}]$ erhält man

$$\bar{x}(t) = -\frac{1}{6}t(1-t), \quad t \in [0,1].$$

Diese ist zulässig für das Ausgangsproblem (52), und es gilt $f(\bar{x}) = 12$. Mit Lemma 2.1 und Lemma 2.4 ist somit $\bar{x}$ optimal für (52).

Weitere Anwendungen zur Vereinfachung von Optimierungsaufgaben in Verbindung mit der Dekomposition strukturierter Probleme großer Dimension (vgl. auch Übungsaufgabe 2.12) werden im Kapitel 11 betrachtet. Spezielle Anwendungen hierzu findet man auch in den Untersuchungen [Sch92] zur Spline-Interpolation mit Nebenbedingungen.

2.3.4 Dualität in der linearen Optimierung

Aufgaben der linearen Optimierung liegen genau dann vor (vgl. Abschnitt 4.1), wenn sowohl die Zielfunktion als auch alle Restriktionen durch lineare – streng genommen linear affine – Funktionen beschreibbar sind. Wir konzentrieren uns dabei ausschließlich auf den endlichdimensionalen Fall mit einem polyedrischen Ordnungskegel. Als Beispiel betrachten wir ein Ausgangsproblem der Form

$$c^T x \to \min ! \qquad \text{bei} \qquad Ax = a, \ x \geq 0 \tag{56}$$

mit einer (m,n)-Matrix A und Vektoren $c \in \mathbb{R}^n$, $a \in \mathbb{R}^m$ sowie der natürlichen Halbordnung in $\mathbb{R}^n$. Wird $X := \mathbb{R}^n$, $P := \mathbb{R}^n_+$ sowie $Y := \mathbb{R}^m$ und $Q := \mathbb{R}^m$ gesetzt, so lassen sich mit dem Ordnungskegel $K = \{0\} \subset Y$ wegen $K^* = Q$ die in Abschnitt 2.1 gegebenen Untersuchungen anwenden. Die zu (56) gehörige Lagrange-Funktion hat die Form

$$L(x,y) = c^T x + y^T (Ax - a), \qquad x \in \mathbb{R}^n_+, y \in \mathbb{R}^m. \tag{57}$$

Die Ausgangsaufgabe ist, wie im Abschnitt 2.1 gezeigt wurde, äquivalent zu

$$\bar{s}(x) := \sup_{y \in \mathbb{R}^m} L(x,y) \to \min ! \qquad \text{bei} \quad x \in \mathbb{R}^n_+.$$

Als dazu duales Problem erhält man

$$\underline{s}(y) := \inf_{x \in \mathbb{R}^n_+} L(x,y) \to \max! \qquad \text{bei} \quad y \in \mathbb{R}^m. \tag{58}$$

Wir untersuchen nun die Zielfunktion $\underline{s}$ näher. Mit (57) gilt

$$\begin{aligned}
\underline{s}(y) &= \inf_{x \in \mathbb{R}^n_+} \left\{ -a^T y + (A^T y + c)^T x \right\} \\
&= \begin{cases} -a^T y & \text{, falls } A^T y + c \geq 0, \\ -\infty & \text{, sonst.} \end{cases}
\end{aligned}$$

Folglich ist (58) äquivalent zur linearen Optimierungsaufgabe

$$-a^T y \to \max! \qquad \text{bei} \quad y \in \mathbb{R}^m, \ A^T y + c \geq 0. \tag{59}$$

Die unterschiedliche Form des primalen und des dualen Problems resultiert aus der zugrunde gelegten Struktur der Ausgangsaufgabe (56). Wird z.B.

$$c^T x \to \min! \qquad \text{bei} \quad Ax \geq b, \ x \geq 0 \tag{60}$$

als primales Problem gewählt, so erhält man als zugehörige duale Aufgabe

$$b^T x \to \max! \qquad \text{bei} \quad A^T u \leq c, \ u \geq 0, \tag{61}$$

also ein Optimierungsproblem gleichen Typs.

Für lineare Optimierungsaufgaben läßt sich bei Ausnutzung der Struktur der Zielfunktion wie auch des zulässigen Bereiches zeigen (vgl. Abschnitt 4.2.8), daß das Problem (56) genau dann lösbar ist, wenn der zulässige Bereich nicht leer ist und die Zielfunktion auf diesem nach unten beschränkt ist. Als Folgerung aus Lemma 2.1 und aus der Tatsache, daß die duale Aufgabe zu einem linearen Optimierungsproblem stets ein lineares Optimierungsproblem ist, erhält man damit

SATZ 2.4 *Ein lineares Optimierungsproblem ist genau dann lösbar, wenn das zugehörige duale Problem lösbar ist.*

Sind die zulässigen Bereiche des primalen wie auch des dualen Problems nicht leer, so sind beide Probleme lösbar.

Bemerkung 2.5 Die notwendigen und wegen der Konvexität auch hinreichenden Bedingungen für das Vorliegen eines Sattelpunktes der Lagrange-Funktion für das lineare Optimierungsproblem im Punkt $(\bar{x}, \bar{y})$ haben die Form

$$\begin{aligned}
\nabla_x L(\bar{x}, \bar{y})^T \bar{x} &= 0, \qquad \nabla_x L(\bar{x}, \bar{y})^T x \geq 0 \ \ \forall \, x \in \mathbb{R}^n_+, \\
\nabla_y L(\bar{x}, \bar{y}) &= 0.
\end{aligned} \tag{62}$$

Diese charakterisieren die Lösungen $\bar{x}$ des primalen wie auch die Lösungen $\bar{y}$ des dualen Problems. Bei Kenntnis entweder von $\bar{x}$ oder von $\bar{y}$ liefert (62) eine Charakterisierung der zugehörigen anderen Lösung. Man nennt Bedingungen des Typs (62) daher mitunter auch **Rückrechnungsformeln**. □

Übung 2.10 Für das Optimierungsproblem

$$f(x) := (x_1 - 5)^2 + 2\,(x_2 - 3)^2 \to \ \min !$$
$$\text{bei} \qquad x_1 + 2x_2 \le 4, \ \ 3x_1 + x_2 \le 5, \ \ x \in I\!R_+^2, \tag{63}$$

löse man das durch (46) zugeordnete Ersatzproblem. Untersuchen Sie das Verhalten der gemäß (47) bestimmten $y^\rho \in I\!R_+^m$ für $\rho \to +\infty$. Ermitteln Sie untere Schranken für den optimalen Wert von (63).

Übung 2.11 Gegeben sei die primale Aufgabe (60). Zeigen Sie, daß das zugehörige biduale Problem mit dem Ausgangsproblem übereinstimmt. Geben Sie die (62) entsprechenden Charakterisierungsgleichungen für die Aufgabe (60) an.

Übung 2.12 Das Ausgangsproblem besitze die folgende spezielle Struktur

$$f(x) := \sum_{j=1}^{k} f_j(x_j) \to \ \min ! \quad \text{bei} \quad \sum_{j=1}^{k} g_j(x_j) \le a, \ \ x_j \in I\!R^{n_j} \tag{64}$$

mit $f_j : I\!R^{n_j} \to I\!R$ und $g_j : I\!R^{n_j} \to I\!R^m$ sowie $a \in I\!R^m$. Stellen Sie das hierzu duale Problem auf und überlegen Sie sich, welche Vereinfachungen sich aus der Struktur von (64) für die Berechnung des dualen Zielfunktionswertes ergeben. Wenden Sie dies auf das Optimierungsproblem

$$\sum_{j=1}^{5} x_j \to \ \min ! \quad \text{bei} \quad \sum_{j=1}^{5} j\,x_j^2 \le 1, \ \ x_j \in I\!R,$$

an und lösen Sie diese Aufgabe mit Hilfe des dualen Problems.

3 Minimierung ohne Restriktionen

Im vorliegenden Kapitel analysieren wir Verfahren zur Lösung von Minimierungsproblemen der Form

$$f(x) \to \min ! \quad \text{bei} \quad x \in X \tag{1}$$

mit einem Hilbert-Raum X, d.h. wir betrachten Aufgaben, bei denen keine Nebenbedingungen vorliegen. Probleme dieser Art treten entweder direkt oder häufiger auch als Hilfsaufgaben in gewissen Verfahren zur Optimierung mit Restriktionen, z.B. bei Strafmethoden (vgl. Kapitel 5) oder bei Verfahren mit aktiven Mengen Techniken zur Lösung linear restringierter Aufgaben (vgl. Abschnitt 4.4), auf. Wir setzen in der Regel $X = I\!R^n$ und die stetige Differenzierbarkeit der Zielfunktion $f : X \to I\!R$ von (1) voraus. Bei Anwendung von Verfahren höherer Ordnung werden entsprechend stärkere Differenzierbarkeitsforderungen an f gestellt. Verfahren für Probleme ohne Glattheitsforderungen skizzieren wir kurz im Abschnitt 3.5.

Alle hier betrachteten Verfahren zur Lösung von (1) erzeugen iterativ Folgen $\{x^k\} \subset X$ durch sukzessive Bestimmung von Fortschreitungsrichtungen d^k und Schrittweiten α_k in den aktuellen Iterierten, und es wird

$$x^{k+1} := x^k + \alpha_k d^k, \quad k = 0, 1, \ldots,$$

mit einem Startpunkt $x^0 \in X$ beginnend, gesetzt. Die verschiedenen Verfahren unterscheiden sich dabei durch die Wahl der Richtungen d^k sowie der Schrittweiten α_k. Wir konzentrieren uns hier i.allg. auf **Abstiegsverfahren**, d.h. es wird

$$f(x^{k+1}) < f(x^k), \quad k = 0, 1, \ldots$$

für nichtoptimale x^k gesichert. Ein $d^k \in X$ heißt **Abstiegsrichtung** von f im Punkt x^k, falls ein $\bar{\alpha} = \bar{\alpha}(d^k) > 0$ existiert mit

$$f(x^k + \alpha d^k) < f(x^k) \quad \text{für alle } \alpha \in (0, \bar{\alpha}).$$

Für differenzierbare Funktionen erhält man (vgl. Beweis zu Lemma 1.5) unmittelbar aus der Definition der Fréchet-Ableitung

LEMMA 3.1 *Ein Vektor $d \in X$ ist Abstiegsrichtung im Punkt $x \in X$, wenn gilt*

$$(f'(x), d) < 0. \tag{2}$$

3.1 Gradientenverfahren

Nach der Cauchy-Schwarzschen Ungleichung hat man

$$|(f'(x), d)| \leq \|f'(x)\| \|d\|$$

für beliebige $d \in X$. Wird insbesondere $d := -f'(x)$ gewählt, so gilt

$$(f'(x), d) = -\|f'(x)\| \|d\|,$$

also liefert die Richtung $d = -f'(x)$ lokal den stärksten Abstieg der Funktion f im Punkt $x \in X$. Kombiniert mit einer Schrittweitenwahl durch **Strahlminimierung** (Cauchy-Prinzip) erhält man damit die Grundvariante des allgemeinen Schrittes $x^k \to x^{k+1}$ für das

Gradientenverfahren

(i) Wähle

$$d^k := -f'(x^k); \tag{3}$$

(ii) Bestimme $\alpha_k > 0$ so, daß

$$f(x^k + \alpha_k d^k) \leq f(x^k + \alpha d^k) \qquad \text{für alle } \alpha \geq 0; \tag{4}$$

(iii) Setze

$$x^{k+1} := x^k + \alpha_k d^k. \tag{5}$$

Zur Konvergenz dieses Verfahrens gilt der

SATZ 3.1 *Es sei $f : X \to \mathbb{R}$ Lipschitz-stetig differenzierbar. Dann genügt jeder Häufungspunkt $\bar{x}$ einer mit beliebigem $x^0 \in X$ durch (3) - (5) erzeugten Folge $\{x^k\}$ der notwendigen Optimalitätsbedingung*

$$f'(\bar{x}) = 0 \tag{6}$$

für das Minimierungsproblem (1).

Beweis: Wegen der Schrittweitenwahl (4) ist die Folge $\{f(x^k)\}$ monoton nicht wachsend. Besitzt $\{x^k\}$ einen Häufungspunkt $\bar{x}$, dann folgt mit der Stetigkeit von f hieraus die Konvergenz

$$\lim_{k \to \infty} f(x^k) = f(\bar{x}).$$

Aus der Lipschitz-stetigen Differenzierbarkeit von f (mit der Lipschitz-Konstanten L) erhält man ferner

$$
\begin{aligned}
f(x^k + \alpha\, d^k) &= f(x^k) + \int_0^\alpha (f'(x^k + \xi\, d^k), d^k)\, d\xi \\
&= f(x^k) + \alpha\,(f'(x^k), d^k) + \int_0^\alpha (f'(x^k + \xi\, d^k) - f'(x^k), d^k)\, d\xi \\
&\le f(x^k) + \alpha\,(f'(x^k), d^k) + \frac{\alpha^2}{2} L \|d^k\|^2.
\end{aligned}
$$

Aus (3) - (5) folgt damit

$$
f(x^{k+1}) \le f(x^k) + (\frac{\alpha^2}{2} L - \alpha) \|f'(x^k)\|^2 \qquad \text{für alle } \alpha \ge 0,
$$

also für $\alpha = 1/L$ insbesondere

$$
f(x^{k+1}) \le f(x^k) - \frac{1}{2L} \|f'(x^k)\|^2, \quad k = 0, 1, \dots . \tag{7}
$$

Die Konvergenz der Folge $\{f(x^k)\}$ impliziert nun $\lim\limits_{k\to\infty} \|f'(x^k)\| = 0$, und mit der Stetigkeit von f' erhält man die Aussage des Satzes. ∎

Bemerkung 3.1 Die relativ starken Voraussetzungen in Satz 3.1 gestatteten eine einfache Beweisführung, welche die wesentlichen Grundgedanken des Gradientenverfahrens verdeutlicht. Diese Voraussetzungen lassen sich jedoch in vielfältiger Form abschwächen. So bleibt z.B. der obige Beweis auch gültig, falls Richtungen $d^k \in X$, die der Bedingung

$$
(f'(x^k), d^k) \le -\rho \|f'(x^k)\| \|d^k\|, \quad k = 0, 1, \dots \tag{8}
$$

mit einem festen $\rho \in (0, 1]$ genügen, anstelle von (3) eingesetzt werden. Derartige Richtungen sowie Verfahren, die diese verwenden, werden **gradientenähnlich** (gradient related) genannt. Die vorausgesetzte globale Lipschitz-stetige Differenzierbarkeit kann auch durch die stetige Differenzierbarkeit im entsprechenden Häufungspunkt $\bar{x} \in X$ ersetzt werden. In diesem Fall ist der Konvergenzbeweis etwas zu modifizieren. Dies wird dem mit der Taylorschen Formel vertrauten Leser keine großen Schwierigkeiten bereiten. □

Bemerkung 3.2 Zur Berechnung der Schrittweite α_k nach dem Prinzip der Strahlminimierung (4) existieren spezielle Techniken. Wir verweisen hierzu auf die Literatur, z.B. [Sch79], [Fle80]. Das Verfahren des Goldenen Schnittes wird ferner in der Übungsaufgabe 3.1 behandelt. Zur Sicherung der Implementierbarkeit wird die Strahlminimierung (4) in der Regel durch andere Prinzipien der Schrittweitenwahl, z.B. durch das Armijo-Prinzip (vgl. (16)) ersetzt. □

Die Existenz mindestens eines Häufungspunktes der Folge $\{x^k\}$ läßt sich z.B. durch die Kompaktheit der Niveaumenge

$$W(x^0) := \{\, x \in X \,:\, f(x) \leq f(x^0) \,\} \tag{9}$$

sichern. Im endlichdimensionalen Fall $X = I\!\!R^n$ ist dies unter Beachtung der Stetigkeit der Funktion f äquivalent mit der Beschränktheit von $W(x^0)$. Ist X aber ein unendlichdimensionaler Hilbert-Raum, dann folgt aus der Beschränktheit lediglich die schwache Kompaktheit. In diesem Fall sind die Voraussetzungen an die Aufgabe (1) zu verschärfen, z.B. durch die Forderung der starken Konvexität. Eine differenzierbare Funktion $f : X \to I\!\!R$ heißt **stark konvex** (oder **gleichmäßig konvex**), wenn eine Konstante $\gamma > 0$ existiert mit

$$f(y) \geq f(x) + (f'(x), y - x) + \frac{\gamma}{2} \|x - y\|^2 \quad \text{für alle } x, y \in X. \tag{10}$$

Durch zweimalige Anwendung dieser Ungleichung und Addition erhält man

$$(f'(y) - f'(x), y - x) \geq \gamma \|x - y\|^2 \quad \text{für alle } x, y \in X. \tag{11}$$

Damit ist $f' : X \to X$ in diesem Fall ein stark monotoner Operator, und die notwendige und hinreichende Optimalitätsbedingung (6) kann als Spezialfall einer monotonen Operatorgleichung (vgl. [GGZ74]) betrachtet werden.

Bemerkung 3.3 Die auch als Koerzitivität bezeichnete Wachstumseigenschaft (10) von f sichert die Beschränktheit der Niveaumenge $W(x^0)$, während aus der Stetigkeit und Konvexität von f die schwache Unterhalbstetigkeit von f folgt. □

Für eine ausführliche Diskussion zur Minimierung über Funktionenräumen verweisen wir auf Cea [Cea71].

Es sei noch erwähnt, daß aus der Lipschitz-stetigen Differenzierbarkeit von f in Ergänzung zu (10) die Abschätzung

$$f(y) \leq f(x) + (f'(x), y - x) + \frac{L}{2} \|x - y\|^2 \quad \text{für alle } x, y \in X \tag{12}$$

folgt, wie der Vollständigkeit halber im Beweis zu Satz 3.1 gezeigt wurde.

SATZ 3.2 *Es sei $f : X \to I\!\!R$ Lipschitz-stetig differenzierbar und stark konvex. Dann besitzt die Aufgabe (1) eine eindeutig bestimmte Lösung $\bar{x} \in X$, und die mit dem Gradientenverfahren erzeugte Folge $\{x^k\}$ konvergiert für beliebige Startpunkte $x^0 \in X$ gegen diese Lösung $\bar{x}$. Dabei gilt die Abschätzung*

$$f(x^{k+1}) - f(\bar{x}) \leq \left(1 - (\frac{\gamma}{L})^2\right) (f(x^k) - f(\bar{x})), \quad k = 0, 1, \dots . \tag{13}$$

Beweis: Wir zeigen zunächst die eindeutige Lösbarkeit von (1). Nach der Definition des Infimums existiert eine Folge $\{z^k\} \subset X$ mit

$$f(z^k) \geq f(z^{k+1}) \quad \text{und} \quad \lim_{k \to \infty} f(z^k) = \inf_{x \in X} f(x). \tag{14}$$

Aus (10) folgt nun

$$f(z^0) \geq f(z^k) \geq f(z^0) + (f'(z^0), z^k - z^0) + \frac{\gamma}{2} \|z^k - z^0\|^2, \quad k = 1, 2, \dots,$$

und mit der Cauchy-Schwarzschen Ungleichung erhält man hieraus

$$\|z^k - z^0\| \leq \frac{2}{\gamma} \|f'(z^0)\|, \quad k = 1, 2, \dots.$$

Beschränkte Folgen in Hilbert-Räumen sind schwach kompakt, also kann o.B.d.A. angenommen werden, daß $\{z^k\}$ schwach gegen ein $\bar{x} \in X$ konvergiert. Da f konvex und stetig ist, ist f auch schwach unterhalbstetig (vgl. [Sch89]). Mit (14) folgt nun

$$f(\bar{x}) \leq \underline{\lim}_{k \to \infty} f(z^k) = \inf_{x \in X} f(x),$$

und $\bar{x}$ löst (1). Insbesondere gilt damit auch $f'(\bar{x}) = 0$. Die Eindeutigkeit der Lösung erhält man unmittelbar aus (11).

Wir untersuchen nun die Konvergenz einer mit dem Gradientenverfahren erzeugten Folge $\{x^k\}$. Mit der Abschätzung (11) und $f'(\bar{x}) = 0$ hat man

$$\gamma \|\bar{x} - x^k\| \leq \|f'(x^k)\|.$$

Aus der im Beweis zu Satz 3.1 gezeigten Ungleichung (7) folgt nun

$$f(x^{k+1}) - f(\bar{x}) \leq f(x^k) - f(\bar{x}) - \frac{1}{2L} \gamma^2 \|x^k - \bar{x}\|^2. \tag{15}$$

Die Folge $\{f(x^k)\}$ ist monoton fallend und nach unten durch $f(\bar{x})$ beschränkt, also konvergent. Mit (15) liefert dies die Konvergenz von $\{x^k\}$ gegen die Lösung $\bar{x}$ des Ausgangsproblems (1). Wegen $f'(\bar{x}) = 0$ und der Lipschitz-Stetigkeit von f' gilt $f(x^k) - f(\bar{x}) \leq \frac{L}{2} \|x^k - \bar{x}\|^2$. Unter Beachtung von (15) erhält man die Abschätzung (13). ∎

Bemerkung 3.4 Wegen $0 < \gamma \leq L$ gilt stets $1 - (\frac{\gamma}{L})^2 \in [0, 1)$. Damit begründet (13) die Q-lineare Konvergenz (s. z.B. [Sch79]) der Folge $\{f(x^k)\}$ gegen den optimalen Wert $f(\bar{x})$. Eine Abschätzung für $\|x^k - \bar{x}\|$ erhält man mit $f'(\bar{x}) = 0$ aus (10) durch

$$\|x^k - \bar{x}\|^2 \leq \frac{2}{\gamma} (f(x^k) - f(\bar{x})),$$

also konvergiert $\{x^k\}$ mindestens R-linear gegen $\bar{x}$. Für schlecht konditionierte Probleme, d.h. für $L \gg \gamma > 0$, liefert (13) eine Schranke mit einem Kontraktionsfaktor ≈ 1. Anhand von Beispielen kann gezeigt werden, daß diese Schranke scharf ist. □

Wir untersuchen nun das Konvergenzverhalten gradientenähnlicher Verfahren. Dabei beschränken wir uns auf den Fall $X = \mathbb{R}^n$ und setzen anstelle der Strahlminimierung (4) das folgende **Armijo-Prinzip** ein. Es bezeichne $S := \{2^{-j}\}_{j=0}^{\infty} \subset \mathbb{R}_+$. Mit einem festen Parameter $\delta \in (0,1)$ wird die **Armijo-Schrittweite** α_k zum Punkt x^k und zur Richtung d^k gehörig bestimmt durch

$$\alpha_k := \max\{\, \alpha \in S \, : \, f(x^k + \alpha d^k) \leq f(x^k) + \alpha \delta \nabla f(x^k)^T d^k \,\}. \tag{16}$$

Bezeichnet man zu x^k und d^k gehörig $\varphi(\alpha) := f(x^k + \alpha d^k) - f(x^k)$, $\alpha \in \mathbb{R}$, so gilt $\varphi'(0) = \nabla f(x^k)^T d^k$. Damit kann die in der Abbildung 3.1 skizzierte Interpretation der Armijo-Schrittweite gegeben werden.

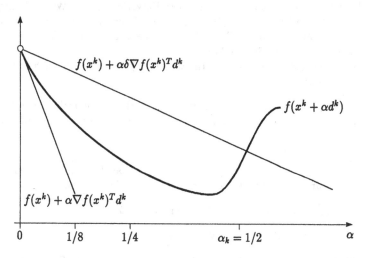

Abbildung 3.1: Armijo-Prinzip

Durch (16) wird ein hinreichend starker Abstieg gesichert, denn es gilt

LEMMA 3.2 *Es sei $f : \mathbb{R}^n \to \mathbb{R}$ Lipschitz-stetig differenzierbar. Die nach (16) bestimmte Armijo-Schrittweite α_k genügt für $\nabla f(x^k)^T d^k < 0$ der Abschätzung*

$$\alpha_k \geq \min\left\{ 1, \, -\frac{(1-\delta)}{L} \, \frac{\nabla f(x^k)^T d^k}{\|d^k\|^2} \right\}, \, k = 0, 1, \ldots. \tag{17}$$

Beweis: Wegen (12) hat man

$$f(x^k + \alpha d^k) \leq f(x^k) + \alpha \nabla f(x^k)^T d^k + \frac{L}{2}\alpha^2 \|d^k\|^2. \tag{18}$$

Es bezeichne $\overline{\alpha}_k := -\dfrac{2(1-\delta)}{L}\dfrac{\nabla f(x^k)^T d^k}{\|d^k\|^2}$. Mit (18) folgt

$$
\begin{aligned}
f(x^k + \alpha d^k) &\leq f(x^k) + \alpha\delta\nabla f(x^k)^T d^k \\
&\quad + \alpha\left[(1-\delta)\nabla f(x^k)^T d^k + \frac{L}{2}\alpha\|d^k\|^2\right] \\
&\leq f(x^k) + \alpha\delta\nabla f(x^k)^T d^k \qquad \text{für alle } \alpha \in [0, \overline{\alpha}_k].
\end{aligned}
$$

Aus der Definition (16) der Armijo-Schrittweite erhält man unter Beachtung von $S = \{2^{-j}\}_{j=0}^{\infty}$ nun $\alpha_k \geq \min\{1, \dfrac{\overline{\alpha}_k}{2}\}$, also gilt (17). ∎

Bemerkung 3.5 Durch die spezielle Wahl der Menge S ist die Schrittweite $\alpha_k = 1$ in der Vorschrift (16) ausgezeichnet. Diese Hervorhebung des Wertes 1 entspricht der wesentlichen Nutzung von (16), nämlich zur Dämpfung des Newton-Verfahrens bzw. dessen Modifikationen. Hier geht im Fall der Schrittweite 1 das entsprechende Verfahren in die ungedämpfte Version über.

Anstelle der Armijo-Geraden $\psi(\alpha) = \alpha\delta\nabla(x^k)^T d^k$ lassen sich auch andere Kurven verwenden (vgl. [SK91]). □

Als wichtige Klasse von gradientenähnlichen Verfahren betrachten wir Algorithmen, bei denen die Richtungen d^k im Iterationspunkt x^k bestimmt wird durch

$$H_k\, d^k + \nabla f(x^k) = 0 \tag{19}$$

mit einer Familie gleichmäßig positiv definiter und beschränkter Matrizen H_k, d.h. Matrizen, für die mit Konstanten $0 < m \leq M$ eine Abschätzung

$$m\,\|z\|^2 \leq z^T H_k z \leq M\,\|z\|^2 \qquad \text{für alle } z \in I\!\!R^n \tag{20}$$

gilt. Zur Konvergenz derartiger Verfahren hat man

SATZ 3.3 *Es genüge die Familie* $\{H_k\}$ *der Bedingung (20). Dann gilt mit beliebigem Startpunkt* $x^0 \in I\!\!R^n$ *für jeden Häufungspunkt* $\overline{x}$ *der durch*

$$x^{k+1} := x^k + \alpha_k\, d^k$$

mit d^k *aus (19) sowie der Armijo-Schrittweite* α_k *gemäß (16) erzeugten Folge* $\{x^k\}$ *die Beziehung* $\nabla f(\overline{x}) = 0$.

Beweis: Wegen (20) sind die Richtungen d^k nach (19) eindeutig bestimmt, und es gilt

$$\nabla f(x^k)^T d^k = -d^{k^T} H_k d^k \leq -m\,\|d^k\|^2. \tag{21}$$

Insbesondere hat man $\nabla f(x^k)^T d^k < 0$, falls $\nabla f(x^k)^T d^k \neq 0$ gilt. Gibt es einen Index $\tilde{k}$ mit $\nabla f(x^{\tilde{k}}) = 0$, dann führt der Algorithmus zu $x^k = x^{\tilde{k}}$, $k \geq \tilde{k}$ (bei praktischer Rechnung endlicher Abbruch!), und die Behauptung gilt trivialerweise.

Es sei nun $\nabla f(x^k) \neq 0$, $k = 0, 1, \ldots$. Lemma 3.2 liefert mit (21) die Abschätzung

$$\alpha_k \geq \min\{1, \frac{1-\delta}{mL}\}$$

für die Armijo-Schrittweite α_k. Aus der Konstruktion (16) folgt unter Beachtung von $\nabla f(x^k)^T d^k < 0$ ferner

$$f(x^{k+1}) = f(x^k + \alpha_k d^k) \leq f(x^k) + \min\{1, \frac{1-\delta}{mL}\} \nabla f(x^k)^T d^k.$$

Besitzt $\{x^k\}$ einen Häufungspunkt $\bar{x}$, so gilt damit

$$\lim_{k \to \infty} \nabla f(x^k)^T d^k = 0,$$

und mit (21) erhält man

$$\lim_{k \to \infty} \|d^k\| = 0. \tag{22}$$

Aus (19) und dem rechten Teil von (20) folgt

$$\|\nabla f(x^k)\| = \|H_k d^k\| \leq M \|d^k\|.$$

Wegen (22) und der stetigen Differenzierbarkeit von f hat man also $\nabla f(\bar{x}) = 0$ für jeden Häufungspunkt $\bar{x}$ von $\{x^k\}$. ∎

Übung 3.1 Zur Strahlminimierung

$$\varphi(\alpha) \to \min ! \qquad \text{bei} \quad \alpha \geq 0$$

läßt sich das **Verfahren des Goldenen Schnittes** einsetzen. Dies ist ein iteratives Verfahren, bei dem im k-ten Schritt ein Intervall $[a_k, b_k] \subset \mathbb{R}_+$ sowie Punkte s_k, t_k bekannt sind mit $0 \leq a_k < s_k < t_k < b_k$ und

$$\min\{\varphi(s_k), \varphi(t_k)\} \leq \min\{\varphi(a_k), \varphi(b_k)\}. \tag{23}$$

Man gebe eine Vorschrift zur Bildung des neuen Intervalls $[a_{k+1}, b_{k+1}]$ durch

$$a_{k+1} := a_k, \; b_{k+1} := t_k \qquad \text{oder} \qquad a_{k+1} := s_k, \; b_{k+1} := b_k$$

so an, daß die Beziehung (23) auch im Folgeschritt gesichert wird. Für welchen Wert $\lambda \in (0, 1)$ und

$$s_k = \lambda a_k + (1 - \lambda) b_k, \; t_k = (1 - \lambda) a_k + \lambda b_k \tag{24}$$

können jeweils drei der vier Werte a_k, s_k, t_k, b_k für den Folgeschritt übernommen werden? Man zeige, daß bei konvexen Funktionen $\varphi(\cdot)$ und einem Startintervall $[a_0, b_0]$ sowie s_k, t_k gemäß (24), die (23) für $k = 0$ genügen, der Grenzwert $\alpha := \lim_{k \to \infty} a_k$ das Minimum von φ auf $[0, +\infty)$ liefert.

Übung 3.2 Mit Hilfe des Gradientenverfahrens (3) - (5) ist die Aufgabe

$$f(x) = x_1^2 + x_1 x_2 + (1 + x_2)^2 \rightarrow \min ! \qquad \text{bei} \quad x \in \mathbb{R}^2$$

zu behandeln. Dabei sei $x^0 = (1,1)^T$ als Startvektor vorgegeben. Man führe vergleichsweise einige Schritte mit der Armijo-Schrittweite (16) mit $\delta = 0.3$ durch.

Übung 3.3 Weisen Sie nach, daß durch (19), (20) gradientenähnliche Richtungen erzeugt werden. Mit welcher Zahl $\rho \in (0,1]$ gilt die entsprechende Ungleichung (8)?

Übung 3.4 Man zeige, daß sich die Aussagen von Satz 3.3 übertragen lassen für eine gegenüber (16) modifizierte Schrittweitenwahl

$$\alpha_k := \max\{\alpha \in S : \alpha \leq \alpha_{k-1}, f(x^k + \alpha d^k) \leq f(x^k) + \alpha \delta \nabla f(x^k)^T d^k\}$$

mit $\alpha_{-1} := 0.5$.

Übung 3.5 Zeigen Sie mit Hilfe des ersten Teils des Beweises zu Satz 3.2, daß es zu jedem über einem Hilbert-Raum X stetigen, linearen Funktional $l(\cdot) : X \rightarrow \mathbb{R}$ ein eindeutig bestimmtes $z \in X$ gibt mit

$$(z, x) = l(x) \quad \text{für alle } x \in X \qquad \text{(Rieszscher Darstellungssatz)}.$$

Übung 3.6 Es sei der Sobolev-Raum $H_0^1(0,1)$ mit dem Skalarprodukt

$$(x, y) = \int_0^1 x'(\xi) y'(\xi) \, d\xi \qquad \text{für alle } x, y \in H_0^1(0,1)$$

versehen. Führen Sie von $x^0 = x^0(\xi) \equiv 0$ einen Schritt des Gradientenverfahren aus zur Lösung von

$$f(x) := \int_0^1 \left[(\frac{dx}{d\xi})^2 - \xi \, x(\xi) \right] d\xi \rightarrow \min ! \qquad \text{bei} \quad x \in H_0^1(0,1).$$

3.2   Das Newton-Verfahren

Es sei $f : \mathbb{R}^n \rightarrow \mathbb{R}$ zweimal stetig differenzierbar, und wir betrachten das Ausgangsproblem

$$f(x) \rightarrow \min ! \qquad \text{bei} \quad x \in \mathbb{R}^n. \tag{25}$$

Die zugehörige notwendige Optimalitätsbedingung

$$\nabla f(\bar{x}) = 0 \tag{26}$$

bildet ein nichtlineares Gleichungssystem, zu dessen Lösung entsprechende Standardverfahren (vgl. [DH91], [Sch79]) eingesetzt werden können. Die (26) zugrunde liegende Minimierungsaufgabe (25) erlaubt es jedoch, einige gegenüber allgemeinen nichtlinearen Gleichungssystemen auftretende spezifische Eigenschaften zu nutzen, so z.B. den der Aufgabe (25) innewohnenden Abstiegsgedanken.

Es bezeichne F_k die lokale Approximation der Zielfunktion f im Iterationspunkt x^k gemäß

$$F_k(x) := f(x^k) + \nabla f(x^k)^T(x - x^k) + \frac{1}{2}(x - x^k)^T \nabla^2 f(x^k)(x - x^k) \qquad (27)$$

für beliebige $x \in I\!R^n$, d.h. die Taylor-Approximation bis einschließlich des quadratischen Gliedes. Die Hesse-Matrix $\nabla^2 f(x^k) := \left(\dfrac{\partial f}{\partial x_i \partial x_j}(x^k)\right)^n_{i,j=1}$ ist dabei nach dem Satz von Schwarz stets symmetrisch.

Das Newton-Verfahren besteht nun in der von einem Startpunkt $x^0 \in I\!R^n$ ausgehenden sukzessiven Bestimmung der Iterierten x^{k+1} als Lösung von

$$F_k(x) \to \min! \qquad \text{bei} \quad x \in I\!R^n. \qquad (28)$$

Diese Probleme sind nur lösbar, wenn die Hesse-Matrizen $\nabla^2 f(x^k)$ positiv semidefinit sind. Die zugehörigen notwendigen und hinreichenden Optimalitätsbedingungen lauten unter Beachtung von (27) in diesem Fall

$$\nabla f(x^k) + \nabla^2 f(x^k)(x^{k+1} - x^k) = 0. \qquad (29)$$

Damit ist diese Vorgehensweise mit dem klassischen Newton-Verfahren zur Lösung von (26) identisch.

SATZ 3.4 *Es sei $\bar{x} \in I\!R^n$ ein Punkt, der den hinreichenden Optimalitätsbedingungen zweiter Ordnung für (25) genügt, d.h. es gelte (26), und die Hesse-Matrix $\nabla^2 f(\bar{x})$ sei positiv definit. Dann gibt es eine Umgebung $U(\bar{x})$ derart, daß das Newton-Verfahren (29) für jedes $x^0 \in U(\bar{x})$ uneingeschränkt durchführbar ist, und für die erzeugte Folge gilt $\{x^k\} \subset U(\bar{x})$ sowie*

$$\|x^{k+1} - \bar{x}\| \leq \mu_k \|x^k - \bar{x}\|, \quad k = 0, 1, \ldots \qquad (30)$$

mit einer Nullfolge $\{\mu_k\} \subset I\!R_+$.

Beweis: Wegen der positiven Definitheit von $\nabla^2 f(\bar{x})$ existieren Zahlen $\sigma > 0$, $\gamma > 0$ mit

$$\gamma \|z\|^2 \leq z^T \nabla^2 f(x)z \qquad \text{für alle } z \in I\!R^n, \ x \in U_\sigma(\bar{x}). \qquad (31)$$

Damit ist für $x^k \in U_\sigma(\bar{x})$ durch (29) eindeutig ein $x^{k+1} \in I\!R^n$ bestimmt. Mit (26) ist (29) äquivalent zu

$$\nabla^2 f(x^k)(x^{k+1} - \bar{x}) = \nabla f(\bar{x}) - \nabla f(x^k) + \nabla^2 f(x^k)(x^k - \bar{x}).$$

Ferner gilt

$$\nabla f(\bar{x}) = \nabla f(x^k) + \int\limits_0^1 \nabla^2 f(x^k + t(\bar{x} - x^k))(\bar{x} - x^k)\, dt,$$

und man erhält

$$\nabla^2 f(x^k)(x^{k+1} - \bar{x}) = \int_0^1 [\nabla^2 f(x^k) - \nabla^2 f(x^k + t(\bar{x} - x^k))] \, dt \, (x^k - \bar{x}). \tag{32}$$

Dabei ist das obige Integral über eine Matrixfunktion komponentenweise zu verstehen. Wegen der zweimaligen stetigen Differenzierbarkeit kann $\sigma > 0$ so gewählt werden, daß

$$\frac{1}{\gamma} \Big\| \int_0^1 [\nabla^2 f(x) - \nabla^2 f(x + t(\bar{x} - x))] \, dt \Big\| \leq \kappa < 1 \quad \forall x \in U_\sigma(\bar{x}) \tag{33}$$

gilt. Aus (31) - (33) folgt

$$\|x^{k+1} - \bar{x}\| \leq \kappa \|x^k - \bar{x}\|, \quad k = 0, 1, \ldots.$$

Dies liefert von $x^0 \in U_\sigma(\bar{x})$ ausgehend rekursiv $x^k \in U_\sigma(\bar{x})$, $k = 0, 1, \ldots$ und $\lim\limits_{k \to \infty} x^k = \bar{x}$. Wir setzen

$$\mu_k := \|[\nabla^2 f(x^k)]^{-1} \int_0^1 [\nabla^2 f(x^k) - \nabla^2 f(x^k + t(\bar{x} - x^k))] \, dt \|.$$

Wegen der stetigen zweimaligen Differenzierbarkeit sowie $\lim\limits_{k \to \infty} x^k = \bar{x}$ erhält man hieraus $\lim\limits_{k \to \infty} \mu_k = 0$. Mit (32) ist also die behauptete Abschätzung (30) gezeigt. ∎

Bemerkung 3.6 Das Newton-Verfahren konvergiert für hinreichend gute Startwerte x^0. Eine entsprechende lokale Charakterisierung kann z.B. durch Anwendung des Newton-Kantorowitsch-Satzes erfolgen. Wir verweisen hierzu auf [DH91], [Sch79]. Die Konvergenz erfolgt, wie in Satz 3.4 gezeigt wurde, Q-überlinear. Ist die Hesse-Matrix zusätzlich Lipschitz-stetig, dann läßt sich auch die lokale Q-quadratische Konvergenz von $\{x^k\}$ zeigen, d.h. mit einer Konstanten $c > 0$ gilt dann

$$\|x^{k+1} - \bar{x}\| \leq c \|x^k - \bar{x}\|^2, \quad k = 0, 1, \ldots$$

für hinreichend gute Startvektoren x^0 (vgl. Übungsaufgabe 3.7). □

3.2.1   Dämpfung und Regularisierung

Zur Verbindung der guten lokalen Eigenschaften des Newton-Verfahrens mit dem globalen Einzugsgebiet des Gradientenverfahrens kombiniert man beide Techniken durch Regularisierung und Dämpfung mit einer Schrittweitenwahl nach dem Armijo-Prinzip. Durch die geeignete Steuerung der Verfahrensparameter wird dabei gesichert, daß bei Annäherung der erzeugten Folge $\{x^k\}$ an eine lokale Lösung, die den Voraussetzungen von Satz 3.4 genügt, das Verfahren ab einem endlichen Index $\tilde{k}$ in das reine Newton-Verfahren (29) übergeht. Wir untersuchen zunächst die Armijo-Schrittweite in Verbindung mit Newton-Richtungen. Hierzu gilt

LEMMA 3.3 *Es sei f zweimal Lipschitz-stetig differenzierbar, und $\bar{x} \in \mathbb{R}^n$ genüge den hinreichenden Optimalitätsbedingungen zweiter Ordnung (vgl. Satz 3.4) für das unrestringierte Problem (25). Ferner sei $\delta \in (0, \frac{1}{2})$. Dann existiert eine Umgebung $U(\bar{x})$ derart, daß*

$$f(x + d(x)) \leq f(x) + \delta \nabla f(x)^T d(x) \qquad \text{für alle } x \in U(\bar{x}) \tag{34}$$

gilt mit der zum Punkt x gehörigen Newton-Richtung

$$d(x) := -\nabla^2 f(x)^{-1} \nabla f(x). \tag{35}$$

Beweis: Für beliebige $x, d \in \mathbb{R}^n$ erhält man mit der Taylorschen Formel

$$f(x + d) = f(x) + \nabla f(x)^T d + \frac{1}{2} d^T [\int_0^1 \nabla^2 f(x + td)\, dt]\, d. \tag{36}$$

Da $\nabla^2 f(\bar{x})$ wegen der vorausgesetzten Optimalitätsbedingung zweiter Ordnung positiv definit ist, kann unter Beachtung der Lipschitz-Stetigkeit von $\nabla^2 f$ eine Umgebung $U(\bar{x})$ so gewählt werden, daß

$$\gamma \|z\|^2 \leq z^T \nabla^2 f(x) z \qquad \text{für alle } x \in U(\bar{x}),\ z \in \mathbb{R}^n \tag{37}$$

mit einer Konstanten $\gamma > 0$ gilt. Dies sichert insbesondere auch die Regularität von $\nabla^2 f(x)$ für beliebige $x \in U(\bar{x})$. Damit kann in (36) speziell die Newton-Richtung $d := d(x)$ eingesetzt werden. Wegen (35) hat man

$$\nabla f(x)^T d = -d^T \nabla^2 f(x) d, \tag{38}$$

und mit (36) folgt bei Berücksichtigung der Lipschitz-Stetigkeit von $\nabla^2 f$ nun

$$\begin{aligned}
f(x + d) &= f(x) - \tfrac{1}{2} d^T \nabla^2 f(x) d \\
&\quad + \tfrac{1}{2} d^T (\int_0^1 [\nabla^2 f(x + td) - \nabla^2 f(x)]\, dt)\, d \\
&\leq f(x) - \tfrac{1}{2} d^T \nabla^2 f(x) d + \tfrac{1}{2} L \|d\|^3 \quad \forall x \in U(\bar{x}).
\end{aligned}$$

Wegen (37), (38) und $\delta \in (0, \frac{1}{2})$ kann weiter abgeschätzt werden

$$f(x + d) \leq f(x) + \delta \nabla f(x)^T d + (\|d\| - (\tfrac{1}{2} - \delta)\gamma)\|d\|^2. \tag{39}$$

Aus (35), (37) erhält man ferner

$$\|d\| \leq \frac{1}{\gamma} \|\nabla f(x)\| \qquad \text{für alle } x \in U(\bar{x}). \tag{40}$$

Da $\nabla f(\bar{x}) = 0$ gilt und ∇f stetig ist, läßt sich $U(\bar{x})$ so wählen, daß

$$\|\nabla f(x)\| \le (\frac{1}{2} - \delta)\gamma^2 \qquad \text{für alle } x \in U(\bar{x})$$

erfüllt ist. Mit (39), (40) folgt hieraus schließlich (34). ∎

Aus Lemma 3.3 erhält man unmittelbar

SATZ 3.5 *Es sei f zweimal Lipschitz-stetig differenzierbar, und die Folge $\{x^k\}$ sei durch das gedämpfte Newton-Verfahren*

$$x^{k+1} = x^k - \alpha_k \nabla^2 f(x^k)^{-1} \nabla f(x^k), \quad k = 0, 1, \ldots \qquad (41)$$

mit der Armijo-Schrittweite (16) mit einem Parameter $\delta \in (0, \frac{1}{2})$ erzeugt. Besitzt $\{x^k\}$ einen Häufungspunkt $\bar{x}$, der den hinreichenden Optimalitätsbedingungen zweiter Ordnung genügt, dann existiert ein Index $\tilde{k}$ mit $\alpha_k = 1$ für alle $k \ge \tilde{k}$, und die gesamte Folge $\{x^k\}$ konvergiert gegen $\bar{x}$.

Beweis: Übungsaufgabe 3.10.

Das gedämpfte Newton-Verfahren (41) läßt sich streng genommen nur unter Zusatzvoraussetzungen uneingeschränkt durchführen. Sind z.B. die Hesse-Matrizen $\nabla^2 f(x^k)$, $k = 0, 1, \ldots$ positiv definit, dann können die Newton-Richtungen $d^k = -\nabla^2 f(x^k)^{-1} \nabla f(x^k)$ bestimmt werden, und sie sind Abstiegsrichtungen für f im jeweiligen Iterationspunkt x^k. Zur Sicherung dieser Eigenschaft kann das Newton-Verfahren zusätzlich regularisiert werden, indem die Hesse-Matrix $\nabla^2 f(x^k)$ erforderlichenfalls durch eine positiv definite Matrix H_k ersetzt wird. Man erhält so bei Vorgabe eines Startpunktes $x^0 \in \mathbb{R}^n$ sowie von Parametern $\delta \in (0, \frac{1}{2})$, $\gamma_0 \in (0, 1)$ für den allgemeinen Schritt $x^k \to x^{k+1}$ das

Gedämpfte regularisierte Newton-Verfahren

(i) Bestimme eine Matrix H_k mit

$$\gamma_k \|z\|^2 \le z^T H_k z \le \frac{1}{\gamma_k} \|z\|^2 \quad \forall z \in \mathbb{R}^n. \qquad (42)$$

Genügt $H_k = \nabla^2 f(x^k)$ dieser Forderung, so ist speziell $H_k := \nabla^2 f(x^k)$ zu wählen.

(ii) Ermittle Richtungen $d^k \in \mathbb{R}^n$ aus

$$\nabla f(x^k) + H_k d^k = 0 \qquad (43)$$

und bestimme mit der nach (16) definierten Armijo-Schrittweite α_k die neue Iterierte durch

$$x^{k+1} := x^k + \alpha_k d^k.$$

(iii) Falls $\|\nabla f(x^{k+1})\| < \gamma_k$ gilt, so setze $\gamma_{k+1} := \gamma_k/2$, sonst setze $\gamma_{k+1} := \gamma_k$.

Zur Konvergenz dieses Verfahrens gilt

SATZ 3.6 *Es sei f zweimal Lipschitz-stetig differenzierbar, und die Niveaumenge $W(x^0) = \{ x \in I\!\!R^n : f(x) \le f(x^0) \}$ sei beschränkt. Ferner existiere ein $\sigma > 0$ mit*

$$\bar{x} \in W(x^0), \quad \nabla f(\bar{x}) = 0 \quad \Rightarrow \quad \sigma\|z\|^2 \le z^T \nabla^2 f(\bar{x})z \quad \forall z \in I\!\!R^n. \tag{44}$$

Dann konvergiert die durch das gedämpfte regularisierte Newton-Verfahren erzeugte Folge $\{x^k\}$ gegen ein isoliertes lokales Minimum $\bar{x} \in W(x^0)$ von f, und es gilt

$$\|x^{k+1} - \bar{x}\| \le c\|x^k - \bar{x}\|^2, \quad k = 0, 1, \ldots$$

mit einer Konstanten $c > 0$.

Beweis: Nach Konstruktion ist die im Algorithmus mit erzeugte Folge $\{\gamma_k\}$ monoton fallend und nach unten durch den Wert 0 beschränkt. Damit existiert der Grenzwert $\bar{\gamma} := \lim_{k \to \infty} \gamma_k$.

Annahme: Es sei $\bar{\gamma} > 0$. Mit der Monotonie der Folge $\{\gamma_k\}$ und (42) hat man

$$\bar{\gamma}\|z\|^2 \le z^T H_k z \le \frac{1}{\bar{\gamma}}\|z\|^2 \quad \text{für alle } z \in I\!\!R^n, \ k = 0, 1, \ldots.$$

Damit läßt sich Satz 3.3 anwenden, und mit der vorausgesetzten Kompaktheit der Niveaumenge $W(x^0)$ folgt

$$\lim_{k \to \infty} \nabla f(x^k) = 0. \tag{45}$$

Andererseits folgt aus $\bar{\gamma} > 0$ und Teilschritt (iii) des gedämpften regularisierten Newton-Verfahrens, daß nur endlich oft der Fall $\|\nabla f(x^k)\| < \gamma_k$ eintritt. Dies liefert mit $\gamma_k \ge \bar{\gamma} > 0$ einen Widerspruch zu (45). Also war die Annahme falsch, und es gilt

$$\lim_{k \to \infty} \gamma_k = 0. \tag{46}$$

Nach Teilschritt (ii) gibt es damit eine unendliche Indexmenge $\mathcal{K}$ mit

$$\|\nabla f(x^k)\| < \gamma_k \quad \text{für alle } k \in \mathcal{K}. \tag{47}$$

Wegen der Kompaktheit der Niveaumenge $W(x^0)$ und $\{x^k\} \subset W(x^0)$ besitzt die Teilfolge $\{x^k\}_{\mathcal{K}} \subset \{x^k\}$ mindestens einen Häufungspunkt $\bar{x} \in W(x^0)$. O.B.d.A. kann angenommen werden, daß

$$\lim_{k \in \mathcal{K}} x^k = \bar{x} \tag{48}$$

gilt. Aus (46), (47) folgt mit der stetigen Differenzierbarkeit

$$\lim_{k \in \mathcal{K}} \nabla f(x^k) = \nabla f(\bar{x}) = 0.$$

Wir wählen nun eine Umgebung $U_\varepsilon(\bar{x})$ mit folgenden Eigenschaften:

(a) Mit einem $\mu > 0$ gilt

$$\mu\|z\|^2 \leq z^T \nabla^2 f(x) z \leq \frac{1}{\mu}\|z\|^2 \quad \forall z \in I\!\!R^n, \ x \in U_\varepsilon(\bar{x});$$

(b) Auf $U_\varepsilon(\bar{x})$ hat man die Abschätzung (34) für die Newton-Richtung (35);

(c) Mit der Lipschitz-Konstanten L für $\nabla^2 f$ gilt $L\varepsilon < \mu$.

Die Eigenschaft (a) wird dabei durch die getroffene Voraussetzung (44) gesichert, während sich (b) nach Lemma 3.3 erfüllen läßt.

Wegen (46), (48) gibt es einen Index k' mit

$$x^k \in U_\varepsilon(\bar{x}) \qquad \text{und} \qquad \gamma_k \leq \mu \tag{49}$$

für $k = k'$. Wir zeigen nun induktiv, daß (49) für beliebige $k \geq k'$ erfüllt ist sowie

$$\|x^{k+1} - \bar{x}\| \leq c\|x^k - \bar{x}\|, \quad k \geq k' \tag{50}$$

mit einem $c \in (0,1)$ gilt. Der Induktionsanfang für (49) liegt mit $k = k'$ offensichtlich vor.

‚$k \Rightarrow k+1$': Nach Teilschritt (i) des Verfahrens und Eigenschaft (a) hat man $H_k = \nabla^2 f(x^k)$. Wegen (b) liefert die Armijo-Schrittweite den Wert $\alpha_k = 1$, und es wird damit ein ungedämpfter Newton-Schritt ausgeführt. Man hat nun (vgl. (32))

$$x^{k+1} - \bar{x} = \nabla^2 f(x^k)^{-1} \int_0^1 [\nabla^2 f(x^k) - \nabla^2 f(x^k + t(\bar{x} - x^k))] \, dt \, (x^k - \bar{x}).$$

Mit der Lipschitz-Stetigkeit von $\nabla^2 f$ und der Eigenschaft (a) liefert dies

$$\|x^{k+1} - \bar{x}\| \leq \frac{1}{\mu} L \|x^k - \bar{x}\|^2 \leq \frac{L\varepsilon}{\mu} \|x^k - \bar{x}\|. \tag{51}$$

Wegen (c) ist $c := \frac{L\varepsilon}{\mu} \in (0,1)$, und hieraus folgt $x^{k+1} \in U_\varepsilon(\bar{x})$. Mit der Monotonie von $\{\gamma_k\}$ gilt insgesamt

$$x^{k+1} \in U_\varepsilon(\bar{x}) \qquad \text{und} \qquad \gamma_{k+1} \leq \mu.$$

Ferner sichert (51) die quadratische Konvergenz der gesamten Folge $\{x^k\}$ gegen $\bar{x}$. ∎

Zur Realisierung des gedämpften regularisierten Newton-Verfahrens sind geeignete Techniken zur Bestimmung der Matrizen H_k entsprechend Teilschritt (i) des Verfahrens erforderlich. Dabei sollte jedoch wegen des damit verbundenen Aufwandes eine direkte Abtestung der Ungleichungskette (42), etwa durch Spektraluntersuchungen, vermieden werden. Es wird daher heute anstelle der Levenberg-Marquardt-Regularisierung (vgl. z.B. [Sch79]), d.h. von

$$H_k := (1 - \theta_k) I + \theta_k \nabla^2 f(x^k) \tag{52}$$

mit geeigneten Parametern $\theta_k \in [0,1]$, häufig eine auf Gill/Murray [GM74] zurückgehende **modifizierte Cholesky-Zerlegung** eingesetzt. Das Grundprinzip dieser besteht darin, daß mit gewissen Indikatoren die bekannte Cholesky-Zerlegung
während ihres Aufbaus erforderlichenfalls verändert wird. Wir erinnern zunächst
an die Cholesky-Faktorisierung einer symmetrischen, positiv definiten Matrix $A =
(a_{ij})$ in der Form $A = LDL^T$ mit einer unteren Dreiecksmatrix $L = (l_{ij})$ mit $l_{ii} = 1$
und einer Diagonalmatrix $D = \operatorname{diag}(d_i)$. Diese Matrizen L, D werden rekursiv
bestimmt durch

$$\left. \begin{aligned}
d_j &:= a_{jj} - \sum_{m=1}^{j-1} l_{jm}^2 d_m, \\
l_{ij} &:= (a_{ij} - \sum_{m=1}^{j-1} l_{jm} d_m l_{im})/d_j, \quad i = j+1(1)n,
\end{aligned} \right\} \quad j = 1(1)n. \tag{53}$$

Mit Hilfe von Schwellwerten $\omega_k = \omega(\gamma_k)$ und $\tau_k = \tau(\gamma_k)$ mit

$$\gamma_k \to +0 \quad \Longrightarrow \quad \omega_k \to +0, \ \tau_k \to +\infty \tag{54}$$

wird (53) im k-ten Schritt des gedämpften regularisierten Newton-Verfahrens mit
der Matrix $A := \nabla^2 f(x^k)$ modifiziert zu

$$\left. \begin{aligned}
\tilde{d}_j &:= \max\{\omega_k, a_{jj} - \sum_{m=1}^{j-1} \tilde{l}_{jm}^2 \tilde{d}_m \}, \\
\tilde{l}_{ij} &= \begin{cases} \hat{l}_{ij} & , \text{ falls } |\hat{l}_{ij}| \leq \tau_k, \\ \tau_k \cdot \operatorname{sign}(\hat{l}_{ij}) & , \text{ sonst,} \end{cases} \\
\text{mit} & \\
\hat{l}_{ij} &:= (a_{ij} - \sum_{m=1}^{j-1} \tilde{l}_{jm} \tilde{d}_m \tilde{l}_{im})/\tilde{d}_j, \quad i = j+1(1)n,
\end{aligned} \right\} \quad j = 1(1)n. \tag{55}$$

Die Vorschrift (55) sichert wegen (54) und der Voraussetzung (44) speziell auch
$H_k = \nabla^2 f(x^k)$ für hinreichend große Indizes k. Die Grundtechnik (55) kann weiter
verfeinert werden durch geeignete Wahl komponentenweiser Schwellwerte ω_j^k und
τ_{ij}^k anstelle von ω_k bzw. τ_k.

3.2.2 Trust Region Technik

Bei der Regularisierung der Hesse-Matrix wird diese durch eine positiv definite
Matrix ersetzt. So können zwar gradientenähnliche Richtungen erzeugt werden,
doch die in der Hesse-Matrix enthaltenen lokalen Krümmungsinformationen über
den Graphen der Zielfunktion f werden damit unterdrückt. Insbesondere Richtungen negativer Krümmung, die sich für einen lokalen Abstieg eignen, sind damit bei
Regularisierungstechniken nicht auszuwerten. Einen Ausweg bilden die **Trust Region Algorithmen**. Die Lösbarkeit der quadratischen Ersatzprobleme wird hier
durch eine zusätzliche Einschränkung der Form $\|x - x^k\| \leq h_k$ mit einem geeigneten
Parameter $h_k > 0$ gesichert. Anstelle von (28) erhält man damit die Ersatzaufgabe

$$F_k(x) \to \min! \quad \text{bei} \quad x \in \mathbb{R}^n, \ \|x - x^k\| \leq h_k \tag{56}$$

mit der durch lokale Taylor-Approximation im Punkt x^k gemäß (27) definierten Funktion F_k. Trivialerweise besitzen diese Probleme stets eine Lösung $\hat{x}^{k+1}$. Genügt x^k nicht den notwendigen Optimalitätsbedingungen zweiter Ordnung, so gilt $F_k(\hat{x}^{k+1}) < F_k(x^k)$. Im anderen Fall wird das Verfahren abgebrochen. Zur Abkürzung der Darstellung konzentrieren wir uns im weiteren ausschließlich auf den nichtendlichen Fall des Verfahrens.

Eine wichtige Frage der trust-region Techniken besteht in der geeigneten Steuerung der Parameter $h_k > 0$. Hierzu erforderliche Informationen lassen sich z.B. mittels

$$r_k := \frac{f(\hat{x}^{k+1}) - f(x^k)}{F_k(\hat{x}^{k+1}) - F_k(x^k)} \tag{57}$$

gewinnen. Im Fall einer guten Übereinstimmung von f und F_k wird $r_k \approx 1$ gelten. Von Fletcher [Fle80] wird bei Vorgabe eines $h_0 > 0$ folgende Strategie zur Steuerung der Parameter im k-ten Verfahrensschritt $x^k \to x^{k+1}$ vorgeschlagen.

Trust Region Verfahren

(i) Ermittle $\hat{x}^{k+1}$ als Lösung des Ersatzproblems (56).

(ii) Setze

$$h_{k+1} := \begin{cases} \|\hat{x}^{k+1} - x^k\|/4, & \text{falls } r_k < 0.25, \\ 2 \cdot h_k, & \text{falls } r_k > 0.75 \wedge \|\hat{x}^{k+1} - x^k\| = h_k, \\ h_k, & \text{sonst.} \end{cases} \tag{58}$$

Dabei bezeichnet r_k die durch (57) definierte Größe.

(iii) Setze

$$x^{k+1} := \begin{cases} \hat{x}^{k+1}, & \text{falls } f(\hat{x}^{k+1}) < f(x^k), \\ x^k, & \text{sonst.} \end{cases} \tag{59}$$

SATZ 3.7 *Es sei f zweimal Lipschitz-stetig differenzierbar, und die zum Startpunkt x^0 gehörige Niveaumenge $W(x^0)$ sei beschränkt. Dann besitzt die durch das Trust Region Verfahren erzeugte Folge $\{x^k\}$ mindestens einen Häufungspunkt $\bar{x}$ mit*

$$\nabla f(\bar{x}) = 0 \qquad und \qquad \nabla^2 f(\bar{x}) \quad ist \ positiv \ semidefinit. \tag{60}$$

Beweis: Wir unterscheiden zwei Fälle.

Fall a: $\underline{\lim}_{k \to \infty} h_k = 0$.

Nach Konstruktion der Folge $\{h_k\}$ gemäß (58) existiert dann eine unendliche Indexmenge $\mathcal{K}$ mit

$$r_k < 0.25 \ \forall \, k \in \mathcal{K} \qquad und \qquad \lim_{k \in \mathcal{K}} h_{k+1} = 0. \tag{61}$$

Wegen $\{x^k\} \subset W(x^0)$ und der vorausgesetzten Beschränktheit der Niveaumenge kann o.B.d.A. angenommen werden, daß die Teilfolge $\{x^k\}_{k \in \mathcal{K}}$ gegen ein $\bar{x} \in W(x^0)$ konvergiert. Es bezeichne

$$\sigma_k := \|\hat{x}^{k+1} - x^k\|, \qquad S_k := \{x \in I\!\!R^n : \|x - x^k\| \leq \sigma_k\}$$

sowie λ_{min}^k den kleinsten Eigenwert von $\nabla^2 f(x^k)$. Wir nehmen an, daß (60) für den ausgewählten Häufungspunkt $\bar{x}$ nicht erfüllt sei. Dann gibt es unter Beachtung der vorausgesetzten Stetigkeitseigenschaften ein $c > 0$ und einen Index k_0 mit

$$\max\{\|\nabla f(x^k)\|, -\lambda_{min}^k\} \geq c > 0 \qquad \text{für alle } k \in \mathcal{K}, \ k \geq k_0. \tag{62}$$

Mit der Definition von $\hat{x}^{k+1}$, σ_k und S_k hat man ferner

$$\hat{x}^{k+1} \in S_k, \quad F_k(\hat{x}^{k+1}) \leq F_k(x) \quad \text{für alle } x \in S_k. \tag{63}$$

Aus der Taylorschen Formel folgt mit geeigneter Wahl des Argumentes die Abschätzung

$$F_k(\hat{x}^{k+1}) \leq F_k(x^k) - \sigma_k \|\nabla f(x^k)\| + \frac{L}{2} \sigma_k^2 \|\nabla^2 f(x^k)\|$$

und

$$F_k(\hat{x}^{k+1}) \leq F_k(x^k) + \frac{L}{2} \lambda_{min}^k \sigma_k^2.$$

Da wegen (61) und der Konstruktion von h_{k+1} gemäß (58) auch $\lim\limits_{k \in \mathcal{K}} \sigma_k = 0$ gilt, gibt es mit (62) einen Index $k_1 \geq k_0$ mit

$$F_k(\hat{x}^{k+1}) \leq F_k(x^k) - \frac{1}{2} c \sigma_k^2 \qquad \text{für alle } k \in \mathcal{K}, \ k \geq k_1.$$

Aus der Lipschitz-Stetigkeit von $\nabla^2 f$ und aus der Definition von F_k folgt

$$|F_k(\hat{x}^{k+1}) - f(\hat{x}^{k+1})| \leq \frac{L}{2} \sigma_k^3, \ k \in \mathcal{K}.$$

Für den durch (57) erklärten Kontrollparameter r_k erhält man nun

$$r_k = 1 + \frac{f(\hat{x}^{k+1}) - F_k(\hat{x}^{k+1})}{F_k(\hat{x}^{k+1}) - F_k(x^k)} \geq 1 - \frac{L}{c} \sigma_k, \ k \in \mathcal{K}, \ k \geq k_1.$$

Mit $\lim\limits_{k \in \mathcal{K}} \sigma_k = 0$ steht dies im Widerspruch zu (61). Damit war die Annahme falsch, und $\bar{x}$ genügt (60).

Fall b: $\underline{\lim}_{k \to \infty} h_k > 0$.

Nach (58) gibt es damit eine unendliche Indexmenge $\mathcal{K}$ mit

$$r_k \geq 0.25 \qquad \text{für alle } k \in \mathcal{K}. \tag{64}$$

Wegen der Kompaktheit von $\{x^k\}$ kann wieder o.B.d.A. angenommen werden, daß $\{x^k\}_{k\in\mathcal{K}}$ gegen ein $\bar{x}$ konvergiert. Mit der Monotonie der Folge $\{f(x^k)\}$ und der Stetigkeit von f hat man

$$f(x^1) - f(\bar{x}) \geq \sum_{k\in\mathcal{K}}[f(x^k) - f(x^{k+1})] \geq 0.$$

Mit (58), (59) und (64) liefert dies $x^{k+1} = \hat{x}^{k+1}$ sowie

$$f(x^1) - f(\bar{x}) \geq 0.25 \cdot \sum_{k\in\mathcal{K}}[F_k(x^k) - F_k(\hat{x}^{k+1})] \geq 0.$$

Hieraus folgt $\lim_{k\in\mathcal{K}}[F_k(\hat{x}^{k+1}) - F_k(x^k)] = 0$. Wegen der zweimaligen stetigen Differenzierbarkeit von f löst damit $\bar{x}$ das Problem

$$f(\bar{x}) + \nabla f(\bar{x})^T(x - \bar{x}) + \tfrac{1}{2}(x - \bar{x})^T \nabla^2 f(\bar{x})(x - \bar{x}) \to \text{min}\,!$$

bei $x \in I\!\!R^n,\ \|x - \bar{x}\| \leq \underline{h}$

mit $\underline{h} := \underline{\lim}_{k\to\infty} h_k$. Da im betrachteten Fall $\underline{h} > 0$ gilt, folgt hieraus (60). ∎

SATZ 3.8 *Zusätzlich zu den Voraussetzungen von Satz 3.7 gelte die Implikation (44). Dann konvergiert die durch das Trust Region Verfahren erzeugte Folge $\{x^k\}$ quadratisch gegen ein isoliertes Minimum von (25).*

Beweis: Wir verwenden wieder die im Beweis zu Satz 3.7 genutzten Bezeichnungen. Wir untersuchen zunächst Fall a), d.h. mit einer unendlichen Indexmenge $\mathcal{K}$ gelte (61). Mit der Newton-Korrektur $d^k := -\nabla^2 f(x^k)^{-1}\nabla f(x^k)$ erhält man

$$F_k(x^k + \alpha d^k) - F_k(x^k) = (\frac{\alpha^2}{2} - \alpha)\, d^{k^T} \nabla^2 f(x^k) d^k.$$

Gilt $\|d^k\| \leq h_k$, so ist $\hat{x}^{k+1} = x^k + d^k$ und damit

$$F_k(\hat{x}^{k+1}) - F_k(x^k) = -\frac{1}{2} d^{k^T} \nabla^2 f(x^k) d^k \leq -\frac{1}{2} c\,\sigma_k^2$$

mit einer Konstanten $c > 0$. Im anderen Fall wählen wir

$$\alpha_k := \max\{\alpha > 0 : \|\alpha d^k\| \leq h_k\}.$$

Wegen $\alpha_k \leq 1$ läßt sich weiter abschätzen

$$F_k(x^k + \alpha_k d^k) - F_k(x^k) \leq -\frac{\alpha_k^2}{2} d^{k^T} \nabla^2 f(x^k) d^k$$

und damit

$$F_k(\hat{x}^{k+1}) - F_k(x^k) \leq -\frac{1}{2} c\,\sigma_k^2.$$

Aus $\lim_{k\in\mathcal{K}} \sigma_k = 0$ und $|F_k(\hat{x}^{k+1}) - f(\hat{x}^{k+1})| \leq \check{c}\,\sigma_k^3$ erhält man $\lim_{k\in\mathcal{K}} r_k = 1$ im Widerspruch zu (61). Also kann Fall a) unter den verschärften Voraussetzungen nicht auftreten, und es gilt $\underline{h} := \underline{\lim}_{k\to\infty} h_k > 0$. Es sei $\bar{x}$ ein Häufungspunkt von $\{x^k\}$. Dann gibt es einen Index k_0, für den gilt

$$\|\nabla^2 f(x^k)^{-1} \nabla f(x^k)\| < h_k \qquad \text{für alle } k \geq k_0.$$

Damit geht das Trust Region Verfahren in das Newton-Verfahren über. Die Konvergenz von $\{x^k\}$ gegen $\bar{x}$ folgt, da $\bar{x}$ ein Häufungspunkt von $\{x^k\}$ ist und die Voraussetzungen des lokalen Konvergenzsatzes für das Newton-Verfahren erfüllt sind. Insbesondere erhält man auch die quadratische Konvergenz. ∎

Übung 3.7 Es sei $f : I\!\!R^n \to I\!\!R$ zweimal Lipschitz-stetig differenzierbar, und es bezeichne $\bar{x} \in I\!\!R^n$ einen Punkt mit $\nabla f(\bar{x}) = 0$ und einer positiv definiten Hesse-Matrix $\nabla^2 f(\bar{x})$. Man zeige, daß ein $\varepsilon > 0$ derart existiert, daß für beliebige Startpunkte $x^0 \in U_\varepsilon(\bar{x})$ das Newton-Verfahren durchführbar ist und eine quadratisch gegen $\bar{x}$ konvergente Folge $\{x^k\}$ erzeugt.

Übung 3.8 Es sei $f : I\!\!R^n \to I\!\!R$ zweimal Lipschitz-stetig differenzierbar mit der Lipschitz-Konstanten L. Ferner gelte $\|\nabla^2 f(x)^{-1}\| \leq c$, $\forall x \in I\!\!R^n$ mit einer Konstanten $c > 0$. Vom Startpunkt x^0 ausgehend sei $\{x^k\}$ durch das Newton-Verfahren erzeugt. Schätzen Sie $\|x^2 - x^1\|$ mit Hilfe von $\|x^1 - x^0\|$ ab. Geben Sie eine Bedingung für die Konstanten L, c sowie für $\|\nabla f(\bar{x})\|$ an, die hinreichend für die Konvergenz der Folge $\{x^k\}$ ist.

Übung 3.9 Führen Sie von $x^0 = (1.2, -1)^T$ ausgehend zwei Schritte des Newton-Verfahrens zur Lösung des Rosenbrock-Problems

$$f(x) := (x_1 - 1)^2 + 100 \, (x_2 - x_1^2)^2 \to \min ! \qquad \text{bei} \quad x \in I\!\!R^2$$

aus.

Übung 3.10 Beweisen Sie Satz 3.5.

Übung 3.11 Bestimmen Sie für die Matrizen

$$A = \begin{pmatrix} 4 & 1 & -1 \\ 1 & 2 & 0 \\ -1 & 0 & 1 \end{pmatrix} \qquad \text{und} \qquad B = \begin{pmatrix} -1 & 1 & -1 \\ 1 & 2 & 0 \\ -1 & 0 & 1 \end{pmatrix}$$

jeweils die modifizierte Cholesky-Zerlegung (55) mit den Schwellwerten $\omega = 1$, $\tau = 1$ sowie $\omega = 10^{-3}$, $\tau = 10^5$.

Übung 3.12 Man gebe in Abhängigkeit der Schwellwerte ω, τ eine Schranke $\gamma > 0$ derart an, daß die zu einer beliebigen Matrix A erzeugte modifizierte Cholesky-Faktorisierung $\tilde{L}\tilde{D}\tilde{L}^T$ der folgenden Bedingung genügt

$$\gamma \|z\|^2 \leq z^T \tilde{L}\tilde{D}\tilde{L}^T z \leq \frac{1}{\gamma} \|z\|^2 \qquad \text{für alle } z \in I\!\!R^n.$$

3.3   Quasi-Newton-Verfahren

Das Newton-Verfahren besitzt wegen seiner schnellen lokalen Konvergenz eine große
Bedeutung. Ein Nachteil dieses Verfahrens einschließlich der in Abschnitt 3.2 betrachteten Varianten besteht jedoch darin, daß die Hesse-Matrizen $\nabla^2 f(x^k)$ bereit-
zustellen oder zumindest hinreichend gut durch Matrizen H_k zu approximieren sind.
Betrachtet man die in einem genäherten Newton-Verfahren mit den Richtungen

$$d^k := -H_k^{-1} \nabla f(x^k), \tag{65}$$

durch

$$x^{k+1} := x^k + \alpha_k d^k \tag{66}$$

mit einer geeigneten Schrittweite $\alpha_k > 0$ berechneten Iterierten x^k, so zeigt eine
genauere Analyse des Konvergenzverhaltens (vgl. [DM74]), daß zur Sicherung der
gewünschten überlinearen Konvergenz der Folge $\{x^k\}$ lediglich eine hinreichend
gute Approximation der zweiten Ableitung von $\nabla^2 f(x^k)$ durch H_k in Richtung
$s^k := x^{k+1} - x^k$ erforderlich ist. Nach der Taylorschen Formel gilt

$$\nabla^2 f(x^{k+1}) s^k = \nabla f(x^{k+1}) - \nabla f(x^k) + o(\|s^k\|).$$

Unter Vernachlässigung des Restgliedes wird an die im Folgeschritt eingesetzten
Matrizen H_{k+1} daher in vielen Verfahren die Forderung

$$H_{k+1} s^k = \nabla f(x^{k+1}) - \nabla f(x^k) \tag{67}$$

gestellt. Diese Bedingung wird **Quasi-Newton-Gleichung** genannt, und zugehörig heißen Methoden zur unrestringierten Minimierung, die die Struktur (65),
(66) besitzen und (67) genügen, **Quasi-Newton-Verfahren**. Fordert man, daß
H_{k+1} ebenso wie $\nabla^2 f(x^{k+1})$ symmetrisch ist, so liefert (67) für festes k nur n Bedingungen zur Bestimmung der $n(n+1)/2$ freien Parameter. Erwartungsgemäß gibt es
damit eine große Zahl unterschiedlicher Konstruktionsvarianten für Matrizen H_{k+1},
die der Quasi-Newton-Gleichung (67) genügen. Mit dem Ziel, bereits gewonnene
Informationen weitgehend zu erhalten, wird H_{k+1} in der Regel durch Modifikation
aus der vorhergehenden Matrix H_k bestimmt. Dies wird auch als **Aufdatierung**
bezeichnet. Als einfachste Form erhält man eine Rang-1-Variante. Diese besteht
unter Beachtung der Symmetrie in

$$H_{k+1} = H_k + u^k u^{k^T} \tag{68}$$

mit einem Vektor $u^k \in \mathbb{R}^n$. Zur weiteren Vereinfachung der Darstellung setzen wir
$q^k := \nabla f(x^{k+1}) - \nabla f(x^k)$. Mit (68) folgt aus (67) nun

$$H_k s^k + u^k u^{k^T} s^k = q^k, \tag{69}$$

also gilt $u^k = \alpha_k(q^k - H_k s^k)$ mit einem $\alpha_k \in I\!R$. Einsetzen in (69) liefert mit (68) die Aufdatierungsformel

$$H_{k+1} = H_k + \frac{(q^k - H_k s^k)(q^k - H_k s^k)^T}{(q^k - H_k s^k)^T s^k}, \tag{70}$$

falls $(q^k - H_k s^k)^T s^k \neq 0$. Diese einfache Formel besitzt jedoch den Nachteil, daß die Iteration (65), (66) nicht automatisch $(q^k - H_k s^k)^T s^k \neq 0$ sichert. Insbesondere läßt sich damit auch nicht die positive Definitheit der Matrizen H_k bei konvexen Problemen garantieren. Verzichtet man dagegen auf die für die Optimierungsaufgaben sachgemäße Forderung der Symmetrie, so liefert

$$H_{k+1} = H_k + \frac{(q^k - H_k s^k)\, s^{k^T}}{s^{k^T} s^k} \tag{71}$$

eine Rang-1-Aufdatierung, die im **Broyden-Verfahren** (vgl. [Kos89], [Fle80]) erfolgreich zur Lösung nichtlinearer Gleichungssysteme genutzt wird. Als wichtige Eigenschaft der Broyden-Formel (71) gilt (Nachweis als Übungsaufgabe 3.13)

$$\|H_k - H_{k+1}\|_F \leq \|H_k - H\|_F \qquad \text{für alle } H \text{ mit } H s^k = q^k, \tag{72}$$

wobei $\| \cdot \|_F$ die durch $\|H\|_F^2 := \sum_{i,j=1}^{n} h_{ij}^2$ definierte Frobenius-Norm bezeichnet.

Bevor wir weitere Typen von Aufdatierungsformeln angeben, sei darauf verwiesen, daß sich in gleicher Weise wie $\nabla^2 f(x^k)$ durch H_k auch $\nabla^2 f(x^k)^{-1}$ durch Matrizen B_k in wesentlichen Richtungen approximieren lassen. An die Stelle von (67) tritt dann die Forderung

$$B_{k+1}\, q^k = s^k, \tag{73}$$

Formal erhält man damit Aufdatierungsformeln für B_{k+1} aus denen für H_{k+1} durch Vertauschen der Vektoren s^k und q^k. Andererseits lassen sich bei Kenntnis von H_k^{-1} und Modifikationen niedrigen Ranges auch die Matrizen H_{k+1}^{-1} effektiv berechnen. Grundlage hierzu ist das

LEMMA 3.4 (Sherman/Morrison/Woodbury) *Es sei A eine reguläre (n,n)-Matrix, und es bezeichne R, T zwei (n,m)-Matrizen sowie S eine reguläre (m,m) Matrix. Die Matrix*

$$\bar{A} = A + R S T^T \tag{74}$$

ist genau dann regulär, falls die durch $U := S^{-1} + T^T A^{-1} R$ definierte Matrix U regulär ist. Dabei gilt die Darstellung

$$\bar{A}^{-1} = A^{-1} - A^{-1} R U^{-1} T^T A^{-1}. \tag{75}$$

Beweis: Ist die im Lemma erklärte Matrix U regulär, so folgt durch Ausmultiplizieren und Umordnen

$$(A + RST^T)(A^{-1} - A^{-1}RU^{-1}T^TA^{-1})$$
$$= I + RST^TA^{-1} - RU^{-1}T^TA^{-1} - RST^TA^{-1}RU^{-1}T^TA^{-1}$$
$$= I + RS(I - \underbrace{[S^{-1} + T^TA^{-1}R]}_{= U}U^{-1})T^TA^{-1} = I.$$

Damit ist auch $\bar{A}$ regulär, und es gilt (75).

Es sei nun U singulär. Dann gibt es ein $b \in \mathbb{R}^m$, $b \neq 0$ mit

$$(S^{-1} + T^TA^{-1}R)b = 0.$$

Da S nach Voraussetzung regulär ist, folgt hieraus

$$c := A^{-1}Rb \neq 0 \qquad \text{sowie} \qquad \bar{A}c = RS(S^{-1} + T^TA^{-1}R)b = 0.$$

Also ist in diesem Fall auch $\bar{A}$ singulär. ∎

Als Spezialfall für Rang-1-Modifikationen erhält man mit $m = 1$ und $S = I$ aus (75) die **Sherman-Morrison-Formel**

$$(A + rt^T)^{-1} = A^{-1} - \frac{A^{-1}r\, t^TA^{-1}}{1 + t^TA^{-1}r} \tag{76}$$

für $1 + t^TA^{-1}r \neq 0$. Wendet man diese auf (70) an, so folgt (Übungsaufgabe 3.14)

$$H_{k+1}^{-1} = H_k^{-1} + \frac{(s^k - H_k^{-1}q^k)(s^k - H_k^{-1}q^k)^T}{(s^k - H_k^{-1}q^k)^Tq^k}. \tag{77}$$

Es ist dies gerade die (69) entsprechende Rang-1-Aufdatierungsformel für B_{k+1} bei Sicherung von (73), d.h. es gilt in diesem Fall $B_{k+1} = H_{k+1}^{-1}$. Eine derartige Äquivalenz der Aufdatierung von H_{k+1} und B_{k+1} gilt nicht mehr für Modifikationen höheren Ranges, wie später noch gezeigt wird. Zur Vereinfachung der Schreibweise wird in der weiteren Darstellung auf die Indizierung verzichtet, wobei mit $\bar{H}$ bzw. $\bar{B}$ die aufdatierten Matrizen bezeichnet werden.

Wir betrachten nun symmetrische Rang-2-Aufdatierungen für H. Deren allgemeine Form wird z.B. durch

$$\bar{H} = H + \alpha u u^T + \beta v v^T$$

mit Vektoren $u, v \in \mathbb{R}^n$ und reellen Parametern $\alpha, \beta \in \mathbb{R}$ beschrieben. Mit der Quasi-Newton-Gleichung (67) liefert dies die Bedingung

$$\bar{H}s = Hs + \alpha u u^Ts + \beta v v^Ts = q,$$

die sich trivialerweise erfüllen läßt durch die Wahl von

$$u = q, \qquad v = Hs, \qquad \alpha = \frac{1}{q^Ts}, \qquad \beta = -\frac{1}{s^THs}.$$

Damit erhält man die **DFP**-Aufdatierung (Davidon/Fletcher/Powell)

$$\bar{H}_{DFP} = H + \frac{q\,q^T}{q^T s} - \frac{H s s^T H}{s^T H s}. \tag{78}$$

Das hierauf basierende Verfahren wird in der Literatur auch **Methode der variablen Metrik** genannt.

LEMMA 3.5 *Es sei H symmetrisch, positiv definit, und es gelte $q^T s > 0$. Dann ist auch die durch (78) zugeordnete Matrix $\bar{H}_{DFP}$ symmetrisch und positiv definit.*

Beweis: Die Symmetrie von $\bar{H}_{DFP}$ ergibt sich unmittelbar aus dem verwendeten Ansatz. Da H symmetrisch und positiv definit ist, wird mit $(x, y) := x^T H y$ ein Skalarprodukt im $\mathbb{R}^n$ definiert. Für beliebiges $z \in \mathbb{R}^n$ folgt damit wegen der Cauchy-Schwarzschen Ungleichung für $(\cdot, \cdot)$ die Abschätzung

$$z^T \left(H - \frac{H s s^T H}{s^T H s} \right) z = (z, z) - \frac{(z, s)^2}{(s, s)} \geq 0.$$

Dabei verschwindet der Ausdruck nur, falls $z = \sigma s$ mit einem $\sigma \in \mathbb{R}$ gilt. In diesem Fall ist jedoch nach Voraussetzung

$$z^T q q^T z = \sigma^2 (q^T s)^2 > 0 \qquad \text{für } \sigma \neq 0.$$

Insgesamt hat man damit die positive Definitheit von $\bar{H}_{DFP}$. ∎

Wir wenden nun Lemma 3.4 auf die Davidon/Fletcher/Powell-Formel (78) an, um eine Aufdatierung für die Matrizen H^{-1} zu erhalten.

LEMMA 3.6 *Für die DFP-Aufdatierung gilt*

$$\bar{H}_{DFP}^{-1} = H^{-1} + \left(1 + \frac{q^T H^{-1} q}{q^T s}\right) \frac{s s^T}{q^T s} - \frac{1}{q^T s}(s q^T H^{-1} + H^{-1} q s^T). \tag{79}$$

Beweis: Mit $A := H$ und den $(n, 2)$-Matrizen $R := T := (q \,\vdots\, Hs)$ sowie mit der $(2, 2)$-Matrix $S := diag(\frac{1}{q^T s}; -\frac{1}{s^T H s})$ gilt

$$\bar{H}_{DFP} = A + R S T^T.$$

Wendet man hierauf Lemma 3.4 an, so folgt (Übungsaufgabe 3.15) die Beziehung (79). ∎

Wie bereits bemerkt wurde, liefert ferner jede H-Aufdatierung auch eine H^{-1}-Aufdatierung (B-Aufdatierung) und umgekehrt, indem man die Rollen der Vektoren s und q formal vertauscht. Damit erhält man aus (79) auch eine als **BFGS-Aufdatierung** (Broyden/Fletcher/Goldfarb/Shanno) bezeichnete Aufdatierung in der Form

$$\bar{H}_{BFGS} = H + \left(1 + \frac{s^T H s}{q^T s}\right) \frac{q q^T}{s^T q} - \frac{1}{s^T q}(q s^T H + H s q^T). \tag{80}$$

Ferner liefert jede Konvexkombination von Quasi-Newton-Aufdatierungen wieder
eine solche. Speziell mit $\bar{H}_{DFP}$ und $\bar{H}_{BFGS}$ erzeugt dies eine Klasse von Aufdatierungsformeln

$$\bar{H}_\phi = (1 - \phi)\bar{H}_{DFP} + \phi\,\bar{H}_{BFGS}, \qquad \phi \in [0,1], \tag{81}$$

die als **Broyden-Familie** bezeichnet wird. In ausführlicher Form hat man

$$\bar{H}_\phi = H + \phi\left[\frac{s^T H s}{q^T s}\frac{qq^T}{q^T s} - \frac{1}{q^T s}(qs^T H + H s q^T)\right] - (1 - \phi)\frac{H s s^T H}{s^T H s} + \frac{qq^T}{q^T s} \tag{82}$$

mit $\phi \in [0,1]$, fest. Da für beliebiges $\phi \in [0,1]$ die aufdatierte Matrix der Quasi-
Newton-Gleichung $\bar{H}_\phi s = q$ genügt, gilt

$$\left\{H + \phi\left[\frac{s^T H s}{q^T s}\frac{qq^T}{q^T s} - \frac{1}{q^T s}(qs^T H + H s q^T)\right] - (1 - \phi)\frac{H s s^T H}{s^T H s}\right\} s = 0.$$

Dies liefert eine Möglichkeit zur Einführung einer erweiterten parameterabhängigen
Klasse von Aufdatierungsformeln

$$\begin{aligned}
\bar{H}_{\tau\phi} := \tau\Bigg\{&H + \phi\left[\frac{s^T H s}{q^T s}\frac{qq^T}{q^T s} - \frac{1}{q^T s}(qs^T H + H s q^T)\right] \\
&-(1 - \phi)\frac{H s s^T H}{s^T H s}\Bigg\} + \frac{qq^T}{s^T q},
\end{aligned} \tag{83}$$

die als **Oren-Luenberger-Klasse** oder auch **SSVM-Techniken** (self scaling variable metric) in der Literatur (siehe z.B. [OL74]) bezeichnet werden. Die DFP-
bzw. BFGS-Aufdatierungen sind nach Konstruktion als Spezialfälle in (83) enthalten.

Konvergenzuntersuchungen zu Quasi-Newton-Verfahren gestalten sich natur-
gemäß komplizierter, da neben lokalen Approximationsuntersuchungen für die Zielfunktion f in den Iterationsrichtungen auch die aus der Aufdatierung der Matrizen H_k bzw. B_k resultierenden Störungsaussagen der linearen Algebra einzu-
beziehen sind. Analog zum Newton-Verfahren lassen sich lokale Konvergenzre-
sultate für ungedämpfte Varianten, d.h. Methoden (65), (66) mit Schrittweiten
$\alpha_k = 1$, $k = 0, 1, \ldots$, sowie unter Zusatzvoraussetzungen auch die globale Konvergenz für z.B. mit der Armijo-Schrittweite gedämpfte Verfahren zeigen (vgl.
[Wer92], [BNY87]). Wir geben hier lediglich ein lokales Konvergenzresultat von
Broyden/Dennis/Moré [BDM73] für das ungedämpfte BFGS-Verfahren an und
verweisen für weitergehende Untersuchungen zu Quasi-Newton-Verfahren z.B. auf
[Sch79], [Kos89], [Wer92].

SATZ 3.9 *Es sei* $f : \mathbb{R}^n \to \mathbb{R}$ *zweimal stetig differenzierbar, und es bezeichne* $\bar{x} \in$
$\mathbb{R}^n$ *ein lokales Minimum von* f *mit einer positiv definiten Hesse-Matrix* $\nabla^2 f(\bar{x})$.
Dann gibt es Werte $\rho > 0$, $\delta > 0$ *derart, daß für beliebige Startpunkte* x^0 *mit*
$\|x^0 - \bar{x}\| < \rho$ *und beliebige symmetrische, positiv definite Startmatrizen* H_0 *mit*
$\|H_0 - \nabla^2 f(x^0)\| < \delta$ *das ungedämpfte BFGS-Verfahren eine überlinear gegen* $\bar{x}$
konvergente Folge $\{x^k\}$ *liefert.*

Bemerkung 3.7 In den letzten Jahren erfuhr zur Lösung linearer und nichtlinearer Gleichungssysteme eine weitere Verfahrensklasse, die auch eine Beziehung zu Quasi-Newton Methoden besitzt, die ABS-Verfahren, eine gewisse Beachtung. Ihr Grundprinzip beruht darauf, daß im Verlauf der Iteration schrittweise eine wachsende Zahl von Gleichungen erfüllt bzw. näherungsweise erfüllt werden. Für eine ausführliche Darstellung der ABS-Verfahren wird der interessierte Leser auf [AS89] verwiesen. □

Übung 3.13 Man beweise die Minimaleigenschaft (72) der Broyden-Aufdatierung (71).

Übung 3.14 Weisen Sie nach, daß die Darstellung (77) für die Inverse der durch (70) aufdatierten Matrix H_{k+1} gilt.

Übung 3.15 Vervollständigen Sie den Beweis zu Lemma 3.6.

3.4 CG-Verfahren

3.4.1 Quadratische Probleme

Wir betrachten in diesem Abschnitt zunächst quadratische Minimierungsaufgaben der Form

$$f(x) := \frac{1}{2}(x, Ax) - (b, x) \to \min! \qquad \text{bei} \quad x \in \mathbb{R}^n, \qquad (84)$$

und wir lehnen uns in der Darstellung an [GR92] an. In (84) bezeichne $(\cdot, \cdot)$ ein Skalarprodukt im $\mathbb{R}^n$, und A sei eine bezüglich dieses Skalarproduktes selbstadjungierte (n, n)-Matrix, d.h. es gelte

$$(Ay, z) = (y, Az) \qquad \text{für alle } y, z \in \mathbb{R}^n. \qquad (85)$$

Ferner sei A positiv definit und $b \in \mathbb{R}^n$. Damit besitzt (84) eine eindeutige Lösung $\bar{x} \in \mathbb{R}^n$, wobei $\bar{x}$ genau dann (84) löst, wenn es dem linearen Gleichungssystem

$$A x = b \qquad (86)$$

genügt. Der zur Auflösung von (86) erforderliche Aufwand läßt sich durch Verwendung einer der Aufgabe angepaßten Basis $\{p^j\}_{j=1}^n$ des $\mathbb{R}^n$ gezielt reduzieren. Es besitze $\{p^j\}_{j=1}^n$ die Eigenschaften

$$(Ap^i, p^j) = 0, \qquad \text{falls } i \neq j \qquad (87)$$

und

$$(Ap^i, p^i) \neq 0 \qquad \text{für } i = 1(1)n. \qquad (88)$$

Richtungen $\{p^j\}$ mit den Eigenschaften (87), (88) heißen **konjugiert** oder auch **A-orthogonal**. Stellt man die gesuchte Lösung $\bar{x}$ des Gleichungssystems (86) über der Basis $\{p^j\}_{j=1}^n$ dar, d.h.

$$\bar{x} = \sum_{j=1}^n \eta_j\, p^j, \tag{89}$$

dann lassen sich die zugehörigen Koeffizienten η_j, $j = 1(1)n$, wegen (87), (88) explizit darstellen durch

$$\eta_j = \frac{(b, p^j)}{(Ap^j, p^j)}, \qquad j = 1(1)n.$$

Sieht man von Spezialfällen (vgl. z.B. [GR92]) ab, so sind konjugierte Richtungen in der Regel nicht a priori bekannt. Der Grundgedanke der **CG-Verfahren** besteht darin, diese Richtungen mit Hilfe der Gram-Schmidt-Orthogonalisierung aus den verbleibenden Defekten $d^{k+1} := b - Ax^{k+1}$ in den Iterationspunkten x^{k+1} rekursiv zu erzeugen. Man stellt also die neue Richtung p^{k+1} in der Form

$$p^{k+1} = d^{k+1} + \sum_{j=1}^k \beta_{kj}\, p^j$$

dar, und bestimmt die Koeffizienten $\beta_{kj} \in I\!\!R$ aus der verallgemeinerten Orthogonalitätsbedingung $(Ap^{k+1}, p^j) = 0$, $j = 1(1)k$. Dies wird im Schritt (iii) des nachfolgend angegebenen CG-Basisverfahrens realisiert.

Der Name CG-Verfahren (conjugate gradients) begründet sich daraus, daß die durch die Methode konstruierten Richtungen konjugiert sind und sich mit $d^{k+1} = -\nabla f(x^k)$ aus den Gradienten der Zielfunktion f von (84) in den Punkten x^{k+1} ergeben.

Die vorgestellte Grundidee eines Lösungsverfahrens, das konjugierte Richtungen erzeugt und zur Darstellung der Iterierten nutzt, führt zu folgendem

CG-Basisverfahren

(i) Vorgabe eines Startvektors $x^1 \in I\!\!R^n$. Setze $k := 1$ und

$$p^1 := d^1 := b - Ax^1. \tag{90}$$

(ii) Bestimme ein

$$v^k \in V_k := \operatorname{span}\left\{p^j\right\}_{j=1}^k \tag{91}$$

mit

$$(Av^k, v) = (d^k, v) \qquad \text{für alle } v \in V_k \tag{92}$$

und setze

$$x^{k+1} := x^k + v^k, \qquad (93)$$
$$d^{k+1} := b - A x^{k+1}. \qquad (94)$$

(iii) Falls $d^{k+1} = 0$ gilt, stoppe. Anderenfalls bestimme ein $q^k \in V_k$ mit

$$(Aq^k, v) = -(A d^{k+1}, v) \qquad \text{für alle } v \in V_k. \qquad (95)$$

Setze

$$p^{k+1} := d^{k+1} + q^k \qquad (96)$$

und gehe mit $k := k + 1$ zu (i).

Bemerkung 3.8 Wegen der positiven Definitheit von A besitzen die Teilaufgaben (92) und (95) stets eine eindeutige Lösung $v^k \in V_k$ bzw. $q^k \in V_k$. □

Für die weiteren Untersuchungen schließen wir den Trivialfall $d^1 = 0$ aus. In diesem löst bereits der Startpunkt x^1 das gegebene Gleichungssystem (86).

LEMMA 3.7 *Die im Basisverfahren erzeugten Richtungen $\{p^j\}_{j=1}^k$ sind konjugiert, d.h. sie genügen den Bedingungen*

$$\begin{aligned} (Ap^i, p^j) &= 0, & i, j = 1(1)k, \ i \neq j, \\ (Ap^i, p^i) &\neq 0, & i = 1(1)k. \end{aligned} \qquad (97)$$

Beweis: Wir führen den Nachweis induktiv. Für $k = 1$ sind wegen $p^1 = d^1 \neq 0$ und der positiven Definitheit von A die Bedingungen (97) trivialerweise erfüllt.
„$k \Rightarrow k+1$": Nach (95), (96) gilt $(Ap^{k+1}, v) = 0 \ \forall v \in V_k$. Speziell mit $v = p^j, j = 1(1)k$ folgt hieraus $(Ap^{k+1}, p^j) = 0, \ j = 1(1)k$; Wegen der Selbstadjungiertheit von A ist damit auch $(Ap^j, p^{k+1}) = 0, \ j = 1(1)k$, also gilt unter Beachtung der Konjugiertheit von $\{p^j\}_{j=1}^k$ insgesamt

$$(Ap^i, p^j) = 0, \qquad i, j = 1(1)k + 1, \ i \neq j.$$

Zu zeigen bleibt

$$(Ap^{k+1}, p^{k+1}) \neq 0. \qquad (98)$$

Wir nehmen an, (98) gelte nicht. Dann folgt aus der positiven Definitheit von A, daß $p^{k+1} = 0$ ist. Nach (95), (96) gilt damit

$$d^{k+1} = -q^k \in V_k. \qquad (99)$$

Andererseits erhält man aus (92) - (94) die Beziehung

$$(d^{k+1}, v) = (b - Ax^k - Av^k, v) = (d^k - Av^k, v) = 0 \quad \text{für alle } v \in V_k. \qquad (100)$$

Mit (99) und der Wahl $v = d^{k+1}$ folgt hieraus $d^{k+1} = 0$ im Widerspruch zu Schritt (iii) des Basisverfahrens. Also war die Annahme falsch, und es gilt (98). ∎

LEMMA 3.8 *Für die im Basisverfahren erzeugten linearen Unterräume $V_k \subset \mathbb{R}^n$ gilt*

$$V_k = \text{span} \left\{ d^j \right\}_{j=1}^k \qquad und \qquad \dim V_k = k. \tag{101}$$

Beweis: Die Aussage wird induktiv nachgewiesen.

Für $k = 1$ gilt wegen $p^1 = d^1$ und der Definition (91) von V_k die Behauptung trivialerweise.

'$k \Rightarrow k+1$'

Es sei die Aussage für k richtig. Mit (95), (96) und mit der Definition (91) von V_{k+1} erhält man

$$V_{k+1} \subset \text{span} \left\{ d^j \right\}_{j=1}^{k+1}. \tag{102}$$

Aus Lemma 3.7 folgt insbesondere die lineare Unabhängigkeit von $\{p^j\}_{j=1}^{k+1}$. Dies liefert

$$\dim V_{k+1} = k+1, \tag{103}$$

und mit (102) folgt die Behauptung

$$V_{k+1} = \text{span} \{d^j\}_{j=1}^{k+1}. \qquad \blacksquare$$

Als nächstes zeigen wir, daß sich die Teilschritte (92) und (95) des Basisverfahrens unter Ausnutzung der Konjugiertheit von $p^1, ..., p^k$ und der Verfahrensvorschrift wesentlich vereinfachen lassen.

LEMMA 3.9 *Für die Koeffizienten $\alpha_{kj}, \beta_{kj} \in \mathbb{R}$, $j = 1(1)k$, zur Darstellung der durch (92) bzw. (95) bestimmten Vektoren $v^k \in V_k$ bzw. $q^k \in V_k$ über der Basis $\{p^j\}_{j=1}^k$, d.h.*

$$v^k = \sum_{j=1}^k \alpha_{kj} \, p^j, \qquad q^k = \sum_{j=1}^k \beta_{kj} \, p^j, \tag{104}$$

gilt

$$\alpha_{kj} = \beta_{kj} = 0 \qquad für \; j = 1(1)k-1$$

und

$$\alpha_{kk} = \frac{(d^k, d^k)}{(Ap^k, p^k)}, \qquad \beta_{kk} = \frac{(d^{k+1}, d^{k+1})}{(d^k, d^k)}. \tag{105}$$

Beweis: Aus der im Beweis zu Lemma 3.7 gezeigten Beziehung (100) folgt

$$(d^{k+1}, p^j) = 0, \qquad j = 1(1)k, \tag{106}$$

sowie unter Beachtung von Lemma 3.8 auch

$$(d^{k+1}, d^j) = 0, \qquad j = 1(1)k. \tag{107}$$

Mit (104) und der Bestimmungsgleichung (91) für v^k gilt

$$\sum_{i=1}^{k} \alpha_{ki} (Ap^i, v) = (d^k, v) \qquad \text{für alle } v \in V_k. \tag{108}$$

Wählt man speziell $v = p^j$, so folgt aus (97) und (106) damit

$$\alpha_{kj} = 0, \qquad j = 1(1)k - 1, \tag{109}$$

und

$$\alpha_{kk} = \frac{(d^k, p^k)}{(Ap^k, p^k)}. \tag{110}$$

Berücksichtigt man (96), (104), (106), so erhält man

$$\alpha_{kk} = \frac{(d^k, d^k)}{(Ap^k, p^k)} \tag{111}$$

als eine zu (110) äquivalente Darstellung. Wegen $d^k \neq 0$ gilt insbesondere auch $\alpha_{kk} \neq 0$.

Wir untersuchen nun das Verhalten der Koeffizienten β_{kj}. Mit (96), (104) hat man

$$p^{k+1} = d^{k+1} + \sum_{j=1}^{k} \beta_{kj} p^j.$$

Unter Beachtung der Konjugiertheit der Richtungen $\{p^j\}_{j=1}^{k+1}$ folgt

$$0 = (Ap^i, d^{k+1}) + \sum_{j=1}^{k} \beta_{kj} (Ap^i, p^j), \qquad j = 1(1)k,$$

und schließlich $\qquad \beta_{kj} = \dfrac{(Ap^j, d^{k+1})}{(Ap^j, p^j)}, \qquad j = 1(1)k. \tag{112}$

Wie im ersten Teil des Beweises gezeigt wurde, gilt $x^{j+1} = x^j + \alpha_{jj} p^j, \quad j = 1(1)k$, mit Koeffizienten $\alpha_{jj} \neq 0$. Dies liefert

$$Ap^j = \frac{1}{\alpha_{jj}} A(x^{j+1} - x^j) = \frac{1}{\alpha_{jj}} (d^j - d^{j+1}).$$

Durch Einsetzen in (112) erhält man

$$\beta_{kj} = \frac{1}{\alpha_{jj}} \frac{(d^{k+1}, d^{j+1} - d^j)}{(Ap^j, p^j)}, \qquad j = 1(1)k.$$

Unter Beachtung von (106) folgt nun $\beta_{kj} = 0$, $j = 1(1)k - 1$. Ferner ist

$$\beta_{kk} = \frac{(d^{k+1}, d^{k+1})}{(d^k, p^k)}.$$

Berücksichtigt man noch (96) und (106), so gilt (105). ∎

Nach Lemma 3.9 kann auf die Doppelindizierung in den Darstellungen (104) verzichtet werden. Ferner sind mit (105) explizite Formeln zur Bestimmung der Koeffizienten $\alpha_k := \alpha_{kk}$ und $\beta_k := \beta_{kk}$ verfügbar.

Zusammenfassend erhält man aus dem Basisalgorithmus unter Nutzung der obigen Lemmata das folgende

CG-Verfahren (quadratischer Fall)

Berechne von einem $x^1 \in I\!R^n$ ausgehend mit

$$p^1 := d^1 := b - Ax^1$$

rekursiv die folgenden Größen für $k = 1, 2, \ldots$, solange $d^k \neq 0$ gilt:

$$\alpha_k := \frac{(d^k, d^k)}{(Ap^k, p^k)}, \tag{113}$$

$$x^{k+1} := x^k + \alpha_k p^k, \tag{114}$$

$$d^{k+1} := b - Ax^{k+1}, \tag{115}$$

$$\beta_k := \frac{(d^{k+1}, d^{k+1})}{(d^k, d^k)}, \tag{116}$$

$$p^{k+1} := d^{k+1} + \beta_k p^k. \tag{117}$$

Als unmittelbare Konsequenz von Lemma 3.8 und (91), (92) erhält man

SATZ 3.10 *Nach maximal n Schritten liefert das CG-Verfahren bei exakter Rechnung die Lösung $\bar{x}$ des Ausgangsproblems (86).*

Bei Gleichungssystemen großer Dimension, wie sie z.B. bei der Diskretisierung von partiellen Differentialgleichungen auftreten, wird das CG-Verfahren häufig auch als iterative Methode betrachtet, die nicht bis zur Erreichung der exakten Lösung durchgeführt wird. Bei großen Dimensionen führen zusätzlich die Rundungsfehler dazu, daß nur Näherungslösungen von (86) erhalten werden. Daher ist auch eine Abschätzung des iterativen Konvergenzverhaltens des CG-Verfahrens wichtig. Hierzu hat man die folgende Aussage (vgl. z.B. [GR92])

SATZ 3.11 *Für die Konvergenz der im CG-Verfahren erzeugten Iterierten x^k gegen die Lösung $\bar{x}$ von (86) gilt die Abschätzung*

$$(A(x^{k+1} - \bar{x}), x^{k+1} - \bar{x}) \le 2 \left(\frac{\sqrt{\mu} - \sqrt{\nu}}{\sqrt{\mu} + \sqrt{\nu}} \right)^k (A(x^1 - \bar{x}), x^1 - \bar{x}), \tag{118}$$

wobei $\mu \ge \nu > 0$ Zahlen bezeichnen mit

$$\nu(y, y) \le (Ay, y) \le \mu(y, y) \qquad \text{für alle } y \in I\!R^n. \tag{119}$$

Das iterative Konvergenzverhalten des CG-Verfahrens wird gemäß Satz 3.3 wesentlich durch das verallgemeinerte Spektrum von A bezüglich des Skalarproduktes $(\cdot, \cdot)$ bestimmt. Mit einer symmetrischen, positiv definiten (n, n)-Matrix wählen wir

$$(x, y) := x^T B y \qquad \text{für alle } x, y \in I\!R^n. \tag{120}$$

Speziell für $B = I$ liegt das euklidische Skalarprodukt vor. Als ν und μ in (119) und damit auch in (118) können in diesem Fall nur Werte gemäß $0 < \nu \le \lambda_{min}$ bzw. $\mu \ge \lambda_{max}$ mit minimalen bzw. maximalen Eigenwerten λ_{min} bzw. λ_{max} von A gewählt werden. Wird dagegen $B = A$ gesetzt, so gilt (119) trivialerweise für $\nu = \mu = 1$. In diesem Fall treten jedoch Hilfsaufgaben auf, die selbst äquivalent zum Ausgangsproblem (86) sind, so daß diese Variante nicht sinnvoll ist. Als Kompromiß wird B als symmetrische, positiv definite Matrix entsprechend der i.allg. gegenläufigen Bedingungen

$$B \approx A \qquad \text{und} \qquad B^{-1} \text{ leicht bestimmbar} \tag{121}$$

gewählt.

Da die Koeffizientenmatrix A bezüglich des gewählten Skalarproduktes (120) als selbstadjungiert vorausgesetzt wurde, gehen wir von einer symmetrischen Matrix A, d.h. $A = A^T$, aus und betrachten anstelle von (86) das dazu äquivalente Problem

$$\tilde{A} x = \tilde{b} \qquad \text{mit} \qquad \tilde{A} := B^{-1}A, \ \tilde{b} := B^{-1}b. \tag{122}$$

Die Matrix $\tilde{A}$ ist damit bezüglich des Skalarproduktes (120) selbstadjungiert.

Wir wenden nun das CG-Verfahren mit dem Skalarprodukt (120) auf die transformierte Aufgabe (122) an. Für die zugehörigen Verfahrensschritte (113) - (117) erhält man unter Verwendung des euklidischen Skalarproduktes die folgende Darstellung in den untransformierten Variablen

$$\tilde{\alpha}_k := \frac{(B^{-1}d^k)^T d^k}{(Ap^k)^T p^k}, \tag{123}$$

$$x^{k+1} := x^k + \tilde{\alpha}_k p^k, \tag{124}$$

$$d^{k+1} := b - Ax^{k+1}, \tag{125}$$

$$\tilde{\beta}_k := \frac{(B^{-1}d^{k+1})^T d^{k+1}}{(B^{-1}d^k)^T d^k}, \tag{126}$$

$$p^{k+1} \;\; := \;\; d^{k+1} + \tilde{\beta}_k \, p^k. \tag{127}$$

Das mit einer symmetrischen und positiv definiten Matrix B durch (123) - (127) definierte Verfahren zur Lösung von (86) heißt **vorkonditioniertes CG-Verfahren** oder **PCG-Verfahren** (preconditioned CG).

Bemerkung 3.9 Die in (123) bzw. (126) benötigten Vektoren $s^k := B^{-1} d^k$ sind durch Lösung des linearen Gleichungssystems

$$B \, s^k \;=\; d^k \tag{128}$$

zu ermitteln. Hierzu muß ein leistungsfähiges Lösungsverfahren verfügbar sein. Die Aufgaben (128) oder die zugehörigen Lösungsverfahren werden auch **Vorkonditionierer** genannt. Ihre Wahl bestimmt wesentlich die Effektivität des PCG-Verfahrens. Von besonderer Bedeutung sind vorkonditionierte CG-Verfahren für die Behandlung von diskretisierten elliptischen Variationsproblemen, und hier sind für spezielle Aufgaben angepaßte Vorkonditionierer entwickelt worden. Wir verweisen für weiterführende Darstellungen z.B. auf [AB84], [Bra92]. □

3.4.2 Allgemeine Probleme

Das im Teilabschnitt 3.4.1 für quadratische Minimierungsaufgaben (84) entwickelte CG-Verfahren läßt sich auf Minimierungsprobleme

$$f(x) \to \min! \qquad \text{bei} \quad x \in I\!\!R^n \tag{129}$$

mit einer hinreichend glatten Zielfunktion f übertragen. Dabei ist zu beachten, daß die aus der früher zugrunde gelegten quadratischen Zielfunktion resultierende Schrittweitenwahl (113) durch eine der allgemeineren Aufgabe (129) angepaßten Technik, wie z.B. durch die Strahlminimierung zu ersetzen ist. Ferner sei darauf hingewiesen, daß für quadratische Zielfunktionen zu (116) äquivalente Formulierungen zur Bestimmung der Orthogonalisierungsparameter β_k im Fall der Aufgabe (129) i.allg. nicht mehr äquivalent sind und zu unterschiedlichen Verfahrensvarianten führen. Für die weiteren Untersuchungen legen wir das euklidische Skalarprodukt zugrunde. Durch direkte Übertragung aus Abschnitt 3.4.1 erhält man das folgende

CG-Verfahren (allgemeiner Fall)

Berechne von einem $x^1 \in I\!\!R^n$ ausgehend mit

$$p^1 := d^1 := -\nabla f(x^1)$$

rekursiv die folgenden Größen für $k = 1, 2, ...$, solange $d^k \neq 0$ gilt:

$$\alpha_k \;>\; 0 \qquad \text{aus} \quad f(x^k + \alpha_k d^k) \leq f(x^k + \alpha d^k) \;\; \forall \alpha \geq 0, \tag{130}$$

$$x^{k+1} \;\; := \;\; x^k + \alpha_k \, p^k, \tag{131}$$

$$d^{k+1} \; := \; -\nabla f(x^{k+1}), \tag{132}$$

$$\beta_k \; := \; \frac{\nabla f(x^{k+1})^T \nabla f(x^{k+1})}{\nabla f(x^k)^T \nabla f(x^k)}, \qquad (\text{ Fletcher/Reeves }) \tag{133}$$

$$[\text{ oder } \beta_k \; := \; \frac{\nabla f(x^{k+1})^T (\nabla f(x^{k+1}) - \nabla f(x^k))}{\nabla f(x^k)^T \nabla f(x^k)}, \qquad (\text{ Polak/Ribiére })\,] \tag{134}$$

$$p^{k+1} \; := \; d^{k+1} + \beta_k p^k. \tag{135}$$

Zur Konvergenz des allgemeinen CG-Verfahrens mit der Wahl von β_k nach (133) gilt

SATZ 3.12 *Es sei* $f : \mathbb{R}^n \to \mathbb{R}$ *zweimal stetig differenzierbar, und die zum Startpunkt* x^1 *gehörige Niveaumenge* $W(x^1) := \{\, x \in \mathbb{R}^n \; : \; f(x) \leq f(x^1)\,\}$ *sei beschränkt. Dann bricht das CG-Verfahren von Fletcher/Reeves entweder nach einer endlichen Schrittzahl mit* $\nabla f(x^k) = 0$ *ab, oder es gilt*

$$\lim_{k \to \infty} \|\nabla f(x^k)\| = 0. \tag{136}$$

Beweis: Im Fall des endlichen Abbruches im k-ten Schritt erhält man wegen des genutzten Kriteriums $\nabla f(x^k) = 0$.

Wir untersuchen nun den Fall, daß das Verfahren nicht endlich ist. Mit der Schrittweitenwahl durch Strahlminimierung - diese kann unmittelbar auch durch eine lokale Strahlminimierung ersetzt werden - erhält man

$$\nabla f(x^k)^T p^{k-1} = 0, \tag{137}$$

und damit gilt

$$\nabla f(x^k)^T p^k = -\nabla f(x^k)^T \nabla f(x^k), \quad k = 2, 3, \dots . \tag{138}$$

Wegen $\nabla f(x^k) \neq 0$, $k = 1, 2, \dots$ und $p^1 = -\nabla f(x^1)$ bilden die im Verfahren erzeugten Richtungen p^k, $k = 1, 2, \dots$ stets Abstiegsrichtungen in den jeweiligen Iterationspunkten x^k. Nach Konstruktion hat man ferner $f(x^{k+1}) \leq f(x^k)$ und folglich $\{x^k\} \subset W(x^1)$.

Unter den getroffenen Voraussetzungen ist der Gradient ∇f der Zielfunktion auf der Niveaumenge $W(x^1)$ Lipschitz-stetig. Wie im Beweis von Satz 3.1 gezeigt wurde, gilt damit die Abschätzung

$$f(x^k + \alpha p^k) \leq f(x^k) + \alpha \nabla f(x^k)^T p^k + \frac{\alpha^2}{2} L \|p^k\|^2.$$

Hieraus folgt unter Beachtung von (138) sowie mit $d^k = \nabla f(x^k)$ nun

$$f(x^k + \alpha p^k) \leq f(x^k) - \frac{1}{2L} \frac{\|d^k\|^4}{\|p^k\|^2} + \left(\alpha \sqrt{\frac{L}{2}} \|p^k\| - \frac{1}{\sqrt{2L}} \frac{\|d^k\|^2}{\|p^k\|} \right)^2.$$

Mit der aus der Strahlminimierung bestimmten Schrittweite α_k liefert dies

$$f(x^{k+1}) \leq f(x^k) - \frac{1}{2L} \frac{\|d^k\|^4}{\|p^k\|^2}, \quad k = 1, 2, \ldots . \tag{139}$$

Wegen (133), (135) und (137) hat man ferner

$$\frac{\|p^k\|^2}{\|d^k\|^4} = \frac{1}{\|d^k\|^2} + \frac{\beta_{k-1}^2 \|p^{k-1}\|^2}{\|d^k\|^4} = \frac{1}{\|d^k\|^2} + \frac{\|p^{k-1}\|^2}{\|d^{k-1}\|^4} = \sum_{j=1}^{k} \frac{1}{\|d^j\|^2}. \tag{140}$$

Wir nehmen nun an, (136) gelte nicht. Dies ist äquivalent zur Existenz eines $\delta > 0$ mit

$$\|d^k\| \geq \delta > 0, \quad k = 1, 2, \ldots . \tag{141}$$

Aus (140) erhält man die Abschätzung $\dfrac{\|d^k\|^4}{\|p^k\|^2} \geq \dfrac{\delta^2}{k}$. Mit (139) folgt hieraus

$$f(x^{k+1}) - f(x^k) \leq -\frac{\delta^2}{2L\,k},$$

und damit gilt

$$f(x^k) \leq f(x^1) - \frac{\delta^2}{2L} \sum_{j=1}^{k-1} \frac{1}{j}, \quad k = 1, 2, \ldots .$$

Da die harmonische Reihe divergiert, impliziert dies

$$\lim_{k \to \infty} f(x^k) = -\infty. \tag{142}$$

Andererseits folgt aus der Stetigkeit von f und aus der Beschränktheit der Niveaumenge $W(x^1)$, daß f auf dieser beschränkt ist. Dies steht im Widerspruch zu (142). Also war die Annahme (141) falsch, und es gilt (136). ■

Bemerkung 3.10 Zur Vermeidung sich fortpflanzender Rundungsfehler bei der Orthogonalisierung wird im nichtquadratischen Fall ein zyklischer Neustart, auch **restart** genannt, empfohlen. In der einfachsten Realisierung wird dabei nach einer bestimmten Schrittzahl, z.B. nach jeweils n Schritten, $\beta_k := 0$ anstelle der durch (133) bzw. (134) gegebenen Vorschrift gesetzt. Unter zusätzlichen Voraussetzungen an die Zielfunktion f läßt sich dann auch eine n-Schritt überlineare Konvergenz zeigen (vgl. [MR87]). □

Bemerkung 3.11 Die CG-Verfahren besitzen für Minimierungsaufgaben großer Dimension, wie sie etwa bei der Diskretisierung nichtlinearer elliptischer Randwertprobleme entstehen, den Vorteil, daß neben den Iterierten lediglich zwei Richtungsvektoren, nicht aber vollständige Matrizen, aktuell zu speichern sind. □

Für Konvergenzuntersuchungen zum CG-Verfahren nach Polak/Ribiére verweisen wir z.B. auf [Sch79].

Übung 3.16 Man zeige, daß die im CG-Verfahren erzeugten Iterierten x^{k+1} die Minimierungsaufgaben

$$f(x) = \frac{1}{2}(x, Ax) - (b, x) \to \text{min}! \qquad \text{bei } x \in V_k$$

lösen.

Übung 3.17 Man zeige, daß sich die im CG-Verfahren bestimmten Parameter β_k äquivalent auch in der Form

$$\beta_k = \frac{(d^{k+1}, d^{k+1} - d^k)}{(d^k, d^k)}$$

angeben lassen. Bemerkung: Diese auf Polak/Ribiére zurückgehende Darstellung eignet sich insbesondere für die Übertragung des CG-Verfahrens auf nichtlineare Probleme (vgl. [Sch79]).

Übung 3.18 Die Zweipunkt-Randwertaufgabe

$$-((1 + x)u')' = f \quad \text{in } (0,1), \qquad u(0) = u(1) = 0$$

werde mit Hilfe des Ritz-Verfahrens (vgl. [GR92]) mit stückweise linearen Elementen über einem äquidistanten Gitter diskretisiert. Man wende auf die erzeugten endlichdimensionalen Probleme das CG-Verfahren direkt und mit Vorkonditionierung mittels der Matrix

$$B_h = \begin{pmatrix} 2 & -1 & 0 & \cdot & \cdot \\ -1 & 2 & -1 & \cdot & \cdot \\ \cdot & -1 & 2 & -1 & \cdot \\ \cdot & \cdot & \cdot & \cdot & \cdot \\ \cdot & \cdot & \cdot & -1 & 2 \end{pmatrix}$$

an. Wie läßt sich das asymptotische Konvergenzverhalten in beiden Fällen abschätzen?

3.5 Minimierung nichtglatter Funktionen

Die bisher vorgestellten Minimierungsverfahren nutzen direkt oder indirekt lokale Approximationen der Zielfunktion f mit Hilfe der Taylorschen Formel und setzen somit mindestens die stetige Differenzierbarkeit von f voraus. Bei einer Reihe von Aufgaben, wie z.B. Minimax-Probleme (vgl. [DM75]), treten jedoch nichtdifferenzierbare Zielfunktionen auf. Ferner werden bei einigen Optimierungsverfahren, wie etwa exakten Strafmethoden (vgl. Kapitel 5) oder Dekompositionsmethoden (vgl. Kapitel 11), Hilfsaufgaben erzeugt, deren Zielfunktionen nicht differenzierbar sind. Die nichtglatten Optimierungsprobleme erfuhren daher in den zurückliegenden Jahren eine verstärkte Aufmerksamkeit.

Das Ziel des vorliegenden Abschnittes besteht in einer kurzen Information zur Spezifik der Aufgabenstellung der nichtglatten Optimierung und zu einigen angepaßten Minimierungsverfahren. Für eine ausführliche Diskussion der nichtglatten Optimierung verweisen wir z.B. auf [LM78], [Cla83], [Kiw85], [SZ92].

Es sei $f : I\!\!R^n \to I\!\!R$ eine konvexe Funktion, und $\partial f(x)$ bezeichne das durch

$$\partial f(x) := \{\, s \in I\!\!R^n \ : \ f(y) \geq f(x) + s^T(y - x)\, \forall y \in I\!\!R^n \,\} \tag{143}$$

definierte **Subdifferential** (vgl. Kapitel 1) von f im Punkt x. Die Elemente des Subdifferentials werden dabei **Subgradienten** genannt.

Unter der getroffenen Voraussetzung, daß f nur endliche Werte annimmt, ist $\partial f(x)$ stets eine nichtleere, beschränkte, abgeschlossene und konvexe Menge. Zur Verbindung mit Richtungsableitungen

$$df(x; d) := \lim_{h \to +0} \frac{1}{h} \left[\, f(x + hd) - f(x)\,\right]$$

gilt

$$df(x; d) = \max_{s \in \partial f(x)} s^T d$$

und ferner bezüglich Ableitungen

$$\partial f(x) = \text{conv} \left\{ s = \lim_{l \to \infty} \nabla f(x^l) : \begin{array}{l} x^l \to x, \ \{\nabla f(x^l)\} \text{ existiert} \\ \text{und konvergiert} \end{array} \right\}.$$

Letztere Eigenschaft sowie Stetigkeitsaussagen erlauben auch eine Verallgemeinerung des Subdifferentials für lokal Lipschitz-stetige aber nicht notwendig konvexe Funktionen f (vgl.[Cla83]). Unter dieser schwächeren Voraussetzung an $f : I\!\!R^n \to I\!\!R$ gilt, daß die Funktion f genau dann auf der offenen Menge $U \subset I\!\!R^n$ stetig differenzierbar ist, wenn das Subdifferential $\partial f(x)$ für alle $x \in U$ nur aus einem Element besteht. Es gilt in diesem Fall $\partial f(x) = \{\nabla f(x)\}$. Besitzt f die Form

$$f(x) = \max_{i \in I} f_i(x) \tag{144}$$

mit einer endlichen Indexmenge I und stetig differenzierbaren konvexen Funktionen $f_i : I\!\!R^n \to I\!\!R$, $i \in I$, so läßt sich das Subdifferential $\partial f(x)$ darstellen durch

$$\partial f(x) = \text{conv} \{\nabla f_i(x) : i \in I_*(x)\} \quad \text{mit} \quad I_*(x) := \{\, i \in I : f_i(x) = f(x)\,\}.$$

Minimierungsaufgaben mit Zielfunktionen des Typs (144) werden diskrete Minimax-Probleme genannt. Ihre Eigenschaften sowie spezielle Lösungsverfahren sind in [DM75] ausführlich untersucht worden.

Wir konzentrieren uns im folgenden ausschließlich auf konvexe Minimierungsprobleme

$$f(x) \to \min ! \quad \text{bei} \quad x \in I\!\!R^n. \tag{145}$$

Unmittelbar aus der Definition (143) des Subdifferentials folgt, daß ein $\bar{x} \in I\!\!R^n$ genau dann diese Aufgabe löst, wenn

$$0 \in \partial f(\bar{x}) \tag{146}$$

gilt (vgl. auch Kapitel 1). Dies erweitert das notwendige und für konvexe Funktionen f hinreichende Optimalitätskriterium

$$\nabla f(\bar{x}) = 0$$

auf den nichtdifferenzierbaren Fall. Eine Übertragung des Verfahrens des steilsten Abstieges, etwa durch Wahl von Richtungen d^k mit $\|d^k\| = 1$ in einem Iterationspunkt x^k gemäß

$$df(x^k; d^k) \leq df(x^k; d) \quad \text{für alle} \quad d \in \mathbb{R}^n, \quad \|d\| = 1$$

und einer durch Strahlminimierung bestimmten Schrittweite liefert i.allg. keine Konvergenz gegen optimale Lösungen (vgl. z.B. [DM75]). Dies ist auf ein dem zickzack Verhalten von Verfahren der zulässigen Richtungen entsprechendes Phänomen zurückzuführen. Aus diesem Grund sind zur Lösung nichtglatter Probleme (145) stets angepaßte Verfahren einzusetzen. Sie lassen sich im wesentlichen den folgenden drei Grundtechniken zuordnen:

- Subgradienten Methoden;
- Bundle Verfahren;
- parametrische Einbettung in glatte Probleme.

Die **Subgradienten Methoden** (vgl. [Sho85]) besitzen die einfache Struktur

$$x^{k+1} = x^k + \alpha_k d^k, \tag{147}$$

wobei $d^k := -s^k/\|s^k\|$ mit einem beliebigen $s^k \in \partial f(x^k)$ gewählt und die Schrittweite $\alpha_k > 0$ a priori vorgegeben wird. Dabei sind lediglich die Bedingungen

$$\sum_{k=0}^{\infty} \alpha_k = +\infty \quad \text{und} \quad \sum_{k=0}^{\infty} \alpha_k^2 < +\infty \tag{148}$$

zu sichern. Besitzt das Ausgangsproblem (145) eine eindeutige Lösung $\bar{x}$, dann konvergiert die durch (147), (148) mit beliebigem $x^0 \in \mathbb{R}^n$ erzeugte Folge $\{x^k\}$ gegen $\bar{x}$. Der Nachteil der Subgradienten Methode besteht jedoch in der sehr langsamen Konvergenz. Dabei kann durch die willkürliche Schrittweitenwahl (148) auch nicht in jedem Iterationsschritt ein Abstieg gesichert werden.

Das Konzept der **bundle Verfahren**, deren Name sich aus der Verwendung gebündelter Information begründet, basiert auf einer lokalen Ersatzproblembildung mit Hilfe bereits bestimmter Iterationspunkte x^j, $j = 1(1)k$ und zugehöriger Subgradienten $s^j \in \partial f(x^j)$, $j = 1(1)k$. Ordnet man jedem $y \in \mathbb{R}^n$ einen beliebigen Subgradienten $s = s(y) \in \partial f(y)$ zu, so läßt sich die konvexe Funktion f darstellen durch

$$f(x) = \max_{y \in \mathbb{R}^n} \{ f(y) + s(y)^T (x - y) \} \quad \text{für alle} \quad x \in \mathbb{R}^n.$$

Davon ausgehend, kann f lokal grob approximiert werden mit Hilfe der durch

$$F_k(x) := \max_{1 \leq j \leq k} \{ f(x^j) + (s^j)^T(x - x^j) \} \qquad (149)$$

erklärten Funktion F_k. Eine Suchrichtung d^k wird bei den bundle Verfahren aus dem Verhalten von $F_k(x^k + d)$ in Abhängigkeit von $d \in \mathbb{R}^n$ bestimmt. Zur Sicherung einer endlichen Lösung werden lokale Regularisierungen bzw. zusätzliche Beschränkungen in der Art der Trust Region Verfahren eingesetzt. Dies führt zu Richtungssuchproblemen der Form

$$F_k(x^k + d) + \varepsilon_k \|d\|^2 \to \text{min}! \qquad \text{bei} \quad d \in \mathbb{R}^n$$

bzw.

$$F_k(x^k + d) \to \text{min}! \qquad \text{bei} \quad d \in \mathbb{R}^n, \|d\| \leq h_k$$

mit geeignet zu steuernden Parametern $\varepsilon_k > 0$ bzw. $h_k > 0$ zur Bestimmung der aktuellen Suchrichtung d^k. Liefert eine Schrittweitentechnik, z.B. die Strahlminimierung von $F_k(x^k + d^k)$, mit der ermittelten Schrittweite $\alpha_k > 0$ einen hinreichenden Abstieg, so wird $x^{k+1} := x^k + \alpha_k d^k$ als neuer Iterationspunkt akzeptiert. Andernfalls ist das bisherige Ersatzmodell (149) für f durch Hinzunahme zusätzlicher Funktionswerte und Subgradienten in zu x^k benachbarten Punkten zu verfeinern. Für möglich Strategien sowie für entsprechende Konvergenzuntersuchungen sei z.B. auf [SZ92] verwiesen.

Abschließend skizzieren wir anhand des Beispiels

$$f(x) := z(x) + \|x\| \to \text{min}! \qquad \text{bei} \quad x \in \mathbb{R}^n \qquad (150)$$

mit einer stetig differenzierbaren Funktion $z : \mathbb{R}^n \to \mathbb{R}$ das eng mit Strafmethoden verwandte Prinzip der **parametrischen Einbettung in glatte Probleme**. Die Nichtdifferenzierbarkeit von f resultiert im Beispiel (150) aus der von $\| \cdot \|$. Wird nun $\| \cdot \|$ näherungsweise durch $\| \cdot \|_\varepsilon$ mit

$$\|x\|_\varepsilon := \sqrt{\|x\|^2 + \varepsilon} \qquad (151)$$

ersetzt, so liefert

$$f_\varepsilon(x) := z(x) + \|x\|_\varepsilon \to \text{min}! \qquad \text{bei} \quad x \in \mathbb{R}^n \qquad (152)$$

ein glattes Optimierungsproblem. Wegen der für $\varepsilon \to +0$ eintretenden Entartung von $\nabla f_\varepsilon(0)$ sollte eine Familie von Ersatzproblemen (152) mit einer geeigneten Steuerung für den Parameter ε anstelle eines einzigen Ersatzproblems mit hinreichend kleinem $\varepsilon > 0$ genutzt werden. Für eine ausführliche Untersuchung dieser Frage verweisen wir auf die Behandlung der hierzu analogen Probleme bei Strafmethoden in Kapitel 5.

Ein weiteres Beispiel des skizzierten Einbettungsgedankens findet sich in [Cha76] zur Behandlung nichtglatter L_∞-Approximationsaufgaben mittels einer Familie von L_p-Problemen.

Übung 3.19 Leiten Sie über die Kuhn-Tucker-Bedingungen ein notwendiges und hinreichendes Optimalitätskriterium für die nichtglatte Minimierungsaufgabe (145) mit f gemäß (144) her.

4 Verfahren für linear restringierte Probleme

In diesem Kapitel konzentrieren wir uns auf stetige Optimierungsaufgaben in endlichdimensionalen Räumen, wobei der zulässige Bereich durch eine endliche Zahl linearer Gleichungs- und Ungleichungsrestriktionen beschreibbar sei. Als bedeutsamer Spezialfall ist in dieser Aufgabenklasse die lineare Optimierung enthalten, auf die wir im Abschnitt 4.2 tiefer eingehen werden. Zunächst sollen jedoch einige Eigenschaften der hier als zulässiger Bereich auftretenden polyedrischen Mengen zusammengestellt bzw. hergeleitet werden.

4.1 Polyedrische Mengen

Es sei $X = I\!R^n$ als Ausgangsraum zugrunde gelegt. Eine mit Hilfe eines beliebigen Vektors $a \in I\!R^n$, $a \neq 0$, und einer Zahl $\beta \in I\!R$ definierte Menge

$$H := \{ x \in I\!R^n : a^T x = \beta \}$$

wird **Hyperebene** oder kurz **Ebene** genannt. Im Fall $n = 3$ liefert dies gerade die übliche Definition der Ebene im Raum. Zugehörig zu $H \subset I\!R^n$ werden der negative bzw. positive **Halbraum** H_-, H_+ erklärt durch

$$H_- := \{ x \in I\!R^n : a^T x \leq \beta \} \qquad \text{bzw.} \qquad H_+ := \{ x \in I\!R^n : a^T x \geq \beta \}.$$

Es sei darauf hingewiesen, daß die betrachteten Hyperebenen und Halbräume stets abgeschlossene konvexe Mengen bilden. Läßt sich eine Menge $G \subset I\!R^n$ als Durchschnitt endlich vieler Halbräume darstellen, so heißt G konvexe **polyedrische Menge**. Ist G zusätzlich beschränkt, so wird diese Menge konvexes **Polyeder** genannt. Unmittelbar aus der Definition folgt, daß sich jede polyedrische Menge G entsprechend der Anzahl der an ihrer Bildung beteiligten Halbräume mit Hilfe einer (m, n)-Matrix A und eines Vektors $b \in I\!R^m$ darstellen läßt durch

$$G = \{ x \in I\!R^n : A x \leq b \}. \tag{1}$$

Der Durchschnitt endlich vieler polyedrischer Mengen ist selbst wieder eine polyedrische Menge. Unter Verwendung eines als **Schlupfvariable** bezeichneten zusätzlichen Parameters $\eta \geq 0$ läßt sich jede Ungleichung

$$a^T x \leq \beta$$

umformen zu

$$a^T x + \eta = \beta, \quad \eta \geq 0.$$

Berücksichtigt man ferner, daß sich eine Zahl $\xi \in \mathbb{R}$ stets durch nichtnegative Zahlen $\xi_+, \xi_- \in \mathbb{R}_+$ in der Form $\xi = \xi_+ - \xi_-$ darstellen läßt, so können polyedrische Mengen auch in der Form

$$\tilde{G} = \{\, \tilde{x} \in \mathbb{R}^{\tilde{n}} \; : \; \tilde{A}\tilde{x} = \tilde{b}, \; \tilde{x} \geq 0 \,\} \tag{2}$$

mit einer geeigneten $(\tilde{m}, \tilde{n})$-Matrix $\tilde{A}$ und einem Vektor $\tilde{b} \in \mathbb{R}^{\tilde{m}}$ beschrieben werden. Andererseits kann jede Hyperebene als Durchschnitt der zugehörigen positiven und negativen Halbräume betrachtet werden. Insgesamt sind damit die beiden Darstellungen (1) und (2) ineinander überführbar. Die unterschiedlichen Bezeichnungen wurden dabei gewählt, um darauf hinzuweisen, daß i.allg. die beiden Repräsentationen in Räumen unterschiedlicher Dimension erfolgen. Wir werden später auf eine gesonderte Markierung der jeweiligen Darstellungen verzichten.

Neben (1) und (2) sind auch gemischte Darstellungen, d.h. mit einem Teil Gleichungs- und einem Teil Ungleichungsrestriktionen bzw. vorzeichenbehafteten und nichtvorzeichenbehafteten Variablen, üblich. Zur Vereinheitlichung der theoretischen Untersuchungen wird wegen der entsprechenden Überführungsmöglichkeiten in der Regel auf eine der Formen (1) oder (2) zurückgegriffen. Bei einer algorithmischen Behandlung zugehöriger Optimierungsprobleme ist jedoch eine spezifische Nutzung des jeweils vorliegenden Modells einer Transformation auf eine Standardform vorzuziehen.

Die Zeilenvektoren der Matrix A bzw. die Komponenten des Vektors b in der Darstellung (1) seien mit a_i^T bzw. b_i, $i \in I := \{1, \cdots, m\}$ bezeichnet, wobei vorausgesetzt wird, daß dabei stets $a_i \neq 0$ für alle $i \in I$ gilt. Unter Verwendung der eingeführten Bezeichnungen wird die Menge G also in der Form

$$G := \{\, x \in \mathbb{R}^n \; : \; a_i^T x \leq b_i, \; i \in I \,\} \tag{3}$$

beschrieben. Die später als zulässiger Bereich eines Optimierungsproblems eingesetzte Menge G besitzt damit die Struktur (1.8) mit den speziellen affin-linearen Ungleichungsrestriktionen

$$g_i(x) := a_i^T x - b_i \leq 0, \quad i = 1(1)m.$$

Wir werden im weiteren affin-lineare Funktionen, wie in der Optimierungsliteratur üblich, auch kurz als lineare Funktionen bezeichnen. Es sei $G \neq \emptyset$, und es bezeichne

$$I_g := \{\, i \in I \; : \; a_i^T x = b_i \;\; \text{für alle } x \in G \,\} \quad \text{und} \quad I_u := I \backslash I_g.$$

Unter Verwendung zugehöriger Teilmatrizen $A_g := (a_i^T)_{i \in I_g}$, $A_u := (a_i^T)_{i \in I_u}$ und dazu passender Teilvektoren b_g bzw. b_u gilt also

$$G = \{\, x \in \mathbb{R}^n \; : \; A_g x = b_g, \; A_u x \leq b_u \,\}. \tag{4}$$

Die Menge G liegt in der linearen Mannigfaltigkeit $\{\tilde{x}\} \oplus \mathcal{N}(A_g)$, wobei $\tilde{x} \in G$ ein beliebiges Element und $\mathcal{N}(A_g)$ den linearen Unterraum $\mathcal{N}(A_g) := \{ x \in I\!\!R^n :$ $A_g x = 0 \}$ bezeichnen. Im Fall $I_g \neq \emptyset$ gilt $\dim \mathcal{N}(A_g) < n$ und damit auch $\text{int}\, G = \emptyset$. Für viele Untersuchungen konvexer Mengen (vgl. z.B. [Roc70]) sind die bez. der Topologie von $\mathcal{N}(A_g)$ inneren Punkte, die als **relativ innere (r-innere)** Punkte bezeichnet werden, bedeutsam. Für die durch (4) beschriebene Menge G ist ein $x \in G$ genau dann r-innerer Punkt, wenn $a_i^T x < b_i$ für alle $i \in I_u$ gilt. Die **Dimension der polyedrischen Menge** G wird durch

$$\dim G := \dim \mathcal{N}(A_g)$$

definiert. Im Fall $\text{int}\, G \neq \emptyset$ hat man $\dim G = n$, und G heißt **volldimensional**.

LEMMA 4.1 *Es sei $G \subset I\!\!R^n$. Dann gilt*

$$\dim G + \text{rang}\, A_g = n. \tag{5}$$

LEMMA 4.2 *Eine polyedrische Menge $G \subset I\!\!R^n$ besitzt genau dann die Dimension k, wenn es $x^j \in G$, $j = 0(1)k$, derart gibt, daß die Vektoren $x^j - x^0$, $j = 1(1)k$, linear unabhängig und bei Hinzunahme von jedem weiteren $x^{k+1} \in G$ die Vektoren $x^j - x^0$, $j = 1(1)k + 1$, linear abhängig sind.*

Eine besondere Bedeutung für die Beschreibung konvexer Mengen G besitzen deren Ecken. Dabei wird ein Punkt $x \in G$ **Ecke** (auch **Extremalpunkt**) der konvexen Menge G genannt, wenn gilt

$$\left. \begin{array}{l} x = \lambda y + (1 - \lambda)z, \\ y, z \in G, \ \lambda \in (0,1) \end{array} \right\} \quad \Longrightarrow \quad x = y = z, \tag{6}$$

d.h. wenn sich x nicht als echte Konvexkombination anderer Punkte aus G darstellen läßt. Die Bedingung (6) ist (vgl. Übungsaufgabe 4.1) äquivalent zu

$$\left. \begin{array}{l} x = \tfrac{1}{2}y + \tfrac{1}{2}z, \\ y, z \in G \end{array} \right\} \quad \Longrightarrow \quad x = y = z. \tag{7}$$

Das folgende Lemma gibt die wichtige Rolle der Ecken zur Repräsentation konvexer Mengen wieder.

LEMMA 4.3 *Es sei $G \subset I\!\!R^n$ eine konvexe, abgeschlossene und beschränkte*

Menge. Bezeichnet $E(G)$ die Gesamtheit aller Ecken von G, so gilt

$$G = \text{conv}\, E(G).$$

Einen Nachweis dieser Aussage findet man z.B. in [STF86], [SW70].
Wir wenden uns zunächst der Charakterisierung von Ecken polyedrischer Mengen G zu. Es besitze dabei G die Darstellung (1), und wie in Kapitel 1 eingeführt sei $I_0(\bar{x})$ die Indexmenge der im Punkt $\bar{x} \in G$ aktiven Restriktionen, d.h.

$$I_0(\bar{x}) = \{\, i \in \{1, \ldots, m\} \; : \; a_i^T \bar{x} - b_i = 0 \,\}.$$

Zur Charakterisierung von Ecken hat man nun

LEMMA 4.4 *Ein Punkt $\bar{x} \in G$ ist genau dann eine Ecke der durch (4) beschriebenen Menge G, wenn gilt*

$$\text{span}\, \{a_i\}_{i \in I_0(\bar{x})} = I\!\!R^n. \tag{8}$$

Beweis: „$\Rightarrow$": Wir zeigen diese Richtung der Aussage indirekt. Ist die Bedingung (8) nicht erfüllt, dann gibt es ein $d \in I\!\!R^n$, $d \neq 0$, mit

$$a_i^T d = 0, \quad i \in I_0(\bar{x}).$$

Wegen $a_i^T \bar{x} < b_i$, $i \notin I_0(\bar{x})$, und der endlichen Anzahl der G beschreibenden Ungleichungen existiert ein $\delta \neq 0$ mit

$$a_i^T (\bar{x} + \delta d) \leq b_i \quad \text{und} \quad a_i^T (\bar{x} - \delta d) \leq b_i \quad i \notin I_0(\bar{x}).$$

Für die Elemente $y := \bar{x} + \delta d$ und $z := \bar{x} - \delta d$ gilt damit $y, z \in G$ sowie

$$\bar{x} = \frac{1}{2}y + \frac{1}{2}z \quad \text{und} \quad y \neq z.$$

Nach Bedingung (7) bildet $\bar{x}$ keine Ecke von G.

„$\Leftarrow$": Es sei (8) erfüllt, und $\bar{x} \in G$ besitze die Darstellung $\bar{x} = \frac{1}{2}y + \frac{1}{2}z$ mit Elementen $y, z \in G$. Bezeichnet man mit $d := \frac{1}{2}(z - y)$, so gilt also

$$y = \bar{x} - d \quad \text{und} \quad z = \bar{x} + d.$$

Unter Beachtung von $a_i^T \bar{x} = b_i$, $i \in I_0(\bar{x})$, sowie von $a_i^T y \leq b_i$, $a_i^T z \leq b_i$, $i \in I_0(\bar{x})$, folgt hieraus

$$a_i^T d = 0, \quad i \in I_0(\bar{x}).$$

Wegen (8) liefert dies $d = 0$, d.h. $\bar{x} = y = z$. Damit ist $\bar{x}$ eine Ecke von G. ∎

Lemma 4.4 charakterisiert die Ecken $\bar{x}$ von $G \subset I\!\!R^n$ in der Darstellung (4) als Punkte, in denen sich n linear unabhängige G definierende bzw. begrenzende Hyperebenen schneiden. Dabei heißen **Hyperebenen linear unabhängig**, wenn ihre zugehörigen Normalenvektoren a_i linear unabhängig sind. Schneiden sich genau n Hyperebenen in $\bar{x} \in G$, so heißt $\bar{x}$ **reguläre Ecke** der polyedrischen Menge

G, anderenfalls wird $\bar{x}$ **entartete Ecke** von G genannt. Die Abbildung 4.1 illustriert diese Fälle. Im Fall des Auftretens von Gleichungsrestriktionen werden dabei die entsprechenden Hyperebenen nur einmal und nicht als Durchschnitt von zwei Halbräumen doppelt gezählt.

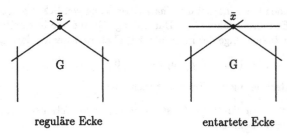

reguläre Ecke   entartete Ecke

Abbildung 4.1: Entartung

Wir wenden nun Lemma 4.3 zur Charakterisierung von Ecken einer in der Form (2) gegebenen polyedrischen Menge G an. Es sei also G beschrieben durch

$$G = \{\, x \in \mathbb{R}^n \ : \ Ax = b, \ x \geq 0 \,\}. \tag{9}$$

Ein Teil der Restriktionen ist in diesem Fall wegen der geforderten Gleichungsrestriktionen stets aktiv, während die Vorzeichenbedingung $x \geq 0$ spezielle Ungleichungsrestriktionen

$$-x_j \leq 0, \quad j = 1(1)n,$$

ergibt. Die negativen Einheitsvektoren $-e^j \in \mathbb{R}^n$ sind damit die Normalenvektoren der zugehörigen Hyperebenen. Wir bezeichnen die Indexmenge der in einem Punkt $\bar{x} \in G$ aktiven Vorzeichenbedingungen durch

$$J_0(\bar{x}) := \{\, j \in \{1,\dots,n\} \ : \ \bar{x}_j = 0 \,\}. \tag{10}$$

Als unmittelbare Folgerung aus Lemma 4.4 erhält man nun

LEMMA 4.5 *Ein Punkt $\bar{x} \in G$ einer durch (9) beschriebenen polyedrischen Menge G ist genau dann Ecke von G, wenn gilt*

$$\operatorname{span}\{a_i\}_{i=1}^m \ \oplus \ \operatorname{span}\{e_j\}_{j \in J_0(\bar{x})} = \mathbb{R}^n. \tag{11}$$

Die Bedingung (11) ist äquivalent zu (vgl. Übungsaufgabe 4.4)

$$\left.\begin{array}{rl} Az &= 0, \\ z_j &= 0 \quad \text{für } j \in J_0(\bar{x}) \end{array}\right\} \quad \Longrightarrow \quad z = 0. \tag{12}$$

Zur weiteren Untersuchung der Bedingung (11) nehmen wir an, daß die Zeilenvektoren a_i^T der Matrix A linear unabhängig sind. Eventuell auftretende linear abhängige Bedingungen in den Gleichungsrestriktionen sollen also bereits eliminiert sein. Damit gilt

$$\dim \mathcal{N}(A) = \dim \{ z \in I\!\!R^n : Az = 0 \} = n - m.$$

Folglich ist (12) genau dann erfüllt, wenn Indexmengen $J_B(\bar{x})$, $J_N(\bar{x})$ derart existieren, daß

$$
\begin{aligned}
J_N(\bar{x}) &\subset J_0(\bar{x}), \quad J_N(\bar{x}) \cap J_B(\bar{x}) = \emptyset, \\
J_N(\bar{x}) &\cup J_B(\bar{x}) = \{1,\ldots,n\}, \\
\text{card}\, J_B(\bar{x}) &= m
\end{aligned}
\tag{13}
$$

und

$$
\left.
\begin{aligned}
Az &= 0, \\
z_j &= 0 \quad \text{für } j \in J_N(\bar{x})
\end{aligned}
\right\}
\quad \Longrightarrow \quad z = 0.
\tag{14}
$$

Bei Beachtung der restlichen Beziehungen aus (13) ist die Bedingung $J_N(\bar{x}) \subset J_0(\bar{x})$ äquivalent zu $J_+(\bar{x}) \subset J_B(\bar{x})$ mit

$$J_+(\bar{x}) := \{ j \in \{1,\ldots,n\} : \bar{x}_j > 0 \}. \tag{15}$$

Die zu einer Ecke $\bar{x} \in G$ gehörige Zerlegung der Indexmenge $J := \{1,\ldots,n\}$ in $J_B(\bar{x})$, $J_N(\bar{x})$ definiert zwei entsprechende Gruppen von Variablen, die **Basisvariablen** x_j, $j \in J_B(\bar{x})$ bzw. die **Nichtbasisvariablen** x_j, $j \in J_N(\bar{x})$. Wir fassen diese zu Vektoren

$$x_B := (x_j)_{j \in J_B(\bar{x})} \in I\!\!R^m \quad \text{bzw.} \quad x_N := (x_j)_{j \in J_N(\bar{x})} \in I\!\!R^{n-m} \tag{16}$$

zusammen. Sortiert man die Spaltenvektoren a^j von A dazu passend um, so kann die durch (9) gegebene Menge G äquivalent beschrieben werden durch

$$G = \left\{ \begin{pmatrix} x_B \\ x_N \end{pmatrix} \in I\!\!R^n : A_B x_B + A_N x_N = b,\ x_B \geq 0,\ x_N \geq 0 \right\}. \tag{17}$$

Mit (16) ist die Bedingung (14) genau dann erfüllt, wenn die Teilmatrix A_B regulär ist. Dies ergibt

LEMMA 4.6 *Es sei* $\text{Rang}(A) = m$. *Ein Punkt* $\bar{x} \in I\!\!R^n$ *ist genau dann eine Ecke der durch (9) beschriebenen Menge* G, *wenn Indexmengen* $J_B(\bar{x})$, $J_N(\bar{x})$ *mit folgenden Eigenschaften existieren:*

  (i)   *Die Bedingungen (13) sind erfüllt;*

  (ii) *Die entsprechende Matrix* A_B *ist regulär;*

  (iii) *Es gilt* $A_B^{-1} b \geq 0$.

Beweis: Nach Lemma 4.5 und den zu (11) äquivalenten Bedingungen (12) (vgl. Übungsaufgabe 4.4) bildet ein Punkt $\bar{x} \in G$ genau dann eine Ecke, wenn (13), (14) erfüllt sind. Unter der Voraussetzung (13) ist die Bedingung (14) notwendig und hinreichend für (ii). Wegen der Regularität der Matrix A_B besitzt $\bar{x}$ die Darstellung

$$\bar{x} = \begin{pmatrix} \bar{x}_B \\ \bar{x}_N \end{pmatrix} \quad \text{mit} \quad \bar{x}_N = 0, \ \bar{x}_B = A_B^{-1}b. \tag{18}$$

Mit (i), (ii) ist die Bedingung (iii) somit äquivalent zu $\bar{x} \in G$. Also gilt die Behauptung des Lemmas. ■

Als Folgerung aus den angegebenen Charakterisierungen der Ecken ergibt sich, daß polyedrische Mengen höchstens eine endliche Anzahl von Ecken besitzen können. Bezeichnen $x^k \in \mathbb{R}^n$, $k = 1(1)p$, die Ecken eines nichtleeren konvexen Polyeders G, so liefert Lemma 4.3 die Darstellung

$$G = \text{conv}\left\{x^k\right\}_{k=1}^p = \left\{ x = \sum_{k=1}^p \lambda_k x^k : \lambda_k \geq 0, \ k = 1(1)p, \ \sum_{k=1}^p \lambda_k = 1 \right\}. \tag{19}$$

Eine Menge $G \subset \mathbb{R}^n$ bildet also genau dann ein konvexes Polyeder, wenn sie die konvexe Hülle einer endlichen Zahl von Punkten ist (vgl. Übungsaufgabe 4.5). Dies liefert eine in der Literatur ebenso genutzte Möglichkeit zur Definition konvexer Polyeder.

Im Fall einer unbeschränkten polyedrischen Menge G gibt es in Erweiterung der Darstellung von Polyedern eine endliche Anzahl von Punkten x^k, $k = 1(1)p$, und Richtungsvektoren z^l, $l = 1(1)q$, derart, daß gilt

$$G = \left\{ x = \sum_{k=1}^p \lambda_k x^k + \sum_{l=1}^q \mu_l z^l : \begin{array}{l} \lambda_k \geq 0, \ k = 1(1)p, \ \sum_{k=1}^p \lambda_k = 1, \\ \mu_l \geq 0, \ l = 1(1)q \end{array} \right\}. \tag{20}$$

Falls G mindestens eine Ecke besitzt, so sind als Punkte x^k, $k = 1(1)p$, die Ecken von G wählbar. Besitzt G keine Ecke, wie z.B. die Menge

$$G = \{ x \in \mathbb{R}^2 : x_1 + 3x_2 = 2 \},$$

so läßt sich mit $p = 1$ ein beliebiger Punkt $x^1 \in G$ in der Darstellung (20) nutzen.

Bezüglich der Existenz von Ecken sind die beiden Formen (1) und (2) bzw. (9) nicht äquivalent. Während eine allgemeine polyedrische Menge nicht notwendig eine Ecke besitzen muß, erhält man auf der Grundlage der in Lemma 4.6 gegebenen Charakterisierung von Ecken

LEMMA 4.7 *Jede nichtleere polyedrische Menge $G \subset \mathbb{R}^n$ der Form*

$$G = \{ x \in \mathbb{R}^n : Ax = b, \ x \geq 0 \}$$

besitzt mindestens eine Ecke.

Beweis: Übungsaufgabe 4.6.

Wir untersuchen nun die Darstellung einer gegebenen polyedrischen Mengen G als Durchschnitt einer minimalen Anzahl von Halbräumen und geben eine Charakterisierung dieser Halbräume an. Wir nennen eine einen Halbraum H_- definierende Ungleichung $a^T x \leq \beta$ (kurz (a, β)) eine **gültige Ungleichung** für G, wenn $G \subset H_-$ ist. Die mit einer gültigen Ungleichung (a, β) und deren zugehöriger Hyperebene H gebildete Menge $F := G \cap H$ wird **Fläche (face)** von G genannt. (a, β) heißt Repräsentant von F. Eine Fläche mit $F \neq \emptyset$ und $F \neq G$ heißt eigentlich. Eine Fläche mit $F \neq \emptyset$ wird als **Stützhyperfläche** bezeichnet.

LEMMA 4.8 *Für eine polyedrische Menge G ist die Anzahl verschiedener Flächen endlich, und jede Fläche ist selbst eine polyedrische Menge.*

Die Ecken von G sind die 0-dimensionalen Flächen, die in der Darstellung (20) verwendeten Richtungsvektoren sind die Richtungsvektoren der eindimensionalen unendlichen Flächen von G.

Durch (20) ist praktisch eine Darstellung der polyedrischen Menge G mittels der Kanten (eindimensionalen Flächen) gegeben. Demgegenüber kann G auch mittels der Seitenflächen dargestellt werden. Wir definieren dazu eine Fläche F von G als eine **Facette** (Seitenfläche), wenn $\dim F = \dim G - 1$ gilt.

LEMMA 4.9 *Es sei G in der Form (1) gegeben. Für eine Facette von G existiert dann eine Ungleichung $a_k^T x \leq b_k$ für ein $k \in I_u$, die F repräsentiert.*

LEMMA 4.10 *Zur Beschreibung einer polyedrischen Menge G in der Form (1) ist für jede Facette F von G eine repräsentierende Ungleichung notwendig.*

Übung 4.1 Man zeige, daß die Bedingungen (6) und (7) äquivalent sind.

Übung 4.2 Weisen Sie nach, daß ein nichtleeres konvexes Polyeder mindestens eine Ecke besitzt.

Übung 4.3 Bestimmen Sie alle Ecken der Menge

$$G = \{ x \in \mathbb{R}^3 : x_1 + x_2 + x_3 \leq 5,\ x_1,\ x_2 \in [0,2],\ x_3 \in [0.5, 2] \},$$

und stellen Sie G sowohl in der Form (1) als auch in der Form (2) dar.

Übung 4.4 Weisen Sie die Äquivalenz der folgenden Bedingungen nach:
  (a) Es gilt (11);
  (b) Es gilt (12);
  (c) Es gelten (13) und (14).

Übung 4.5 Geben Sie mit Hilfe kombinatorischer Überlegungen und der angegebenen Charakterisierungssätze eine obere Schranke für die Anzahl der Ecken einer durch (1) oder durch (9) beschriebenen polyedrischen Menge in Abhängigkeit der Dimensionen n und m an.

Übung 4.6 Weisen Sie die Gültigkeit von Lemma 4.7 nach.

4.2   Lineare Optimierung

4.2.1   Aufgabenstellung, Prinzip des Simplexverfahrens

Einen wichtigen Spezialfall der Optimierungsaufgaben mit Nebenbedingungen bilden die Probleme der linearen Optimierung. Sie liegen genau dann vor, wenn sowohl die Zielfunktion als auch alle Restriktionsfunktionen linear sind. Die Bedeutung der linearen Optimierung ergibt sich dabei daraus, daß einerseits lineare Modelle wegen ihrer einfachen Verfügbarkeit häufig eingesetzt werden und andererseits lineare Optimierungsaufgaben durch eine endliche Zahl algebraischer Operationen gelöst werden können. Bei großen Dimensionen werden jedoch zur Verringerung des numerischen Aufwandes zunehmend iterative Näherungsverfahren eingesetzt. Wir verweisen hierzu auf Kapitel 8.

Entsprechend der im Abschnitt 4.1 aufgezeigten unterschiedlichen, jedoch stets ineinander überführbaren Darstellungen polyedrischer Mengen kann man sich zunächst auf die Behandlung folgender **Standardaufgabe der linearen Optimierung** beschränken.

$$f(x) := c^T x + c_0 \to \min !$$
$$\text{bei} \quad x \in G := \{\, x \in {I\!\!R}^n : Ax = b,\ x \geq 0 \,\} \tag{21}$$

beschränken. Dabei bezeichne A eine (m, n)-Matrix vom Rang $m < n$, und es gelte $G \neq \emptyset$. Gemäß Lemma 4.7 besitzt der zulässige Bereich mindestens eine Ecke $\bar{x}$. Auf der Grundlage von Lemma 4.6 lassen sich die Indizes der Variablen in zwei Gruppen $J_B(\bar{x})$ und $J_N(\bar{x})$ entsprechend (13) aufteilen. Mit den durch (16) zugeordneten Teilvektoren $x_B \in {I\!\!R}^m$, $x_N \in {I\!\!R}^{n-m}$ bzw. Teilmatrizen A_B, A_N erhält man die Darstellung (19) des zulässigen Bereiches G. Wird der Vektor $c \in {I\!\!R}^n$ passend zur Splittung der Matrix A zerlegt, so liefert dies die zum Ausgangsproblem (21) äquivalente Aufgabe

$$f(x) = c_B^T x_B + c_N^T x_N + c_0 \to \min !$$
$$\text{bei} \quad A_B x_B + A_N x_N = b, \quad x_B \geq 0, \quad x_N \geq 0. \tag{22}$$

Da $\bar{x}$ eine Ecke des zulässigen Bereiches G von (21) bezeichnet, sichert Lemma 4.7 die Regularität der Matrix A_B, und $\bar{x}$ wird durch (18) repräsentiert. Auf

Grund der Regularität von A_B läßt sich (22) durch Elimination von x_B aus den Gleichungsrestriktionen vereinfachen. Dies liefert die zu (22) äquivalente Aufgabe

$$(c_N^T - c_B^T A_B^{-1} A_N)x_N + c_B^T A_B^{-1} b + c_0 \to \min !$$
$$\text{bei} \qquad A_B^{-1}(b - A_N x_N) \geq 0, \quad x_N \geq 0. \tag{23}$$

Der eliminierte Teilvektor x_B wird in Abhängigkeit von x_N entsprechend bestimmt durch

$$x_B = x_B(x_N) = A_B^{-1}(b - A_N x_N). \tag{24}$$

Die für die Zerlegung der Indizes in die Mengen $J_B(\bar{x})$, $J_N(\bar{x})$ zugrunde gelegte Ecke $\bar{x} \in G$ läßt sich dabei speziell durch $x_N = 0$, d.h. durch

$$\bar{x} = \begin{pmatrix} A_B^{-1} b \\ 0 \end{pmatrix} \geq 0 \tag{25}$$

repräsentieren. Unter zusätzlichen Bedingungen erlaubt die Darstellung (23) der Ausgangsaufgabe eine einfache Aussage zur Lösbarkeit, wie der folgende Satz zeigt.

SATZ 4.1 *Die lineare Optimierungsaufgabe (21) sei mit Hilfe der zu einer Ecke $\bar{x} \in G$ gehörigen Indexmengen $J_B(\bar{x})$, $J_N(\bar{x})$ durch die Elimination von x_B reduziert zum Problem (23). Dann gelten folgende Aussagen:*

P1) *Genügt der reduzierte Zielfunktionsvektor der Bedingung*

$$c_N^T - c_B^T A_B^{-1} A_N \geq 0, \tag{26}$$

dann löst $\bar{x}_N = 0$ die Aufgabe (23), und $\bar{x}$ ist optimal für (21).

P2) *Existiert ein $k \in J_N(\bar{x})$ derart, daß für den zugehörigen Einheitsvektor $e^k \in \mathbb{R}^{n-m}$ gilt*

$$(c_N^T - c_B^T A_B^{-1} A_N)e^k < 0, \tag{27}$$

$$-A_B^{-1} A_N e^k \geq 0, \tag{28}$$

dann besitzt die Aufgabe (23) und damit auch die Aufgabe (21) keine optimale Lösung, da die Zielfunktion auf dem zulässigen Bereich jeweils nicht nach unten beschränkt ist.

Beweis: P1) Aus (26) und der Struktur der Zielfunktion von (23) folgt unmittelbar

$$F(x_N) \geq F(0) \qquad \text{für alle } x_N \geq 0.$$

Mit der Nichtnegativitätsforderung $x_N \geq 0$ in der Problemstellung (23) liefert dies die Optimalität von $\bar{x}_N = 0$. Aus der Zuordnung (25) und aus der Äquivalenz der beiden Probleme (21) und (23) erhält man die Optimalität von $\bar{x}$ für die Aufgabe (21).

P2) Wählt man in (23) in Abhängigkeit von $t \geq 0$ nun $x_N(t) = t\,e^k$, so folgt unter Beachtung von $A_B^{-1} b \geq 0$ aus (25) die Abschätzung

$$A_B^{-1}(b - A_N x_N(t)) \geq 0 \qquad \text{für alle } t \geq 0.$$

Ferner gilt trivialerweise

$$x_N(t) \geq 0 \qquad \text{für alle } t \geq 0.$$

Also ist jeweils der gesamte Strahl

$$x_N(t), \quad t \geq 0 \quad \text{bzw.} \quad x(t) = \begin{pmatrix} x_B(t) \\ x_N(t) \end{pmatrix} = \bar{x} + t \begin{pmatrix} -A_B^{-1} A_N e^k \\ e^k \end{pmatrix}, \quad t \geq 0$$

zulässig für (23) bzw. für (21). Mit (27) erhält man

$$\lim_{t \to +\infty} F(x_N(t)) = -\infty. \qquad \blacksquare$$

Da die beiden Kriterien (26) und (27), (28) einfach überprüfbar sind und nach Satz 4.1 unmittelbar eine Aussage zur Optimalität der Ecke $\bar{x} \in G$ für (21) bzw. zur Lösbarkeit von (21) liefern, werden diese Fälle P1) bzw. P2) als **entscheidbar** bezeichnet.

Liegt im Punkt $\bar{x} \in G$ kein entscheidbarer Fall vor, dann gibt es mindestens einen Index $k \in J_N(\bar{x})$ derart, daß (27) gilt. Es bezeichne

$$\bar{d} := \begin{pmatrix} -A_B^{-1} A_N e^k \\ e^k \end{pmatrix}. \tag{29}$$

Im Unterschied zum entscheidbaren Fall P2) ist der durch

$$\bar{t} := \sup\{\, t \geq 0 \,:\, \bar{x} + t\bar{d} \in G \,\} \tag{30}$$

definierte Wert $\bar{t}$ stets endlich.

Im entscheidbaren Fall P1) ist $\bar{x}$ optimal. Die Gesamtheit $\overline{X}$ aller Lösungen des Ausgangsproblems (21) läßt sich auf der Grundlage des reduzierten Problems (23) in parametrischer Form beschreiben durch

$$\overline{X} = \left\{ \begin{pmatrix} x_B(\xi) \\ x_N(\xi) \end{pmatrix} \,:\, \begin{array}{l} x_N(\xi) = \sum_{j \in J_N^0(\bar{x})} \xi_j e^j, \ \xi_j \geq 0, \ j \in J_N^0(\bar{x}), \\[2mm] x_B(\xi) = A_B^{-1}(b - A_N\, x_N(\xi)) \geq 0 \end{array} \right\} \tag{31}$$

mit

$$J_N^0(\bar{x}) := \{\, j \in J_N(\bar{x}) \,:\, c_j - c_B^T A_B^{-1} e^j = 0 \,\}. \tag{32}$$

Damit ist die Lösungsmenge $\overline{X}$ eines linearen Optimierungsproblems stets eine polyedrische Menge.

Zur Vereinfachung der weiteren Darstellung führen wir die folgenden Bezeichnungen ein:

$$\begin{aligned} P &:= -A_B^{-1} A_N, & q &:= (c_N^T - c_B^T A_B^{-1} A_N)^T, \\ p &:= A_B^{-1} b, & q_0 &:= c_0 + c_B^T A_B^{-1} b. \end{aligned} \tag{33}$$

Mit den dadurch definierten Vektoren $p = (p_i)_{i \in J_B(\bar{x})} \in I\!\!R^m$, $q = (q_j)_{j \in J_N(\bar{x})} \in I\!\!R^{n-m}$ sowie der $(m, n-m)$-Matrix $P = (p_{ij})_{i \in J_B, j \in J_N}$ und $q_0 \in I\!\!R$ ist das reduzierte Problem (23) äquivalent zu

$$z := q^T x_N + q_0 \to \min !$$
$$\text{bei} \quad x_B = P x_N + p \geq 0, \quad x_N \geq 0. \tag{34}$$

LEMMA 4.11 *Es sei $\bar{x}$ eine Ecke des zulässigen Bereiches der linearen Optimierungsaufgabe (21), und $J_B(\bar{x})$, $J_N(\bar{x})$ seien entsprechende Indexmengen von Basis- bzw. Nichtbasisvariablen. Für jedes $k \in J_N(\bar{x})$ ist der durch (29), (30) definierte Wert $\bar{t}$ genau dann endlich, wenn die durch*

$$J_B^k(\bar{x}) := \{\, i \in J_B(\bar{x}) : p_{ik} < 0 \,\} \tag{35}$$

erklärte Indexmenge nichtleer ist. Im Fall $J_B^k(\bar{x}) \neq \emptyset$ besitzt $\bar{t}$ die Darstellung

$$\bar{t} = \min_{i \in J_B^k(\bar{x})} \frac{p_i}{-p_{ik}}. \tag{36}$$

Ferner ist

$$\hat{x} := \bar{x} + \bar{t}\, \bar{d} \tag{37}$$

eine Ecke von G, und als zugehörige Zerlegung von J in die Indexmengen $J_B(\hat{x})$, $J_N(\hat{x})$ läßt sich wählen

$$J_B(\hat{x}) := (J_B(\bar{x}) \backslash \{l\}) \cup \{k\} \quad und \quad J_N(\hat{x}) := (J_N(\bar{x}) \backslash \{k\}) \cup \{l\} \tag{38}$$

mit einem beliebigen $l \in J_B^k(\bar{x})$, das der Bedingung

$$\frac{p_l}{-p_{lk}} = \min_{i \in J_B^k(\bar{x})} \frac{p_i}{-p_{ik}} \tag{39}$$

genügt.

Beweis: Mit dem durch (29) definierten Vektor $\bar{d} \in I\!\!R^n$ gilt nach Konstruktion

$$A\bar{d} = -A_B A_B^{-1} A_N e^k + A_N e^k = 0.$$

Dies sichert

$$A(\bar{x} + t\, \bar{d}) = A\bar{x} = b \quad \text{für alle } t \in I\!\!R.$$

Ferner hat man trivialerweise

$$x_N(t) = t\, e^k \geq 0 \quad \text{für alle } t \geq 0$$

sowie

$$x_j(t) = [A_B^{-1}(b - t A_N e^k)]_j \geq 0, \quad j \in J_B(\bar{x}) \backslash J_B^k(\bar{x}) \quad \text{für alle } t \geq 0.$$

Der durch (30) erklärte Wert $\bar{t}$ wird also ausschließlich durch das Verhalten von $x_j(t)$, $j \in J_B^k(\bar{x})$, bestimmt. Dabei gilt

$$x_j(t) \geq 0, \quad j \in J_B^k(\bar{x}) \qquad \Longleftrightarrow \qquad t \leq \min_{i \in J_B^k(\bar{x})} \frac{p_i}{-p_{ik}}.$$

Hieraus folgt die Darstellung (36) für $\bar{t}$. Mit (39) hat man ferner $x_l(\bar{t}) = 0$. Daher kann der Index l aus der Menge der Indizes der Basisvariablen in die Indexmenge der Nichtbasisvariablen im Punkt $\hat{x}$ übernommen werden. Dafür wird k aus der Indexmenge der Nichtbasisvariablen gestrichen. Dies liefert die Darstellung (38).

Zu zeigen bleibt nun lediglich, daß die zu der gemäß (38) erklärten Indexmenge $J_B(\hat{x})$ gehörige Teilmatrix

$$A_{\hat{B}} := \left(a^i\right)_{i \in J_B(\hat{x})}$$

regulär ist. Wegen (38) und $A_B = (a^i)_{i \in J_B(\bar{x})}$ unterscheiden sich die Matrizen A_B und $A_{\hat{B}}$ nur in einer Spalte. Beim Übergang von A_B zu $A_{\hat{B}}$ wird entsprechend der Spaltenvektor a^l durch a^k ersetzt. Zur Vereinfachung der Indizierung bilde a^l gerade die l-te Spalte von A_B. Dann kann $A_{\hat{B}}$ unter Verwendung des Einheitsvektors $e^l \in \mathbb{R}^m$ durch eine Rang-1-Modifikation (vgl. Kapitel 3) beschrieben werden gemäß

$$A_{\hat{B}} = A_B + (a^k - a^l)(e^l)^T.$$

Nach Lemma 3.4 und dem zugehörigen Spezialfall der Sherman-Morrison-Formel (3.76) ist $A_{\hat{B}}$ genau dann regulär, wenn

$$1 + (e^l)^T A_B^{-1}(a^k - a^l) \neq 0 \tag{40}$$

gilt. Da a^l die l-te Spalte von A_B bildet, hat man $A_B^{-1} a^l = e^l$. Andererseits hat man $a^k = A_N e^k$, und die Bedingung (40) ist folglich äquivalent zu

$$-p_{lk} \neq 0.$$

Wegen $l \in J_B^k(\bar{x})$ ist diese Bedingung erfüllt, und Lemma 3.4 sichert die Regularität der neuen Basismatrix $A_{\hat{B}}$. Nach Lemma 4.6 bildet $\hat{x}$ damit eine Ecke von G. ∎

Bemerkung 4.1 Speziell beim Austausch von zwei Spalten wird ersichtlich, daß bei der praktischen Darstellung von A_B und A_N die jeweiligen aktuellen Positionen der Spaltenvektoren a^j von A in den Teilmatrizen A_B und A_N, z.B. mit Hilfe einer entsprechenden Indexverwaltung, verfügbar bleiben müssen. □

Bemerkung 4.2 Ist $\bar{x} \in G$ eine reguläre Ecke von G, so gilt $\bar{t} > 0$. Dies folgt unmittelbar aus (36) und der Tatsache, daß für reguläre Ecken

$$\bar{x}_B = A_B^{-1} b > 0$$

gilt. □

Auf den voranstehenden Untersuchungen basiert die Grundidee des Simplexverfahrens zur Behandlung linearer Optimierungsprobleme.

Simplexverfahren (Grundprinzip)

(i) Bestimme eine Ecke x^0 des zulässigen Bereiches G und definiere zugehörig die Indexmengen $J_B(x^0)$, $J_N(x^0)$ sowie die entsprechenden Teilmatrizen A_B, A_N. Setze $j := 0$.

(ii) Prüfe, ob in $\bar{x} := x^j$ ein entscheidbarer Fall vorliegt. Wenn ja, so stoppe das Verfahren.

(iii) Liegt im Punkt $\bar{x}$ kein entscheidbarer Fall vor, so ermittle einen Index $k \in J_N(\bar{x})$ gemäß (27). Bestimme zugehörig $\hat{x} := \bar{x} + \bar{t}\bar{d} \in G$ durch (29), (36) und aktualisiere die Indexmengen durch (38) mit einem $l \in J_B^k(\bar{x})$, das (39) genügt.

(iv) Setze $x^{j+1} := \hat{x}$ und gehe mit $j := j + 1$ zu Schritt (ii).

Zur Unterscheidung von dem im Abschnitt 4.2.3 betrachteten dualen Simplexverfahren wird das oben beschriebene Verfahren auch als **primales Simplexverfahren** bezeichnet.

Schließen wir zunächst das Auftreten entarteter Ecken im zulässigen Bereich von (21) aus, so gilt für das Simplexverfahren

SATZ 4.2 *Alle Ecken des zulässigen Bereiches G der linearen Optimierungsaufgabe (21) seien regulär. Dann bricht das Simplexverfahren nach einer endlichen Anzahl j^* von Schritten mit einem entscheidbaren Fall in $\bar{x} = x^{j^*}$ ab. Die im Verfahren erzeugten Punkte x^j, $j = 0(1)j^*$, sind Ecken von G, und die zugehörigen Zielfunktionswerte von (21) sind streng monoton abnehmend, d.h. es gilt*

$$f(x^{j+1}) < f(x^j), \qquad j = 0(1)j^* - 1. \tag{41}$$

Liegt in $\bar{x}$ ein entscheidbarer Fall gemäß (26) vor, dann ist $\bar{x}$ eine optimale Lösung von (21). Sind dagegen (27), (28) erfüllt, so besitzt (21) keine optimale Lösung, da die Zielfunktion auf dem zulässigen Bereich nicht nach unten beschränkt ist.

Beweis: Nach Lemma 4.11 sind alle im Simplexverfahren erzeugten Punkte x^j Ecken von G. Wir untersuchen nun den Übergang

$$x^j =: \bar{x} \qquad \longrightarrow \qquad \hat{x} =: x^{j+1}.$$

Unter Beachtung von (33) und (29) erhält man

$$f(\hat{x}) = c^T \left(\bar{x} + \bar{t} \begin{pmatrix} Pe^k \\ e^k \end{pmatrix} \right) + c_0 = f(\bar{x}) + \bar{t} \left(c_N^T - c_B^T A_B^{-1} A_N \right) e^k. \tag{42}$$

Entsprechend den Voraussetzungen sind alle Ecken von G nichtentartet. Damit ist insbesondere auch $\bar{x}$ eine reguläre Ecke, und man hat $\bar{t} > 0$ für die durch (36) bestimmte Schrittweite (vgl. Bemerkung 4.2). Unter Beachtung des Auswahlkriteriums (27) für den Index $k \in J_N(\bar{x})$ liefert damit (42) die Abschätzung

$$f(x^{j+1}) = f(\hat{x}) < f(\bar{x}) = f(x^j).$$

Es gilt also (41). Wegen dieser strengen Monotonie der Zielfunktionswerte kann keine Ecke mehrmals im Simplexverfahren erzeugt werden. Da die Anzahl der Ecken von G endlich ist, muß nach einer endlichen Schrittzahl ein entscheidbarer Fall eintreten.

Der letzte Teil der Behauptung folgt unmittelbar aus Satz 4.1. ∎

Besitzt der zulässige Bereich entartete Ecken, so kann das Simplexverfahren ohne Zusatzregeln nach einer gewissen Anzahl von Schritten zu den gleichen Indexmengen J_B, J_N zurückkehren. Ein derartiges zyklisches Verhalten wird z.B. in [Sol84] anhand eines Beispiels gezeigt. Zur Vermeidung von Zyklen sind entsprechende Zusatzmaßnahmen erforderlich. Die hierzu verbreiteten Techniken basieren auf einem der folgenden Prinzipien:

- Verwendung einer lexikografischen Unterscheidung unterschiedlicher Darstellungen einer entarteten Ecke (vgl. [Osb85], [JSTU76]);

- Einsatz einer gezielten Störung der Restriktionen, um entartete Ecken in mehrere benachbarte reguläre Ecken aufzulösen (vgl. [Dan63]).

Für eine ausführliche Behandlung dieser Problematik verweisen wir auf die angegebene Literatur. Als wesentliche Eigenschaft erhält man, daß bei geeigneter Behandlung entarteter Ecken stets nach einer endlichen Schrittzahl ein entscheidbarer Fall eintritt. Damit gilt

SATZ 4.3 *Für die Standardaufgabe (21) der linearen Optimierung trifft genau eine der folgenden Aussagen zu:*

(i) Es gilt $G = \emptyset$;

(ii) Es gibt eine Ecke $\bar{x} \in G$, die (21) löst;

(iii) Es gibt eine Ecke $\bar{x} \in G$ und eine Richtung $\bar{d} \in \mathbb{R}^n$ mit

$$\bar{x} + t\bar{d} \in G \quad \text{für alle } t \geq 0 \quad \text{und} \quad \lim_{t \to +\infty} f(\bar{x} + t\bar{d}) = -\infty.$$

Beweis: Tritt nicht der Fall (i) ein, dann besitzt G nach Lemma 4.7 mindestens eine Ecke. Von dieser ausgehend liefert das Simplexverfahren nach einer endlichen Schrittzahl einen entscheidbaren Fall, d.h. es gilt dann (26) oder (27), (28). Mit Lemma 4.11 erhält man die Aussage des Satzes. ∎

KOROLLAR 4.1 *Ist der zulässige Bereich einer linearen Minimierungsaufgabe nichtleer und ist die Zielfunktion auf dem zulässigen Bereich nach unten beschränkt, dann besitzt die Aufgabe eine optimale Lösung.*

Beweis: Jede lineare Optimierungsaufgabe läßt sich in die Standardform (21) transformieren. Mit der Beschränktheit der Zielfunktion auf $G \neq \emptyset$ kann lediglich Fall (ii) in Satz 4.3 eintreten. Also gilt die Behauptung. ∎

Zur Illustration des Simplexverfahrens betrachten wir das folgende

Beispiel 4.1 Gegeben sei das lineare Optimierungsproblem

$$-x_1 - x_2 \to \min !$$
$$\text{bei} \quad x_1 + 2x_2 \le 6, \quad 4x_1 + x_2 \le 10, \quad x_1 \ge 0, \quad x_2 \ge 0. \tag{43}$$

Wir wandeln dies durch Einführung der Schlupfvariablen x_3, x_4 zunächst in eine zugehörige Standardaufgabe

$$-x_1 - x_2 \to \min !$$
$$\text{bei} \quad \begin{array}{ccccccccc} x_1 & + & 2x_2 & + & x_3 & & & = & 6, \\ 4x_1 & + & x_2 & & & + & x_4 & = & 10, \end{array} \quad x \in \mathbb{R}_+^4 . \tag{44}$$

um. Als Anfangsecke für das Simplexverfahren zur Behandlung von (44) läßt sich $x^0 = (0, 0, 6, 10)^T \in \mathbb{R}^4$ wählen. Zugehörig sind

$$J_B(x^0) = \{3, 4\}, \quad J_N(x^0) = \{1, 2\}$$

sowie $A_B = \begin{pmatrix} 1 & 0 \\ 0 & 1 \end{pmatrix}$, $A_N = \begin{pmatrix} 1 & 2 \\ 4 & 1 \end{pmatrix}$, $c_B = \begin{pmatrix} 0 \\ 0 \end{pmatrix}$, $c_N = \begin{pmatrix} -1 \\ -1 \end{pmatrix}$.

Dies liefert $c_N^T - c_B^T A_B^{-1} A_N = (-1, -1)$. Wählt man z.B. $k = 2$, so ist (27) erfüllt, es gilt jedoch nicht (28). Nach Umordnung entsprechend der natürlichen Numerierung lautet der durch (29) bestimmte Vektor $\bar{d} = (0, 1, -2, -1)^T$. Mit

$$J_B^2(\bar{x}) = \{3, 4\} \quad \text{und} \quad A_B^{-1} b = \begin{pmatrix} 6 \\ 10 \end{pmatrix}, \quad A_B^{-1} A_N e^2 = \begin{pmatrix} 2 \\ 1 \end{pmatrix}$$

liefern (36) bzw. (39) nun $\bar{t} = \min\left\{ \frac{6}{2}, \frac{10}{1} \right\} = 3$, $l = 3$. Nach (37), (38) gilt dann

$$x^1 := \hat{x} = \bar{x} + \bar{t}\bar{d} = (0, 3, 0, 4)^T \quad \text{sowie} \quad J_B(\hat{x}) = \{2, 4\}, \quad J_N(\hat{x}) = \{1, 3\}.$$

Als neue Teilmatrizen erhält man $A_{\hat{B}} = \begin{pmatrix} 2 & 0 \\ 1 & 1 \end{pmatrix}$, $A_{\hat{N}} = \begin{pmatrix} 1 & 1 \\ 4 & 0 \end{pmatrix}$. Hiervon ausgehend liefert ein weiterer Schritt des Simplexverfahrens die Ecke $x^2 = (2, 2, 0, 0)^T$. Für diese erhält man die zugehörigen Matrizen und Teilvektoren

$$A_B = \begin{pmatrix} 1 & 2 \\ 4 & 1 \end{pmatrix}, \quad A_N = \begin{pmatrix} 1 & 0 \\ 0 & 1 \end{pmatrix} \quad \text{bzw.} \quad c_B = \begin{pmatrix} -1 \\ -1 \end{pmatrix}, \quad c_N = \begin{pmatrix} 0 \\ 0 \end{pmatrix}.$$

Damit ist (26) erfüllt, und x^2 löst die Aufgabe (44). □

Das angegebene einfache Beispiel verdeutlicht die Notwendigkeit, die entsprechenden Teile des Simplexverfahrens in effektiver Weise algorithmisch umzusetzen. Dies betrifft sowohl die Indexverwaltung als auch die Erneuerung von A_B^{-1} bei Änderung von nur einer Spalte. Wir untersuchen diese Fragen in den nächsten Teilabschnitten näher.

4.2.2   Tableauform des Simplexverfahrens

Wir betrachten nun eine schematische Abarbeitung des Simplexverfahrens für die Standardaufgabe (21), wobei zum Übergang zwischen den Ecken das Austauschverfahren genutzt wird.

Es sei $\bar{x}$ eine Ecke des zulässigen Bereiches G, und die Matrix A sei wie im vorangegangenen Abschnitt in die Teilmatrizen A_B, A_N gesplittet. Mit den durch (33) gegebenen Abkürzungen ist die Standardaufgabe äquivalent zum reduzierten Problem

$$z := q^T x_N + q_0 \to \min !$$

$$\text{bei} \quad x_B = Px_n + p \geq 0, \ x_N \geq 0. \tag{45}$$

Die hierbei auftretenden Gleichungsbeziehungen kann man durch folgende schematische Darstellung erfassen

	x_N^T	1
$x_B =$	P	p
$z =$	q^T	$q_0,$

$$\tag{46}$$

wobei als Konvention zum Lesen dieses Schemas vereinbart wird

$$x_i = \sum_{j \in J_N(\bar{x})} p_{ij} \cdot x_j + p_j \cdot 1, \ i \in J_B(\bar{x}),$$

$$z = \sum_{j \in J_N(\bar{x})} q_j \cdot x_j + q_0 \cdot 1. \tag{47}$$

Die Zulässigkeit von $\bar{x}$ für (21) wird durch $p \geq 0$ beschrieben. Ein Schema (46), das diese Bedingung erfüllt, heißt **Simplexschema** (oder **Simplextableau**). Für das im Teilabschnitt 4.2.1 behandelte Beispiel 4.1 erhält man z.B. als zur Ausgangsecke x^0 gehöriges Schema

	x_1	x_2	1
$x_3 =$	-1	-2	6
$x_4 =$	-4	-1	10
$z =$	-1	-1	0.

$$\tag{48}$$

Wir wenden uns nun der Umsetzung von (26) - (28) sowie von (39) anhand des Schemas (46) zu. Mit (33) besitzt das Optimalitätskriterium (26) die Form

$$q \geq 0. \tag{49}$$

Diese Bedingung charakterisiert also den entscheidbaren Fall P1). Existiert dagegen ein Index $k \in J_N(\bar{x})$ mit

$$q_k < 0 \quad \text{und} \quad p_{ik} \geq 0 \quad \text{für alle } i \in J_B(\bar{x}), \tag{50}$$

dann liegt der entscheidbare Fall P2) vor, d.h. die Zielfunktion ist auf dem zulässigen Bereich nicht nach unten beschränkt.

Wir betrachten nun ein nichtentscheidbares Schema, d.h. es tritt keiner der beiden Fälle P1) oder P2) ein. Nach (33) ist

$$J_B^k(\bar{x}) = \{\, i \in J_B(\bar{x}) \, : \, p_{ik} < 0 \,\}.$$

Die Auswahl des Index $l \in J_B^k(\bar{x})$ gemäß (39) läßt sich folglich äquivalent darstellen durch

$$\bar{t} := -\frac{p_l}{p_{lk}} = \min\left\{ -\frac{p_i}{p_{ik}} \, : \, p_{ik} < 0 \right\}. \tag{51}$$

Damit kann der Index l für den Austausch einer Basis- gegen eine Nichtbasisvariable (vgl. (38)), den wir symbolisch durch $x_l \leftrightarrow x_k$ beschreiben, in einfacher Weise aus dem Schema (46) mit Hilfe von (51) ermittelt werden. Der durch (51) bestimmte Wert wird als **charakteristischer Quotient** bezeichnet, und das Element p_{lk} der Matrix P wird **Pivotelement** für den Austausch $x_l \leftrightarrow x_k$ genannt. Während die alte Ecke durch $\bar{x}_N = 0$, $\bar{x}_B = p$ beschrieben wird, erhält man die neue Ecke durch

$$\hat{x}_j = \begin{cases} 0, & j \in J_N(\bar{x})\setminus\{k\} \\ \bar{t}, & j = k \end{cases} \quad \text{und} \quad \hat{x}_i = p_i + \bar{t}\,p_{ik}, \ i \in J_B(\bar{x}). \tag{52}$$

Mit (51) folgt hieraus speziell $x_l = 0$. Es verbleibt nun lediglich die Aufgabe, das Schema nach den neuen Basisvariablen aufzulösen, um eine (46) entsprechende Darstellung

	$\hat{x}_N^T$	1
$\hat{x}_B =$	$\hat{P}$	$\hat{p}$
$z =$	$\hat{q}^T$	$\hat{q}_0$

$$\tag{53}$$

für die neue Ecke $\hat{x}$ zu erhalten. Dazu nutzt man die im folgenden beschriebenen, als **Austauschverfahren** bezeichneten, Regeln (57) - (61). Diese basieren auf den folgenden Überlegungen.

Die l-te Zeile des alten Schemas (46) lautet $x_l = \sum\limits_{j \in J_N(\bar{x})} p_{lj} x_j + p_l$, und nach Umstellung gilt

$$x_k = \frac{1}{p_{lk}} x_l - \sum_{j \in J_N(\bar{x})\setminus\{k\}} \frac{p_{lj}}{p_{lk}} x_j - \frac{p_l}{p_{lk}}. \tag{54}$$

Mit Hilfe dieser Beziehung läßt sich in den restlichen Gleichungen die ehemalige Nichtbasisvariable x_k eliminieren. Man erhält auf diese Weise

$$x_i = \sum_{j \in J_N(\bar{x})} p_{ij} x_j + p_i$$

$$= \sum_{j\in J_N(\bar{x})\setminus\{k\}} p_{ij}\, x_j + p_{ik} \left(\frac{1}{p_{lk}} x_l - \sum_{j\in J_N(\bar{x})\setminus\{k\}} \frac{p_{lj}}{p_{lk}} x_j - \frac{p_l}{p_{lk}} \right) + p_i \quad (55)$$

$$= \frac{p_{ik}}{p_{lk}} x_l + \sum_{j\in J_N(\bar{x})} \left(p_{ij} - \frac{p_{lj}}{p_{lk}} p_{ik} \right) x_j + p_i - \frac{p_l}{p_{lk}} p_{ik}$$

sowie

$$z = \frac{q_l}{p_{lk}} x_l + \sum_{j\in J_N(\bar{x})} \left(q_j - \frac{p_{lj}}{p_{lk}} q_k \right) x_j + q_0 - \frac{p_l}{p_{lk}} q_k. \quad (56)$$

Die transformierten Größen von Schema (53) sind damit bestimmt durch die folgenden

Austauschregeln

$$\hat{p}_{kl} = \frac{1}{p_{lk}}, \quad (57)$$

$$\hat{p}_{kj} = -\frac{p_{lj}}{p_{lk}}, \; j \in J_N(\bar{x})\setminus\{k\}; \qquad \hat{p}_k = -\frac{p_l}{p_{lk}}, \quad (58)$$

$$\hat{p}_{il} = \frac{p_{ik}}{p_{lk}}, \; i \in J_B(\bar{x})\setminus\{l\}; \qquad \hat{q}_l = \frac{q_k}{p_{lk}}, \quad (59)$$

$$\hat{p}_{ij} = p_{ij} - \frac{p_{lj}}{p_{lk}} p_{ik}, \; i \in J_B(\bar{x})\setminus\{l\}, \, j \in J_N(\bar{x})\setminus\{k\}, \quad (60)$$

$$\hat{q}_j = q_j - \frac{p_{lj}}{p_{lk}} q_k, \, j \in J_N(\bar{x})\setminus\{k\}, \qquad \hat{q}_0 = q_0 - \frac{p_l}{p_{lk}} q_k. \quad (61)$$

Es sei darauf hingewiesen, daß wir im Unterschied zu anderen Darstellungen in der Literatur die Indizierung der Elemente von P, $\hat{P}$, $q,\ldots$ nicht nach ihrer Position im Schema, sondern nach ihrer Beziehung zu den Variablen x_i, $i \in J_B(\bar{x})$, x_j, $j \in J_N(\bar{x})$, gewählt haben.

Für die praktische Realisierung des Simplexverfahrens sind leicht umsetzbare Auswahlkriterien für die auszutauschenden Variablen wichtig. Auf Grund der einfachen Implementierung wird der Index $k \in J_N(\bar{x})$ in der Regel bestimmt durch

$$q_k = \min_{i\in J_N(\bar{x})} \{q_j\}. \quad (62)$$

Anstelle der vollständigen Überprüfung, ob der entscheidbare Fall P2) vorliegt, wird ferner lediglich für den bereits ausgewählten Index k das dafür hinreichende Kriterium

$$\min_{j\in J_B(\bar{x})} \{p_{ik}\} \geq 0 \quad (63)$$

verifiziert.

Bemerkung 4.3 Für den unter Voraussetzung (50) und $J_B^k(\bar{x}) \neq \emptyset$ erfolgten Übergang vom Schema (46) zum Schema (53) hat man nach Satz 4.2 die folgenden wichtigen Eigenschaften:

- Das neue Schema (53) ist wieder ein Simplexschema, d.h. es gilt $\hat{p} \geq 0$;

- Der Zielfunktionswert wird nicht vergrößert, und speziell für $\bar{t} > 0$ gilt $f(\hat{x}) < f(\bar{x})$. In den Schemata reflektiert sich dies in $\hat{q}_0 \leq q_0$ bzw. $\hat{q}_0 < q_0$. □

Abschließend wenden wir die angegebene Tableauform des Simplexverfahrens auf die in Beispiel 4.1 angegebene Aufgabe an. Das im jeweiligen Verfahrensschritt nach (62) und (51) ausgewählte Pivotelement wird dabei zur Hervorhebung durch einen Rahmen markiert. Mit dem zu x^0 gehörigen Schema (48) startend erhalten wir:

S0	x_1	x_2	1		S1	x_1	x_3	1		S2	x_4	x_3	1
$x_3 =$	-1	$\boxed{-2}$	6		$x_2 =$	$-\frac{1}{2}$	$-\frac{1}{2}$	3		$x_2 =$	$\frac{1}{7}$	$-\frac{4}{7}$	2
$x_4 =$	-4	-1	10		$x_4 =$	$\boxed{-\frac{7}{2}}$	$\frac{1}{2}$	7		$x_1 =$	$-\frac{2}{7}$	$\frac{1}{7}$	2
$z =$	-1	-1	0		$z =$	$-\frac{1}{2}$	$\frac{1}{2}$	-3		$z =$	$\frac{1}{7}$	$\frac{3}{7}$	-4

Nach Kriterium (49) ist das Schema S2 optimal. Mit $x_B = p$, $x_N = 0$ erhält man die zugehörige optimale Lösung $x^* = (2, 2, 0, 0)^T$. Für die in der Ausgangsformulierung (43) von Beispiel 4.1 enthaltenen Variablen x_1, x_2 ergeben sich nach den Schemata S0, S1, S2 die Iterierten $x^0 = (0, 0)^T$, $x^1 = (0, 3)^T$, $x^2 = (2, 2)^T$.

4.2.3 Duales Simplexverfahren

Das in den vorangehenden Teilabschnitten betrachtete Simplexverfahren verbessert, von einer Ecke des zulässigen Bereiches ausgehend, schrittweise den Zielfunktionswert durch gezielten Übergang zu jeweils benachbarten Ecken. In der zur Standardaufgabe (21) gehörigen Tableauform (46) wird die Zulässigkeit durch $p \geq 0$ erfaßt. Durch die Wahl der auszutauschenden Komponenten $x_k \leftrightarrow x_l$ wird auch für die Folgeschritte $p \geq 0$ gesichert. Als Optimalitätskriterium hat man entsprechend Satz 4.1 die Bedingung (26), die äquivalent ist zu $q \geq 0$ im Simplexschema (46). Betrachtet man das Ziel, sowohl $p \geq 0$ als auch $q \geq 0$ zu erfüllen, so besteht eine alternative Technik darin, von $q \geq 0$ ausgehend, durch eine geeignete Wahl der Pivotelemente auch für die Folgeschritte $q \geq 0$ zu sichern und auf diesem Wege ein zulässiges und damit optimales Schema (46) anzustreben. Das auf diesem Prinzip basierende Verfahren heißt **duales Simplexverfahren**.

Ein Schema (46) wird **duales Simplexschema** für die Standardaufgabe (21) genannt, falls $q \geq 0$ gilt. Die zur Zuordnung der Aufgabe (21) zum Schema (46)

entsprechend (33), (45) gehörigen Zerlegungen seien wieder mit Hilfe von Indexmengen $J_B(\bar{x})$, $J_N(\bar{x})$ erklärt. Im Unterschied zum Simplexschema gilt jedoch
$\bar{x} \notin G$ für alle nichtoptimalen Tableaus. Als Komplement zu Satz 4.1 erhält man

SATZ 4.4 *Die lineare Optimierungsaufgabe (21) sei mit Hilfe der Indexmengen*
$J_B(\bar{x})$, $J_N(\bar{x})$, *die der Bedingung $\bar{x}_j = 0$ für alle $j \in J_N(\bar{x})$ genügen, durch ein*
Schema (46) gegeben. Ist dies ein duales Simplexschema, dann gilt:

D1) *Ist die Bedingung $p \geq 0$ erfüllt, dann löst $\bar{x} = \begin{pmatrix} \bar{x}_B \\ \bar{x}_N \end{pmatrix}$ mit $\bar{x}_B = p$, $\bar{x}_N = 0$*
das Problem (21).

D2) *Existiert ein $i \in J_B(\bar{x})$ mit*

$$p_i < 0 \qquad und \qquad p_{ij} \leq 0 \ \forall j \in J_N(\bar{x}), \tag{64}$$

dann besitzt die Aufgabe (21) keine Lösung, da der zulässige Bereich G leer ist.

Beweis: D1) In diesem Fall hat man $\bar{x} \in G$. Da ein duales Simplexschema zugrunde gelegt ist, gilt nach Definition $q \geq 0$. Mit (33) ist dies äquivalent zur
Bedingung (26). Es liegt damit der Fall P1) von Satz 4.1 vor.

D2) Aus (64) erhält man mit der Nichtnegativitätsbedingung $x \geq 0$ der Ausgangsaufgabe (21) die Abschätzung

$$x_i = \sum_{j \in J_N(\bar{x})} p_{ij} x_j + p_i \leq p_i < 0 \quad \text{für alle } x_N \geq 0.$$

Dies steht im Widerspruch zur Forderung $x_i \geq 0$. Damit ist der zulässige Bereich
G von (21) leer, und die Aufgabe besitzt keine Lösung. ∎

Liegt für ein duales Simplexschema (46) einer der beiden in Satz 4.4 erfaßten Fälle
vor, so heißt das Schema **entscheidbar**.

Analog zum primalen Simplexverfahren untersuchen wir nun eine Austausch-
strategie für nichtentscheidbare Schemata. Zunächst wird ein Index $l \in J_B(\bar{x})$ mit
$p_l < 0$ bestimmt, etwa durch die einfache Regel

$$p_l = \min_{i \in J_B(\bar{x})} p_i \,. \tag{65}$$

Da (64) nicht vorliegen kann, gibt es mindestens ein $j \in J_N(\bar{x})$ mit $p_{lj} > 0$. Zur
Sicherung von $\hat{q} \geq 0$ im nächsten Schema ist wegen (61) der Index $k \in J_N(\bar{x})$ für
den Austausch $x_l \leftrightarrow x_k$ zu ermitteln durch

$$\frac{q_k}{p_{lk}} = \min \left\{ \frac{q_j}{p_{lj}} : p_{lj} > 0 \right\}. \tag{66}$$

Diese Größe wird in Analogie zum primalen Simplexverfahren ebenfalls **charakteristischer Quotient** genannt. Der Übergang zum neuen Simplexschema in der
Form (53) erfolgt durch Änderung der Zuordnung der Indizes entsprechend (38)
und durch Umrechnung der Größen gemäß (57) - (61). Auf der Grundlage der
voranstehenden Untersuchungen erhält man

SATZ 4.5 *Gegeben sei ein nichtentscheidbares duales Simplexschema der Form (46). Mit einem Index $l \in J_B(\bar{x})$ mit $p_l < 0$ und einem nach (66) zugeordneten $k \in J_N(\bar{x})$ werde durch (38), (57) - (61) ein neues Schema (53) erzeugt. Dann gilt:*

- *Schema (53) ist ein duales Simplexschema;*

- *Die Zielfunktionswerte sind monoton nichtfallend. Ist der durch (66) gegebene charakteristische Quotient positiv, so hat man eine strenge Monotonie $f(\hat{x}) > f(\bar{x})$ der Funktionswerte, d.h. in den Schemata gilt $\hat{q}_0 > q_0$.*

Beweis: Übungsaufgabe 4.10

Setzt man voraus, daß kein Schema mehrfach erzeugt wird, so liefert das duale Simplexverfahren nach einer endlichen Schrittzahl ein entscheidbares duales Simplexschema. Die Wiederholung von Schemata kann z.B. durch die Regularitätsforderung, daß alle charakteristischen Quotienten positiv seien, vermieden werden. Es liegt dann eine der Nichtentartung der Ecken bei der primalen Simplexmethode entsprechende Voraussetzung vor.

Zum direkten Vergleich mit dem voranstehenden Teilabschnitt 4.2.2 haben wir das duale Simplexverfahren in einer Tableauform beschrieben. Die Technik an sich ist ebenso wie die primale Variante von ihrer konkreten Realisierung unabhängig und läßt sich auch analog zu Abschnitt 4.2.1 beschreiben.

Die Bedeutung der dualen Simplexmethode liegt vor allem darin, daß es für einige Typen linearer Optimierungsprobleme einfacher ist, ein erstes duales Simplexschema anzugeben als ein entsprechendes primales Schema. Ein typischer Anwendungsfall (vgl. z.B. Schnittverfahren) für das duale Simplexverfahren liegt vor, wenn eine bereits gelöste lineare Optimierungsaufgabe durch Hinzufügen weiterer Ungleichungsrestriktionen modifiziert wird. In diesem Fall kann aus dem optimalen Schema der ursprünglichen Aufgabe unmittelbar ein duales Simplexschema für die modifizierte Aufgabe erzeugt werden. Wir betrachten dies nun etwas näher und geben ein Beispiel an.

Zur Aufgabe (21) sei eine optimale Lösung $\bar{x}$ erzeugt, und (46) sei das zugehörige optimale Schema. Dann gilt insbesondere $q \geq 0$. Das Ausgangsproblem werde durch Hinzunahme der Restriktion

$$g^T x \leq g_0 \tag{67}$$

mit gegebenen $g \in \mathbb{R}^n$ und $g_0 \in \mathbb{R}$ modifiziert. Nach Einführung der Schlupfvariablen $x_{n+1} \geq 0$ liegt damit das Problem

$$
\begin{aligned}
z = c^T x &\rightarrow \quad \min ! \\
\text{bei} \qquad Ax &= b, \\
g^T x + x_{n+1} &= g_0, \qquad x \geq 0, \ x_{n+1} \geq 0
\end{aligned}
\tag{68}
$$

vor. Mit einer zu $J_B(\bar{x})$, $J_N(\bar{x})$ passenden Zerlegung von $g \in I\!\!R^n$ in Teilvektoren $g_B \in I\!\!R^m$, $g_N \in I\!\!R^{n-m}$ und mit (46) erhält man

$$x_{n+1} = -g^T x + g_0 = -g_B^T x_B - g_N^T x_N + g_0$$
$$= -(g_N^T + g_B^T P) x_N + g_0 - g_B^T p.$$

Hieraus folgt das erweiterte Schema

	x_N^T	1
$x_B =$	P	p
$x_{n+1} =$	r^T	r_0
$z =$	q^T	q_0

(69)

mit

$$r^T := -g_N^T - g_B^T P \quad \text{und} \quad r_0 := g_0 - g_B^T p. \tag{70}$$

Im Fall $r_0 \geq 0$ ist dies auch ein optimales Schema für die modifizierte Aufgabe (68). Anderenfalls liegt wegen $q \geq 0$ ein duales Simplexschema für dieses Problem vor, und das duale Simplexverfahren kann hiermit gestartet werden.

Zur Illustration des beschriebenen Vorgehens betrachten wir das Optimierungsproblem

$$\begin{aligned} -x_1 - x_2 &\to \quad \min! \\ \text{bei} \quad x_1 + 2x_2 &\leq 6, \\ 4x_1 + x_2 &\leq 10, \\ 5x_1 + 4x_2 &\leq 15, \qquad x_1 \geq 0, \ x_2 \geq 0. \end{aligned} \tag{71}$$

Diese Aufgabe unterscheidet sich von der Aufgabe (43) lediglich durch die zusätzliche Ungleichungsrestriktion

$$5x_1 + 4x_2 \leq 15.$$

Ausgehend von dem in Abschnitt 4.2.2 angegebenen optimalen Schema $S2$ zu Problem (43) erhält man mit der Schlupfvariablen $x_5 \geq 0$ unmittelbar das duale Simplexschema DS1. Nach den Regeln (65), (66) für das duale Simplexverfahren erhält man den Austausch $x_4 \leftrightarrow x_5$, und mit (57) - (61) liefert dies das optimale Schema DS2 für das modifizierte Problem (71).

DS1	x_4	x_3	1
$x_2 =$	$\frac{1}{7}$	$-\frac{4}{7}$	2
$x_1 =$	$-\frac{2}{7}$	$\frac{1}{7}$	2
$x_5 =$	$\boxed{\frac{6}{7}}$	$\frac{11}{7}$	-3
$z =$	$\frac{1}{7}$	$\frac{3}{7}$	-4

DS2	x_5	x_3	1
$x_2 =$	$\frac{1}{6}$	$-\frac{5}{6}$	$\frac{5}{2}$
$x_1 =$	$-\frac{1}{3}$	$\frac{2}{3}$	1
$x_4 =$	$\frac{7}{6}$	$-\frac{11}{6}$	$\frac{7}{2}$
$z =$	$\frac{1}{6}$	$\frac{1}{6}$	$-\frac{7}{2}$

(72)

Wir erhalten hieraus die optimale Lösung $\tilde{x} = \begin{pmatrix} 1 \\ 5/2 \end{pmatrix}$ sowie den optimalen Wert $f(\tilde{x}) = -7/2$.

4.2.4 Simultane Lösung primaler und dualer Aufgaben mit dem Simplexverfahren

Gegeben sei ein lineares Optimierungsproblem der Form

$$z = c^T x + s \to \min!$$
$$\text{bei} \quad A x \leq b, \quad x \in \mathbb{R}_+^n \tag{73}$$

mit $c \in \mathbb{R}^n$, $b \in \mathbb{R}^m$, $s \in \mathbb{R}$ und mit einer (m,n)-Matrix A. Durch Einführung von Schlupfvariablen $v \in \mathbb{R}_+^m$ läßt sich (73) äquivalent in der Form

$$z = c^T x + s \to \min!$$
$$\text{bei} \quad A x + v = b, \quad x \in \mathbb{R}_+^n, \quad v \in \mathbb{R}_+^m \tag{74}$$

darstellen. Unter Beachtung der Konvention (47) kann diese Aufgabe in einem Schema

$$\begin{array}{c|c|c}
 & x^T & 1 \\
\hline
v = & -A & b \\
\hline
z = & c^T & s
\end{array} \tag{75}$$

beschrieben werden. Es sei darauf hingewiesen, daß (75) weder ein primales noch ein duales Simplexschema bilden muß.

Dem Ausgangsproblem (73) kann eine duale Optimierungsaufgabe

$$w = -b^T u + s \to \max!$$
$$\text{bei} \quad -A^T u \leq c, \quad u \in \mathbb{R}_+^m \tag{76}$$

zugeordnet werden (vgl. (2.61)). Mit Schlupfvariablen $y \in \mathbb{R}_+^n$ erhält man die hierzu äquivalente Aufgabe

$$w = -b^T u + s \to \max!$$
$$\text{bei} \quad -A^T u + y = c, \quad u \in \mathbb{R}_+^m, \quad y \in \mathbb{R}_+^n, \tag{77}$$

die sich in dem Schema

$$\begin{array}{c|c|c}
 & -u^T & 1 \\
\hline
y = & -A^T & c \\
\hline
w = & b^T & s
\end{array} \tag{78}$$

darstellen läßt. Identifiziert man die Variablen x und y bzw. u und v wechselseitig, so bilden (75) und (78) zueinander transponierte Schemata. Damit kann auf eines der beiden Schemata, z.B. auf (78), vollständig verzichtet werden, wenn lediglich (75) um eine Konvention für das ‚transponierte' Lesen in der Form

$$x = -A^T(-v) + c, \qquad w = b^T(-v) + s \qquad (79)$$

erweitert wird. Mit dieser speziellen Vorzeichenregel bleiben alle Auswahlkriterien für Pivotzeile und -spalte ebenso wie die Umrechnungsformeln (57) - (61) des Austauschverfahrens in gleicher Weise für die duale Aufgabe (76) erhalten. Darüber hinaus kann das duale Simplexverfahren für (73) als primales Simplexverfahren für das zugehörige duale Optimierungsproblem (76) interpretiert werden (vgl. Übungsaufgabe 4.11).

Wir weisen darauf hin, daß auf der Grundlage der getroffenen Wahl eine an der primalen Aufgabe orientierte Bezeichnung verwendet wird. Insbesondere vertauschen sich beim Übergang vom primalen zum dualen Problem die Rollen von Basis- und Nichtbasisvariablen.

Durch die ergänzte transponierte Lesekonvention (79) läßt sich aus jedem optimalen Simplexschema für (73) neben einer optimalen Lösung x^* der primalen Aufgabe auch stets eine optimale Lösung u^* der zugehörigen dualen Aufgabe (76) gewinnen. Splittet man die jeweiligen x- bzw. v-Anteile der Basis- und Nichtbasisvektoren, so besitzt das optimale Simplexschema zu (73) die prinzipielle Struktur

$$
\begin{array}{c|cc|c}
 & x_N^T \; v_N^T & & 1 \\
\hline
\begin{pmatrix} x_B \\ v_B \end{pmatrix} = & P & & \begin{matrix} p_x \\ p_v \end{matrix} \\
\hline
w = & q_x^T \; q_v^T & & q_0
\end{array}
\qquad (80)
$$

mit entsprechenden Teilvektoren p_x, p_v von p und q_x, q_v von q. Die optimale Lösung x^* von (73) hat ohne den Anteil von Schlupfvariablen die Form $x^* = \begin{pmatrix} x_B^* \\ x_N^* \end{pmatrix}$ mit $x_B^* = p_x$, $x_N^* = 0$, und der optimale Wert ist gegeben durch $z(x^*) = q_0$. Die entsprechende optimale Lösung u^* des dualen Problems (76) erhält man aus (80) mit Hilfe der transponierten Lesekonvention (79). Dabei ist zu beachten, daß die Rollen von Basis- und Nichtbasisvariablen beim Übergang zum dualen Problem zu vertauschen sind. Mit (80) erhält man speziell $u^* = \begin{pmatrix} u_B^* \\ u_N^* \end{pmatrix}$ mit $u_B^* = q_v$, $u_N^* = 0$ sowie den optimalen Wert $w(u^*) = q_0$.

Wir wenden nun die angegebene primal-duale Auswertung eines optimalen Simplexschemas auf das Beispiel (71) an. Die zugehörige duale Aufgabe besitzt die Form

$$
\begin{aligned}
w = -6u_1 - 10u_2 - 15u_3 \;\; &\rightarrow \;\; \max ! \\
\text{bei} \qquad -u_1 - 4u_2 - 5u_3 \;\; &\leq \;\; -1 \\
-2u_1 - u_2 - 4u_3 \;\; &\leq \;\; -1, \quad u_1, u_2, u_3 \geq 0.
\end{aligned}
\qquad (81)
$$

Wir betrachten das optimale Schema (vgl. (72)) der primalen Aufgabe. Bezeichnen wir die zugehörigen Schlupfvariablen mit v_1, v_2, $v_3 \geq 0$, so erhalten wir das (80) entsprechende Schema

	v_3	v_1	1
$x_2 =$	$\frac{1}{6}$	$-\frac{5}{6}$	$\frac{5}{2}$
$x_1 =$	$-\frac{1}{3}$	$\frac{2}{3}$	1
$v_2 =$	$\frac{7}{6}$	$-\frac{11}{6}$	$\frac{7}{2}$
$z =$	$\frac{1}{6}$	$\frac{1}{6}$	$-\frac{7}{2}$

Dies liefert $u_B^* = \begin{pmatrix} 1/6 \\ 1/6 \end{pmatrix}$, $u_N^* = (0)$ und damit $u^* = \begin{pmatrix} 1/6 \\ 0 \\ 1/6 \end{pmatrix}$ als optimale Lösung von (81). Für den optimalen Wert gilt $w(u^*) = -7/2$.

Bemerkung 4.4 Um Aufgaben mit Gleichungsrestriktionen analog zu (73) gleichzeitig mit ihren dualen Aufgaben mit dem Simplexverfahren behandeln zu können, sind die Gleichungsrestriktionen $Ax = b$ durch künstliche Variable $v \in \mathbb{R}^m$ in der Form $Ax + v = b$ zu erweitern. Dabei ist die zur Äquivalenz erforderliche Bedingung $v = 0$ durch vollständige Aufnahme von v in die Nichtbasisvariablen zu sichern. □

Bemerkung 4.5 Die Bestimmung der dualen Variablen besitzt für die Sensitivitätsanalyse bei Optimierungsproblemen eine große Bedeutung, da die optimalen Lösungen des dualen Problems als optimale Lagrange-Multiplikatoren für die Ausgangsaufgabe die Empfindlichkeit des Optimalwertes gegenüber additiven Störungen in den Restriktionen angeben (vgl. Abschnitt 2.1). □

4.2.5 Gewinnung eines ersten Simplexschemas

Ist für die Aufgabe

$$z = c^T x \to \min !$$
$$\text{bei} \quad Ax \leq b, \quad x \geq 0, \tag{82}$$

eine der beiden Bedingungen

$$(\alpha) \quad b \geq 0 \quad \text{oder} \quad (\beta) \quad c \geq 0$$

erfüllt, dann erhält man im Fall (α) ein primales und im Fall (β) ein duales Simplexschema, falls als Basisvariable alle Schlupfvariablen für (82) und als Nichtbasisvariable die in der Problemstellung gegebenen originalen Variablen gewählt werden. Mit den Schlupfvariablen $v \in \mathbb{R}_+^n$ lautet das erste Schema dann

	x^T	1
$v =$	$-A$	b
$z =$	c^T	0 .

Liegt jedoch keine dieser einfachen Situationen (α) oder (β) vor, so besteht eine Möglichkeit zur Erzeugung eines ersten Simplexschemas in der Einführung künstlicher Variablen. Zur Erläuterung dieser Technik sei die Standardaufgabe der linearen Optimierung

$$z = c^T x \to \min ! \qquad \text{bei} \quad Ax = b, \quad x \in \mathbb{R}_+^n \tag{83}$$

zugrunde gelegt. O.B.d.A. läßt sich dabei annehmen, daß $b \geq 0$ gilt, denn erforderlichenfalls können Gleichungsbedingungen mit -1 multipliziert werden.

Anstelle von (83) wird zunächst eine Hilfsaufgabe

$$h(y) := e^T y \to \min !$$
$$\text{bei} \quad Ax + y = b, \quad x \in \mathbb{R}_+^n, \quad y \in \mathbb{R}_+^m \tag{84}$$

mit $e := (1, \ldots, 1)^T \in \mathbb{R}^m$ betrachtet. Die Komponenten des zusätzlich eingeführten Vektors $y \in \mathbb{R}_+^m$ werden als **künstliche Variable** und $h(\cdot)$ wird als **Hilfszielfunktion** bezeichnet. Wegen $b \geq 0$ liefert

	x^T	1
$y =$	$-A$	b
$h =$	f^T	f_0 .

(85)

ein erstes Simplexschema für (84), wobei $f \in \mathbb{R}^n$ und $f_0 \in \mathbb{R}$ gegeben sind durch

$$f_j := -\sum_{i=1}^m a_{ij}, \quad j = 1(1)n, \qquad \text{bzw.} \qquad f_0 := \sum_{i=1}^m b_i . \tag{86}$$

Der zulässige Bereich von (84) ist nichtleer, und die Hilfszielfunktion $h(\cdot)$ ist auf diesem trivialerweise durch den Wert 0 nach unten beschränkt. Nach Korollar 4.1 besitzt (84) damit eine optimale Lösung. Ein zugehöriges optimales Schema habe analog zu (80) die Form

	x_N^T y_N^T	1
$\begin{pmatrix} x_B \\ y_B \end{pmatrix} =$	P	p_x p_y
$h =$	q_x^T q_y^T	q_0 .

(87)

Zur Verbindung zwischen den Aufgaben (83) und (84) gilt

LEMMA 4.12 *Das Ausgangsproblem (83) besitzt genau dann eine zulässige Lösung, wenn $h_{min} = 0$ den Optimalwert für (84) bildet.*

Beweis: Nach Konstruktion der Hilfszielfunktion folgt unter Beachtung von $y \in I\!R_+^m$ die Äquivalenz $\quad h(y) = 0 \;\Leftrightarrow\; y = 0$.

Besitzt (83) eine zulässige Lösung $\tilde{x}$, so ist $\begin{pmatrix} \tilde{x} \\ \tilde{y} \end{pmatrix}$ mit $\tilde{y} := 0$ zulässig für (84).

Wegen $0 \le h(\tilde{y}) = 0$ ist $\begin{pmatrix} \tilde{x} \\ \tilde{y} \end{pmatrix}$ optimal, und es gilt $h_{min} = 0$.

Hat man umgekehrt $h_{min} = 0$, so genügt jede zugehörige optimale Lösung $\begin{pmatrix} \bar{x} \\ \bar{y} \end{pmatrix}$

von (84) der Bedingung $\bar{y} = 0$. Mit der Zulässigkeit von $\begin{pmatrix} \bar{x} \\ \bar{y} \end{pmatrix}$ für (84) folgt hieraus, daß $\bar{x}$ zulässig für (83) ist. ∎

Es verbleibt die Konstruktion eines ersten Simplexschemas für die Ausgangsaufgabe (83) im Fall $h_{min} = 0$. Dazu werden zunächst in (87) alle zu y_N gehörigen Spalten aus dem Schema gestrichen. Eventuell verbleibende Basiskomponenten y_i der künstlichen Variablen y werden durch Austausch gegen eine beliebige Komponente x_j von x_N in die Nichtbasis überführt und dann gestrichen. Als Pivotelement eignet sich dabei jedes von Null verschiedene Element p_{ij}, da wegen $h_{min} = 0$ die Beziehung $p_y = 0$ gelten muß. Dies sichert, daß sich p_x bei einem Austausch $y_i \leftrightarrow x_j$ nicht ändert. Gibt es kein derartiges Pivotelement, dann enthält die gesamte zu y_i gehörige Zeile nur Nullen, und sie kann daher unmittelbar gestrichen werden. Der letztere Fall tritt bei linear abhängigen Bedingungen in den Gleichungsrestriktionen des Ausgangsproblems (83) ein.

Durch Anwendung der beschriebenen Streichungen erhält man schließlich aus (87) ein Simplexschema für (83). Nun kann die Hilfszielfunktion $h(\cdot)$ durch die Originalzielfunktion $z(\cdot)$ ersetzt und das Simplexverfahren gestartet werden.

Diese Technik zur Erzeugung eines ersten Simplexschemas wird als **Methode der Hilfszielfunktion** oder als **Phase I** für das Gesamtproblem bezeichnet. Die **Phase II** besteht dann in der Anwendung der Simplexmethode auf das in Phase I erhaltene erste Schema.

Abschließend betrachten wir das

Beispiel 4.2 Gegeben sei das lineare Optimierungsproblem

$$
\begin{aligned}
z \;=\; & x_1 \;-\; x_2 \;+\; x_3 \;+\; 2x_4 \;\rightarrow\; \min! \\
\text{bei}\quad & 2x_1 \;+\; x_2 \;-\; x_3 \;+\; x_4 \;=\; 3, \\
& x_1 \;-\; x_2 \;+\; 3x_3 \;-\; 2x_4 \;=\; 5, \\
& -x_1 \;-\; 2x_2 \;+\; 4x_3 \;-\; 3x_4 \;=\; 2, \quad x_i \ge 0, \; i = 1(1)4.
\end{aligned}
\tag{88}
$$

Für die zugehörige Hilfsaufgabe (84) erhält man als erstes Schema (85) damit

H0	x_1	x_2	x_3	x_4	1
$y_1 =$	-2	-1	1	-1	3
$y_2 =$	-1	1	-3	2	5
$y_3 =$	1	2	$\boxed{-4}$	3	2
$h =$	-2	2	-6	4	10 .

Durch Austausch liefert das Simplexverfahren die folgenden Schemata, wobei die Pivotelemente zur Hervorhebung markiert sind.

H1	x_1	x_2	y_3	x_4	1
$y_1 =$	$-\frac{1}{4}$	$-\frac{1}{2}$	$-\frac{1}{4}$	$-\frac{1}{4}$	$\frac{7}{2}$
$y_2 =$	$\boxed{-\frac{7}{4}}$	$-\frac{1}{2}$	$\frac{3}{4}$	$-\frac{1}{4}$	$\frac{7}{2}$
$x_3 =$	$\frac{1}{4}$	$\frac{1}{2}$	$-\frac{1}{4}$	$\frac{3}{4}$	$\frac{1}{2}$
$h =$	$-\frac{7}{2}$	-1	$\frac{3}{2}$	$-\frac{1}{2}$	7

H2	y_2	x_2	y_3	x_4	1
$y_1 =$	1	0	-1	0	0
$x_1 =$	$-\frac{4}{7}$	$-\frac{2}{7}$	$\frac{3}{7}$	$-\frac{1}{7}$	2
$x_3 =$	$-\frac{1}{7}$	$\frac{3}{7}$	$-\frac{1}{7}$	$\frac{5}{7}$	1
$h =$	2	0	0	0	$0 .$

Nach Streichung der zu den künstlichen Variablen y_2, y_3 gehörigen Spalten erhält man hieraus das Schema

	x_2	x_4	1
$y_1 =$	0	0	0
$x_1 =$	$-\frac{2}{7}$	$-\frac{1}{7}$	2
$x_3 =$	$\frac{3}{7}$	$\frac{5}{7}$	1
$h =$	0	0	$0 .$

Da die zu y_1 gehörige Zeile nur Nullen enthält, kann diese einfach gestrichen werden. Die Gleichungsrestriktionen von (88) enthalten also eine linear abhängige Bedingung. Nach Elimination dieser ist damit die Phase I abgeschlossen. Die entsprechende Abhängigkeitsbeziehung kann aus dem Schema H2 entnommen werden.

Wir gehen nun zur Phase II mit der Originalzielfunktion $z(\cdot)$. Das Simplexverfahren liefert die Schemata

S0	x_2	x_4	1
$x_1 =$	$\boxed{-\frac{2}{7}}$	$-\frac{1}{7}$	2
$x_3 =$	$\frac{3}{7}$	$\frac{5}{7}$	1
$z =$	$-\frac{6}{7}$	$\frac{18}{7}$	3

S1	x_1	x_4	1
$x_2 =$	$-\frac{7}{2}$	$-\frac{1}{2}$	7
$x_3 =$	$-\frac{3}{2}$	$\frac{1}{2}$	4
$z =$	3	3	$-3 .$

Schema S1 ist optimal, und (88) besitzt die Lösung $x^* = (0, 7, 4, 0)^T$ mit dem zugehörigen Zielfunktionswert $z(x^*) = -3.$ □

4.2.6 Behandlung oberer Schranken und freier Variabler

Zur Vereinheitlichung der Darstellung wurde für die voranstehenden Untersuchungen zur linearen Optimierung die Standardaufgabe (21) zugrunde gelegt. Die zugehörige Charakterisierung der Ecken des zulässigen Bereiches wird dabei durch Lemma 4.5 geliefert. Wie im Abschnitt 4.1 gezeigt wurde, lassen sich unterschiedliche Darstellungen des zulässigen Bereiches ineinander überführen, so daß sich einer beliebigen Optimierungsaufgabe stets eine äquivalente Standardaufgabe (21) zuordnen läßt. Vom algorithmischen Standpunkt ist dies jedoch in einigen Fällen nicht sinnvoll. Statt dessen ist eine Anpassung des Simplexverfahrens an die konkrete Aufgabenstellung zu empfehlen. Ein typisches Beispiel hierfür sind freie sowie beidseitig beschränkte Variable. Wir betrachten dazu folgende Aufgabe

$$z = c^T x \to \min !$$
$$\text{bei} \quad Ax = b, \tag{89}$$
$$x_j \in I\!R \text{ für } j \in J_R, \quad x_j \geq 0 \text{ für } j \in J_\geq, \quad x_j \in [0, \gamma_j] \text{ für } j \in J_{[]}$$

mit Indexmengen J_R, $J_\geq$, $J_{[]}$, die den Bedingungen

$$J_R \cap J_\geq = \emptyset, \quad J_R \cap J_{[]} = \emptyset, \quad J_\geq \cap J_{[]} = \emptyset \text{ und } J_R \cup J_\geq \cup J_{[]} = \{1, \dots, n\}$$

genügen, und Schranken $\gamma_j > 0$ für $j \in J_{[]}$. Allgemeinere untere Schranken können durch additive Verschiebung der jeweiligen Variablen in die in Aufgabe (89) betrachtete Form überführt werden. Passend zur Aufgabe (89) modifizieren wir die Definition (10) zu

$$J_0(\bar{x}) := \{ j \in J_\geq \cup J_{[]} : \bar{x}_j = 0 \}.$$

Ferner wird

$$J_\gamma(\bar{x}) := \{ j \in J_{[]} : \bar{x}_j = \gamma_j \}$$

gesetzt, und die Zeilenvektoren der in Aufgabe (89) gegebenen (m, n)-Matrix A bezeichnen wir wieder mit $a_i \in I\!R^n$, $i = 1(1)m$. In Übertragung von Lemma 4.5 hat man

LEMMA 4.13 *Ein Punkt $\bar{x} \in G$ ist genau dann Ecke des zulässigen Bereiches G der linearen Optimierungsaufgabe (89), wenn gilt*

$$\text{span } \{a_i\}_{i=1}^m \oplus \text{span } \{e^j\}_{j \in J_0(\bar{x}) \cup J_\gamma(\bar{x})} = I\!R^n. \tag{90}$$

Beweis: Übungsaufgabe 4.12.

Für die Wahl der Indexmengen $J_B(\bar{x})$, $J_N(\bar{x})$ gemäß (13), (14) folgt hieraus unmittelbar

$$J_N(\bar{x}) \subset (J_0(\bar{x}) \cup J_\gamma(\bar{x})) \quad \text{und} \quad J_R \subset J_B(\bar{x}). \tag{91}$$

Damit sind insbesondere alle freien Variablen stets als Basisvariable zu wählen. Im Unterschied zur Standardaufgabe der linearen Optimierung gilt bei (89) für die Nichtbasisvariablen

$$\bar{x}_j = 0, \; j \in J_N(\bar{x}) \cap J_0(\bar{x}), \qquad \text{sowie} \qquad \bar{x}_j = \gamma_j, \; j \in J_N(\bar{x}) \cap J_\gamma(\bar{x}).$$

Während die zur ersten Gruppe gehörigen Nichtbasisvariablen im Punkt $\bar{x}$ nur nach oben verändert werden dürfen, können die Variablen der zweiten Gruppe höchstens verringert werden. Das Optimalitätskriterium von Satz 4.1 für die Aufgabe (89) besitzt damit die Form

$$
\begin{aligned}
(c_N^T - c_B^T A_B^{-1} A_N)e^j &\geq 0 \quad \text{für alle } j \in J_N(\bar{x}) \cap J_0(\bar{x}), \\
(c_N^T - c_B^T A_B^{-1} A_N)e^j &\leq 0 \quad \text{für alle } j \in J_N(\bar{x}) \cap J_\gamma(\bar{x}).
\end{aligned}
\tag{92}
$$

Transformiert man die Variablen x_j, $j \in J_N(\bar{x}) \cap J_\gamma(\bar{x})$ durch

$$S_j x_j := \gamma_j - x_j, \tag{93}$$

so ist $\bar{x}_j = \gamma_j$ äquivalent zu $S_j \bar{x}_j = 0$, und beide Fälle können einheitlich behandelt werden. Man wendet bei der Realisierung des Simplexverfahrens für Probleme mit oberen Schranken daher i.allg. (93) an. Es sei bemerkt, daß die Transformation S_j die Eigenschaften

$$x_j \in [0, \gamma_j] \iff S_j x_j \in [0, \gamma_j] \qquad \text{und} \qquad S_j S_j x_j = x_j \tag{94}$$

besitzt.

Wir beschreiben nun die Auswahl des Pivotelementes für ein an die Aufgabe (89) angepaßtes Simplexverfahren anhand einer schematischen Darstellung. Zu gegebenem $\bar{x} \in G$ seien Indexmengen $J_B(\bar{x})$, $J_N(\bar{x})$ bekannt, die (91) genügen. Zugehörig werden die Gleichungsnebenbedingungen von Aufgabe (89) nach den Basisvariablen x_B aufgelöst. Ferner seien alle Variablen x_j, $j \in J_N(\bar{x}) \cap J_\gamma(\bar{x})$, mit Hilfe von (93) transformiert. Die reduzierte Aufgabe entspreche dem Schema

$$
\begin{array}{c|c|c}
 & x_N^T & 1 \\
\hline
x_B = & P & p \\
\hline
z = & q^T & q_0.
\end{array}
\tag{95}
$$

Auf eine gesonderte Markierung eventueller Transformationen (94) wurde verzichtet. Wir verweisen hierzu auf das anschließend angegebene Beispiel.

Das Schema (95) wird Simplexschema für die Aufgabe (89) genannt, wenn

$$p_i \geq 0 \quad \forall i \in J_B(\bar{x}) \backslash J_R \qquad \text{und} \qquad p_i \leq \gamma_i \quad \forall i \in J_B(\bar{x}) \cap J_{[]} \tag{96}$$

gilt. In Anpassung von Satz 4.1 an das in diesem Teilabschnitt zugrunde gelegte Optimierungsproblem hat man

SATZ 4.6 *Es sei (95) ein zum Punkt $\bar{x} \in G$ gehöriges Simplexschema für die Aufgabe (89). Dann gilt:*

i) Die Bedingung $q \geq 0$ ist hinreichend dafür, daß $\bar{x}$ das Problem (89) löst.

ii) Existiert ein $j \in J_N(\bar{x}) \backslash J_{[]}$ mit

$$q_j < 0 \quad \text{und} \quad \begin{array}{ll} p_{ij} \leq 0 & \text{für alle } i \in J_B(\bar{x}) \cap J_\geq, \\ p_{ij} = 0 & \text{für alle } i \in J_B(\bar{x}) \cap J_{[]}, \end{array} \tag{97}$$

dann besitzt die Aufgabe (89) keine Lösung, da die Zielfunktion auf dem zulässigen Bereich nicht nach unten beschränkt ist.

Wählt man im Punkt $\bar{x}$ die Richtung $\bar{d} = \begin{pmatrix} \bar{d}_B \\ \bar{d}_N \end{pmatrix}$ gemäß $\bar{d}_B = Pe^k$, $\bar{d}_N = e^k$ mit einem Index $k \in J_N(\bar{x})$ mit $q_k < 0$, so ist $\bar{d}$ Abstiegsrichtung für die Aufgabe (89). Die Beschränkungen für die Schrittweite $t \geq 0$ ergeben sich aus der Zulässigkeitsforderung mit Hilfe der Äquivalenz

$$\bar{x} + t\bar{d} \in G \quad \Longleftrightarrow \quad \begin{array}{lll} x_i = p_{ik}t + p_i & \geq 0, & i \in J_B(\bar{x}) \backslash J_R, \\ x_i = p_{ik} + p_i & \leq \gamma_i, & i \in J_B(\bar{x}) \cap J_{[]}, \\ x_k = t & \leq \gamma_k, & k \in J_{[]}. \end{array}$$

Dies liefert die maximale Schrittweite

$$\bar{t} = \min \{ \gamma_k, \bar{t}_1, \bar{t}_2 \} \tag{98}$$

mit

$$\begin{aligned} \bar{t}_1 &= \min \left\{ -\frac{p_i}{p_{ik}} : p_{ik} < 0, \, i \in J_B(\bar{x}) \backslash J_R \right\} \\ \bar{t}_2 &= \min \left\{ \frac{\gamma_i - p_i}{p_{ik}} : p_{ik} > 0, \, i \in J_B(\bar{x}) \cap J_{[]} \right\}. \end{aligned} \tag{99}$$

Dabei sei vereinbart, daß $\gamma_k := +\infty$ für $k \notin J_{[]}$ gesetzt wird und die Minimalwerte mit $+\infty$ definiert sind, falls die zugehörigen zulässigen Bereiche leer sind. Entsprechend der Realisierung der maximalen Schrittweite $\bar{t}$ unterscheiden wir die folgenden drei Fälle mit den zugehörigen Maßnahmen:

$\bar{t} = \gamma_k$ \qquad Transformation der Variablen x_k zu $S_k x_k$.

$\bar{t} = \bar{t}_1$ \qquad Austausch $x_k \leftrightarrow x_l$ mit einem Index $l \in J_B(\bar{x}) \backslash J_R$, für den $\bar{t}_1 = -\frac{p_l}{p_{lk}}$ gilt.

$\bar{t} = \bar{t}_2$ \qquad Austausch $x_k \leftrightarrow x_l$ mit einem Index $l \in J_B(\bar{x}) \cap J_{[]}$, für den $\bar{t}_2 = \frac{\gamma_l - p_l}{p_{lk}}$ gilt und anschließend Transformation von x_l zu $S_l x_l$.

Im Fall eines Austausches $x_k \leftrightarrow x_l$ können die Elemente des neuen Schemas wieder durch das Austauschverfahren gemäß (57) - (61) berechnet werden. Im Unterschied hierzu wird die Transformation $S_k x_k$ durch

$$\hat{p}_{ik} = -p_{ik}, \quad i \in J_B(\bar{x}), \qquad \text{und} \qquad \hat{p}_i = p_i + p_{ik}\,\gamma_k, \quad i \in J_B(\bar{x}),$$
$$\hat{q}_k = -q_k \qquad\qquad\qquad\qquad \hat{q}_0 = q_0 + p_k\,\gamma_k,$$

sowie unveränderten restlichen Elementen des Schemas beschrieben.

Zur Verdeutlichung der Arbeitsweise der vorgestellten Technik wenden wir diese auf die lineare Optimierungsaufgabe

$$z = -x_1 - x_2 + x_3 \to \min !$$
$$\text{bei} \qquad 3x_1 + 4x_2 + 6x_3 \leq 24,$$
$$x_2 - 3x_3 \leq 6, \tag{100}$$
$$x_1 \in [0,2], \ x_2 \in [0,3], \ x_3 \in I\!R$$

an. Mit Schlupfvariablen x_4, $x_5 \geq 0$ ist Problem (100) äquivalent zu

$$z = -x_1 - x_2 + x_3 \qquad\qquad \to \min !$$
$$\text{bei} \qquad 3x_1 + 4x_2 + 6x_3 + x_4 \qquad = 24,$$
$$x_2 - 3x_3 + x_5 = 6,$$
$$x_1 \in [0,2], \ x_2 \in [0,3], \ x_3 \in I\!R, \ x_4 \geq 0, \ x_5 \geq 0.$$

Diese Aufgabe besitzt die für die obigen Untersuchungen zugrunde gelegte Struktur (89). Dabei gilt

$$J_R = \{3\}, \quad J_\geq = \{4,5\}, \quad J_{[]} = \{1,2\}.$$

Wir wählen $\bar{x} = (0,0,4,0,18)^T \in I\!R^5$ als Ausgangsecke. Die zugehörigen Indexmengen

$$J_B(\bar{x}) = \{3,5\}, \quad J_N(\bar{x}) = \{1,2,4\}$$

erfüllen die Bedingungen (91), und man erhält das erste Simplexschema S0. Mit $k = 2$ liefert (99) nun $\bar{t}_1 = -\dfrac{p_5}{p_{52}} = 6$, $\bar{t}_2 = +\infty$, und wegen $\gamma_2 = 3$ gilt $\bar{t} = \gamma_k$. Folglich wird nur die Variable x_2 zu $S_2 x_2$ transformiert. Man erhält das Schema S1.

S0	x_1	x_2	x_4	1
$x_3 =$	$-\frac{1}{2}$	$-\frac{2}{3}$	$\frac{1}{6}$	4
$x_5 =$	$-\frac{3}{2}$	-3	$-\frac{1}{2}$	18
$z =$	$-\frac{3}{2}$	$-\frac{5}{3}$	$-\frac{1}{6}$	4

S1	x_1	$S_2 x_2$	x_4	1
$x_3 =$	$-\frac{1}{2}$	$\frac{2}{3}$	$\frac{1}{6}$	2
$x_5 =$	$-\frac{3}{2}$	3	$-\frac{1}{2}$	9
$z =$	$-\frac{3}{2}$	$\frac{5}{3}$	$-\frac{1}{6}$	-1 .

Für Schema S1 wählen wir $k = 1$. Es gilt

$$\gamma_1 = 2, \quad \bar{t}_1 = -\frac{p_5}{p_{51}} = 6, \quad \bar{t}_2 = +\infty$$

und somit $\bar{t} = 2$. Es erfolgt erneut nur eine Transformation einer Variablen, nämlich von x_1 zu $S_1 x_1$ (siehe Schema S2). Mit $k = 4$ erhalten wir daraus

$$\gamma_4 = +\infty, \quad \bar{t}_1 = -\frac{p_5}{p_{45}} = 12, \quad \bar{t}_2 = +\infty.$$

Somit gilt $\bar{t} = \bar{t}_1$, und der Austausch $x_4 \leftrightarrow x_5$ führt zu S3.

S2	$S_1 x_1$	$S_2 x_2$	x_4	1
$x_3 =$	$\frac{1}{2}$	$\frac{2}{3}$	$\frac{1}{6}$	1
$x_5 =$	$\frac{3}{2}$	3	$-\frac{1}{2}$	6
$z =$	$\frac{3}{2}$	$\frac{5}{3}$	$-\frac{1}{6}$	-4

S3	$S_1 x_1$	$S_2 x_2$	x_5	1
$x_3 =$	0	$\frac{1}{2}$	$\frac{1}{3}$	-1
$x_4 =$	3	4	-2	12
$z =$	1	$\frac{3}{2}$	$\frac{1}{3}$	-6

Nach Satz 4.6 ist das Schema S3 optimal mit der zugehörigen Lösung

$$S_1 \bar{x}_1 = 0, \quad S_2 \bar{x}_2 = 0, \quad \bar{x}_5 = 0 \quad \text{sowie} \quad \bar{x}_3 = -1, \quad \bar{x}_4 = 12.$$

Unter Beachtung der Transformationen liefert dies $\bar{x} = (2, 3, -1, 12, 0)^T \in \mathbb{R}^5$ mit dem optimalen Wert $z(\bar{x}) = -6$.

4.2.7 Das revidierte Simplexverfahren

Während für Optimierungsaufgaben nicht zu großer Dimension eine Realisierung des Simplexverfahrens in der Tableauform sachgemäß ist, treten im Fall größerer Dimensionen bei dieser Technik nicht mehr zu vernachlässigende Rundungsfehler wie auch Speicherplatzprobleme auf. Insbesondere erhält man auch für schwach besetzte Matrizen A nach wenigen Austauschschritten in der Regel vollbesetzte Simplexschemata. Dies kann vermieden werden, wenn das Simplexverfahren in der im Abschnitt 4.2.1 beschriebenen Form realisiert wird, d.h. wenn nur die Basismatrix A_B invertiert, nicht aber das gesamte Schema nach dem Austauschverfahren umgerechnet wird. Da in der Literatur ursprünglich das Simplexverfahren eng mit dem Simplexschema verbunden wurde, hebt man diese nicht in einem Schema realisierte Form als **revidiertes Simplexverfahren** hervor. Die Grundlage dieses Verfahrens wurde bereits im Abschnitt 4.2.1 beschrieben, so daß wir uns hier auf einige Fragen der rechentechnischen Realisierung konzentrieren.

Wir gehen von der Standardaufgabe (21) der linearen Optimierung aus, und es sei $\bar{x}$ eine Ecke des zulässigen Bereiches. Zugehörig seien die Indexmengen $J_B(\bar{x})$, $J_N(\bar{x})$ und die entsprechenden Teilmatrizen A_B, A_N von A verfügbar. Mit Hilfe von Satz 4.1 kann diese Ecke untersucht werden, und im nichtentscheidbaren Fall läßt sich auf der Grundlage von Lemma 4.11 eine neue Ecke $\hat{x}$ berechnen. Der Übergang der Indexmengen erfolgt nach (38), und die neue, zu $\hat{x}$ gehörige Basismatrix $A_{\hat{B}}$ erhält man aus A_B durch die Rang-1-Modifikation

$$A_{\hat{B}} = A_B + (a^k - a^l)(e^l)^T. \tag{101}$$

Dabei wird zur Vereinfachung der Indizierung angenommen, daß a^l die l-te Spalte von A_B und a^k die k-te Spalte von A_N bilden. Damit hat man

$$a^k = A_N e^k \qquad \text{und} \qquad A_B^{-1} a^l = e^l. \tag{102}$$

Mit der in Abschnitt 4.2.2 eingeführten Bezeichnung $P = -A_B^{-1} A_N$ gilt

$$A_B^{-1} a^k = -(p_{ik})_{i=1}^m \in \mathbb{R}^m.$$

Wie im Beweis zu Lemma 4.11 gezeigt wurde, ist $A_{\hat{B}}$ regulär, da das Pivot p_{lk} nicht verschwindet. Wegen (101) gilt mit der Sherman-Morrison-Formel (3.76) die Darstellung

$$A_{\hat{B}}^{-1} = A_B^{-1} - \frac{A_B^{-1}(a^k - a^l)(e^l)^T A_B^{-1}}{1 + (e^l)^T A_B^{-1}(a^k - a^l)}. \tag{103}$$

Unter Beachtung von (102) folgt hieraus

$$A_{\hat{B}}^{-1} = \left(I - \frac{1}{p_{lk}} (e^l + P e^k)(e^l)^T \right) A_B^{-1}.$$

Dies liefert eine Darstellung

$$A_{\hat{B}}^{-1} = E_l A_B^{-1} \tag{104}$$

für $A_{\hat{B}}^{-1}$ mit Hilfe der **Elementarmatrix**

$$E_l := \begin{pmatrix} 1 & 0 & 0 & \cdot & \cdot & 0 & \eta_1 & 0 & \cdot & \cdot & 0 \\ & 0 & 1 & 0 & & & \eta_2 & & & & \\ & & & 1 & & & \cdot & & & & \\ & & & & \cdot & & \cdot & & & & \\ & & & & & \cdot & \cdot & & & & \\ & & & & & 1 & \eta_{l-1} & 0 & & & \\ & & & & & 0 & \eta_l & 0 & & & \\ & & & & & 0 & \eta_{l+1} & 1 & & & \\ & & & & & & \cdot & & \cdot & & \\ & & & & & & \eta_m & & & & 1 \end{pmatrix} \tag{105}$$

wobei

$$\eta_i := \begin{cases} -\dfrac{p_{ik}}{p_{lk}}, & i \neq l \\[2mm] -\dfrac{1}{p_{lk}}, & i = l \end{cases} \tag{106}$$

bezeichnet. Durch mehrfache Anwendung von (104) - (106) läßt sich die aktuelle Basisinverse A_B^{-1} von der Einheitsmatrix ausgehend als Produkt $A_B^{-1} = E_l E_{l-1} \cdots E_1$ von Elementarmatrizen darstellen. Man spricht in diesem Fall von der **Produktform der Inversen**.

Da die Zahl der Faktoren mit der Zahl der Austauschschritte wächst, wird empfohlen, die Darstellung von der Einheitsmatrix ausgehend unter ausschließlicher Verwendung der aktuellen Spaltenvektoren der Basis zu erneuern, falls die Zahl der bisher zur Darstellung von A_B^{-1} verwendeten Elementarmatrizen wesentlich die Dimension m der Basismatrix A_B übersteigt. Durch diesen Rückgriff auf die originalen Spaltenvektoren von A wird eine Fehlerfortpflanzung beim Auftreten einer großen Anzahl von Austauschschritten verhindert.

Von den durch (105) beschriebenen Elementarmatrizen speichert man natürlich nur den relevanten Vektor $(\eta_i)_{i=1}^{m} \in I\!\!R^m$ und seine Position in der Matrix E_l. Zur Bestimmung der reduzierten Kosten

$$c_j - c_B^T A_B^{-1} a^j \qquad \text{für } j \in J_N(\bar{x})$$

sind entsprechende Produkte von Elementarmatrizen mit Vektoren $a^j \in I\!\!R^m$ zu bestimmen. Diese Produkte lassen sich effektiv berechnen.

Abschließend sei auf die Aufwandsreduktion durch die revidierte Simplexmethode im Unterschied zur Tableauform hingewiesen. Während im Fall einer vollbesetzten Koeffizientenmatrix A der Aufwand für das revidierte Simplexverfahren stets größer ist (vgl. [Dan63], [Las70]), ergeben sich erhebliche Einsparungen durch das revidierte Simplexverfahren bei schwach besetzten Problemen für den Fall, daß die Zahl der Variablen wesentlich die Zahl der Gleichungsrestriktionen übersteigt, d.h. $n \gg m$ gilt. Wir verweisen hierzu sowie für weitere Untersuchungen zum revidierten Simplexverfahren z.B. auf [Las70].

Besitzt das Ausgangsproblem (21) eine spezielle Struktur, wie z.B.

$$\begin{aligned} z &= c^T x \to \min ! \\ \text{bei} \quad D x &= d, \\ F x &= f, \quad x \in I\!\!R_+^n \end{aligned} \tag{107}$$

mit einer blockdiagonalen Matrix D, so lassen sich weitere Vereinfachungen der Basisinversen im revidierten Simplexverfahren zur Reduktion des Aufwandes und des erforderlichen Speicherplatzes gewinnen. Die Matrix D werde durch l Teilmatrizen D_j der Dimension (m_j, n_j) beschrieben

$$D = \begin{pmatrix} D_1 & & & \\ & \cdot & & \\ & & \cdot & \\ & & & \cdot \\ & & & & D_l \end{pmatrix},$$

und F sei eine (m_0, n)-Matrix. Dann besitzt jede Basismatrix A_B zum Problem

(107) die Struktur

$$
A_B = \left(\begin{array}{c|c} D_1 & D_2 \\ \hline F_1 & F_2 \end{array} \right) = \left(\begin{array}{ccc|ccc} D_{11} & & & D_{11} & & \\ & \cdot & & & \cdot & \\ & & \cdot & & & \cdot \\ & & D_{1l} & & & D_{1l} \\ \hline F_{11} & \cdots & F_{1l} & F_{11} & \cdots & F_{1l} \end{array} \right) \tag{108}
$$

mit regulären (m_j, m_j)-Teilmatrizen D_{1j} von D_j, $j = 1(1)l$. Beachtet man die Form (108) der Basismatrix A_B, so läßt sich die zugehörige Inverse A_B^{-1} unter ausschließlicher Inversion der regulären blockdiagonalen Matrix D_1 sowie des Schur-Komplements $F_2 - F_1 D_1^{-1} D_2$ der Dimension (m_0, m_0) bestimmen. Wegen der vorausgesetzten Struktur zerfällt dabei die Inversion von D_1 in l unabhängige Inversionen der regulären Teilmatrizen D_{1j}, $j = 1(1)l$. Weitere Möglichkeiten zur effektiven Nutzung spezieller Strukturen der Ausgangsmatrizen im revidierten Simplexverfahren sind z.B. in [Bee77] angegeben.

4.2.8 Dualitätsaussagen

Da im Abschnitt 2.3.4 bereits prinzipiell die Konstruktion dualer Aufgaben in der linearen Optimierung als Spezialfall allgemeiner Probleme betrachtet wurde, sollen hier lediglich einige spezifische Dualitätsaussagen angefügt werden. Entsprechend den Untersuchungen im Abschnitt 4.1 sind unterschiedliche Beschreibungen polyedrischer Mengen ineinander überführbar. So können wir uns hier auf das folgende Paar zueinander dualer Aufgaben der linearen Optimierung (vgl. (2.60), (2.61)) konzentrieren

$$c^T x \to \min !$$
$$\text{bei} \quad x \in G := \{\, x \in \mathbb{R}^n : Ax \geq b, \ x \geq 0 \,\} \tag{109}$$

und

$$b^T u \to \max !$$
$$\text{bei} \quad u \in Q := \{\, u \in \mathbb{R}^m : A^T u \leq c, \ u \geq 0 \,\}. \tag{110}$$

Wir fassen dabei (109) als die gegebene primale Aufgabe und (110) als zugehörige duale Aufgabe auf.

SATZ 4.7 *Für das Paar dualer Aufgaben (109), (110) sind folgende Aussagen äquivalent:*

(i) Das primale Problem (109) besitzt eine optimale Lösung;

(ii) Das duale Problem (110) besitzt eine optimale Lösung;

(iii) Es sind die zulässigen Bereiche beider Aufgaben nichtleer, d.h. es gilt $G \neq \emptyset$, $Q \neq \emptyset$.

Beweis: Besitzt eines der beiden Probleme (109) oder (110) eine optimale Lösung, dann gibt es ein zugehöriges optimales Simplexschema. Wie im Abschnitt 4.2.4 gezeigt wurde, liefert dies bei entsprechender Lesekonvention auch gleichzeitig eine optimale Lösung des entsprechenden dualen Problems. Damit sind (i) und (ii) äquivalent, und es folgt aus (i) bzw. (ii) auch die Aussage (iii).

Es sei nun (iii) erfüllt. Nach der schwachen Dualitätsaussage von Lemma 2.1 gilt die Ungleichung

$$b^T u \leq c^T x \qquad \text{für alle } x \in G, \ u \in Q.$$

Damit sind die Zielfunktionen $c^T x$ von (109) auf dem zulässigen Bereich G nach unten bzw. $b^T u$ von (110) auf Q nach oben beschränkt. Korollar 4.1 liefert nun die Lösbarkeit von (109) wie auch von (110). ∎

Bemerkung 4.6 Aus der wechselseitigen Zuordnung optimaler Lösungen $\bar{x} \in G$ bzw. $\bar{u} \in Q$ des primalen und des dualen Problems gemäß Abschnitt 4.2.4 hat man im Fall der Lösbarkeit der Aufgaben (109), (110) ferner die Beziehung

$$b^T \bar{u} = \max_{u \in Q} b^T u = \min_{x \in G} c^T x = c^T \bar{x}. \tag{111}$$

Es tritt also in der linearen Optimierung keine Dualitätslücke auf. In Verbindung mit Satz 4.7 wird (111) als **starke Dualitätsaussage** bezeichnet. □

Die zum primalen Problem gehörige Lagrange-Funktion

$$L(x,u) := c^T x + u^T(b - Ax), \qquad x \in \mathbb{R}^n_+, \ u \in \mathbb{R}^m_+ \tag{112}$$

bildet wegen der Identität

$$L(x,u) = b^T u + x^T(b - A^T u), \qquad x \in \mathbb{R}^n_+, \ u \in \mathbb{R}^m_+ \tag{113}$$

auch gleichzeitig eine Lagrange-Funktion für das duale Problem (110). Mit (111) und Lemma 2.1 ist $\begin{pmatrix} \bar{x} \\ \bar{u} \end{pmatrix}$ ein Sattelpunkt von $L(\cdot,\cdot)$ über $\mathbb{R}^n_+ \times \mathbb{R}^m_+$. Andererseits sind die Teilkomponenten $\bar{x} \in \mathbb{R}^n_+$, $\bar{u} \in \mathbb{R}^m_+$ eines Sattelpunktes von $L(\cdot,\cdot)$ auch stets optimale Lösungen von (109) bzw. (110). Dies liefert die folgende, als **Charakterisierungssatz der linearen Optimierung** bezeichnete Aussage.

SATZ 4.8 *Ein Element $\bar{x} \in G$ löst genau dann das primale Problem (109), wenn ein $\bar{u} \in Q$ existiert mit*

$$\bar{u}^T(A\bar{x} - b) = 0 \tag{114}$$

und

$$\bar{x}^T(A^T\bar{u} - c) = 0. \tag{115}$$

Umgekehrt löst ein $\bar{u} \in Q$ genau dann die Aufgabe (110), wenn ein $\bar{x} \in G$ existiert, so daß (114), (115) erfüllt sind.

Beweis: Ist $\bar{x} \in G$ eine optimale Lösung von (109), so gibt es nach Satz 4.7 auch eine optimale Lösung $\bar{u} \in Q$ von (110). Gemäß (111) und Lemma 2.1 bildet $\left(\begin{array}{c} \bar{x} \\ \bar{u} \end{array} \right)$ einen Sattelpunkt der Lagrange-Funktion L, d.h. es gilt

$$L(\bar{x}, u) \leq L(\bar{x}, \bar{u}) \leq L(x, \bar{u}) \qquad \text{für alle } x \in I\!\!R_+^n, \, u \in I\!\!R_+^m.$$

Mit den Optimalitätskriterien für Optimierungsprobleme über den konvexen Kegeln $I\!\!R_+^n$ bzw. $I\!\!R_+^m$ ist dies äquivalent zu (vgl. Lemma 1.6 und Lemma 1.7)

$$\nabla_u L(\bar{x}, \bar{u})^T \bar{u} = 0, \qquad \nabla_u L(\bar{x}, \bar{u})^T u \leq 0 \quad \text{für alle } u \in I\!\!R_+^m \qquad (116)$$

und

$$\nabla_x L(\bar{x}, \bar{u})^T \bar{x} = 0, \qquad \nabla_x L(\bar{x}, \bar{u})^T x \geq 0 \quad \text{für alle } x \in I\!\!R_+^n. \qquad (117)$$

Wegen der speziellen Gestalt (112) der Lagrange-Funktion L sind die ersten Anteile von (116) bzw. (117) gerade die Bedingungen (114) bzw. (115), während der zweite Anteil der Zulässigkeitsforderung $\bar{u} \in Q$ bzw. $\bar{x} \in G$ entspricht.

Sind umgekehrt (114), (115) erfüllt, so gelten auch (116), (117). Mit dem konvex-konkaven Verhalten von $L(\cdot, \cdot)$ sind (116), (117) hinreichend dafür, daß $\left(\begin{array}{c} \bar{x} \\ \bar{u} \end{array} \right)$ einen Sattelpunkt der Lagrange-Funktion L über $I\!\!R_+^n \times I\!\!R_+^m$ bildet. Nach Lemma 2.1 lösen $\bar{x}$ bzw. $\bar{u}$ damit (109) bzw. (110). ∎

Bemerkung 4.7 Mit Hilfe des Charakterisierungssatzes 4.8 lassen sich bei bekannter Lösung einer der beiden Aufgaben (109) oder (110) eine optimale Lösung der jeweils dazu dualen Aufgabe ermitteln. Ist z.B. eine Lösung $\bar{u}$ von (110) gegeben, so liefern die Bedingungen (114), (115) mit

$$[A^T \bar{u} - c]_j > 0 \quad \Longrightarrow \quad \bar{x}_j = 0,$$
$$\bar{u}_i > 0 \quad \Longrightarrow \quad [A\bar{x} - b]_i = 0$$

ein lineares Gleichungssystem zur Bestimmung von $\bar{x}$. Bildet insbesondere $\bar{u}$ eine reguläre Ecke der Menge Q, dann besitzt dieses Gleichungssystem eine eindeutige Lösung. □

4.2.9   Das Transportproblem

Ein spezielles, häufig auftretendes Modell der linearen Optimierung besteht darin, daß aus r Lagern A_i (Quellen) mit Vorräten $\alpha_i \geq 0$, $i = 1(1)r$, eine Ware an s Verbraucher B_j (Senken) mit dem jeweiligen Bedarf $\beta_j \geq 0$, $j = 1(1)s$, zu transportieren ist. Dabei sind bei bekannten Transportkosten c_{ij} pro Wareneinheit von A_i nach B_j die Gesamttransportkosten zu minimieren. Bezeichnet man mit x_{ij}

die von A_i nach B_j beförderte Warenmenge, so läßt sich dieses **Transportproblem** beschreiben durch

$$z = \sum_{i=1}^{r} \sum_{j=1}^{s} c_{ij} x_{ij} \to \min !$$

bei
$$\sum_{j=1}^{s} x_{ij} = \alpha_i, \quad i = 1(1)r, \tag{118}$$

$$\sum_{i=1}^{r} x_{ij} = \beta_j, \quad j = 1(1)s, \quad x_{ij} \geq 0, \quad i = 1(1)r, \quad j = 1(1)s.$$

Es wurde dabei davon ausgegangen, daß sowohl jeder Bedarf voll befriedigt als auch jeder Vorrat vollständig ausgeschöpft wird. Später schwächen wir diese Forderung ab.

Eine zulässige bzw. optimale Lösung der Transportaufgabe (118) wird auch als zulässiger bzw. optimaler **Transportplan** bezeichnet.

Ordnet man die Variablen x_{ij} sowie die Problemparameter c_{ij}, α_i, β_j in Vektoren

$$x = (x_{11}, x_{12}, \ldots, x_{1s}, x_{21}, \ldots, x_{2s}, \ldots, x_{rs})^T \in \mathbb{R}^{r \cdot s},$$

$$c = (c_{11}, c_{12}, \ldots, c_{1s}, c_{21}, \ldots, c_{2s}, \ldots, c_{rs})^T \in \mathbb{R}^{r \cdot s},$$

$$b = (\alpha_1, \alpha_2, \ldots, \alpha_r, \beta_1, \beta_2, \ldots, \beta_s)^T \in \mathbb{R}^{r+s},$$

und bezeichnet A die durch

$$A = \begin{pmatrix}
1 \; 1 \; \cdots \; 1 & 0 \; 0 \; \cdots \; 0 & & 0 \; 0 \; \cdots \; 0 \\
0 \; 0 \; \cdots \; 0 & 1 \; 1 \; \cdots \; 1 & \cdot & 0 \; 0 \; \cdots \; 0 \\
\cdots \cdots \cdots & \cdots \cdots \cdots & \cdot & \cdots \cdots \cdots \\
0 \; 0 \; \cdots \; 0 & 0 \; 0 \; \cdots \; 0 & \cdot & 1 \; 1 \; \cdots \; 1 \\
\hline
1 & 1 & & 1 \\
\; 1 & \; 1 & & \; 1 \\
\quad \cdot & \quad \cdot & & \quad \cdot \\
\quad\quad \cdot & \quad\quad \cdot & & \quad\quad \cdot \\
\quad\quad\quad 1 & \quad\quad\quad 1 & & \quad\quad\quad 1
\end{pmatrix} \tag{119}$$

definierte $(r + s, r \cdot s)$-Matrix, dann kann das Transportproblem (118) in der Form der Standardaufgabe (21) der linearen Optimierung

$$f(x) := c^T x + c_0 \to \min !$$

bei
$$x \in G := \{ x \in \mathbb{R}^n : Ax = b, \; x \geq 0 \}$$

geschrieben werden. Die Systemmatrix A besitzt eine sehr spezielle Struktur, und bei praktischen Anwendungen i.allg. eine große Dimension. Daher ist stets eine angepaßte Realisierung des Simplexverfahrens anstelle eines Standardverfahrens für allgemeine lineare Optimierungsprobleme einzusetzen. Zur besseren Übersichtlichkeit der Darstellung wird auch für die weiteren Untersuchungen die durch das Modell (118) gegebene Doppelindizierung genutzt.

Wir stellen nun einige wichtige Aussagen für das Optimierungsproblem (118) zusammen.

LEMMA 4.14 *Das Transportproblem (118) ist genau dann lösbar, wenn die*

$$\text{Sättigungsbedingung} \qquad \sum_{i=1}^{r} \alpha_i = \sum_{j=1}^{s} \beta_j \qquad \text{erfüllt ist.} \qquad (120)$$

Beweis: $' \Rightarrow'$: Es sei $\bar{x}$ eine optimale Lösung von (118). Durch Summation der Nebenbedingungen über die Quellen bzw. Senken erhält man

$$\sum_{i=1}^{r} \alpha_i = \sum_{i=1}^{r}\sum_{j=1}^{s} \bar{x}_{ij} = \sum_{j=1}^{s}\sum_{i=1}^{r} \bar{x}_{ij} = \sum_{j=1}^{s} \beta_j \,.$$

Damit gilt (120).

$' \Leftarrow'$: Es sei die Bedingung (120) erfüllt. Wählt man $\tilde{x}$ gemäß

$$\tilde{x}_{ij} := \frac{\alpha_i \beta_j}{\sigma}, \quad i = 1(1)r,\ j = 1(1)s, \qquad \text{mit} \qquad \sigma := \sum_{i=1}^{r} \alpha_i = \sum_{j=1}^{s} \beta_j,$$

so ist $\tilde{x}$ zulässig für die Aufgabe (118). Damit gilt $G \neq \emptyset$. Andererseits erhält man unter Beachtung der Nichtnegativitätsforderung aus den Gleichungsrestriktionen von (118) die Abschätzung

$$0 \leq x_{ij} \leq \min\{\alpha_i, \beta_j\}, \quad i = 1(1)r,\ j = 1(1)s, \qquad \text{für alle } x \in G.$$

Der zulässige Bereich ist folglich kompakt, und nach dem Satz von Weierstraß besitzt (118) eine optimale Lösung. ∎

SATZ 4.9 *Ein zulässiger Transportplan $\bar{x}$ ist genau dann optimal, wenn reelle Zahlen $\bar{u}_i$, $i = 1(1)r$, und $\bar{v}_j$, $j = 1(1)s$, existieren mit*

$$\left.\begin{array}{r} \bar{u}_i \ + \ \bar{v}_j \ + \ c_{ij} \ \geq \ 0, \\ \bar{x}_{ij}(\bar{u}_i \ + \ \bar{v}_j \ + \ c_{ij}) \ = \ 0, \end{array}\right\} \qquad i = 1(1)r,\ j = 1(1)s. \qquad (121)$$

Beweis: Das zu (118) duale Optimierungsproblem hat (vgl. Übungsaufgabe 4.8) die Form

$$\sum_{i=1}^{r} \alpha_i u_i + \sum_{j=1}^{s} \beta_j v_j \to \max !$$

$$\text{bei} \qquad u_i + v_j + c_{ij} \geq 0, \quad i = 1(1)r,\ j = 1(1)s.$$

Damit sind die Bedingungen (121) ein Spezialfall des Charakterisierungssatzes 4.8 der linearen Optimierung, und es gilt die angegebene Aussage. ∎

Es bezeichne a^{ij} den zur Variablen x_{ij} gehörigen Spaltenvektor der Matrix A. Mit den Einheitsvektoren $e^i \in I\!R^r$, $e^j \in I\!R^s$ besitzt dieser die Darstellung

$$a^{ij} = \begin{pmatrix} e^i \\ e^j \end{pmatrix} \in I\!R^r \times I\!R^s.$$

Eine geordnete Menge $Z = \{(i_k, j_k)\}_{k=1}^{2l}$ von Doppelindizes wird **Zyklus** genannt, wenn gilt

$$\begin{aligned}
i_k &= i_{k+1}, \quad k = 1(2)2l - 1, \\
j_k &= j_{k+1}, \quad k = 2(2)2l - 2, \quad j_{2l} = j_1.
\end{aligned} \tag{122}$$

Es sei M eine beliebige Menge von Doppelindizes. Die lineare Unabhängigkeit von Vektoren a^{ij}, $(i,j) \in M$, läßt sich nun mit Hilfe von Zyklen untersuchen.

LEMMA 4.15 *Die Vektoren a^{ij}, $(i,j) \in M$ sind genau dann linear abhängig, wenn die Indexmenge M einen Zyklus enthält.*

Beweis: „$\Rightarrow$": Sind a^{ij}, $(i,j) \in M$, linear abhängig, dann besitzt das homogene Gleichungssystem

$$\sum_{(i,j) \in M} d_{ij}\, a^{ij} = 0 \tag{123}$$

eine nichttriviale Lösung d_{ij}, $(i,j) \in M$. Mit der Struktur der Vektoren a^{ij} ist (123) äquivalent zu den beiden r bzw. s dimensionalen Systemen

$$\sum_{(i,j) \in M} d_{ij}\, e^i = 0, \tag{124}$$

$$\sum_{(i,j) \in M} d_{ij}\, e^j = 0. \tag{125}$$

Es sei nun $(i,j) \in M$ mit $d_{ij} \neq 0$. Nach (124) muß dann ein $\delta \in \{1, \dots, s\}$ existieren mit $(i, \delta) \in M$ mit $d_{i\delta} \neq 0$. Wir setzen $(i_1, j_1) := (i,j)$ und $(i_2, j_2) := (i, \delta)$. Aus $d_{i\delta} \neq 0$ und (125) folgt die Existenz eines $\gamma \in \{1, \dots, r\}$ mit $(\gamma, \delta) \in M$ sowie $d_{\gamma\delta} \neq 0$. Damit kann $(i_3, j_3) := (\gamma, \delta)$ gewählt werden. Durch abwechselnde Auswertung von (124) und (125) wird eine geordnete Folge aufgebaut, die wegen der endlichen Dimension nach einer endlichen Anzahl von Schritten einen Zyklus liefert.

„$\Leftarrow$": Es sei $\{(i_k, j_k)\}_{k=1(1)2l} \subset M$ ein Zyklus. Wir setzen

$$d_{i_k j_k} := (-1)^{k+1}, \quad k = 1(1)2l. \tag{126}$$

Aus der Definition des Zyklus folgt damit die Gültigkeit von (123). Also sind die Vektoren a^{ij}, $(i,j) \in M$, linear abhängig. ∎

Für den Aufbau von Basismatrizen für das Transportproblem (118) wird noch folgende Aussage zum Rang von A bereitgestellt.

LEMMA 4.16 *Für die durch (119) definierte Matrix A gilt*

rang $A = r + s - 1$.

Beweis: Da die Spaltenvektoren a^{1j}, $j = 1(1)s$; a^{i1}, $i = 2(1)r$, von A linear unabhängig sind, hat man rang $A \geq r + s - 1$.
Andererseits ist wegen $\sum_{i=1}^{r} \sum_{j=1}^{s} x_{ij} = \sum_{j=1}^{s} \sum_{i=1}^{r} x_{ij}$ auch rang $A \leq r + s - 1$, und damit gilt die Aussage des Lemmas. ∎

Auf der Grundlage der Lemmata 4.6, 4.15 und 4.16 erhält man unmittelbar

SATZ 4.10 *Es sei $\bar{x} = (\bar{x}_{ij})$ ein zulässiger Transportplan für (118). Dann ist $\bar{x}$ genau dann eine Ecke des zulässigen Bereiches G, wenn die Menge*

$$J_+(\bar{x}) := \{(i,j) : \bar{x}_{ij} > 0\}$$

keinen Zyklus enthält. Ferner ist jede zyklenfreie Menge $J_B(\bar{x})$ eine Basisindexmenge zu $\bar{x}$, falls

$$J_+(\bar{x}) \subset J_B(\bar{x}) \qquad und \qquad \operatorname{card} J_B(\bar{x}) = r + s - 1$$

gelten.

Es sei $\bar{x}$ eine Ecke des zulässigen Bereiches G von (118), und es bezeichne $J_B(\bar{x})$, $J_N(\bar{x})$ zugehörige Mengen von Basis- bzw. Nichtbasisindizes. Mit Hilfe der dargelegten Eigenschaften des Transportproblems besteht der Kern eines angepaßten Simplexverfahrens in folgendem

Transportalgorithmus

(i) Bestimme Vektoren $\bar{u} \in \mathbb{R}^r$ und $\bar{v} \in \mathbb{R}^s$ derart, daß gilt

$$\bar{u}_i + \bar{v}_j + c_{ij} = 0, \qquad (i,j) \in J_B(\bar{x}). \tag{127}$$

(ii) Genügen die durch

$$w_{ij} := \bar{u}_i + \bar{v}_j + c_{ij}, \quad i = 1(1)r, \ j = 1(1)s, \tag{128}$$

definierten Werte w_{ij} der Bedingung

$$w_{ij} \geq 0, \qquad i = 1(1)r, \ j = 1(1)s, \tag{129}$$

dann stoppe das Verfahren.

(iii) Ist die Bedingung (128) nicht erfüllt, so wähle man ein $(p, q) \in J_N(\bar{x})$ mit

$$w_{pq} < 0, \tag{130}$$

und ermittle von $(i_1, j_1) := (p, q)$ ausgehend einen Zyklus

$$Z := \{ (i_k, j_k) \}_{k=1(1)2l} \subset (J_B(\bar{x}) \cup \{(p, q)\}). \tag{131}$$

Setze unter Verwendung dessen

$$\bar{d}_{i_k j_k} := (-1)^{k+1}, \quad (i_k, j_k) \in Z, \quad \text{sowie} \quad \bar{d}_{ij} := 0, \quad (i, j) \notin Z, \tag{132}$$

und bestimme eine neue Ecke $\hat{x}$ von G aus

$$\hat{x} := \bar{x} + \bar{t}\,\bar{d} \qquad \text{mit} \qquad \bar{t} := \min\{\, \bar{x}_{i_k j_k} \,:\, k = 2(2)2l \,\}. \tag{133}$$

Bemerkung 4.8 Nach Satz 4.10 gilt $\operatorname{card} J_B(\bar{x}) = r + s - 1$. Damit ist das lineare Gleichungssystem (127) zur Ermittlung von $\bar{u}$, $\bar{v}$ unterbestimmt. Eine der Variablen kann beliebig gewählt werden, z.B. $\bar{u}_1 = 0$. Die durch (128) zugeordneten Werte w_{ij} sind jedoch von der speziellen Wahl von $\bar{u}$, $\bar{v}$ unabhängig (vgl. Übungsaufgabe 4.9). □

Bemerkung 4.9 Die neue Menge der Basisindizes läßt sich durch

$$J_B(\hat{x}) := (J_B(\bar{x}) \cup \{(p, q)\}) \setminus \{(\rho, \sigma)\} \tag{134}$$

definieren, wobei $(\rho, \sigma) \in \{(i_k, j_k)\}_{k=2(2)2l}$ ein Indexpaar mit $\bar{t} = \bar{x}_{\rho\sigma}$ bezeichnet. □

SATZ 4.11 *Genügen die durch (128) bestimmten Werte w_{ij} dem Kriterium (129), dann ist $\bar{x}$ ein optimaler Transportplan für (118). Anderenfalls gilt $c^T\hat{x} \leq c^T\bar{x}$. Ist $\bar{x}$ eine reguläre Ecke von G, so hat man $c^T\hat{x} < c^T\bar{x}$ für die durch die Schritte (i) - (iii) des voranstehenden Algorithmus berechnete Ecke $\hat{x}$.*

Beweis: Die Optimalität von $\bar{x}$ bei Gültigkeit von (129) folgt unmittelbar aus Satz 4.9.

Wir untersuchen nun den Fall, daß das Kriterium (129) nicht erfüllt ist. Mit der Struktur der Zielfunktion von (118) hat man

$$c^T\hat{x} = c^T(\bar{x} + \bar{t}\,\bar{d}) = c^T\bar{x} + \bar{t}\left(\sum_{(i,j)\in J_B(\bar{x})} c_{ij}\bar{d}_{ij} + c_{pq}\,\bar{d}_{pq} \right).$$

Unter Beachtung von (127), (128), (131) und (132) folgt

$$
\begin{aligned}
c^T \hat{x} &= c^T \bar{x} + \bar{t} \left(- \sum_{(i,j) \in J_B(\bar{x})} (\bar{u}_{ij} + \bar{v}_{ij}) \bar{d}_{ij} + (w_{pq} - \bar{u}_p - \bar{v}_q) \bar{d}_{pq} \right) \\
&= c^T \bar{x} - \bar{t} \sum_{(i,j) \in I} (\bar{u}_{ij} + \bar{v}_{ij}) \bar{d}_{ij} + \bar{t} \, w_{pq} \, \bar{d}_{pq}.
\end{aligned}
\tag{135}
$$

Da Z einen Zyklus bezeichnet und die Größen $\bar{d}_{ij}$, $(i,j) \in Z$, entsprechend (132) alternierend mit den Werten 1 und -1 belegt sind, gilt

$$
\sum_{(i,j) \in I} (\bar{u}_{ij} + \bar{v}_{ij}) \bar{d}_{ij} = 0.
$$

Nach dem Algorithmus ist ferner $w_{pq} < 0$ und $\bar{d}_{pq} = 1$. Die Nichtentartung der Ecke $\bar{x}$ sichert $\bar{t} > 0$. Damit folgt aus (135) die Behauptung. $\blacksquare$

Die Erzeugung einer ersten Ecke $\bar{x}$ der Transportaufgabe (118) läßt sich gegenüber einem allgemeinen linearen Optimierungsproblem wesentlich vereinfachen. Die Grundstruktur der zugehörigen Techniken besteht darin, nacheinander Elemente x_{ij} zu markieren, für diese die maximale Belegung

$$
x_{ij} = \min\{\tilde{\alpha}_i, \tilde{\beta}_j\}
$$

zu wählen und abgesättigte Zeilen und Spalten, d.h. Quellen bzw. Senken zu streichen. Dabei bezeichnen $\tilde{\alpha}_i$, $\tilde{\beta}_j$ den nach erfolgten Zuordnungen verbleibenden Bestand in A_i bzw. Bedarf in B_j. Die in der Literatur entwickelten Methoden unterscheiden sich lediglich in den Strategien zur Markierung. Wir geben hier nur die beiden folgenden einfachen Markierungstechniken an und verweisen für weitere Strategien z.B. auf [Vog67].

- **NW-Ecken Regel:** Die Indizes i und j sind minimal zu wählen, d.h. man markiert die linke obere Ecke des Schemas (vgl. das angegebene Beispiel).

- **Regel der minimalen Kosten:** Markierung des Elementes mit minimalem c_{ij} im jeweils verbleibenden Schema.

Das Simplexverfahren für Transportprobleme läßt sich günstig in schematischer Form realisieren. Wir erfassen dabei die Originaldaten c_{ij}, α_i, β_j in einem Referenzschema **R** und die Basiselemente des aktuellen Transportplans $\bar{x}$ in einem zugehörigen Schema **T**. Zusätzlich zu den Elementen $\bar{x}_{ij}$, $(i,j) \in J_B(\bar{x})$, werden im Schema T die Größen w_{ij}, $(i,j) \in J_N(\bar{x})$, und $\bar{u}_i$, $\bar{v}_j$ erfaßt. Die Werte $\bar{x}_{ij}$ sind dabei durch ☐ und das Element w_{pq} durch ▢ hervorgehoben. Ferner markieren wir den gewählten Zyklus I abwechselnd mit ‚+' und ‚−' entsprechend der

Zuordnung (132). Die Belegung der einzelnen Felder erfolgt nach den Modellschemata

R	β_1	β_2	$\cdot$	$\cdot$	β_s
α_1	c_{11}	c_{12}	$\cdot$	$\cdot$	
α_2	c_{21}	$\cdot$			
$\cdot$	$\cdot$				
α_r	c_{r1}	$\cdot$	$\cdot$	$\cdot$	c_{rs}

T	$\bar{v}_1$	$\bar{v}_2$	$\cdot$	$\cdot$	$\bar{v}_s$
$\bar{u}_1$	$\boxed{\bar{x}_{11}}$	w_{12}	$\cdot$	$\cdot$	
$\bar{u}_2$	w_{21}	$\cdot$			
$\cdot$	$\cdot$		$\boxed{w_{pq}}$		
$\bar{u}_r$	w_{r1}	$\boxed{\bar{x}_{r2}}$	$\cdot$	$\cdot$	c_{rs}

Wir geben nachfolgend ein einfaches Beispiel für die Umsetzung des angepaßten Simplexverfahrens für Transportprobleme an, wobei das erste Schema T0 nach der NW-Ecken Regel erzeugt wurde.

R	3	4	2	6
5	2	5	1	3
7	2	6	4	1
3	1	3	1	5

T0	-2	-5	-3	0
0	$\boxed{3}$	$\boxed{2}$	-2	3
-1	-1	$\boxed{2}$	$\boxed{2}\rfloor$	$\boxed{3}_+$
-5	-6	-7	$\boxed{-7}\rfloor_+$	$\boxed{3}\rfloor$

T1	-2		-5	4	0
0	$\boxed{3}$		$\boxed{2}$	5	3
-1	-1		$\boxed{2}\rfloor$	7	$\boxed{5}_+$
-5	-6	$\boxed{-7}\rfloor_+$	$\boxed{2}$	$\boxed{1}\rfloor$	

T2	-2	-5	-3	0
0	$\boxed{3}$	$\boxed{2}\rfloor$	$\boxed{-2}\rfloor_+$	3
-1	-1	$\boxed{1}$	0	$\boxed{6}$
2	1	$\boxed{1}_+$	$\boxed{2}\rfloor$	7

T3		-2	-5	-1	0
0		$\boxed{3}\rfloor$	$\boxed{0}_+$	$\boxed{2}$	3
-1	$\boxed{-1}\rfloor_+$	$\boxed{1}\rfloor$		2	$\boxed{6}$
2		1	$\boxed{3}$	2	7

T4	-2	-5	-1	-1
0	$\boxed{2}$	$\boxed{1}$	$\boxed{2}$	2
0	$\boxed{1}$	1	3	$\boxed{6}$
2	1	$\boxed{3}$	2	6

Das Schema T4 liefert nach Satz 4.11 eine optimale Lösung $\bar{x}$. In der eingangs gewählten Anordnung gilt dabei $\bar{x} = (2,1,2,0,1,0,0,6,0,3,0,0)^T$ mit dem zugehörigen optimalen Wert $z(\bar{x}) = 28$.

Abschließend betrachten wir Transportprobleme, die nicht der Sättigungsbedingung (120) genügen. Durch Einführung einer künstlichen Quelle bzw. Senke läßt sich (120) stets sichern. Im Fall

$$\sum_{i=1}^{r} \alpha_i < \sum_{j=1}^{s} \beta_j$$

definiert man eine **Scheinquelle** A_{r+1} mit dem zugehörigen Vorrat

$$\alpha_{r+1} := \sum_{j=1}^{s} \beta_j - \sum_{i=1}^{r} \alpha_i.$$

Anderenfalls wird eine **Scheinsenke** B_{s+1} mit dem Bedarf

$$\beta_{s+1} := \sum_{i=1}^{r} \alpha_i - \sum_{j=1}^{s} \beta_j$$

eingeführt. Durch die Wahl geeignet hoher Kosten $c_{r+1,j}$ bzw. $c_{i,s+1}$ kann dabei gesichert werden, daß eine bestimmte Senke B_j nicht von der Scheinquelle A_{r+1} beliefert wird bzw. eine Quelle A_i nicht an die Scheinsenke B_{s+1} liefert. Auf diese Weise läßt sich die vollständige Bedarfsdeckung von B_j bzw. die vollständige Leerung einer Quelle A_i sichern.

Übung 4.7 Lösen Sie die lineare Optimierungsaufgabe

$$z = \sum_{i=1}^{n} i\, x_i \to \max ! \quad \text{bei} \quad \sum_{j=1}^{i} x_j \geq i, \quad x_i \geq 0, \quad i = 1(1)n$$

mit Hilfe des zugehörigen dualen Problems.

Übung 4.8 Man gebe die Lagrange-Funktion zum Transportproblem (118) an und ermittle mit ihrer Hilfe die zu (118) duale Aufgabe.

Übung 4.9 Man zeige, daß die durch (128) definierten Werte w_{ij} unabhängig von der speziellen Wahl der Lösung $\bar{u} \in \mathbb{R}^r$, $\bar{v} \in \mathbb{R}^s$ von (127) sind.

Übung 4.10 Beweisen Sie Satz 4.5.

Übung 4.11 Man zeige, daß sich das duale Simplexverfahren als Simplexverfahren für die duale Aufgabe darstellen läßt.

Übung 4.12 Beweisen Sie Lemma 4.13.

4.3   Minimierung über linearen Mannigfaltigkeiten

Im vorliegenden Abschnitt untersuchen wir im wesentlichen Optimierungsprobleme der Form

$$f(x) \to \min !$$
$$\text{bei} \quad x \in G := \{x \in \mathbb{R}^n : Ax = b\} \tag{136}$$

mit einer stetig differenzierbaren Zielfunktion $f : I\!R^n \to I\!R$ sowie $b \in I\!R^m$, $A \in \mathcal{L}(I\!R^n, I\!R^m)$. Später werden wir einige Hinweise auf Verallgemeinerungen von (136) in Funktionenräumen geben.

Es bezeichne

$$\mathcal{N}(A) := \{\, x \in I\!R^n \,:\, Ax = 0 \,\} \tag{137}$$

den **Nullraum** (oder Kern) von A. Mit der speziellen Form des zulässigen Bereiches G von (136) als lineare Mannigfaltigkeit folgt aus Lemma 1.6 unmittelbar

LEMMA 4.17 *Es sei $\bar{x} \in G$ eine lokale Lösung von (136). Dann gilt*

$$\nabla f(\bar{x})^T y = 0 \qquad \text{für alle } y \in \mathcal{N}(A). \tag{138}$$

Ist die Zielfunktion f außerdem konvex auf G, dann ist das Kriterium (138) auch hinreichend dafür, daß $\bar{x} \in G$ das Problem (136) löst.

Als Spezialfall von (136) besitzt die Aufgabe

$$\frac{1}{2}\,(x - w)^T (x - w) \to \text{ min}\,! \qquad \text{bei } x \in \mathcal{N}(A) \tag{139}$$

für jedes $w \in I\!R^n$ wegen der starken Konvexität der Zielfunktion stets eine eindeutige Lösung $\bar{x} = \bar{x}(w)$. Durch

$$Pw := \bar{x} \tag{140}$$

wird damit eine Abbildung $P : I\!R^n \to \mathcal{N}(A)$ erklärt. Im Fall $w \in \mathcal{N}(A)$ gilt trivialerweise $\bar{x} = w$. Damit hat man $P^2 = P$ (P ist idempotent) und P bildet einen Projektionsoperator von $I\!R^n$ auf $\mathcal{N}(A)$. Unter Beachtung von Lemma 4.17 folgt ferner

$$(Pw - w)^T x = 0 \qquad \text{für alle } x \in \mathcal{N}(A).$$

Wegen dieser Eigenschaft wird die durch (139), (140) definierte Abbildung P **Orthoprojektor** auf $\mathcal{N}(A)$ genannt. Wie bereits bemerkt wurde, ist der Orthoprojektor durch (139), (140) eindeutig bestimmt. Im Fall weiterer Voraussetzungen an die Matrix A läßt sich P explizit darstellen. Hierzu gilt

LEMMA 4.18 *Ist die Matrix A zeilenregulär, dann besitzt der Orthoprojektor P auf $\mathcal{N}(A)$ die Form*

$$P = I - A^T (AA^T)^{-1} A. \tag{141}$$

Beweis: Ein Element $\bar{x} \in I\!R^n$ löst genau dann die Aufgabe (139), wenn ein $\bar{u} \in I\!R^m$ existiert, so daß $(\bar{x}, \bar{u})$ den zugehörigen Kuhn-Tucker-Bedingungen

$$\begin{aligned} \bar{x} \;+\; A^T \bar{u} \;&=\; w, \\ A\bar{x} \qquad\quad &=\; 0 \end{aligned} \tag{142}$$

genügt. Mit der Zeilenregularität von A erhält man aus dem ersten Teil von (142) die Beziehung

$$\bar{u} = (AA^T)^{-1}Aw - (AA^T)^{-1}A\bar{x}$$

und unter Beachtung des zweiten Teils damit $\bar{u} = (AA^T)^{-1}Aw$. Einsetzen in (142) liefert schließlich

$$\bar{x} = (I - A^T(AA^T)^{-1}A)w. \qquad \blacksquare$$

Für Projektionsoperatoren hat man unmittelbar

LEMMA 4.19 *Ist P ein idempotenter Operator, dann ist auch $I - P$ idempotent. Ferner gilt $P \circ (I - P) = 0$.*

Wir bezeichnen mit

$$\mathcal{R}(A^T) := \{ x \in I\!R^n : \exists u \in I\!R^m \text{ mit } x = A^Tu \}$$

den **Bildraum** von A^T. Die Kuhn-Tucker-Bedingungen (142) für die Aufgabe (140) lassen sich hiermit auch darstellen durch

$$\bar{x} - w \in \mathcal{R}(A^T), \qquad \bar{x} \in \mathcal{N}(A).$$

Es sei darauf hingewiesen, daß sowohl $\mathcal{N}(A)$ als auch $\mathcal{R}(A^T)$ lineare Unterräume von $I\!R^n$ bilden, die wegen der endlichen Dimension stets abgeschlossen sind.

LEMMA 4.20 *Es sei $P : I\!R^n \to \mathcal{N}(A)$ der Orthoprojektor auf $\mathcal{N}(A)$. Dann ist $Q := I - P$ der Orthoprojektor auf $\mathcal{R}(A^T)$.*

Beweis: Es sei $\tilde{A} = (a_i^T)_{i \in \bar{I}}$ eine aus einer maximalen Anzahl linear unabhängiger Zeilenvektoren a_i^T von A gebildete Matrix. Damit gilt $\mathcal{N}(\tilde{A}) = \mathcal{N}(A)$ sowie $\mathcal{R}(\tilde{A}^T) = \mathcal{R}(A^T)$. Nach Lemma 4.18 läßt sich P nun darstellen durch

$$P = I - \tilde{A}^T(\tilde{A}\tilde{A}^T)^{-1}\tilde{A}. \tag{143}$$

Mit $(I - P)x = \tilde{A}^T(\tilde{A}\tilde{A}^T)^{-1}\tilde{A}x$ und $u := (\tilde{A}\tilde{A}^T)^{-1}\tilde{A}x$ liefert dies also

$$(I - P)\,x \in \mathcal{R}(\tilde{A}^T) \qquad \text{für alle } x \in I\!R^n.$$

Ist andererseits $x \in \mathcal{R}(A^T)$, so gibt es unter Beachtung möglicher linearer Abhängigkeiten von Zeilenvektoren von A stets ein $\tilde{u}$ mit $x = \tilde{A}^T\tilde{u}$. Aus (143) folgt

$$Qx = \tilde{A}^T(\tilde{A}\tilde{A}^T)^{-1}\tilde{A}\tilde{A}^T\tilde{u} = \tilde{A}^T\tilde{u} = x,$$

und Q bildet einen Projektor auf $\mathcal{R}(A^T)$. Mit der Symmetrie von P und mit Lemma 4.19 erhält man schließlich, daß Q ein Orthoprojektor ist. $\blacksquare$

Bemerkung 4.10 Wegen $P + (I - P) = I$ und Lemma 4.20 läßt sich der Raum $I\!R^n$ stets sowohl als direkte Summe in der Form

$$I\!R^n = \mathcal{N}(A) \oplus \mathcal{R}(A^T) \qquad \text{als auch} \qquad I\!R^n = \mathcal{N}(A^T) \oplus \mathcal{R}(A) \tag{144}$$

darstellen. Dabei gilt $\mathcal{N}(A) \perp \mathcal{R}(A^T)$ bzw. $\mathcal{N}(A^T) \perp \mathcal{R}(A)$. $\square$

Es sei $x^0 \in G$ ein beliebiges Element. Dann ist

$$G = \{x^0\} \oplus \mathcal{N}(A), \tag{145}$$

und das Ausgangsproblem (136) läßt sich äquivalent durch

$$F(x) := f(x^0 + Px) \to \min ! \qquad \text{bei} \quad x \in \mathbb{R}^n \tag{146}$$

als Minimierungsaufgabe ohne Restriktionen beschreiben. Für die hierbei auftretende Zielfunktion $F : \mathbb{R}^n \to \mathbb{R}$ gilt $F' = f' \circ P$ bzw. unter Beachtung der Symmetrie von P in Vektorform $\nabla F(x) = P \nabla f(x^0 + Px)$. Dies liefert

$$P \nabla f(\bar{x}) = 0 \tag{147}$$

als notwendiges Kriterium dafür, daß $\bar{x} \in G$ die Ausgangsaufgabe (136) löst. Auf der Grundlage von (147) lassen sich z.B. entsprechende projizierte Gradientenverfahren entwickeln (vgl. [KK62]).

Mit der orthogonalen Zerlegung von $\mathbb{R}^n$ entsprechend (144) ist die Bedingung (147) äquivalent zu

$$\nabla f(\bar{x}) \in \mathcal{R}(A^T).$$

Unter Beachtung der Zulässigkeit $\bar{x} \in G$ stellt dies lediglich eine andere Form der klassischen Lagrangeschen Multiplikatorenregel

$$\begin{aligned} \nabla f(\bar{x}) \;+\; A^T \bar{u} \;&=\; 0, \\ A\,\bar{x} \;&=\; b \end{aligned} \tag{148}$$

dar. Für zeilenreguläre Matrizen A folgt hieraus die Darstellung

$$\bar{u} = -(AA^T)^{-1} A \nabla f(\bar{x}) \tag{149}$$

für die optimalen Lagrange-Multiplikatoren $\bar{u} \in \mathbb{R}^m$ der Aufgabe (136).

Bemerkung 4.11 Die numerische Berechnung des Projektionsoperators P mittels (141) ist in der Regel ungünstig. Statt dessen sind angepaßte Verfahren zur direkten Behandlung der Optimierungsaufgabe (139), z.B. unter Nutzung orthogonaler Transformationen (vgl. Übungsaufgabe 4.13), zu empfehlen. $\square$

Der Einsatz von Projektoren zur Einbettung der Ausgangsaufgabe (136) in ein unbeschränktes Problem der Form (146) ist vorrangig von analytischem Interesse und wird nur in wenigen Algorithmen numerisch genutzt. Die Gründe hierfür liegen einerseits in der i.allg. nicht mehr eindeutigen Lösbarkeit von (146), selbst für eindeutig lösbare Ausgangsaufgaben (136), und andererseits in der praktischen Dimensionserhöhung. Letztere kann vermieden werden, wenn direkt auf die Darstellung (145) des zulässigen Bereiches G zurückgegriffen wird. Bezeichnet $\{d^j\}_{j=1}^{l} \subset \mathbb{R}^n$ eine Basis von $\mathcal{N}(A)$, d.h. $\mathcal{N}(A) = \operatorname{span}\{d^j\}_{j=1}^{l}$, so gilt

$$G = \Big\{ x \in \mathbb{R}^n : x = x^0 + \sum_{j=1}^{l} z_j d^j \Big\}.$$

Damit kann das Ausgangsproblem (136) in der Form

$$\varphi(z) := f(x^0 + \sum_{j=1}^{l} z_j d^j) \to \min ! \quad \text{bei} \quad z = (z_1, \ldots, z_l)^T \in \mathbb{R}^l \qquad (150)$$

dargestellt werden. Dabei gilt $l = \dim \mathcal{N}(A) < n$. Besitzt die Matrix A mit $m < n$ Vollrang, so hat man $l = n - m$. In diesem Fall kann unter Verwendung von $A = (A_B | A_N)$ mit einer regulären Teilmatrix A_B und einer passenden Splittung von $x = \begin{pmatrix} x_B \\ x_N \end{pmatrix}$, $x_B \in \mathbb{R}^m$, $x_N \in \mathbb{R}^{n-m}$ (wir nutzen hier die Bezeichnungen von Abschnitt 4.2) $z = x_N$ und $x^0 = A_B^{-1} b$ sowie $d^j = -A_B^{-1} A_N e^j$, $j \in I_N$ gewählt werden. Mit

$$G = \{ x = \begin{pmatrix} x_B \\ x_N \end{pmatrix} : x_B = A_B^{-1} b - A_B^{-1} A_N x_N, \, x_N \in \mathbb{R}^{n-m} \}$$

erhält man aus (136) nun

$$\varphi(x_N) = f \begin{pmatrix} x_B \\ x_N \end{pmatrix} = f \begin{pmatrix} A_B^{-1} b - A_B^{-1} A_N x_N \\ x_N \end{pmatrix} \to \min ! \quad \text{bei} \quad x_N \in \mathbb{R}^{n-m}.$$

Die notwendige Optimalitätsbedingung $\nabla \varphi(\bar{x}_N) = 0$ ist in diesem Fall (vgl. auch Abschnitt 4.2) damit äquivalent zu

$$\nabla_N f(\bar{x})^T - \nabla_B f(\bar{x})^T A_B^{-1} A_N = 0.$$

Abschließend betrachten wir ein einfaches Beispiel für ein Variationsproblem über einer abgeschlossenen linearen Mannigfaltigkeit. Es wird dabei eine stärker an die Literatur zu Differentialgleichungen anlehnende Bezeichnungsweise (vgl. z.B. [GGZ74], [GR92]) angewandt, die sich von der voranstehenden, an der Optimierungsliteratur orientierenden Darstellung unterscheidet. Es sei $\Omega \subset \mathbb{R}^2$ ein beschränktes Gebiet mit einem regulärem Rand Γ. Ferner seien stetige Funktionen $f : \overline{\Omega} \to \mathbb{R}$, $g : \Gamma \to \mathbb{R}$ gegeben. Es bezeichne $V := H^1(\Omega)$ den Sobolev-Raum der verallgemeinert differenzierbaren Funktionen, die einschließlich ihrer partiellen Ableitungen erster Ordnung quadratisch integrierbar sind, und es sei $W := H^{1/2}(\Gamma) \subset L_2(\Gamma)$ der Raum zugehöriger Spuren auf dem Rand Γ (vgl. z.B. [Cia78]). Dem Dirichlet-Problem

$$\begin{aligned} -\Delta u &= f \quad \text{in } \Omega, \\ u &= g \quad \text{auf } \Gamma \end{aligned}$$

läßt sich das Variationsproblem

$$J(v) \to \min ! \quad \text{bei} \quad v \in G \qquad (151)$$

mit

$$\begin{aligned} J(v) &:= \tfrac{1}{2} \int_\Omega [(\frac{\partial v}{\partial x_1})^2 + (\frac{\partial v}{\partial x_2})^2] \, dx - \int_\Omega f v \, dx, \quad v \in V, \\ G &:= \{ v \in V : \gamma v = g \} \end{aligned}$$

zuordnen. Dabei bezeichnet $\gamma : V \to W$ die Spurabbildung von $V = H^1(\Omega)$ auf den Randraum $W = H^{1/2}(\Gamma)$. Unter Nutzung des Dualraumes W^* zu W mit der dualen Paarung $\langle \cdot, \cdot \rangle : W^* \times W \to I\!\!R$ und bei Identifizierung von $V^* = V$ besteht das (148) entsprechende Problem für das Variationsproblem (151) darin, Elemente $\bar{v} \in V$, $w^* \in W^*$ zu bestimmen, die dem System

$$\int_\Omega [\frac{\partial \bar{v}}{\partial x_1} \frac{\partial v}{\partial x_1} + \frac{\partial \bar{v}}{\partial x_2} \frac{\partial v}{\partial x_2}] dx \; + \; \langle \bar{w}^*, \gamma v \rangle \;\; = \;\; \int_\Omega f v \, dx \qquad \forall v \in V,$$

$$\langle w^*, \gamma \bar{v} \rangle \;\; = \;\; \langle w^*, g \rangle \qquad \forall w^* \in W^* \tag{152}$$

genügen. Die Bedingung (152) ist wegen der Konvexität des Funktionals $J(\cdot)$ und der Konvexität der Menge G hinreichend dafür, daß $\bar{v}$ die Aufgabe (151) löst. Das Element $\bar{w}^* \in W^*$ verallgemeinert in direkter Weise die Lagrange-Multiplikatoren für die entsprechenden Funktionenräume. In der Differentialgleichungsliteratur wird das System (152) als **gemischte Variationsgleichung** bezeichnet.

Es sei darauf hingewiesen, daß die numerische Auswertung von (152) i.allg. eine Diskretisierung für beide Räume V und W^* erfordert. Nutzt man z.b. endlichdimensionale Unterräume $V_h \subset V$, $W_h^* \subset W^*$, so erhält man mit dem Ritz-Galerkin-Verfahren für (152) die diskrete gemischte Variationsgleichung

$$\int_\Omega [\frac{\partial \bar{v}_h}{\partial x_1} \frac{\partial v_h}{\partial x_1} + \frac{\partial \bar{v}_h}{\partial x_2} \frac{\partial v_h}{\partial x_2}] dx \; + \; \langle \bar{w}_h^*, \gamma v_h \rangle \;\; = \;\; \int_\Omega f v_h \, dx \qquad \forall v_h \in V_h,$$

$$\langle w_h^*, \gamma \bar{v}_h \rangle \;\; = \;\; \langle w_h^*, g \rangle \qquad \forall w_h^* \in W_h^* \tag{153}$$

zur Bestimmung von $\bar{v}_h \in V_h$, $\bar{w}_h^* \in W_h^*$. Zur Sicherung der Lösbarkeit von (153) wie für die Konvergenz $\bar{v}_h \to \bar{v}$, $\bar{w}_h^* \to \bar{w}^*$ sind die Diskretisierungen V_h, W_h^* der Räume V, W^* geeignet aufeinander abzustimmen. Ein hinreichendes Stabilitäts- und Konvergenzkriterium liefern die Babuška-Brezzi-Bedingungen. Für eine ausführliche Diskussion dieser verweisen wir auf [BF91].

Wir untersuchen nun noch eine (150) entsprechende Formulierung von (151). Es sei ein $\tilde{v} \in V$ mit $\gamma \tilde{v} = g$ bekannt. Dann besitzt der zulässige Bereich von (151) die Darstellung

$$G = \{ v = \tilde{v} + z \; : \; z \in H_0^1(\Omega) \}.$$

Der Sobolev-Raum $H_0^1(\Omega) := \{ v \in V \; : \; \gamma v = 0 \}$ bildet hierbei die Realisierung des Nullraumes des Restriktionsoperators γ von (151), und die optimale Lösung $\bar{v}$ besitzt die Form $\bar{v} = \tilde{v} + \bar{z}$ mit dem durch

$$\int_\Omega [\frac{\partial \bar{z}}{\partial x_1} \frac{\partial z}{\partial x_1} + \frac{\partial \bar{z}}{\partial x_2} \frac{\partial z}{\partial x_2}] dx =$$

$$-\int_\Omega [\frac{\partial \tilde{v}}{\partial x_1} \frac{\partial z}{\partial x_1} + \frac{\partial \tilde{v}}{\partial x_2} \frac{\partial z}{\partial x_2}] dx + \int_\Omega f z \, dx \qquad \forall z \in H_0^1(\Omega) \tag{154}$$

nach dem Lemma von Lax-Milgram (vgl. [Cia78]) eindeutig bestimmten $\bar{z} \in H_0^1(\Omega)$. Durch Wahl entsprechender Unterräume $Z_h \subset H_0^1(\Omega)$ erhält man aus (154) z.B. eine konforme Finite-Element-Methode (vgl. z.B. [Cia78], [GR92]).

Übung 4.13 Es sei $Q \in \mathcal{L}(\mathbb{R}^n, \mathbb{R}^n)$ eine orthogonale Matrix derart, daß für die durch $R := QA^T$ zugeordnete Matrix $R = (r_{ij})$ gilt

$$r_{ii} \neq 0, \quad i = 1(1)m \qquad \text{und} \qquad r_{ij} = 0, \quad i > m, \ j = 1(1)m.$$

Man zeige, daß sich der Orthoprojektor $P : \mathbb{R}^n \to \mathcal{N}(A)$ darstellen läßt durch $P = Q^T S Q$ mit der durch $s_i := 0$, $i = 1(1)m$, $s_i := 1$, $i > m$, definierten Matrix $S = \text{diag}(s_i)$.

Übung 4.14 Durch Regularisierung der Bedingungen (142) erhält man das für jedes $\varepsilon > 0$ einfach auflösbare System

$$\begin{aligned} \bar{x}_\varepsilon + A^T \bar{u}_\varepsilon &= w, \\ A\bar{x}_\varepsilon + \varepsilon \bar{u}_\varepsilon &= 0. \end{aligned}$$

Man zeige, daß der durch $P_\varepsilon w := \bar{x}_\varepsilon$ definierte Operator $P_\varepsilon : \mathbb{R}^n \to \mathbb{R}^n$ für jedes $\varepsilon > 0$ linear und stetig ist. Was läßt sich über P_ε für $\varepsilon \to +0$ aussagen? Man gebe eine Strafmethode für das Problem

$$\|x\|^2 \to \text{min} ! \qquad \text{bei} \qquad Ax = 0$$

an, mit Hilfe deren Näherungslösungen sich P_ε ebenfalls definieren läßt.

Übung 4.15 Es sei $\Omega \subset \mathbb{R}^2$ ein Gebiet mit regulärem Rand, und es bezeichne V den Sobolev-Raum $V := H^1(\Omega)$ mit dem Skalarprodukt

$$(u, v) := \int_\Omega [\frac{\partial \bar{u}}{\partial x_1} \frac{\partial v}{\partial x_1} + \frac{\partial \bar{u}}{\partial x_2} \frac{\partial v}{\partial x_2}] \, dx + \int_\Omega u \, v \, dx.$$

Definieren Sie mit diesem Skalarprodukt den Orthoprojektor $P : V \to H_0^1(\Omega)$ und geben Sie ein Randwertproblem zur Bestimmung von Pz für gegebenes $z \in V$ an.

4.4 Probleme mit Ungleichungsrestriktionen

4.4.1 Aktive Mengen Strategie, Mannigfaltigkeits-Suboptimierung

Als Ausgangsaufgabe betrachten wir hier Optimierungsprobleme der Form

$$\begin{aligned} f(x) &\to \text{min} ! \\ \text{bei} \qquad x \in G &:= \{x \in \mathbb{R}^n : Ax \leq b\} \end{aligned} \tag{155}$$

mit einer stetig differenzierbaren Zielfunktion $f : \mathbb{R}^n \to \mathbb{R}$ sowie $b \in \mathbb{R}^m$, $A \in \mathcal{L}(\mathbb{R}^n, \mathbb{R}^m)$. Die Zeilenvektoren der Matrix A seien wieder mit a_i^T und die Menge der im Punkt $x \in G$ aktiven Restriktionen mit

$$I_0(x) := \{i \in \{1, \ldots, m\} : a_i^T x = b_i\}$$

bezeichnet. Zu Indexmengen $I_k \subset \{1, \ldots, m\}$ definieren wir zugehörig lineare Mannigfaltigkeiten $M_k \subset I\!\!R^n$ durch

$$M_k := \{\, x \in I\!\!R^n \,:\, a_i^T x = b_i, \ i \in I_k \,\}. \tag{156}$$

Das Grundprinzip der aktiven Mengen Strategie besteht darin, die Lösung des Ausgangsproblems mit Hilfe einer geeignet konstruierten Folge von Optimierungsaufgaben mit linearen Gleichungsrestriktionen zu bestimmen. Eine Technik zur Erzeugung der diese Restriktionen definierenden Indexmengen I_k wird realisiert in dem von Zangwill[Zan69] vorgeschlagenen

Verfahren der Mannigfaltigkeits-Suboptimierung

(i) Wähle ein $x^0 \in G$ und setze $I_0 := I_0(x^0)$ sowie $k := 0$.

(ii) Bestimme y^k als Lösung von

$$f(x) \to \min ! \qquad \text{bei} \quad x \in M_k. \tag{157}$$

(iii) Falls $f(x^k) = f(y^k)$ gilt, so bestimme die zu x^k gehörigen optimalen Lagrange-Multiplikatoren u_i^k, $i \in I_k$, für das Problem (157).

· Gilt $u_i^k \geq 0$, $i \in I_k$, dann stoppe das Verfahren.

· Anderenfalls wähle ein $j \in I_k$ mit $u_j^k < 0$, setze

$$x^{k+1} := x^k, \qquad I_{k+1} := I_0(x^k) \backslash \{j\}$$

und gehe mit $k := k + 1$ zu (ii).

(iv) Falls $f(x^k) > f(y^k)$ gilt, so setze

$$\alpha_k := \max\{\, \alpha \in [0,1] \,:\, x^k + \alpha(y^k - x^k) \in G \,\},$$
$$x^{k+1} := x^k + \alpha_k(y^k - x^k), \qquad I_{k+1} := I_0(x^{k+1})$$

und gehe mit $k := k + 1$ zu Schritt (ii).

Zur Konvergenz des Verfahrens gilt

SATZ 4.12 *Es sei* $f : I\!\!R^n \to I\!\!R$ *konvex, und für beliebige* $x \in G$ *seien die Spaltenvektoren* $\{a_i\}_{i \in I_0(x)} \subset I\!\!R^n$ *von* A *linear unabhängig. Ferner seien die Teilprobleme (157) stets lösbar. Dann liefert das Verfahren der Mannigfaltigkeits-Suboptimierung nach einer endlichen Schrittzahl eine Optimallösung des Ausgangsproblems (155).*

Beweis: Wir analysieren zunächst den im Verfahren eingesetzten Abbruchtest. Gilt $f(x^k) = f(y^k)$, so löst $\bar{x} := x^k \in G$ wegen $x^k \in M_k$ auch das Hilfsproblem (157). Definiert man

$$\bar{u}_i := \begin{cases} u_i^k, & \text{falls } i \in I_k, \\ 0, & \text{falls } i \notin I_k, \end{cases}$$

dann genügt $(\bar{x}, \bar{u}) \in \mathbb{R}^n \times \mathbb{R}_+^m$ den Kuhn-Tucker-Bedingungen für das Ausgangsproblem (155). Wegen der vorausgesetzten Konvexität der Zielfunktion f und der Konvexität des zulässigen Bereiches G sind diese hinreichend dafür, daß $\bar{x}$ die Optimierungsaufgabe (155) löst.

Aus $x^k \in M_k$ folgt $f(y^k) \leq f(x^k)$. Sowohl im Schritt (iii) als auch im Schritt (iv) besitzt x^{k+1} die Darstellung $x^{k+1} = (1 - \alpha_k)x^k + \alpha_k y^k$ mit einem $\alpha_k \in [0,1]$. Mit der Konvexität von f erhält man nun

$$f(x^{k+1}) \leq (1 - \alpha_k) f(x^k) + \alpha_k f(y^k) \leq f(x^k).$$

Der Fall $f(y^k) < f(x^k)$ mit $y^k \notin G$ kann nur endlich oft hintereinander auftreten, da hierbei die Menge I_{k+1} durch ausschließliche Hinzunahme mindestens eines weiteren Index aus I_k entsteht und die Gesamtzahl der Restriktionen endlich ist.

Gilt $f(y^k) < f(x^k)$, $y^k \in G$, so hat man $\alpha_k = 1$ und damit $x^{k+1} = y^k$. Mit $I_k \subset I_{k+1}$ und $x^{k+1} \in M_{k+1}$ folgt $f(y^{k+1}) = f(x^{k+1})$. Insgesamt kann damit der Fall $f(y^k) < f(x^k)$ nur endlich oft hintereinander auftreten.

Es sei nun $f(y^k) = f(x^k)$ und $u_j^k < 0$ für ein $j \in I_k$ sowie $I_{k+1} = I_0(x^k) \backslash \{j\}$. Mit $B := (a_i^T)_{i \in I_{k+1}}$ bezeichne $P : \mathbb{R}^n \to \mathcal{N}(B)$ den zugehörigen Orthoprojektor (vgl. Abschnitt 4.3). Wir definieren zur Abkürzung $d := Pa_j$. Wegen der vorausgesetzten linearen Unabhängigkeit der Vektoren a_i, $i \in I_0(x^k)$, gilt $a_j \notin \mathcal{R}(B^T)$. Mit der Zerlegung (144) des $\mathbb{R}^n$ folgt daraus $d \neq 0$. Unter Beachtung der Symmetrie und Idempotenz des Projektors P erhält man

$$a_j^T d = a_j^T P a_j = a_j^T P^T P a_j = d^T d \neq 0.$$

Wird $u_i^k := 0$ für $i \in I_0(x^k) \backslash I_k$ gesetzt, so gilt mit der Definition von u^k nun

$$\nabla f(x^k) + \sum_{i \in I_0(x^k)} u_i^k a_i = 0. \tag{158}$$

Aus $d \in \mathcal{N}(B)$ folgt $d^T \nabla f(x^k) + u_j^k d^T d = 0$, und mit $u_j^k < 0$ hat man also

$$d^T \nabla f(x^k) > 0. \tag{159}$$

Wegen $d \in \mathcal{N}(B)$ ist ferner $x^k + \alpha d \in M_{k+1}$ für beliebige $\alpha \in \mathbb{R}$. Unter Beachtung von (159) und der Definition von y^{k+1} liefert dies

$$f(y^{k+1}) < f(x^k). \tag{160}$$

Mit $u_j^k < 0$ und der Konvexität von f ist die Bedingung (158) hinreichend dafür, daß x^k das Problem

$$f(x) \to \min ! \qquad \text{bei} \quad x \in M_{k+1}, \ a_j^T x \geq b_j$$

löst. Aus (160) folgt damit $a_j^T y^{k+1} < b_j$, und man erhält so $\alpha_k \in (0,1]$. Die Konvexität von f, die Eigenschaft $x^{k+1} = x^k$ und (160) liefern nun die Abschätzung

$$f(x^{k+2}) \leq \alpha_{k+1} f(y^{k+1}) + (1 - \alpha_{k+1}) f(x^k) < f(x^k).$$

Insgesamt wird in diesem Schritt also ein echter Abstieg erreicht. Andererseits ist die gesamte Folge $\{f(x^k)\}$ gemäß Konstruktion monoton und, wie bereits gezeigt wurde, löst x^k nach jeweils einer endlichen Schrittzahl das zugehörige Hilfsproblem (157). Wegen der endlichen Anzahl der Restriktionen gibt es nur endlich viele unterschiedliche Probleme (157). Der nachgewiesene Abstieg sichert, daß kein Problem mehrfach gelöst wird. Damit ist das Verfahren der Mannigfaltigkeits-Suboptimierung endlich. ∎

Bemerkung 4.12 Im strengen Sinn ist das Verfahren der Mannigfaltigkeits-Suboptimierung nur implementierbar, wenn die erzeugten Teilprobleme (157) mit endlich vielen Operationen exakt gelöst werden können. Dies ist z.B. für quadratische Zielfunktionen mit Hilfe des CG-Verfahrens möglich. □

4.4.2 Das Verfahren von Beale

Gegeben sei ein **quadratisches Optimierungsproblem**, d.h. eine Aufgabe der Form

$$
\begin{aligned}
f(x) &:= \tfrac{1}{2} x^T C x + c^T x \rightarrow \min ! \\
\text{bei} \quad x \in G &:= \{ x \in I\!R^n : A x \leq b \}.
\end{aligned}
\tag{161}
$$

Dabei seien $C \in \mathcal{L}(I\!R^n, I\!R^n)$ symmetrisch und positiv definit, $A \in \mathcal{L}(I\!R^n, I\!R^m)$, $b \in I\!R^m$, $c \in I\!R^n$ gegeben. Zur Darstellung der Grundidee des Verfahrens von Beale wird im folgenden von der Methode der Mannigfaltigkeits-Suboptimierung ausgegangen. Dies unterscheidet sich deutlich von der Originaldarstellung von Beale (vgl. hierzu [KK62]), die sich stärker an einer schematischen Realisierung des Simplexverfahrens orientiert. Als spezifische Besonderheiten des Beale-Verfahrens im Unterschied zum allgemeinen Verfahren der Mannigfaltigkeits-Suboptimierung sind zu nennen:

- Die erzeugten Teilprobleme sind stets Optimierungsaufgaben über eindimensionalen linearen Mannigfaltigkeiten (Strahlminimierungen);

- Zur Einschränkung der Bereiche auf eindimensionale Mannigfaltigkeiten werden künstliche Restriktionen $p_j^T x = q_j$, $j \in J_k$ im Verfahren erzeugt, d.h. die linearen Mannigfaltigkeiten M_k werden in der Form

$$M_k := \{ x \in I\!R^n : a_i^T x = b_i, \ i \in I_k, \ p_j^T x = q_j, \ j \in J_k \} \tag{162}$$

gebildet.

Verfahren von Beale

(i) Wähle als Startpunkt $x^0 \in G$ eine Ecke des zulässigen Bereiches. Setze $I_0 := I_0(x^0)$, $J_0 := \emptyset$ und $k := 0$.

(ii) Bestimme y^k als Lösung von

$$f(x) \to \min ! \quad \text{bei } x \in M_k \tag{163}$$

mit M_k gemäß (162).

(iii) Falls $f(x^k) = f(y^k)$ gilt, so bestimme die zu x^k gehörigen optimalen Lagrange-Multiplikatoren u_i^k, $i \in I_k$; v_j^k, $j \in J_k$, für das Problem (163).

* Gilt $u_i^k \geq 0$, $i \in I_k$ und $v_j^k = 0$, $j \in J_k$, dann stoppe das Verfahren.

* Anderenfalls wähle ein $j \in J_k$ mit $v_j^k \neq 0$ und setze

$$I_{k+1} := I_k, \quad J_{k+1} := J_k \backslash \{j\}, \quad x^{k+1} := x^k$$

oder wähle ein $i \in I_k$ mit $u_i^k < 0$, setze

$$I_{k+1} := I_k \backslash \{i\}, \quad J_{k+1} := J_k, \quad x^{k+1} := x^k.$$

Gehe mit $k := k + 1$ zu (ii).

(iv) Falls $f(x^k) > f(y^k)$ gilt, so setze

$$\alpha_k := \max\{ \alpha \in [0,1] : x^k + \alpha(y^k - x^k) \in G \},$$
$$x^{k+1} := x^k + \alpha_k(y^k - x^k), \quad I_{k+1} := I_0(x^{k+1})$$

Ist $\alpha_k = 1$, so wird eine neue künstliche Restriktion definiert mit

$$p_k \in \mathbb{R}^n, \quad q_k \in \mathbb{R} \text{ gemäß } p_k := C(y^k - x^k), \quad q_k := -c^T(y^k - x^k).$$

Setze in diesem Fall

$$I_{k+1} := I_k, \quad J_{k+1} := J_k \cup \{k\}.$$

Ist $\alpha_k < 1$, so setze

$$I_{k+1} := I_0(x^k), \quad J_{k+1} := J_k.$$

Gehe in beiden Fällen mit $k := k + 1$ zu Schritt (ii).

Bemerkung 4.13 Da der Startpunkt x^0 als Ecke von G gewählt wird, hat man dim $M_0 = 0$. Im Beale-Verfahren wechseln sich Berechnungen in Ecken (erforderlichenfalls künstlich erzeugten) und Strahlminimierungen ab, d.h. es gilt dim $M_{2l} = 0$, dim $M_{2l+1} = 1$. Dies läßt sich in der Verfahrensrealisierung in folgender Weise effektiv ausnutzen.

Für ungerades k kann die Menge M_k durch

$$M_k = \{ x = x^k + \alpha d^k : \alpha \in I\!R \} \tag{164}$$

mit einem $d^k \in I\!R^n$, $d^k \neq 0$ mit

$$a_i^T d^k = 0, \ i \in I_k \qquad \text{und} \qquad p_j^T d^k = 0, \ j \in J_k$$

dargestellt werden (vgl. auch den Beweis zu Satz 4.12). Damit gilt

$$x \in G \quad \Leftrightarrow \quad a_i^T(x^k + \alpha d^k) \le b_i, \ i \notin I_k \quad \Leftrightarrow \quad \alpha \in [\underline{\alpha}_k, \overline{\alpha}_k]$$

mit

$$\underline{\alpha}_k := \max_{i \notin I_k} \left\{ \frac{b_i - a_i^T d^k}{a_i^T d^k} : a_i^T d^k < 0 \right\}, \quad \overline{\alpha}_k := \min_{i \notin I_k} \left\{ \frac{b_i - a_i^T d^k}{a_i^T d^k} : a_i^T d^k > 0 \right\}$$

(vgl. hierzu auch die Schrittweitenwahl bei der Simplexmethode). Die Lösung y^k von (163) mit M_k gemäß (164) läßt sich charakterisieren durch

$$(d^k)^T (Cy^k + c) = 0$$

mit $\quad y^k = x^k + \tilde{\alpha}_k d^k \quad$ und $\quad \tilde{\alpha}_k = -\dfrac{(d^k)^T(Cx^k + c)}{(d^k)^T C d^k}$. Wir erhalten so

$$x^{k+1} = x^k + \alpha_k^* d^k \quad \text{mit} \quad \alpha_k^* := \begin{cases} \overline{\alpha}_k, & \text{falls } \tilde{\alpha}_k > \overline{\alpha}_k, \\ \tilde{\alpha}_k, & \text{falls } \tilde{\alpha}_k \in [\underline{\alpha}_k, \overline{\alpha}_k], \\ \underline{\alpha}_k, & \text{falls } \tilde{\alpha}_k < \underline{\alpha}_k. \end{cases} \qquad \square$$

Bemerkung 4.14 Die Endlichkeit des Verfahrens von Beale folgt bei Ausschluß der Entartung aus der endlichen Zahl der Kanten und der Eindeutigkeit der Orthoprojektoren. $\square$

Übung 4.16 Lösen Sie das quadratische Optimierungsproblem

$$f(x) := (x_1 + 0.5)^2 + x_2^2 \to \min !$$
$$\text{bei} \qquad x \in G := \{ x \in I\!R^2 : x_1 \le 1, \ x_2 \le 1, \ x_1 + x_2 \ge 1 \}$$

von $x^0 = (1,1)^T$ ausgehend mit Hilfe des Verfahrens der Mannigfaltigkeits-Suboptimierung.

Übung 4.17 Man gebe eine an die Aufgabe

$$f(x) \to \min ! \qquad \text{bei} \quad x \in G := \{ x \in I\!R_+^n : Ax = b \}$$

angepaßte Variante des Verfahrens der Mannigfaltigkeits-Suboptimierung an.

Übung 4.18 Lösen Sie das quadratische Optimierungsproblem

$$f(x) \quad := \quad 4x_1^2 + x_2^2 \to \ \min \ !$$

bei $\quad x \in G \quad := \quad \{\, x \in I\!R^2 \ : \ x_1 - 2x_2 \le 1, \ \ x_1 + x_2 \le 1, \ \ -x_1 \le 1 \,\}$

von $x^0 = (1,0)^T$ startend mit Hilfe des Beale-Verfahrens. Skizzieren Sie den zulässigen Bereich, Niveaulinien der Zielfunktion, die erhaltenen Iterierten sowie erzeugte künstliche Restriktionen.

5 Strafmethoden und modifizierte Lagrange-Funktionen

Die **Strafmethoden**, auch **Penalty Verfahren** genannt, sind auf Grund ihrer einfachen Grundstruktur, die in der Berücksichtigung der Nebenbedingungen durch Hinzunahme von dem Optimierungsziel entgegengerichteten Strafen zur Zielfunktion besteht, und ihrer numerischen Robustheit weitverbreitete Verfahren zur näherungsweisen Lösung sowohl endlichdimensionaler Optimierungsprobleme als auch von restringierten Variationsaufgaben in Funktionenräumen. Ferner wird die enge Verbindung zu Regularisierungstechniken für inkorrekt gestellte Probleme skizziert.

Zur Vereinfachung der Untersuchungen wie auch der Darstellung werden zunächst einige Grundeigenschaften von Strafmethoden für endlichdimensionale Probleme angegeben. Anschließend werden spezielle Straftechniken auch für allgemeinere Aufgaben betrachtet. Ferner leiten wir Verbindungen zu modifizierten Lagrange-Funktionen und zu Sattelpunktproblemen her, und wir diskutieren abschließend Fragen der abgestimmten Parameterwahl bei der Anwendung von Strafmethoden auf diskretisierte Variationsprobleme.

Insgesamt gibt es zu Strafmethoden und ihrer Anwendung auf unterschiedliche Problemklassen eine breite Literatur, die auch in Monografien aufbereitet ist. Wir konzentrieren uns daher im vorliegenden Buch nur auf einige Schwerpunkte. Für weiterführende Untersuchungen sei z.B. auf [FM68], [GK79] verwiesen.

5.1 Das Grundprinzip von Strafmethoden

Wir legen ein endlichdimensionales Optimierungsproblem

$$f(x) \to \ \min ! \qquad \text{bei} \quad x \in G \tag{1}$$

mit einem abgeschlossenen zulässigen Bereich $G \subset I\!\!R^n$ und einer stetigen Zielfunktion $f : I\!\!R^n \to I\!\!R$ zugrunde. Es bezeichne $\tilde{I\!\!R} := I\!\!R \cup \{+\infty\}$ die Menge der um den uneigentlichen Wert ‚$+\infty$' erweiterten reellen Zahlen. Dadurch vereinfacht sich die Beschreibung der Methoden. In der numerischen Realisierung sind jedoch gegebenenfalls Tests zur Vermeidung des uneigentlichen Wertes erforderlich.

Stetige Funktionen $W_k : I\!\!R^n \to \tilde{I\!\!R}$, $k = 1, 2, \ldots$ werden **Straffunktionen** genannt, wenn diese der Bedingung

$$z^k \to z \quad \Longrightarrow \quad \lim_{k\to\infty} W_k(z^k) \begin{cases} \geq 0, & \text{falls } z \in G, \\ +\infty, & \text{falls } z \notin G \end{cases} \tag{2}$$

genügen und mit einer nichtleeren Menge $B \subset G$ gilt

$$\lim_{k \to \infty} W_k(x) = 0 \qquad \text{für alle } x \in B. \tag{3}$$

Dabei ist die Stetigkeit der Funktionen W_k mit Werten in $\tilde{I\!R}$ definiert durch

$$z^l \to z \quad \text{für } l \to \infty \quad \Longrightarrow \quad W_k(z^l) \to W_k(z) \quad \text{für } l \to \infty.$$

Erfüllen Straffunktionen W_k, $k = 1, 2, \ldots$ das zusätzliche Kriterium

$$W_k(x) = +\infty, \ k = 1, 2, \ldots \qquad \text{für alle } x \notin \text{int}\, G, \tag{4}$$

so spricht man auch von **Barrierefunktionen**. Wir geben später einige konkrete Realisierungen von Straffunktionen, darunter auch Barrierefunktionen, an.

Mit Hilfe von Straffunktionen wird dem restringierten Ausgangsproblem (1) eine Folge unrestringierter Ersatzprobleme

$$T_k(x) := f(x) + W_k(x) \to \min ! \qquad \text{bei} \quad x \in I\!R^n \tag{5}$$

zugeordnet. Zu deren Lösung lassen sich, zumindest lokal, effektive Verfahren zur freien Minimierung einsetzen (vgl. Kapitel 3). Diese erfordern i.allg., weitere Glattheitsvoraussetzungen an die Straffunktionen W_k über deren eigentlichen Definitionsgebieten zu stellen. Ein numerisches Verfahren, welches das Ausgangsproblem (1) mit Hilfe von Ersatzproblemen (5) behandelt, wird als **Strafmethode** bezeichnet.

Bemerkung 5.1 Die Eigenschaft (2) bedeutet, daß für Verletzungen der Nebenbedingungen von (1) asymptotisch eine beliebig hohe "Strafe" zur Zielfunktion hinzugefügt wird, und damit im Grenzfall die Zulässigkeit gesichert wird. Durch die Forderung (3) geht andererseits die Ersatzzielfunktion $T_k = f + W_k$ auf der Menge $B \subset G$ in die Originalzielfunktion über. Um eine möglichst weitgehende Übereinstimmung mit dem Ausgangsproblem zu erreichen, wird daher in der Regel $B \supset \text{int}\, G$ gewählt. □

Beispiel 5.1 Gegeben sei die Optimierungsaufgabe

$$f(x) := 2x_1^2 + x_2^2 \to \min ! \qquad \text{bei} \quad x \in G := \{ x \in I\!R^2 : 1 - x_1 - x_2 \le 0 \},$$

und wir wählen als Straffunktion

$$W_k(x) := r_k \max{}^2\{0, 1 - x_1 - x_2\} \qquad \text{mit Parametern } r_k > 0, \ r_k \to +\infty.$$

Wegen der Konvexität der damit gebildeten Ersatzzielfunktion T_k löst $x^k \in I\!R^2$ genau dann das zugehörige Problem (5), wenn $\nabla T_k(x^k) = 0$ gilt. In der vorliegenden Aufgabe hat man

$$\nabla T_k(x) = \begin{pmatrix} 4x_1 - 2r_k \max\{0, 1 - x_1 - x_2\} \\ 2x_2 - 2r_k \max\{0, 1 - x_1 - x_2\} \end{pmatrix}.$$

Wir unterscheiden nun zwei Möglichkeiten:

a) $1 - x_1 - x_2 < 0$. In diesem Fall ist $\nabla T_k(x) = 0$ äquivalent zu $x_1 = 0$, $x_2 = 0$ im Widerspruch zur getroffenen Annahme.

b) $1 - x_1 - x_2 \geq 0$. Dies liefert

$$\nabla T_k(x) = \begin{pmatrix} 4x_1 - 2r_k(1 - x_1 - x_2) \\ 2x_2 - 2r_k(1 - x_1 - x_2) \end{pmatrix},$$

und $\nabla T_k(x^k) = 0$ ist äquivalent zu dem linearen System

$$\begin{pmatrix} 1 + 2r_k^{-1} & 1 \\ 1 & 1 + r_k^{-1} \end{pmatrix} \begin{pmatrix} x_1^k \\ x_2^k \end{pmatrix} = \begin{pmatrix} 1 \\ 1 \end{pmatrix} \tag{6}$$

und liefert $x^k = \dfrac{1}{3 + 2r_k^{-1}} \begin{pmatrix} 1 \\ 2 \end{pmatrix}$. Damit gilt $x^k \to \begin{pmatrix} 1/3 \\ 2/3 \end{pmatrix}$ für $k \to \infty$. Wir weisen jedoch darauf hin, daß sich die Kondition des linearen Systems (6) mit wachsendem Strafparameter r_k verschlechtert und (6) asymptotisch ein inkorrekt gestelltes Problem ist. Zur Illustration dieses Effektes werden in Abbildung 5.1 Niveaulinien $T_k = 2, 4, 6, 8, 10$ der Ersatzzielfunktion T_k für $r_k = 10$ und $r_k = 80$ skizziert. $\square$

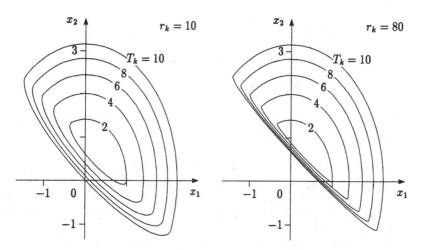

Abbildung 5.1: Niveaulinien zu Beispiel 5.1

Die Verwendung einer Folge von Ersatzproblemen (5) anstelle eines einzigen, welches das Ausgangsproblem hinreichend gut approximiert, resultiert aus der wegen der Eigenschaft (2) asymptotisch beliebig schlechten Kondition von (5). Man nutzt zur Stabilisierung die Lösung des vorhergehenden Problems als Startiterierte zur Bestimmung einer Näherungslösung des Nachfolgeproblems. Wir werden auf diese Frage noch zurückkommen. Zunächst wird die Konvergenz von Lösungen der Aufgaben (5) gegen Lösungen von (1) untersucht. Hierzu gilt

SATZ 5.1 *Die Ersatzprobleme (5) seien lösbar, und es bezeichne $\{x^k\}$ eine Folge zugehöriger Lösungen. Das Ausgangsproblem genüge mit der in der Eigenschaft (3) auftretenden Menge $B \subset G$ ferner der Regularitätsbedingung*

$$\inf_{x\in B} f(x) = \inf_{x\in G} f(x). \tag{7}$$

Dann bildet jeder Häufungspunkt der Folge $\{x^k\}$ eine Lösung des Ausgangsproblems (1).

Beweis: Da x^k, $k = 1,2,\ldots$, Lösungen der Ersatzprobleme sind, gilt insbesondere

$$f(x^k) + W_k(x^k) \leq f(x) + W_k(x) \quad \text{für alle} \quad x \in B. \tag{8}$$

Es sei nun $\{x^k\}_\mathcal{K} \subset \{x^k\}$ eine gegen ein $\bar{x} \in \mathbb{R}^n$ konvergente Teilfolge. Unter Beachtung der Stetigkeit von f sowie (2), (3) und (8) folgt die Abschätzung

$$f(\bar{x}) \leq \lim_{k\in\mathcal{K}} f(x^k) + \varlimsup_{k\in\mathcal{K}} W_k(x^k) \leq f(x) + \lim_{k\in\mathcal{K}} W_k(x) = f(x) \ \forall\, x \in B$$

und damit

$$f(\bar{x}) \leq \inf_{x\in B} f(x). \tag{9}$$

Nach Voraussetzung ist $B \neq \emptyset$. Es sei $x \in B$, dann erhält man aus (8) ferner

$$\varlimsup_{k\in\mathcal{K}} W_k(x^k) \leq f(x) - f(\bar{x}).$$

Die Eigenschaft (2) der Straffunktionen sichert so $\bar{x} \in G$. Wegen (7) und (9) löst $\bar{x}$ damit das Ausgangsproblem (1). ∎

Bemerkung 5.2 Es sei darauf hingewiesen, daß eine Folge $\{x^k\}$ von Lösungen der Ersatzprobleme (5) nicht notwendigerweise einen Häufungspunkt besitzt. Es läßt sich zeigen, daß die Existenz derartiger Häufungspunkte eng mit dem Verhalten des Ausgangsproblems bei Störungen in den Restriktionen verknüpft ist. Wir verweisen hierzu auf [GK79].

Ein einfaches hinreichendes Kriterium kann mit Hilfe von Niveaumengen angegeben werden. Gibt es nämlich ein $\tilde{x} \in B$ und ein $\delta > 0$ mit

$$T_k(x) \leq T_k(\tilde{x}) \implies \|x\| \leq \delta, \quad k = 1,2,\ldots,$$

dann besitzt jede Folge $\{x^k\}$ von Lösungen der Ersatzprobleme mindestens einen Häufungspunkt. □

Mit der gleichen Beweistechnik wie zu Satz 5.1 läßt sich auch das Verhalten der Strafmethode bei nur näherungsweiser Lösung der Ersatzprobleme (5) untersuchen. Hierzu gilt

KOROLLAR 5.1 *Die Aufgabe (1) genüge der Regularitätsbedingung (7), und* $\{\varepsilon_k\} \subset I\!\!R_+$ *sei eine vorgegebene beschränkte Folge. Dann ist jeder Häufungspunkt* $\bar{x}$ *einer Folge* $\{x_\varepsilon^k\}$ *von* ε_k*-Näherungslösungen der Ersatzprobleme im Sinne von*

$$T_k(x_\varepsilon^k) \leq T_k(x) + \varepsilon_k \qquad \text{für alle } x \in I\!\!R^n, \ k = 1, 2, \ldots,$$

zulässig für das Ausgangsproblem (1), und es gilt die Abschätzung

$$f(\bar{x}) \leq f(x) + \overline{\lim_{k \to \infty}} \varepsilon_k \qquad \text{für alle } x \in G.$$

Die Konvergenzuntersuchungen für Strafmethoden lassen sich analog auch für lokale Optima von (1) formulieren. Dies kann in einfacher Weise durch Betrachtung von $G \cap U(\tilde{x})$ anstelle von G mit einer abgeschlossenen Umgebung $U(\tilde{x})$ einer lokalen Lösung $\tilde{x}$ erreicht werden.

SATZ 5.2 *Es sei* $\bar{x} \in G \cap \overline{B}$ *ein strenges lokales Minimum des Ausgangsproblems (1), d.h. es existiere ein* $\rho > 0$ *mit*

$$f(\bar{x}) < f(x) \qquad \text{für alle } x \in U_\rho(\bar{x}) \backslash \{\bar{x}\}. \tag{10}$$

Dann konvergiert jede Folge $\{x^k\}$ *von Lösungen der lokalen Ersatzprobleme*

$$T_k(x) \to \min ! \qquad \text{bei } x \in U_\rho(\bar{x}). \tag{11}$$

Insbesondere existiert ein k_0 *derart, daß* $\|x^k - \bar{x}\| < \rho$, $k \geq k_0$ *für beliebige Lösungen* x^k *von (11) gilt.*

Beweis: Die vorausgesetzte Stetigkeit von f und W_k (im Sinn von $\tilde{I\!\!R}$) sichert mit der Kompaktheit von $U_\rho(\bar{x})$ die Existenz von Lösungen x^k von (11). Da jede derartige Folge $\{x^k\}$ beschränkt ist, besitzt sie wegen der endlichen Dimension des zugrunde gelegten Raumes $I\!\!R^n$ mindestens einen Häufungspunkt $\hat{x} \in U_\rho(\bar{x})$.

Nach Voraussetzung gilt $\bar{x} \in \overline{B}$. Somit existiert ein $\tilde{x} \in B \cap U_\rho(\bar{x})$. Analog zum Beweis von Satz 5.1 folgt nun $\hat{x} \in G$ und

$$f(\hat{x}) \leq f(x) \qquad \text{für alle } x \in B \cap U_\rho(\bar{x}).$$

Mit der Stetigkeit von f und mit $\bar{x} \in B$ erhält man $f(\hat{x}) \leq f(\bar{x})$. Wegen (10) gilt also $\hat{x} = \bar{x}$. Unter Beachtung der Kompaktheit liefert dies die Konvergenz der gesamten Folge $\{x^k\}$ gegen $\bar{x}$.

Zu zeigen bleibt, daß ein k_0 existiert, so daß (11) für $k \geq k_0$ keine Lösungen auf dem Rand von $U_\rho(\bar{x})$ besitzt. Falls dies nicht gilt, lassen sich eine unendliche Indexmenge K und eine Folge $\{x^k\}_K$ von Lösungen des Problems (11) finden mit $\|x^k - \bar{x}\| = \rho$, $k \in \mathcal{K}$. Dies steht im Widerspruch zu der bereits gezeigten Konvergenz jeder beliebigen Lösungsfolge von (11) gegen $\bar{x}$. ∎

Bemerkung 5.3 Analog zur lokalen Konvergenzanalyse können Verfahren betrachtet werden, bei denen nur ein Teil der Restriktionen durch Straffunktionen behandelt und die restlichen, z.B. lineare Restriktionen, weiterhin als Nebenbedingungen in den Ersatzproblemen zu beachten sind. □

Wir geben nun einige wichtige Realisierungen für Straffunktionen an. Dabei sei der zulässige Bereich G mit Hilfe von Ungleichungsrestriktionen gemäß

$$G = \{\, x \in I\!R^n \,:\, g_i(x) \leq 0, \; i = 1(1)m \,\} \tag{12}$$

beschrieben, und es bezeichne

$$G^0 := \{\, x \in I\!R^n \,:\, g_i(x) < 0, \; i = 1(1)m \,\}. \tag{13}$$

Ferner sei $\{r_k\}$ eine beliebige Folge von **Strafparametern** mit

$$r_k > 0, \; k = 1, 2, \ldots \qquad \text{und} \qquad \lim_{k \to \infty} r_k = +\infty. \tag{14}$$

Dann lassen sich wichtige Formen von Straffunktionen und die zugehörigen Mengen B beschreiben durch:

- **quadratische Straffunktion** (siehe z.B. [FM68], [Bel70])

$$W_k(x) := r_k \sum_{i=1}^{m} \max^2\{0, g_i(x)\}, \qquad B = G; \tag{15}$$

- **logarithmische Barrierefunktion** (siehe z.B. [Fri55], [Bit65], [Loo70])

$$W_k(x) := \begin{cases} -\dfrac{1}{r_k} \sum_{i=1}^{m} \ln(-g_i(x)), & \text{falls } x \in G^0 \\ +\infty, & \text{falls } x \notin G^0, \end{cases} \qquad B = G^0; \tag{16}$$

- **inverse Barrierefunktion (SUMT)** (siehe z.B. [FM68])

$$W_k(x) := \begin{cases} -\dfrac{1}{r_k} \sum_{i=1}^{m} \dfrac{1}{g_i(x)}, & \text{falls } x \in G^0 \\ +\infty, & \text{falls } x \notin G^0, \end{cases} \qquad B = G^0; \tag{17}$$

- **exponentielle Straffunktion** (siehe z.B. [GK79])

$$W_k(x) := \sum_{i=1}^{m} \exp\left(r_k g_i(x)\right), \qquad B = G^0; \tag{18}$$

- **exakte Straffunktion** (siehe z.B. [Fle80], [Ber75])

$$W_k(x) := r_k \sum_{i=1}^{m} \max\{0, g_i(x)\}, \qquad B = G; \tag{19}$$

- **regularisierte exakte Straffunktion** (siehe z.B. [GK79])

$$W_k(x) := r_k \sum_{i=1}^{m} \left\{ g_i(x) + \sqrt{g_i^2(x) + r_k^{-2-\theta}} \right\} \tag{20}$$

mit einer Konstanten $\theta \geq 0$. Dabei ist $B = \begin{cases} G^0, & \text{falls } \theta = 0 \\ G, & \text{falls } \theta > 0 \end{cases}$.

Wir wenden uns nun der Untersuchung weiterer Eigenschaften spezieller Strafmethoden zu. Die durch (15) bzw. (19) definierten Funktionen besitzen die Eigenschaft

$$W_k(x) \begin{cases} = 0, & \text{falls } x \in G \\ > 0, & \text{falls } x \notin G, \end{cases} \qquad (21)$$

d.h. die Ersatzzielfunktionen stimmen auf dem zulässigen Bereich G mit der Originalzielfunktion f überein und diese wird nur außerhalb von G durch Strafen modifiziert. Man nennt entsprechende Verfahren auch **reine Strafmethoden**, für diese läßt sich unmittelbar zeigen

LEMMA 5.1 *Genügen die Straffunktionen W_k der Bedingung (21), dann gilt für die Lösungen x^k der Ersatzprobleme (5) die Abschätzung*

$$f(x^k) \leq T_k(x^k) \leq f(x) \qquad \text{für alle } x \in G, \qquad (22)$$

und $x^k \in G$ impliziert damit, daß x^k auch das Ausgangsproblem (5) löst.

Auf der Grundlage von Lemma 5.1 erhält man unmittelbar untere Schranken für den optimalen Wert von (1). Andererseits sind aber die Lösungen der Ersatzprobleme i.allg. nicht zulässig für die Ausgangsaufgabe, falls deren Nebenbedingungen wesentlich sind. Dies ist ein gewisser Nachteil der reinen Strafmethoden, die damit nicht bei Aufgaben eingesetzt werden können, bei denen Restriktionen, wie etwa die Umlauffähigkeit eines Koppelgetriebes (vgl. [LM90]), unter keinen Umständen abgeschwächt werden können.

Durch weitere Ausnutzung der Struktur spezieller Ansätze erhält man Monotonie- bzw. Exaktheitsaussagen für Strafmethoden, wie in den folgenden beiden Lemmata angegeben wird.

LEMMA 5.2 *Zusätzlich zu den Voraussetzungen von Lemma 5.1 sei $W_k = r_k W$ mit einer Funktion $W : \mathbb{R}^n \to \mathbb{R}$ und einer streng monoton wachsenden Parameterfolge $\{r_k\} \subset \mathbb{R}_+$. Dann gelten mit beliebigen Lösungen x^k der Ersatzprobleme (5) die Abschätzungen*

$$T_k(x^k) \leq T_{k+1}(x^{k+1}), \qquad W(x^{k+1}) \leq W(x^k), \qquad f(x^k) \leq f(x^{k+1}).$$

Beweis: Übungsaufgabe 5.1.

LEMMA 5.3 *Die Lagrange-Funktion zur Ausgangsaufgabe (1) mit G gemäß (12) besitze einen Sattelpunkt $(\bar{x}, \bar{u}) \in \mathbb{R}^n \times \mathbb{R}^m_+$. Wird die Straffunktion (19) angewandt und gilt für den Strafparameter $r_k > \max\limits_{1 \leq i \leq m} \bar{u}_i$, dann bildet jede Lösung x^k des zugehörigen Ersatzproblems (5) auch eine Lösung der Ausgangsaufgabe (1).*

Beweis: Nach der Definition des Sattelpunktes der Lagrange-Funktion gilt

$$f(x) + \sum_{i=1}^m \bar{u}_i g_i(x) = L(x, \bar{u}) \geq L(\bar{x}, \bar{u}) = f(\bar{x}) + \sum_{i=1}^m \bar{u}_i g_i(\bar{x}) \ \forall \, x \in \mathbb{R}^n.$$

Mit (19) erhält man hieraus die Abschätzungen

$$
\begin{aligned}
T_k(x) &= f(x) + r_k \sum_{i=1}^{m} \max\{0, g_i(x)\} \\
&\geq f(\bar{x}) + \sum_{i=1}^{m} (r_k - \bar{u}_i) \max\{0, g_i(x)\} - \sum_{i=1}^{m} \bar{u}_i \min\{0, g_i(x)\} \qquad (23) \\
&\geq f(\bar{x}) + \sum_{i=1}^{m} (r_k - \bar{u}_i) \max\{0, g_i(x)\} \geq f(\bar{x}) \ \forall\, x \in I\!\!R^n.
\end{aligned}
$$

Aus (23) folgt mit $r_k > \max\limits_{1 \leq i \leq m} \bar{u}_i$ ferner

$$
T_k(x) > f(\bar{x}) \qquad \text{für alle } x \notin G.
$$

Unter Beachtung von $T_k(\bar{x}) = f(\bar{x})$ und der Optimalität von x^k für (5) liefert dies $T_k(x^k) = f(\bar{x})$ sowie $x^k \in G$. Aus Lemma 5.1 folgt schließlich die Optimalität von x^k für das Ausgangsproblem (1). ∎

Eine weitere wichtige Realisierung für W_k bilden die Barrierefunktionen. Mit einem durch Ungleichungsrestriktionen in der Form (12) gegebenen zulässigen Bereich G mit $G^0 \neq \emptyset$ wird für Barrierefunktionen in Verschärfung von (4) angenommen, daß

$$
W_k(x) < +\infty \quad \Longleftrightarrow \quad x \in G^0
$$

gilt. Hieraus folgt mit den Eigenschaften von f auch für die Ersatzzielfunktionen

$$
T_k(x) < +\infty \quad \Longleftrightarrow \quad x \in G^0.
$$

Praktisch werden damit Lösungsverfahren für (5) nur in G^0 angewandt, und es gilt stets $x^k \in G^0$. Damit hat man für **Barriereverfahren**, d.h. Strafmethoden, die auf der Nutzung von Barrierefunktionen beruhen, trivialerweise die Abschätzung $f(x^k) \geq \inf\limits_{x \in G} f(x)$.

Da bei Barrieremethoden effektiv nur auf Elemente $x \in G^0 \subset G$ zurückgegriffen wird (dies ist erforderlichenfalls durch zusätzliche Tests in dem zur Lösung der Ersatzprobleme (5) eingesetzten Verfahren zur freien Minimierung abzusichern!), eignen sich Barrieremethoden insbesondere für Optimierungsprobleme mit strikt zu beachtenden Restriktionen bzw. für Aufgaben, bei denen Ziel- oder Restriktionsfunktionen nicht über dem gesamten Raum $I\!\!R^n$ definiert sind.

Analog zu Lemma 5.2 hat man

LEMMA 5.4 *Es seien W_k Barrierefunktionen der Form $W_k(x) \equiv \frac{1}{r_k} W(x)$ mit einer Funktion $W : I\!\!R^n \to \tilde{I\!\!R}$ und einer streng monoton wachsenden Parameterfolge $\{r_k\} \subset I\!\!R_+$. Dann gelten mit beliebigen Lösungen x^k der Ersatzprobleme (5) die Abschätzungen*

$$
W(x^{k+1}) \geq W(x^k), \qquad f(x^k) \geq f(x^{k+1}).
$$

Bei den Strafmethoden wird dem Ausgangsproblem eine Folge von a priori konstruierten Ersatzproblemen zugeordnet, indem zur Zielfunktion eine geeignete Strafe für die Verletzung von Nebenbedingungen addiert wird. Eine andere Form der Einbettung restringierter Optimierungsprobleme in eine Familie unrestringierter geht von der Analyse der Niveaumengen

$$G[t] := \{\, x \in G \,:\, f(x) \leq t \,\} \quad \text{bzw.} \quad G^0[t] := \{\, x \in G^0 \,:\, f(x) < t \,\}$$

aus. Nach Definition des optimalen Wertes gilt

$$\inf_{x \in G} f(x) = \inf\{\, t \in \mathbb{R} \,:\, G[t] \neq \emptyset \,\} = \sup\{\, t \in \mathbb{R} \,:\, G[t] = \emptyset \,\}.$$

In der von Huard [Hua67] entwickelten **Zentrenmethode** wird von einem t_0 mit $G^0[t_0] \neq \emptyset$ ausgehend eine Folge $\{t_k\} \subset \mathbb{R}$ z.B. durch

$$t_{k+1} := f(x^k) \tag{24}$$

mit optimalen Lösungen x^k der Probleme

$$- \ln\,(t_k - f(x)) - \sum_{i=1}^{m} \ln\,(-g_i(x)) \to \ \min ! \qquad \text{bei} \quad x \in G^0[t_k] \tag{25}$$

bestimmt. Dieses Prinzip der Barrieremethoden mit adaptiver Parameterwahl findet heute eine wichtige Anwendung in den Inneren-Punkt-Methoden der linearen Optimierung (vgl. Kapitel 8).

Analog zur Zentrenmethode, die man auch als **parameterfreie Barrieremethode** bezeichnet, sind auch auf reinen Straffunktionen basierende **äußere Zentrenmethoden (parameterfreie Strafmethoden)** entwickelt worden. Zu weiteren Untersuchungen hierzu verweisen wir auf [Loo70], [GK79].

Übung 5.1 Beweisen Sie die Lemmata 5.2 und 5.4.

Übung 5.2 Weisen Sie nach, daß die durch (15) - (20) gegebenen konkreten Straffunktionen bei Anwendung auf (1), (12) den Eigenschaften (2), (3) genügen.

Übung 5.3 Gegeben sei das Optimierungsproblem

$$f(x) \to \ \min ! \qquad \text{bei} \quad x \in G$$

mit $G := \{\, x \in \mathbb{R}^n \,:\, g_i(x) \leq 0,\ i = 1(1)m,\ h_j(x) = 0,\ j = 1(1)l \,\}$. Weisen Sie nach, daß die durch

$$W_k(x) := r_k \left(\sum_{i=1}^{m} \max{}^2\{0, g_i(x)\} + \sum_{j=1}^{l} h_j^2(x) \right)$$

definierte Funktion mit $r_k \to +\infty$ eine Straffunktion gemäß (2), (3) mit $B = G$ ist.

Übung 5.4 Gegeben sei das Optimierungsproblem

$$f(x) := x^2 \rightarrow \min ! \quad \text{bei} \quad x \geq 1.$$

Ermitteln Sie die Lösungen der zugehörigen Ersatzprobleme (5) für jede der durch (15) - (20) definierten Straffunktionen.

Übung 5.5 Die durch (12) beschriebene zulässige Menge von (1) sei leer. Welche Eigenschaft läßt sich dann für jeden Häufungspunkt einer mit der auf (15) basierenden Strafmethode erzeugten Folge $\{x^k\}$ nachweisen?

Übung 5.6 Gegeben sei das Optimierungsproblem (1), (12) mit stetigen Funktionen f, g_i, $i = 1(1)m$, und es sei $t_0 \in I\!R$ mit einer beschränkten Menge $G^0[t_0] \neq \emptyset$ bekannt. Zeigen Sie, daß die durch (24), (25) erzeugte Folge $\{t_k\}$ gegen $\inf\limits_{x \in G^0} f(x)$ konvergiert.

5.2 Konvergenzabschätzungen

Für Strafmethoden können unter Nutzung von Sattelpunkt- bzw. Dualitätsungleichungen Schranken für die optimalen Werte der Ersatzprobleme oder der Ausgangsaufgabe gewonnen werden. Dabei unterscheiden wir a priori Schranken, die das qualitative Konvergenzverhalten im Sinne der Konvergenzordnung abschätzen, und a posteriori Schranken, die aus der aktuellen Lösung der Ersatzaufgabe gewonnen werden. Für die weiteren Untersuchungen wird von der nichtlinearen Optimierungsaufgabe

$$f(x) \rightarrow \min ! \quad \text{bei} \quad g_i(x) \leq 0, \ i = 1(1)m \tag{26}$$

ausgegangen. Ein Hilfsmittel zur Gewinnung von a priori Schranken liefert

LEMMA 5.5 *Die zum Ausgangsproblem (26) gehörige Lagrange-Funktion besitze einen Sattelpunkt $(\bar{x}, \bar{u}) \in I\!R^n \times I\!R_+^m$, und die Ersatzfunktionen T_k seien gegeben durch*

$$T_k(x) = f(x) + \sum_{i=1}^{m} \varphi_k(g_i(x)) \tag{27}$$

mit Funktionen $\varphi_k : I\!R \rightarrow \tilde{I\!R}$. Dann gilt für die Lösungen x^k der Ersatzprobleme (5) die Abschätzung

$$T_k(x^k) \geq f(\bar{x}) + \sum_{i=1}^{m} \inf_{t \in I\!R} \{ \varphi_k(t) - \bar{u}_i t \}. \tag{28}$$

Beweis: Da $(\bar{x}, \bar{u})$ ein Sattelpunkt der Lagrange-Funktion von (26) ist, hat man (vgl. Kapitel 2)

$$f(\bar{x}) = f(\bar{x}) + \sum_{i=1}^{m} \bar{u}_i\, g_i(\bar{x}) \leq f(x) + \sum_{i=1}^{m} \bar{u}_i\, g_i(x) \ \forall\, x \in I\!R^n.$$

Mit der vorausgesetzten Struktur der Straffunktion liefert dies

$$\begin{aligned} T_k(x) &\geq f(\bar{x}) + \sum_{i=1}^{m} [\varphi_k(g_i(x)) - \bar{u}_i\, g_i(x)] \\ &\geq f(\bar{x}) + \sum_{i=1}^{m} \inf_{t \in I\!R} \{\varphi_k(t) - \bar{u}_i\, t\} \ \forall\, x \in I\!R^n. \quad \blacksquare \end{aligned}$$

Auf der Basis von Lemma 5.5 können konkrete Abschätzungen für einige Realisierungen der Strafmethode abgeleitet werden. Wir betrachten hierzu das folgende Beispiel.

In Verallgemeinerung von (15) und (19) sei

$$\varphi_k(t) = r_k \max^p\{0, t\} \qquad \text{mit einem Parameter } p \geq 1.$$

Im Fall $\alpha = 0$ gilt trivialerweise $\varphi_k(t) - \alpha t \geq 0 \ \forall\, t \in I\!R$. Im Fall $\alpha > 0$ hat man $\varphi_k(t) - \alpha t > 0 \ \forall\, t < 0$.

Für $p > 1$ ist φ differenzierbar. Wegen der Konvexität ist die Bedingung $\varphi'_k(\hat{t}) - \alpha = 0$ hinreichend für die Optimalität, und man erhält die dadurch eindeutig bestimmte Minimumstelle $\hat{t} = (\frac{\alpha}{p\, r_k})^{1/(p-1)}$. Durch Einsetzen von $\hat{t}$ in die abzuschätzende Funktion folgt

$$\varphi_k(t) - \alpha t \geq -\frac{p-1}{p}\, p^{-1/(p-1)} \alpha^{p/(p-1)} r_k^{-1/(p-1)} \qquad \text{für alle } t \in I\!R. \qquad (29)$$

Im Fall $p = 1$ ist die Funktion φ_k nicht differenzierbar. Es gilt hier

$$\inf_{t \in I\!R} \{r_k \max\{0, t\} - \alpha t\} = \left\{ \begin{array}{ll} 0, & \text{falls } r_k \geq \alpha, \\ -\infty, & \text{falls } r_k < \alpha. \end{array} \right.$$

Unter Beachtung von $r_k \max\{0, t\} - \alpha t > 0$ für $t > 0$ bei $r_k > \alpha$ erhält man hieraus auch die Aussage von Lemma 5.3.

Für die quadratische Straffunktion (15) folgt mit $p = 2$ aus (29) und Lemma 5.5 die a priori Konvergenzabschätzung

$$T_k(\bar{x}) = f(\bar{x}) \geq T_k(x^k) \geq f(\bar{x}) - \frac{1}{4} \|\bar{u}\|^2 r_k^{-1}. \qquad (30)$$

Unter der zusätzlichen Voraussetzung, daß die Zielfunktion f stark konvex und die Straffunktionen W_k konvex sind, kann hieraus eine Abschätzung für $\|x^k - \bar{x}\|$ abgeleitet werden. Die starke Konvexität von f und die Konvexität der Straffunktionen implizieren, daß auch die Ersatzzielfunktionen T_k stark konvex sind. Unter Berücksichtigung der Optimalität von x^k für (5) gilt dann

$$T_k(x) \geq T_k(x^k) + \gamma \|x - x^k\|^2 \qquad \text{für alle } x \in I\!R^n \qquad (31)$$

mit einer Konstanten $\gamma > 0$. Mit Hilfe dieser Eigenschaft liefert die Ungleichung (30) für die quadratische Strafmethode (5), (15) die a priori Abschätzung

$$\|x^k - \bar{x}\| \leq \frac{1}{2\sqrt{\gamma}} \|\bar{u}\| \, r_k^{-1/2} \tag{32}$$

für die Güte der Näherungslösungen. Es sei darauf hingewiesen, daß sich diese Schranke für die Konvergenzordnung bez. des Strafparameters r_k unter zusätzlichen Voraussetzungen weiter verschärfen läßt (vgl. Abschnitt 5.4).

Wir wenden uns nun der Gewinnung unterer a posteriori Schranken für den Optimalwert $f\bar{x}$) für (26) mit Hilfe von Dualitätsabschätzungen für konvexe Programme zu.

LEMMA 5.6 *Die Ziel- und Restriktionsfunktionen der Ausgangsaufgabe (26) seien konvex und differenzierbar. Ferner seien die Ersatzzielfunktionen T_k durch (27) mit auf ihren eigentlichen Definitionsbereichen differenzierbaren, monoton nicht abnehmenden Funktionen $\varphi_k : \mathbb{R} \to \tilde{\mathbb{R}}$ definiert. Dann gilt mit den Lösungen x^k der Ersatzprobleme (5) die Abschätzung*

$$f(x) \geq f(x^k) + \sum_{i=1}^{m} \varphi_k'(g_i(x^k)) \, g_i(x^k) \qquad \text{für alle} \quad x \in G. \tag{33}$$

Beweis: Die notwendigen Optimalitätsbedingungen für (5) liefern

$$\nabla f(x^k) + \sum_{i=1}^{m} \varphi_k'(g_i(x^k)) \, \nabla g_i(x^k) = 0. \tag{34}$$

Wird $u_i^k := \varphi'(g_i(x^k))$, $i = 1(1)m$, gesetzt, so gilt wegen der vorausgesetzten Monotonie $u^k \in \mathbb{R}_+^m$. Es läßt sich (34) ferner auch in der Form $\nabla_x L(x^k, u^k) = 0$ mit Hilfe der zu (26) gehörigen Lagrange-Funktion L darstellen. Aus der Konvexität von f und g_i, $i = 1(1)m$, und unter Beachtung von $u^k \geq 0$ folgt schließlich

$$L(x^k, u^k) \leq L(x, u^k) = f(x) + \sum_{i=1}^{m} u_i^k \, g_i(x) \leq f(x) \quad \text{für alle} \quad x \in G. \qquad \blacksquare$$

Bemerkung 5.4 Für Barrieremethoden erhält man wegen $x^k \in G^0 \subset G$ aus (33) unmittelbar die zweiseitige a posteriori Abschätzung

$$f(x^k) \geq f(\bar{x}) \geq f(x^k) + \sum_{i=1}^{m} \varphi_k'(g_i(x^k)) \, g_i(x^k) \tag{35}$$

für den optimalen Wert $f(\bar{x})$ des Ausgangsproblems (26). Setzt man speziell die logarithmische Barrierefunktion (16) ein, dann ist $\varphi_k'(g_i(x^k)) \, g_i(x^k)$ von x^k unabhängig. In diesem Fall bildet (35) eine zweiseitige a priori Abschätzung für den optimalen Wert. $\square$

Bei Kenntnis eines inneren Punkte $\tilde{x} \in G^0$ kann für konvexe Optimierungsprobleme (26) jedem $x^k \in \mathbb{R}^n \backslash G$ ein $\tilde{x}^k \in G$ zugeordnet werden durch

mit
$$\tilde{x}^k = (1 - \alpha_k)\tilde{x} + \alpha_k x^k$$

$$\alpha_k := \min_{1 \leq i \leq m} \left\{ \frac{g_i(\tilde{x})}{g_i(\tilde{x}) - g_i(x^k)} : g_i(x^k) > 0 \right\}. \tag{36}$$

Damit erhält man eine obere Schranke für den optimalen Wert durch $f(\tilde{x}^k) \geq f(\bar{x})$.

Bemerkung 5.5 In unseren Untersuchungen gehen wir zur Vereinfachung der Darstellung in der Regel von jeweils einem Typ von Straffunktionen aus. Ohne prinzipielle Schwierigkeiten lassen sich sowohl der Charakter der Straffunktionen als auch auftretende Strafparameter für jede Restriktion getrennt wählen, z.B. in der Form

$$T_k(x) := f(x) + \sum_{i=1}^m \varphi_{ik}(g_i(x))$$

mit Funktionen $\varphi_{ik} : \mathbb{R} \to \tilde{\mathbb{R}}$, $i = 1(1)m$, $k = 1, 2, \ldots$. Insbesondere können so Straf- und Barrieremethoden gemischt angewandt werden. $\square$

Für eine Reihe von Anwendungen sind neben einer Lösung $\bar{x}$ des Ausgangsproblems auch Informationen über zugehörige optimale Lagrange-Multiplikatoren $\bar{u}$ gesucht, um z.B. Aussagen über die Empfindlichkeit des Optimalwertes $f(\bar{x})$ gegenüber Störungen in den Restriktionen zu erhalten (vgl. Kapitel 2). Wir zeigen für die quadratische Straffunktion (15), wie optimale Lagrange-Multiplikatoren bei der Strafmethode mit erzeugt werden können. Mit dem für den Nachweis von (33) eingesetzten Konzept erhält man

SATZ 5.3 *Die Ziel- und Restriktionsfunktionen der Aufgabe (26) seien stetig differenzierbar. Mit Lösungen x^k der Ersatzprobleme (5) der Strafmethode mit*

$$T_k(x) := f(x) + r_k \sum_{i=1}^m \max^2\{0, g_i(x)\} \tag{37}$$

seien Vektoren $u^k \in \mathbb{R}_+^m$ definiert durch

$$u_i^k := 2r_k \max\{0, g_i(x^k)\}, \quad i = 1(1)m, \quad k = 1, 2, \ldots. \tag{38}$$

Dann genügt jeder Häufungspunkt der Folge $\{(x^k, u^k)\}$ den Kuhn-Tucker-Bedingungen zum Problem (26).

Beweis: Es bezeichne $(\bar{x}, \bar{u})$ einen beliebigen Häufungspunkt der Folge $\{(x^k, u^k)\}$. Da die Elemente x^k die Ersatzprobleme (5) lösen, gilt notwendigerweise $\nabla T_k(x^k) = 0$. Mit (38) ist dies äquivalent zu

$$\nabla f(x^k) + \sum_{i=1}^m u_i^k \nabla g_i(x^k) = 0, \quad k = 1, 2, \ldots, \tag{39}$$

und mit der stetigen Differenzierbarkeit von f und g_i, $i = 1(1)m$, folgt

$$\nabla f(\bar{x}) + \sum_{i=1}^{m} \bar{u}_i \nabla g_i(\bar{x}) = 0.$$

Nach der Konstruktion (38) gilt ferner $u^k \in I\!\!R_+^m$, $k = 1, 2, \ldots$, und damit $\bar{u} \in I\!\!R_+^m$. Nach Satz 5.1 löst $\bar{x}$ das Problem (26). Dies liefert speziell $g_i(\bar{x}) \leq 0$, $i = 1(1)m$. Die Gültigkeit der Komplementaritätsbedingung $\sum_{i=1}^{m} \bar{u}_i g_i(\bar{x}) = 0$ erhält man schließlich aus der Definition (38) und der Tatsache, daß $\bar{u}$ ein Häufungspunkt der Folge $\{u^k\}$ ist. ■

Übung 5.7 Weisen Sie nach, daß für $r_k > \alpha/2$ die Ungleichung

$$r_k \left(t + \sqrt{t^2 + r_k^{-2-\theta}} \right) - \alpha t \geq \sqrt{\alpha(2r_k - \alpha)} \, r_k^{-1-\theta/2} \qquad \forall t \in I\!\!R$$

gilt, und leiten Sie hieraus eine zu (30) analoge Abschätzung für die regularisierte exakte Straffunktion (20) ab.

5.3   Modifizierte Lagrange-Funktionen

In Verbindung mit der Dualitätstheorie wurde in Abschnitt 2.1 eine spezielle Darstellung der Lagrange-Funktion angegeben. Bei Anwendung auf die Problemstellung (26) liefert diese

$$L(x, u) = \inf_{v \in I\!\!R^m} K(x, u, v) \tag{40}$$

mit der durch

$$K(x, u, v) := \begin{cases} f(x) + u^T v & \text{, falls } g(x) \leq v, \\ +\infty & \text{, sonst} \end{cases} \tag{41}$$

definierten Abbildung $K : I\!\!R^n \times I\!\!R^m \times I\!\!R^m \to \tilde{I\!\!R}$. Wir verändern nun K zu K_ρ gemäß

$$K_\rho(x, u, v) := \begin{cases} f(x) + u^T v + \frac{\rho}{2} v^T v & \text{, falls } g(x) \leq v, \\ +\infty & \text{, sonst} \end{cases} \tag{42}$$

mit einem festen Parameter $\rho > 0$ und definieren analog zu (40) eine **modifizierte Lagrange-Funktion** durch

$$L_\rho(x, u) := \inf_{v \in I\!\!R^m} K_\rho(x, u, v). \tag{43}$$

Unter Ausnutzung der Struktur von $K_\rho(\cdot, \cdot, \cdot)$ erhält man

$$L_\rho(x, u) = f(x) + \frac{1}{2\rho} \sum_{i=1}^{m} \left[\max^2\{0, u_i + \rho g_i(x)\} - u_i^2 \right], \tag{44}$$

und es gilt

$$\sup_{u \in \mathbb{R}^m} L_\rho(x, u) = \begin{cases} f(x) & \text{, falls } x \in G, \\ +\infty & \text{, falls } x \notin G. \end{cases} \qquad (45)$$

Im Unterschied zu der durch (40), (41) gegebenen klassischen Lagrange-Funktion $L(\cdot, \cdot)$ besitzt jedoch die modifizierte Lagrange-Funktion $L_\rho(\cdot, \cdot)$ auch für $u \notin \mathbb{R}^m_+$ einen endlichen Wert.

Aus (44) erhält man insbesondere

$$L_\rho(x, 0) = f(x) + \frac{\rho}{2} \sum_{i=1}^m \max^2\{0, g_i(x)\}, \qquad (46)$$

d.h. eine spezielle, mit (15) gebildete Ersatzfunktion der quadratischen Strafmethoden. Somit bildet die modifizierte Lagrange-Funktion eine gewisse Kombination von Straf- und Lagrange-Funktionen.

LEMMA 5.7 *Jeder Sattelpunkt* $(\bar{x}, \bar{u}) \in \mathbb{R}^n \times \mathbb{R}^m_+$ *der Lagrange-Funktion* L *ist auch ein Sattelpunkt der modifizierten Lagrange-Funktion* L_ρ *über* $\mathbb{R}^n \times \mathbb{R}^m$.

Beweis: Ist $(\bar{x}, \bar{u})$ ein Sattelpunkt von L, so gilt $g(\bar{x}) \leq 0$ und $\bar{u}^T g(\bar{x}) = 0$. Mit (44) folgt hieraus

$$L_\rho(\bar{x}, \bar{u}) = f(\bar{x}) = L(\bar{x}, \bar{u}).$$

Wegen $S_\rho(x, u, v) \geq S(x, u, v)$ liefert (40), (43) mit einem Teil der Sattelpunktungleichung die Abschätzung

$$L_\rho(\bar{x}, \bar{u}) = L(\bar{x}, \bar{u}) \leq L(x, \bar{u}) \leq L_\rho(x, \bar{u}) \qquad \text{für alle } x \in \mathbb{R}^n. \qquad (47)$$

Aus der Darstellung (44) erhält man die stetige partielle Differenzierbarkeit von L_ρ nach den Variablen u_i, und es gilt

$$\frac{\partial}{\partial u_i} L_\rho(x, u) = \max\{0, u_i + \rho g_i(x)\} - \frac{1}{\rho} u_i, \quad i = 1(1)m.$$

Die Komplementaritätsbedingung $\bar{u}^T g(\bar{x}) = 0$ liefert $\bar{u}_i > 0 \Rightarrow g_i(\bar{x}) = 0$, und mit der angegebenen Darstellung von $\frac{\partial}{\partial u_i} L_\rho$ folgt nun $\nabla_u L_\rho(\bar{x}, \bar{u}) = 0$. Mit der Konkavität von $L_\rho(\bar{x}, \cdot)$ erhält man unter Beachtung von (47) insgesamt

$$L_\rho(\bar{x}, u) \leq L_\rho(\bar{x}, \bar{u}) \leq L_\rho(x, \bar{u}) \qquad \text{für alle } x \in \mathbb{R}^n, \, u \in \mathbb{R}^m. \qquad \blacksquare$$

Besitzt das Problem

$$L_\rho(x, \bar{u}) \to \min! \qquad \text{bei } x \in \mathbb{R}^n \qquad (48)$$

eine eindeutige Lösung, so läßt sich $\bar{x}$ mit Hilfe der unrestringierten Minimierungsaufgabe (48) ermitteln. Wie in Abschnitt 5.2 gezeigt wurde, können optimale

Lagrange-Multiplikatoren durch Strafmethoden näherungsweise bestimmt werden. Wird anstelle von (48) eine Aufgabe

$$L_\rho(x, u^k) \to \text{ min } !\qquad \text{bei } x \in I\!\!R^n \tag{49}$$

mit einem $u^k \approx \bar{u}$ durch $x^k \in I\!\!R^n$ gelöst, so liefern (vgl. Beweis zu Satz 5.3) wegen

$$\nabla_x L_\rho(x^k, u^k) = 0$$

und der Struktur der modifizierten Lagrange-Funktion L_ρ die Werte

$$u_i^{k+1} := \max\{0,\, u_i^k + \rho\, g_i(x^k)\},\quad i = 1(1)m, \tag{50}$$

verbesserte Approximationen für $\bar{u}_i$, $i = 1(1)m$. Die skizzierte Vorgehensweise bildet das Grundkonzept für die

Modifizierte Lagrange-Methode

(i) Wähle ein $\rho > 0$ und setze $u^0 := 0$, $k := 0$.

(ii) Bestimme $x^k \in I\!\!R^n$ als Lösung des unrestringierten Problems (49).

(iii) Definiere $u^{k+1} \in I\!\!R^n$ durch (50), und gehe mit $k := k + 1$ zu Schritt (ii).

Bemerkung 5.6 Wegen $u^0 = 0$ und (46) bildet der erste Schritt der modifizierten Lagrange-Methode eine Realisierung der quadratischen Strafmethode, und u^1 liefert nach Satz 5.3 eine gute Näherung für die optimalen Lagrange-Multiplikatoren, falls der Strafparameter $\rho > 0$ hinreichend groß gewählt wurde. $\quad\square$

Wir untersuchen nun die Konvergenz der modifizierten Lagrange-Methode für konvexe Probleme, wobei die Lösbarkeit der Ersatzprobleme

$$L_\rho(x, u) \to \text{ min } !\qquad \text{bei } x \in I\!\!R^n \tag{51}$$

für jedes $u \in I\!\!R^m_+$ durch Zusatzvoraussetzungen, wie z.B. die starke Konvexität von f, gesichert sei.

SATZ 5.4 *Es seien f sowie g_i, $i = 1(1)m$, differenzierbare konvexe Funktionen, und die zu (26) gehörige Lagrange-Funktion besitze einen Sattelpunkt $(\bar{x}, \bar{u})$. Dann löst jeder Häufungspunkt der durch die modifizierte Lagrange-Methode erzeugten Folge $\{x^k\}$ das Ausgangsproblem (26).*

Beweis: Es bezeichne $x(u) \in I\!\!R^n$ eine zu vorgegebenem $u \in I\!\!R^m_+$ gehörige Lösung des Ersatzproblems (51). Die Aufgabe

$$K_\rho(x(u), u, v) \to \text{ min } !\qquad \text{bei }\quad v \geq g(x(u))$$

besitzt nach Konstruktion von K_ρ eine eindeutige, durch

$$v_i(u) = \max\{-u_i/\rho,\, g_i(x(u))\},\quad i = 1(1)m, \tag{52}$$

bestimmte Lösung $v(u)$. Nach der Definition von $x(u)$ und wegen (42), (43) löst (vgl. Satz 11.1) ferner $(x(u), v(u))$ die Aufgabe

$$f(x) + u^T v + \frac{\rho}{2} v^T v \rightarrow \min ! \qquad \text{bei} \quad x \in Q \qquad (53)$$

mit $Q := \{ (x, v) \in I\!R^n \times I\!R^m : v \geq g(x) \}$. Aus der Optimalität folgt mit der vorausgesetzten Konvexität nach Lemma 1.6 die Ungleichung

$$\nabla f(x(u))^T (x - x(u)) + (u + \rho v(u))^T (v - v(u)) \geq 0 \quad \text{für alle} \ (x, v) \in Q. (54)$$

Wendet man diese Abschätzung für zwei unterschiedliche Elemente $u, \tilde{u} \in I\!R^m$ an, und wählt man für (x, v) die Realisierungen $(x(\tilde{u}), v(\tilde{u}))$ bzw. $(x(u), v(u))$, so erhält man

$$\begin{aligned}
\nabla f(x(u))^T (x(\tilde{u}) - x(u)) + (u + \rho v(u))^T (v(\tilde{u}) - v(u)) &\geq 0, \\
\nabla f(x(\tilde{u}))^T (x(u) - x(\tilde{u})) + (\tilde{u} + \rho v(\tilde{u}))^T (v(u) - v(\tilde{u})) &\geq 0.
\end{aligned} \qquad (55)$$

Zur Vereinfachung der Schreibweise setzen wir $x := x(u)$, $\tilde{x} := x(\tilde{u})$ und $v := v(u)$, $\tilde{v} := v(\tilde{u})$. Aus (55) folgt

$$(\nabla f(\tilde{x}) - \nabla f(x))^T (x - \tilde{x}) + (\tilde{u} - u)^T (v - \tilde{v}) + \rho (\tilde{v} - v)^T (v - \tilde{v}) \geq 0.$$

Unter Beachtung der aus der Konvexität von f resultierenden Ungleichung

$$(\nabla f(\tilde{x}) - \nabla f(x))^T (\tilde{x} - x) \geq 0$$

liefert dies

$$(u - \tilde{u})^T (v - \tilde{v}) \leq -\rho \|v - \tilde{v}\|^2. \qquad (56)$$

Die im Schritt (iii) der modifizierten Lagrange-Methode zur Konstruktion der Folge $\{u^k\}$ eingesetzte Vorschrift (50) läßt sich wegen (52) in der Form

$$u^{k+1} := u^k + \rho v^k, \quad k = 0, 1, \ldots,$$

darstellen. Mit dem Sattelpunkt $(\bar{x}, \bar{u})$ der Lagrange-Funktion L gilt ferner $\bar{v} = 0$ für $\bar{v} := v(\bar{u})$. Man erhält somit

$$u^{k+1} - \bar{u} = u^k - \bar{u} + \rho (v^k - \bar{v}).$$

Unter Beachtung von (56) liefert dies

$$\begin{aligned}
\|u^{k+1} - \bar{u}\|^2 &= [(u^k - \bar{u}) + \rho (v^k - \bar{v})]^T [(u^k - \bar{u}) + \rho (v^k - \bar{v})] \\
&= \|u^k - \bar{u}\|^2 + 2\rho (v^k - \bar{v})^T (u^k - \bar{u}) + \rho^2 \|v^k - \bar{v}\|^2 \\
&\leq \|u^k - \bar{u}\|^2 - \rho^2 \|v^k - \bar{v}\|^2.
\end{aligned}$$

Mit der Monotonie und Beschränktheit der Folge $\{\|u^k - \bar{u}\|\}$ gilt daher

$$\lim_{k \to \infty} v^k = 0. \qquad (57)$$

Aus der Optimalität von (x^k, v^k) für das Problem (53) folgt, daß x^k auch die Aufgabe

$$f(x) \to \text{min} ! \quad \text{bei } x \in I\!R^n, \, g(x) \leq v^k$$

löst. Mit (57) sowie der Stetigkeit der Funktionen f und g_i, $i = 1(1)m$, erhält man hieraus die Aussage des Satzes. ∎

Die modifizierte Lagrange-Funktion L_ρ (siehe (43) und (44)) wurde mit Hilfe einer Störung der erzeugenden Funktion K (siehe (41) und (42)) generiert. Eine andere Interpretation zur modifizierten Lagrange-Methode wird in der Form (84) durch partielle Prox-Regularisierung [Mar70], [Roc76] der Kuhn-Tucker-Bedingungen geliefert.

Werden die modifizierten Lagrange-Funktionen als geeignet parametrisch eingebettete Strafmethoden betrachtet, so lassen sich in einfacher Weise weitere dazu verwandte Formen erzeugen. Eine derartige Technik wurde mit der Straf-Verschiebungs-Methode (vgl. [Wie71], [GK79]) vorgeschlagen. Bei Anwendung auf das Problem (26) besitzen die Ersatzprobleme mit der quadratischen Straffunktion (15) die Form

$$T_\rho(x, z) := f(x) + \rho \sum_{i=1}^{m} \max^2\{0, g_i(x) + z_i\} \to \text{min} ! \quad \text{bei } x \in I\!R^n. \quad (58)$$

Dabei bezeichnet $z \in I\!R^m$ einen festen, durch die Verschiebungsmethode iterativ zu bestimmenden Parametervektor.

Zur Vereinfachung der nachfolgenden Untersuchungen seien die Funktionen f und g_i, $i = 1(1)m$, wieder konvex und differenzierbar. Analog zu einer in Lemma 5.7 gegebenen Aussage hat man

LEMMA 5.8 *Es sei $(\bar{x}, \bar{u})$ ein Sattelpunkt der Lagrange-Funktion zu (26). Dann löst $\bar{x}$ die Ersatzaufgabe (58) für $\bar{z} = \dfrac{1}{2\rho}\bar{u}$.*

Beweis: Da $(\bar{x}, \bar{u})$ einen Sattelpunkt der Lagrange-Funktion L bildet, hat man insbesondere $\nabla f(\bar{x}) + \sum\limits_{i=1}^{m} \bar{u}_i \nabla g_i(\bar{x}) = 0$. Andererseits gilt

$$\nabla_x T_\rho(\bar{x}, z) = \nabla f(\bar{x}) + 2\rho \sum_{i=1}^{m} \max\{0, g_i(\bar{x}) + z_i\} \nabla g_i(\bar{x}).$$

Aus $g(\bar{x}) \leq 0$, $\bar{u} \geq 0$, $\bar{u}^T g(\bar{x}) = 0$ und $\bar{z} = \frac{1}{2\rho}\bar{u}$ folgt

$$\bar{u}_i = 2\rho \max\{0, g_i(\bar{x}) + \bar{z}_i\}, \quad i = 1(1)m,$$

und damit gilt $\nabla_x T_\rho(\bar{x}, \bar{z}) = 0$. Wegen der Konvexität von $T_\rho(\cdot, \bar{z})$ löst nun $\bar{x}$ das Problem (58). ∎

Die Übertragung des Prinzips der modifizierten Lagrange-Methode auf die in der Ersatzaufgabe (58) gewählte Parametrisierung liefert die

Straf-Verschiebungs-Methode

(i) Wähle ein $\rho > 0$ und setze $z^0 := 0$, $k := 0$.

(ii) Bestimme $x^k \in I\!\!R^n$ als Lösung von

$$T_\rho(x, z^k) \to \min ! \quad \text{bei} \quad x \in I\!\!R^n. \tag{59}$$

(iii) Setze

$$z_i^{k+1} := \max\{0, g_i(x^k) + z_i^k\}, \quad i = 1(1)m, \tag{60}$$

und gehe mit $k := k + 1$ zu Schritt (ii).

Bemerkung 5.7 Wird anstelle eines festen Strafparameters $\rho > 0$ eine Folge $\{\rho_k\}$ mit $\rho_k \geq \rho > 0$, $k = 0, 1, \ldots$, eingesetzt, so erhält man anstelle von (60) die Vorschrift

$$z_i^{k+1} := \frac{\rho_k}{\rho_{k+1}} \max\{0, g_i(x^k) + z_i^k\}, \quad i = 1(1)m, \tag{61}$$

zur Aufdatierung der Verschiebungen z^k zu z^{k+1}. □

Übung 5.8 Zeigen Sie, daß ein Punkt $(\bar{x}, \bar{u}) \in I\!\!R^n \times I\!\!R^m$ genau dann ein Sattelpunkt der modifizierten Lagrange-Funktion $L_\rho(\cdot, \cdot)$ ist, wenn $\bar{x}$ das Problem (26) löst und mit der Empfindlichkeitsfunktion $\chi(\cdot)$ die Ungleichung

$$\chi(v) + \bar{u}^T v + \frac{\rho}{2} v^T v \geq \chi(0) \quad \text{für alle} \quad v \in I\!\!R^m$$

gilt.

Übung 5.9 Begründen Sie die Vorschrift (61) für die Straf-Verschiebungs-Methode mit variablen Strafparametern.

Übung 5.10 Geben Sie eine (61) entsprechende Aufdatierungsformel für die Barriere-Verschiebungs-Methode an, welche die Ersatzprobleme

$$f(x) - \sum_{i=1}^m \frac{1}{g_i(x) + z_i} \to \min ! \quad \text{bei} \quad x \in I\!\!R^n, \ g_i(x) + z_i < 0, \ i = 1(1)m,$$

nutzt.

5.4 Strafmethoden und elliptische Randwertprobleme

Im vorliegenden Abschnitt untersuchen wir einige spezielle Aspekte der Anwendung einer Strafmethode auf Variationsprobleme in Funktionenräumen. Wir betrachten dabei elliptische Randwertaufgaben, denen sich konvexe Variationsprobleme zuordnen lassen. In [GR92] wurden Aufgaben dieser Art in Verbindung mit Lösungsverfahren für partielle Differentialgleichungen untersucht, und wir geben im folgenden einige der für Strafmethoden relevanten Ergebnisse wieder.

Es seien V, W Hilbert-Räume mit den zugehörigen Dualräumen V^*, W^* (vgl. z.B. [GGZ74], [Zei90]), und es bezeichnen $a : V \times V \to I\!\!R$, $b : V \times W \to I\!\!R$ stetige Bilinearformen. Zusätzlich sei $a(\cdot, \cdot)$ als symmetrisch vorausgesetzt. Bei gegebenen $f \in V^*$, $g \in W^*$ wird das Variationsproblem

$$J(v) := \frac{1}{2}a(v,v) - f(v) \to \min ! \qquad \text{bei} \qquad v \in G \tag{62}$$

mit $G := \{\, v \in V \,:\, b(v,w) = g(w) \quad \text{für alle } w \in W \,\}$ betrachtet. Bezeichnet $B : V \to W^*$ den über die duale Paarung $\langle \cdot, \cdot \rangle$ durch

$$\langle Bv, w \rangle = b(v,w) \qquad \text{für alle } v \in V,\ w \in W \tag{63}$$

definierten Operator, dann sind die Restriktionen des Problems (62) äquivalent zu $Bv = g$. Der zu B gehörige Nullraum $\mathcal{N}(B)$ besitzt die Darstellung

$$\mathcal{N}(B) := \{\, v \in V \,:\, b(v,w) = 0 \quad \text{für alle } w \in W \,\}.$$

Wegen der Stetigkeit von $b(\cdot, \cdot)$ ist $\mathcal{N}(B)$ abgeschlossen. Für die Untersuchungen in diesem Abschnitt wird vorausgesetzt, daß $a(\cdot, \cdot)$ der Elliptizitätsbedingung

$$a(v,v) \geq \gamma \|v\|^2 \qquad \text{für alle } v \in \mathcal{N}(B) \tag{64}$$

mit der Elliptizitätskonstanten $\gamma > 0$ genügt. Unter Beachtung der aus (64) resultierenden starken Konvexität des Zielfunktionals $J(\cdot)$ löst ein $u \in G$ genau dann das Problem (62), wenn es der Variationsgleichung

$$a(u,v) = f(v) \qquad \text{für alle } v \in \mathcal{N}(B) \tag{65}$$

genügt. Als spezielle Realisierung der Kuhn-Tucker-Bedingungen zu (62) erhält man die **gemischte Variationsgleichung**

$$\begin{aligned} a(u,v) \ + \ b(v,p) \ &= \ f(v) \qquad \text{für alle } v \in V, \\ b(u,w) \qquad\quad &= \ g(w) \qquad \text{für alle } w \in W. \end{aligned} \tag{66}$$

Wir wenden nun die Strafmethode mit einer (15) entsprechenden quadratischen Straffunktion an. Im vorliegenden Fall liefert dies unrestringierte Ersatzprobleme der Form

$$J_\rho(v) := J(v) + \frac{\rho}{2}\|Bv - g\|_*^2 \longrightarrow \min ! \qquad \text{bei} \qquad v \in V. \tag{67}$$

Dabei bezeichnet $\| \cdot \|_*$ die Dualnorm, und $\rho > 0$ ist ein fixierter Strafparameter.

Zur Vereinfachung der weiteren Darstellung identifizieren wir $W^* = W$. Es gilt nun

$$\|Bv - g\|_*^2 = (Bv - g, Bv - g) = (Bv, Bv) - 2(Bv, g) + (g, g).$$

Das Zielfunktional $J_\rho(\cdot)$ von (67) besitzt damit die Form

$$J_\rho(v) = \frac{1}{2}a(v,v) + \frac{\rho}{2}(Bv, Bv) - f(v) - \rho(Bv, g) + \frac{\rho}{2}(g, g). \tag{68}$$

Zunächst untersuchen wir die zugehörig durch

$$a_\rho(u,v) := a(u,v) + \rho(Bu, Bv) \qquad \text{für alle } u, v \in V \tag{69}$$

definierte Bilinearform $a_\rho : V \times V \to \mathbb{R}$. Diese heißt **V-elliptisch**, wenn ein $\tilde{\gamma} > 0$ existiert mit

$$a_\rho(v,v) \geq \tilde{\gamma}\|v\|^2 \qquad \text{für alle} \quad v \in V. \tag{70}$$

Für die weiteren Betrachtungen wird der Raum V mit Hilfe des Nullraumes $\mathcal{N}(B)$ als direkte Summe dargestellt. Wegen $0 \in \mathcal{N}(B)$ gilt stets $\mathcal{N}(B) \neq \emptyset$. Aus dem Lemma von Lax-Milgram (siehe z.B. [Cia78], [GR92]) bzw. aus Korollar 1.1 zu Satz 1.1 mit $\mathcal{N}(B)$ anstelle G folgt für beliebiges $v \in V$ die Existenz eines eindeutig bestimmten $\tilde{v} \in \mathcal{N}(B)$ mit

$$a(\tilde{v}, z) = a(v, z) \qquad \text{für alle } z \in \mathcal{N}(B). \tag{71}$$

Damit wird durch $Pv := \tilde{v}$ ein Projektor $P : V \to \mathcal{N}(B)$ definiert (vgl. auch Abschnitt 4.3), und jedes Element $v \in V$ läßt sich eindeutig zerlegen in der Form

$$v = Pv + (I - P)v,$$

d.h. V kann als direkte Summe $V = \mathcal{N}(B) \oplus \tilde{Z}$ mit

$$\tilde{Z} := \{ y \in V : y = (I - P)v \quad \text{mit einem } v \in V \}$$

dargestellt werden. Aus (71) folgt unmittelbar

$$a((I - P)v, Pv) = 0 \qquad \text{für alle } v \in V, \tag{72}$$

indem $z = Pv$ gewählt wird.

LEMMA 5.9 *Mit einem $\sigma > 0$ gelte*

$$\|Bv\| \geq \sigma\|v\| \qquad \text{für alle } v \in \tilde{Z}.$$

Dann gibt es ein $\overline{\rho} > 0$ und ein $\tilde{\gamma} > 0$ derart, daß die durch (69) definierte Bilinearform $a_\rho(\cdot, \cdot)$ der Bedingung (70) für alle Parameter $\rho \geq \overline{\rho}$ genügt, d.h. gleichmäßig V-elliptisch ist.

Beweis: Aus (69), (72) erhält man

$$a_\rho(v,v) = a_\rho(Pv + (I-P)v, Pv + (I-P)v)$$
$$= a(Pv, Pv) + a((I-P)v, (I-P)v)$$
$$+ \rho(B(I-P)v, B(I-P)v)$$
$$\geq \gamma \|Pv\|^2 + (\rho\sigma - \alpha)\|(I-P)v\|^2.$$

Dabei bezeichnen $\gamma > 0$ die Elliptizitätskonstante über $\mathcal{N}(B)$ und α die Norm von $a(\cdot, \cdot)$. Wird speziell $\overline{\rho} := (\alpha + \gamma)/\sigma > 0$ gewählt, so ist

$$a_\rho(v,v) \geq \gamma \left(\|Pv\|^2 + \|(I-P)v\|^2 \right) \qquad \text{für alle } v \in V,$$

falls $\rho \geq \overline{\rho}$. Mit der Normäquivalenz im $\mathbb{R}^2$ und der Dreiecksungleichung folgt

$$a_\rho(v,v) \geq \tfrac{\gamma}{2}(\|Pv\| + \|(I-P)v\|)^2$$
$$\geq \tfrac{\gamma}{2}\|Pv + (I-P)v\|^2 = \tfrac{\gamma}{2}\|v\|^2 \qquad \text{für alle } v \in V,$$

falls nur $\rho \geq \overline{\rho}$. ∎

Zur Konvergenz der betrachteten Strafmethode gilt

SATZ 5.5 *Es sei $G \neq \emptyset$ und $\overline{\rho} > 0$ gemäß Lemma 5.9 gewählt. Dann besitzen die Strafprobleme (67) für $\rho \geq \overline{\rho}$ eine eindeutige Lösung $u_\rho \in V$, und u_ρ konvergiert für $\rho \to +\infty$ gegen die Lösung u des Ausgangsproblems (62).*

Beweis: Da $G \neq \emptyset$ ist, besitzt (62) nach Korollar 1.1 eine eindeutige Lösung u. Wegen der Konvexität des Zielfunktionals $J_\rho(\cdot)$ von (67) für $\rho \geq \overline{\rho}$ löst ein $u_\rho \in V$ genau dann diese Aufgabe, falls es der Variationsgleichung

$$a_\rho(u_\rho, v) = f(v) + \rho(Bv, g) \qquad \text{für alle } v \in V \tag{73}$$

genügt. Nach Konstruktion ist die Bilinearform $a_\rho(\cdot, \cdot)$ stetig. Wir wählen $\rho \geq \overline{\rho}$. Nach Lemma 5.9 ist $a_\rho(\cdot, \cdot)$ V-elliptisch mit einer von $\rho \geq \overline{\rho} > 0$ unabhängigen Konstanten $\gamma > 0$. Das Lemma von Lax-Milgram (vgl. [Cia78], [GR92]) sichert damit die eindeutige Lösbarkeit von (73). Wegen der Optimalität von u_ρ für (67) gilt unter Beachtung von $Bu = g$ insbesondere

$$J(u) = J(u_\rho) \leq J_\rho(u_\rho).$$

Mit der Definition des Funktionals $J_\rho(\cdot)$ erhält man die Abschätzung

$$\tfrac{1}{2}a(u,u) - f(u) \geq J(u_\rho) + \tfrac{\rho}{2}\|Bu_\rho - Bu\|_*^2$$
$$= \tfrac{1}{2}a(u_\rho, u_\rho) + \tfrac{\rho}{2}(B(u_\rho - u), B(u_\rho - u)) - f(u_\rho).$$

Hieraus folgt

$$f(u_\rho - u) - a(u, u_\rho - u) \geq \frac{1}{2}a_\rho(u_\rho - u, u_\rho - u) \geq \frac{\gamma}{2}\|u_\rho - u\|^2. \tag{74}$$

Mit der Stetigkeit der Bilinearform $a(\cdot, \cdot)$ liefert dies

$$\frac{\gamma}{2} \|u_\rho - u\|^2 \leq (\|f\|_* + \alpha \|u\|) \|u_\rho - u\|$$

und somit die Beschränktheit von $\{u_\rho\}_{\rho \geq \bar\rho}$. Aus der Reflexivität des Raumes V folgt die schwache Kompaktheit von $\{u_\rho\}_{\rho \geq \bar\rho}$.

Da $J_{\bar\rho}(\cdot)$ konvex und stetig ist, ist dieses Funktional auch schwach unterhalbstetig (vgl. z.B. [Sch89]). Mit der schwachen Kompaktheit von $\{u_\rho\}_{\rho \geq \bar\rho}$ existiert somit ein endliches μ mit

$$J_{\bar\rho}(u_\rho) \geq \mu \qquad \text{für alle } \rho \geq \bar\rho.$$

Unter Nutzung der Optimalität von u_ρ für die Ersatzprobleme (67) und der Struktur von $J_\rho(\cdot)$ erhält man nun

$$\begin{aligned} J(u) = J_\rho(u) &\geq J_\rho(u_\rho) = J_{\bar\rho}(u_\rho) + \frac{\rho - \bar\rho}{2} \|Bu_\rho - g\|^2 \\ &\geq \mu + \frac{\rho - \bar\rho}{2} \|Bu_\rho - g\|^2. \end{aligned} \tag{75}$$

Hieraus folgt $\lim\limits_{\rho \to +\infty} \|Bu_\rho - g\| = 0$ bzw.

$$\lim_{\rho \to +\infty} [b(u_\rho, w) - g(w)] = 0 \qquad \text{für alle } w \in W.$$

Definiert man zu $b : V \times W \to \mathbb{R}$ einen Operator $B^* : W \to V^*$ durch

$$\langle B^* w, v \rangle = b(v, w) \qquad \text{für alle } v \in V,\ w \in W,$$

so ist

$$\lim_{\rho \to +\infty} [\langle B^* w, u_\rho \rangle - g(w)] = 0 \qquad \text{für alle } w \in W.$$

Bezeichnet $\bar u$ einen beliebigen schwachen Häufungspunkt von $\{u_\rho\}_{\rho \geq \bar\rho}$, dann gilt

$$\langle B^* w, \bar u \rangle - g(w) = 0 \qquad \text{für alle } w \in W.$$

Dies ist äquivalent zu

$$b(\bar u, w) = g(w) \qquad \text{für alle } w \in W,$$

also gilt $\bar u \in G$. Wir nutzen nun noch einmal

$$\begin{aligned} J(u) = J_{\bar\rho}(u) = J_\rho(u) &\geq J_\rho(u_\rho) = J_{\bar\rho}(u_\rho) + \frac{\rho - \bar\rho}{2} \|Bu_\rho - g\|^2 \\ &\geq J_{\bar\rho}(u_\rho) \qquad \text{für alle } \rho \geq \bar\rho. \end{aligned}$$

Mit der Unterhalbstetigkeit von $J_{\bar\rho}(\cdot)$ folgt

$$J(u) \geq J_{\bar\rho}(\bar u) \geq J(\bar u).$$

Damit löst $\bar u$ das Ausgangsproblem. Aus der schwachen Kompaktheit von $\{u_\rho\}_{\rho \geq \bar\rho}$ und der Eindeutigkeit der Lösung u von (62) erhält man nun $u_\rho \to u$ für $\rho \to +\infty$.

Aus der schwachen Konvergenz folgt mit (74) schließlich die starke Konvergenz von u_ρ für $\rho \to +\infty$ gegen u. ∎

Zur praktischen Lösung elliptischer Randwertaufgaben werden bei der Penalty-Methode die erzeugten Ersatzprobleme (67) für geeignete Strafparameter $\rho > 0$ durch einen Finite-Elemente-Ansatz V_h diskretisiert. Wir erhalten so die endlich-dimensionalen Strafprobleme

$$J_\rho(v_h) \longrightarrow \text{min} ! \quad \text{bei } v_h \in V_h. \tag{76}$$

Diese besitzen nach Lemma 5.9 im konformen Fall $V_h \subset V$ für alle $\rho \geq \bar{\rho}$ eine eindeutige Lösung $u_{\rho h} \in V_h$. Da für große Parameterwerte ρ die Probleme (76) schlecht konditioniert sind, ist $\rho > 0$ minimal zu wählen bei Sicherung einer optimalen Konvergenzgeschwindigkeit. Wir verweisen hierzu z.B. auf [Gro84], [GK85], [GR92].

Eine andere Möglichkeit zur Vermeidung großer Strafparameter und damit der asymptotischen Entartung der Probleme (67) bzw. (76) für $\rho \to +\infty$ wird durch eine Iterationstechnik auf der Basis modifizierter Lagrange-Funktionale geliefert. Für die Ausgangsaufgabe (62) definiert man dabei das modifizierte Lagrange-Funktional $L_\rho : V \times W \to I\!\!R$ mit Hilfe des Lagrange-Funktionals $L(\cdot, \cdot)$ durch

$$\begin{aligned} L_\rho(v, w) &:= L(v, w) + \frac{\rho}{2} \|Bv - g\|_*^2 \\ &= J(v) + (Bv - g, w) + \frac{\rho}{2}(Bv - g, Bv - g), \\ & \qquad v \in V, \, w \in W. \end{aligned} \tag{77}$$

Dies entspricht der Vorgehensweise im Abschnitt 5.3 unter Beachtung der Nebenbedingungen in Gleichungsform. Zur Verbindung zwischen Sattelpunkten von $L(\cdot, \cdot)$ und $L_\rho(\cdot, \cdot)$ (vgl. auch Lemma 5.7) gilt

LEMMA 5.10 *Jeder Sattelpunkt des Lagrange-Funktionals $L(\cdot, \cdot)$ bildet für beliebige Parameter $\rho > 0$ auch einen Sattelpunkt des modifizierten Lagrange-Funktionals $L_\rho(\cdot, \cdot)$.*

Beweis: Übungsaufgabe 5.11.

In Übertragung der modifizierten Lagrange-Methode aus Abschnitt 5.3 auf das vorliegende Ausgangsproblem erhält man die folgende Iterationsvorschrift:

(i) Vorgabe eines $p^0 \in W$ und Wahl eines $\rho > 0$. Setze $k := 0$.

(ii) Bestimme ein $u^k \in V$ als Lösung des Variationsproblems

$$L_\rho(v, p^k) \longrightarrow \text{min} ! \quad \text{bei } v \in V. \tag{78}$$

(iii) Setze

$$p^{k+1} := p^k + \rho(Bu^k - g) \tag{79}$$

und gehe mit $k := k + 1$ zu Schritt (ii).

Bemerkung 5.8 Wird $\rho \geq \bar{\rho}$ mit $\bar{\rho}$ aus Lemma 5.9 gewählt, dann ist die Teilaufgabe (78) ein elliptisches Problem, das eine eindeutig bestimmte Lösung u^k besitzt. Diese läßt sich charakterisieren durch die Variationsgleichung

$$a(u^k, v) + \rho\,(Bu^k, Bv) + (Bv, p^k) = f(v) + \rho\,(Bv, g) \quad \text{für alle } v \in V. \tag{80}$$

Ohne die in diesem Abschnitt getroffene Identifizierung $W^* = W$ besitzt (79) die Form

$$(p^{k+1}, w) = (p^k, w) + \rho\,[b(u^k, w) - g(w)] \quad \text{für alle } w \in W. \quad \square \tag{81}$$

Die Strafmethoden ebenso wie die modifizierten Lagrange-Techniken lassen sich über die zugehörigen Optimalitätsbedingungen auch als regularisierte gemischte Variationsgleichungen interpretieren. Wird z.B. $(u_\rho, p_\rho) \in V \times W$ als Lösung der gemischten Variationsgleichung

$$\begin{aligned}
a(u_\rho, v) \ + \ b(v, p_\rho) \ &= \ f(v) \qquad &&\text{für alle } v \in V \\
b(u_\rho, w) \ - \ \tfrac{1}{\rho}(p_\rho, w) \ &= \ g(w) \qquad &&\text{für alle } w \in W
\end{aligned} \tag{82}$$

bestimmt, so läßt sich p_ρ aus der zweiten Gleichung eliminieren. Unter Verwendung des Operators B und bei Beachtung der Identifikation $W^* = W$ erhält man

$$p_\rho = \rho\,(Bu_\rho - g). \tag{83}$$

Durch Einsetzen in den ersten Teil von (82) folgt

$$a(u_\rho, v) + \rho\,((Bu_\rho - g), Bv) = f(v) \qquad \text{für alle } v \in V$$

als verbleibende Variationsgleichung zur Bestimmung von $u_\rho \in V$. Diese Bedingung ist äquivalent zu (73). Damit läßt sich die betrachtete Strafmethode (67) auch als gestaffelte Auflösung der regularisierten gemischten Variationsgleichung (82) interpretieren. Die verwendete Regularisierung entspricht der von Tychonov (siehe z.B. [Lou89]) für inkorrekt gestellte Probleme genutzten Regularisierung.

Die hier angegebene modifizierte Lagrange-Methode kann analog durch Regularisierung der gemischten Variationsgleichung erhalten werden. Im Unterschied zu den Strafmethoden wird jedoch dabei eine sequentielle Prox-Regularisierung (vgl. [Mar70], [BF91]) angewandt. Die modifizierte Lagrange-Methode entspricht der Iterationstechnik

$$\begin{aligned}
a(u^k, v) \ + \ b(v, p^{k+1}) \ &= \ f(v) \qquad &&\text{für alle } v \in V \\
b(u^k, w) \ - \ \tfrac{1}{\rho}(p^{k+1} - p^k, w) \ &= \ g(w) \qquad &&\text{für alle } w \in W.
\end{aligned} \tag{84}$$

Die Auflösung der zweiten Gleichung liefert (79). Wird dies in die erste Gleichung eingesetzt, so erhält man die für das Minimum notwendige und unter den getroffenen Voraussetzungen auch hinreichende Bedingung (80).

Abschließend geben wir ein Resultat zum Konvergenzverhalten der Strafmethode (67) wieder. Der in [GR92] angegebene Beweis nutzt dabei die Äquivalenz zur gemischten Variationsgleichung (82).

LEMMA 5.11 *Es seien die Voraussetzungen von Lemma 5.9 erfüllt, und es gelte*

$$\sup_{v \in V} \frac{b(v,w)}{\|v\|} \geq \delta \|w\| \qquad \text{für alle } w \in W$$

mit einem $\delta > 0$. Dann konvergieren die Lösungen u_ρ der Strafprobleme (67) gegen die Lösung u des Ausgangsproblems (62). Dabei gelten mit einem $c > 0$ die Abschätzungen

$$\|u - u_\rho\| \leq c\rho^{-1} \qquad und \qquad \|p - p_\rho\| \leq c\rho^{-1} \qquad \text{für alle } \rho \geq \overline{\rho}$$

mit $\overline{\rho}$ aus Lemma 5.9.

Dieses Lemma liefert eine qualitative Verbesserung gegenüber Satz 5.5, und es gibt ferner eine Abschätzung der Konvergenzordnung der Strafmethode für das stetige Problem an.

Die durch Straffunktionen erzeugten Hilfsprobleme sind z.B. mit Hilfe der Methode der finiten Elemente zu lösen. Wendet man dabei die Diskretisierung auf (67) an, so erhält man endlichdimensionale Probleme der Form

$$J_\rho(v_h) = J(v_h) + \frac{\rho}{2}\|Bv_h - g\|_*^2 \longrightarrow \min! \qquad \text{bei } v_h \in V_h. \tag{85}$$

Zur Konvergenz bei konformen Finite-Elemente-Methoden für symmetrische Probleme läßt sich in Verschärfung des Lemmas von Cea (vgl. [Cia78], [GR92]) die Abschätzung

$$\|u - u_h\| \leq \sqrt{\frac{\alpha}{\gamma}} \inf_{v \in V_h} \|v - u\| \tag{86}$$

zeigen. Für $\rho \geq \overline{\rho}$ besitzt die Aufgabe (85) eine eindeutige Lösung $u_{\rho h} \in V_h$. Mit (86) erhält man

LEMMA 5.12 *Für beliebiges $\rho \geq \overline{\rho}$ und $V_h \subset V$ gilt*

$$\|u_\rho - u_{\rho h}\| \leq c\rho^{1/2} \inf_{v_h \in V_h} \|u_\rho - v_h\|$$

mit einem $c > 0$.

Beweis: Nach Lemma 5.9 ist die zu $J_\rho(\cdot)$ gehörige Bilinearform $a_\rho(\cdot,\cdot)$ gleichmäßig V-elliptisch. Wegen $V_h \subset V$ gilt dies auch auf V_h mit der gleichen Konstanten $\frac{\gamma}{2}$. Aus der Definition (69) von $a_\rho(\cdot,\cdot)$ folgt

$$|a_\rho(u,v)| \leq \alpha \|u\| \|v\| + \rho\beta^2 \|u\| \|v\|$$

mit den Normschranken α, β für $a(\cdot,\cdot)$ bzw. $b(\cdot,\cdot)$. Die Abschätzung (86) liefert nun

$$\|u_\rho - u_{\rho h}\| \leq \sqrt{2\frac{\alpha + \rho\beta^2}{\gamma}} \inf_{v_h \in V_h} \|u_\rho - v_h\| \qquad \text{für alle } \rho \geq \overline{\rho}. \qquad \blacksquare$$

Die Konvergenzordnung für ein diskretisiertes Strafverfahren für $\rho \to +\infty$ und $h \to +0$ erhält man durch Kombination der Lemmata 5.11 und 5.12.

SATZ 5.6 *Es seien die Voraussetzungen von Lemma 5.11 und Lemma 5.12 erfüllt. Dann gibt es Konstanten c_1, $c_2 > 0$ derart, daß*

$$\|u - u_{\rho h}\| \leq c_1\, \rho^{-1/2} + c_2\, \rho^{1/2} \inf_{v_h \in V_h} \|u - v_h\| \qquad \text{für alle } \rho \geq \bar{\rho}$$

für die Lösungen u von (62) und $u_{\rho h}$ von Problem (85) gilt.

Beweis: Mit der Dreiecksungleichung und den Lemmata 5.11, 5.12 folgt

$$
\begin{aligned}
\|u - u_{\rho h}\| &\leq \|u - u_\rho\| + \|u_\rho - u_{\rho h}\| \\
&\leq c\,\rho^{-1} + c\,\rho^{1/2} \inf_{v_h \in V_h} \|u_\rho - u + u - v_h\| \\
&\leq c\,\rho^{-1} + c\,\rho^{1/2}\,\rho^{-1} + c\,\rho^{1/2} \inf_{v_h \in V_h} \|u - v_h\| \qquad \text{für alle } \rho \geq \bar{\rho}.
\end{aligned}
$$

Wird $\rho \geq \bar{\rho} > 0$ beachtet, so erhält man hieraus die Behauptung. ∎

Bemerkung 5.9 Aus Satz 5.6 folgt, daß sich die Schranke für die Konvergenzordnung wegen $\rho \to +\infty$ gegenüber dem Ritz-Verfahren für Probleme ohne Straffunktionen reduziert. Gilt z.B.

$$\inf_{v_h \in V_h} \|u - v_h\| = O(h^p),$$

so liefert die abgestimmte Wahl $\rho = \rho(h) = h^{-p}$ nach Satz 5.6 die optimale Schranke

$$\|u - u_{\rho h}\| = O(h^{p/2}).$$

Dies ist ein bekannter, auch praktisch beobachteter Nachteil der Strafmethode (85), der aus der asymptotischen für $\rho \to +\infty$ inkorrekt gestellten Aufgabe resultiert. Wird dagegen eine auf der Formulierung (82) und einer zugehörigen gemischten Finite-Elemente-Diskretisierung basierende Strafmethode genutzt, so wird die Ordnungsreduktion vermieden, falls die **Babuška-Brezzi-Bedingungen**

$$\sup_{v_h \in V_h} \frac{b(v_h, w_h)}{\|v_h\|} \geq \tilde{\delta}\,\|w_h\| \qquad \text{für alle } w_h \in W_h \tag{87}$$

mit einem festen $\tilde{\delta} > 0$ erfüllt sind. □

Wir wählen $V_h \subset V$, $W_h \subset W$. Es bezeichne $(\bar{u}_{\rho h}, \bar{p}_{\rho h}) \in V_h \times W_h$ die Lösung der regularisierten gemischten Variationsgleichung

$$
\begin{aligned}
a(\bar{u}_{\rho h}, v_h) \;+\; b(v_h, \bar{p}_{\rho h}) &= f(v_h) \qquad \text{für alle } v_h \in V_h \\
b(\bar{u}_{\rho h}, w_h) \;-\; \tfrac{1}{\rho}(\bar{p}_{\rho h}, w_h)_h &= g(w_h) \qquad \text{für alle } w_h \in W_h.
\end{aligned}
\tag{88}
$$

Dabei sei $(\cdot, \cdot)_h : W_h \times W_h \to R$ eine stetige Bilinearform, die mit Konstanten $\bar{\sigma} \geq \underline{\sigma} > 0$ der Bedingung

$$\underline{\sigma}\,\|w_h\|^2 \leq (w_h, w_h)_h \leq \bar{\sigma}\,\|w_h\|^2 \qquad \text{für alle } w_h \in W_h \tag{89}$$

gleichmäßig für $h > 0$ genügt.

SATZ 5.7 *Es genüge die Diskretisierung $V_h \subset V$, $W_h \subset W$ der Babuška-Brezzi-Bedingung. Ferner sei (89) erfüllt. Dann gilt für die Lösung $(\overline{u}_{\rho h}, \overline{p}_{\rho h}) \in V_h \times W_h$ von (88) und die Lösung $(u, p) \in V \times W$ der gemischten Variationsgleichung (66) die Abschätzung*

$$\max\{\,\|u - \overline{u}_{\rho h}\|,\, \|p - \overline{p}_{\rho h}\|\,\} \leq c\,\{\,\rho^{-1} + \inf_{v_h \in V_h} \|u - v_h\| + \inf_{w_h \in W_h} \|p - w_h\|\,\}$$

für alle $\rho \geq \hat{\rho}$ mit einem geeigneten $\hat{\rho} \geq \overline{\rho}$.

Beweis: Es sei $(u_h, p_h) \in V_h \times W_h$ die Lösung der zu (66) gehörenden diskreten gemischten Variationsgleichung. Unter den getroffenen Voraussetzungen gilt dann (vgl. [GR92]) die Abschätzung

$$\max\{\,\|u - p_h\|,\, \|p - p_h\|\,\} \leq c\,\{\,\inf_{v_h \in V_h} \|u - v_h\| + \inf_{w_h \in W_h} \|p - w_h\|\,\}. \tag{90}$$

Ferner folgt aus der diskreten gemischten Variationsgleichung und (88)

$$a(u_h - \overline{u}_{\rho h}, v_h) \;+\; b(v_h, p_h - \overline{p}_{\rho h}) \;=\; 0 \qquad\qquad \text{für alle } v_h \in V_h$$

$$b(u_h - \overline{u}_{\rho h}, w_h) \qquad\qquad = \tfrac{1}{\rho}(\overline{p}_{\rho h}, w_h)_h \qquad \text{für alle } w_h \in W_h.$$

Mit den Babuška-Brezzi-Bedingungen und (89) erhält man die Abschätzung

$$\max\{\,\|u_h - \overline{p}_{\rho h}\|,\, \|p - \overline{p}_{\rho h}\|\,\} \leq c\,\rho^{-1}\,\|\overline{p}_{\rho h}\| \tag{91}$$

mit einem $c > 0$. Zu zeigen bleibt die Beschränktheit von $\|\overline{p}_{\rho h}\|$. Dazu sei $\hat{\rho} \geq \overline{\rho}$ so gewählt, daß mit der Konstanten $c > 0$ von (91) gilt $c\hat{\rho}^{-1} < 1$. Dann folgt aus (91)

$$\|\overline{p}_{\rho h}\| - \|p_h\| \leq c\,\hat{\rho}^{-1}\,\|\overline{p}_{\rho h}\| \qquad \text{für alle } \rho \geq \hat{\rho}$$

und damit

$$\|\overline{p}_{\rho h}\| \leq c\,\|p_h\| \qquad \text{für alle } \rho \geq \hat{\rho}$$

mit einem $c > 0$. Mit (90) erhält man hieraus die Existenz einer Konstanten c mit

$$\|\overline{p}_{\rho h}\| \leq c \qquad \text{für alle } h > 0,\ \rho \geq \hat{\rho}.$$

Aus (90), (91) und der Dreiecksungleichung folgt nun die Behauptung. ∎

Bemerkung 5.10 Im Unterschied zur diskretisierten Strafmethode (85) erhält man für das auf (88) beruhende Verfahren mit Satz 5.7 entkoppelte Abschätzungen über den Einfluß des Strafparameters $\rho > 0$ und des Diskretisierungsfehlers $h > 0$. Wählt man speziell

$$\rho^{-1} = O(\,\inf_{v_h \in V_h} \|u - v_h\| + \inf_{w_h \in W_h} \|p - w_h\|),$$

so liefert das Strafverfahren (88) die gleiche Konvergenzordnung wie die Diskretisierung der gemischten Variationsgleichung (66). Es tritt also keine Ordnungsreduktion ein. □

Bemerkung 5.11 Die Bedingung (89) sichert, daß die zweite Gleichung von (88) eindeutig nach $\bar{p}_{\rho h} \in W_h$ auflösbar ist. Damit kann (89) auch als Strafmethode der Form

$$J_{\rho h}(v_h) := J(v_h) + \frac{\rho}{2}\|Bv_h - g\|_h^2 \longrightarrow \min! \qquad \text{bei } v_h \in V_h$$

mit einer geeigneten Näherung $\|\cdot\|_h$ für $\|\cdot\|_*$ betrachtet werden (vgl. [Gro84]). $\square$

Übung 5.11 Beweisen Sie Lemma 5.10.

Übung 5.12 Es sei $\Omega \subset \mathbb{R}^2$ ein Gebiet mit stückweise glattem Rand Γ. Das Dirichlet-Problem

$$-\Delta u = 1 \quad \text{in } \Omega, \qquad u|_\Gamma = 0$$

läßt sich mit $V := H^1(\Omega)$, $W := L_2(\Gamma)$ und

$$a(u,v) := \int_\Omega \nabla u \cdot \nabla v \, dx, \qquad f(v) := \int_\Omega v \, dx$$

sowie

$$G := \{\, v \in V : \int_\Gamma v \, w \, ds = 0, \ \forall\, w \in W \,\}$$

als Variationsproblem der Form (62) formulieren.

Zeigen Sie mit Hilfe der Friedrichschen Ungleichung (siehe z.B. [GR92]), daß die Bedingung (64) erfüllt ist.

Geben Sie für die vorliegende Aufgabe die durch (69) zugeordnete Bilinearform $a_\rho(\cdot, \cdot)$ an und ordnen Sie dem Strafproblem (67) eine entsprechende Randwertaufgabe zu.

6 Verfahren auf der Basis lokaler Approximationen

Im vorliegenden Kapitel behandeln wir nichtlineare Optimierunsprobleme der Form

$$f(x) \to \min ! \quad \text{bei} \quad x \in G := \{ x \in I\!\!R^n : g_i(x) \le 0, \, i = 1(1)m \}. \quad (1)$$

Dabei seien die Ziel- und Restriktionsfunktionen $f, g_i : I\!\!R^n \to I\!\!R$, $i \in I :=$ $\{1, \ldots, m\}$ mindestens stetig differenzierbar. Optimale Lösungen von (1) können unter Nutzung von Linearisierungen der Problemfunktionen durch die John- bzw. durch die Kuhn-Tucker-Bedingungen charakterisiert werden. Wie im Abschnitt 1.2 gezeigt wurde, ist die Erfüllung dieser Bedingung eng mit der Existenz zulässiger Abstiegsrichtungen verbunden. Dies bildet die Grundlage der Verfahren der zulässigen Richtungen.

Eine weitere Möglichkeit bietet sich mit der Behandlung der Optimalitätsbedingungen als nichtlineares Ungleichungs- bzw. Gleichungssystem, das mit lokal überlinear konvergenten Verfahren behandelt wird.

6.1 Verfahren der zulässigen Richtungen

6.1.1 Standardverfahren

In Abschnitt 1.2 wurde nachgewiesen, daß sich in nichtoptimalen Punkten $\tilde{x} \in G$ stets zulässige Abstiegsrichtungen angeben lassen, d.h. Richtungen $\tilde{d} \in I\!\!R^n$, für die mit hinreichend kleinen Schrittweiten $\alpha > 0$ gilt

$$f(\tilde{x} + \alpha\tilde{d}) < f(\tilde{x}) \quad \text{und} \quad \tilde{x} + \alpha\tilde{d} \in G.$$

Die von Zoutendijk [Zou60] entwickelten **Verfahren der zulässigen Richtungen** gehen von diesem Grundgedanken aus und erzeugen in den jeweiligen Iterationspunkten $x^k \in G$ zulässige Abstiegsrichtungen d^k mit Hilfe von Richtungssuchprogrammen. Geeignete Schrittweitenalgorithmen sichern ferner hinreichenden Abstieg und die Zulässigkeit der mit der Schrittweite α_k durch $x^{k+1} := x^k + \alpha_k d^k$ erzeugten Nachfolgeiterierten x^{k+1}. Die Häufungspunkte der so generierten Folge $\{x^k\} \subset G$ genügen dann mindestens den John-Bedingungen, wie noch gezeigt wird.

Die einzelnen Varianten der Verfahren der zulässigen Richtungen unterscheiden sich durch die in ihnen genutzten Richtungssuchprogramme und Schrittweitentechniken.

Zu vorgegebenem $\varepsilon \geq 0$ bezeichne

$$I_\varepsilon(x) := \{\, i \in I \,:\, g_i(x) \geq -\varepsilon \,\}$$

die Menge der ε-aktiven Restriktionen in einem Punkt $x \in G$. Zwei in engem Zusammenhang mit den Optimalitätsbedingungen für (1) stehende **Richtungssuchprogramme** besitzen die Form

$$
\begin{aligned}
\mu &\to \min! \\
\text{bei} \quad \nabla f(x)^T d &\leq \mu, \\
\nabla g_i(x)^T d &\leq \mu,\ i \in I_\varepsilon(x), \qquad \|d\| \leq 1
\end{aligned}
\tag{2}
$$

bzw.

$$
\begin{aligned}
\nu &\to \min! \\
\text{bei} \quad \nabla f(x)^T d &\leq \nu, \\
g_i(x) + \nabla g_i(x)^T d &\leq \nu,\ i \in I_\varepsilon(x), \qquad \|d\| \leq 1.
\end{aligned}
\tag{3}
$$

Die willkürliche Normierung $\|d\| \leq 1$ sichert die Lösbarkeit dieser Aufgaben. Wird hierbei als Norm die Maximumnorm $\|d\| = \max\limits_{1\leq i\leq n} |d_i|$ zugrunde gelegt, dann sind die Aufgaben (2) und (3) linearen Optimierungsproblemen äquivalent, und sie lassen sich z.B. mit der Simplexmethode lösen. Andere, problemangepaßte Normierungen gestatten auch eine explizite Auflösung der Richtungssuchprogramme (vgl. hierzu [GK76]).

Bemerkung 6.1 Die Richtungssuchprogramme (2) und (3) sind äquivalent zu den Minimaxproblemen

$$\max\left\{ \nabla f(x)^T d,\ \max_{i \in I_\varepsilon(x)}\{\nabla g_i(x)^T d\} \right\} \to \min! \qquad \text{bei } \|d\| \leq 1$$

bzw.

$$\max\left\{ \nabla f(x)^T d,\ \max_{i \in I_\varepsilon(x)}\{g_i(x) + \nabla g_i(x)^T d\} \right\} \to \min! \qquad \text{bei } \|d\| \leq 1. \quad \square$$

Die optimalen Werte der Richtungssuchprogramme (2) und (3) werden im folgenden mit $\mu(x,\varepsilon)$ bzw. $\nu(x,\varepsilon)$ bezeichnet.

Wir stellen zunächst einige Hilfsaussagen für die Konvergenzuntersuchungen von Verfahren der zulässigen Richtungen bereit.

LEMMA 6.1 *Für beliebige* $x \in G$ *und* $\varepsilon \geq \tilde{\varepsilon} \geq 0$ *gelten die Aussagen:*

i) $\mu(x,\tilde{\varepsilon}) \leq \mu(x,\varepsilon) \leq 0;$ *ii)* $\nu(x,\tilde{\varepsilon}) \leq \nu(x,\varepsilon) \leq 0;$

iii) $\nu(x,\varepsilon) \leq \mu(x,\varepsilon) \leq 0;$ *iv)* $\nu(x,0) = \mu(x,0);$

v) $\nu(x,0) < 0 \iff \nu(x,\varepsilon) < 0.$

Beweis: Übungsaufgabe 6.1.

Zur Verbindung der Richtungssuchprogramme mit Optimalitätsbedingungen für die Aufgabe (1) hat man

LEMMA 6.2 *Für beliebige $x \in G$ und $\varepsilon \geq 0$ sind die folgenden drei Bedingungen äquivalent:*

   i) $\mu(x,0) = 0$ *ii)* $\nu(x,\varepsilon) = 0$ *für ein $\varepsilon \geq 0$;*

  iii)   *Der Punkt x genügt den John-Bedingungen, d.h. $\exists\, u_0 \geq 0,\ u_i \geq 0,\ i \in I_0(x)$,*

$$\text{mit} \qquad u_0 \nabla f(x) + \sum_{i \in I_0(x)} u_i \nabla g_i(x) = 0, \qquad u_0 + \sum_{i \in I_0(x)} u_i = 1.$$

Beweis: Aus Lemma 6.1 folgt

$$\mu(x,0) = \nu(x,0) \leq \nu(x,\varepsilon) \leq 0.$$

Dies liefert die Implikation i) $\Rightarrow$ ii). Ist $\mu(x,0) < 0$, so erhält man mit iv) und v) aus Lemma 6.1 auch $\nu(x,\varepsilon) < 0$. Damit gilt auch ii) $\Rightarrow$ i).

Wir zeigen nun die Äquivalenz von i) und iii). Nach der Definition des Richtungssuchproblems (2) gilt $\mu(x,0) = 0$ genau dann, wenn das lineare Ungleichungssystem

$$\begin{pmatrix} \nabla f(x) \\ -1 \end{pmatrix}^T \begin{pmatrix} d \\ \mu \end{pmatrix} \leq 0, \quad \begin{pmatrix} \nabla g_i(x) \\ -1 \end{pmatrix}^T \begin{pmatrix} d \\ \mu \end{pmatrix} \leq 0,\ i \in I_0(x), \quad \begin{pmatrix} 0 \\ -1 \end{pmatrix}^T \begin{pmatrix} d \\ \mu \end{pmatrix} > 0$$

keine Lösung $\begin{pmatrix} d \\ \mu \end{pmatrix} \in I\!\!R^{n+1}$ besitzt. Nach Lemma 1.10 (Lemma von Farkas) ist dies äquivalent zu den angegebenen John-Bedingungen. Damit gilt i) $\Leftrightarrow$ iii). ∎

LEMMA 6.3 *Aus $\{x^k\} \subset G$, $x^k \to \hat{x}$ und $\varepsilon_k \geq 0$, $k = 1, 2, \ldots$, $\varepsilon_k \to +0$ folgt*

$$\overline{\lim_{k \to \infty}} \mu(x^k, \varepsilon_k) \leq \mu(\hat{x}, 0).$$

Beweis: Es sei $\mathcal{K} \subset I\!\!N$ eine unendliche Indexfolge mit $\lim_{k \in \mathcal{K}} \mu(x^k, \varepsilon_k) = \overline{\lim_{k \to \infty}} \mu(x^k, \varepsilon_k)$. Da die Menge I endlich ist, besitzt sie nur eine endliche Anzahl unterschiedlicher Teilmengen. Damit gibt es eine Menge $\hat{I} \subset I$ und eine unendliche Indexmenge $\mathcal{K}' \subset \mathcal{K}$ mit $I_{\varepsilon_k}(x^k) = \hat{I},\ \forall\, k \in \mathcal{K}'$. Mit der Stetigkeit der Restriktionsfunktionen und

$$-\varepsilon_k \leq g_i(x^k) \leq 0, \quad i \in \hat{I},\ k \in \mathcal{K}' \qquad \text{sowie} \qquad \varepsilon_k \to +0,\ x^k \to \hat{x}$$

folgt $\hat{I} \subset I_0(\hat{x})$. Nach der Definition von $\mu(\hat{x}, 0)$ existiert ein $\hat{d} \in I\!\!R^n$ mit $\|\hat{d}\| \leq 1$ derart, daß

$$\nabla f(\hat{x})^T \hat{d} \leq \mu(\hat{x}, 0) \quad \text{und} \quad \nabla g_i(\hat{x})^T \hat{d} \leq \mu(\hat{x}, 0),\ i \in I_0(\hat{x}),$$

gilt. Mit der stetigen Differenzierbarkeit von f und g_i, $i \in I$, sowie mit $\hat{I} \subset I_0(\hat{x})$ und $x^k \to \hat{x}$ folgt hieraus

$$\lim_{k \in \mathcal{K}'} \nabla f(x^k)^T \hat{d} \leq \mu(\hat{x}, 0) \quad \text{und} \quad \lim_{k \in \mathcal{K}'} \nabla g_i(x^k)^T \hat{d} \leq \mu(\hat{x}, 0),\ i \in \hat{I}.$$

Wegen $I_{\varepsilon_k}(x^k) = \hat{I}\ \forall k \in \mathcal{K}'$ und der Definition von $\mu(x^k, \varepsilon_k)$ erhält man nun

$$\overline{\lim_{k \to \infty}} \mu(x^k, \varepsilon_k) = \lim_{k \in \mathcal{K}'} \mu(x^k, \varepsilon_k) \leq \mu(\hat{x}, 0). \qquad ∎$$

Bemerkung 6.2 Insbesondere kann auch $\overline{\lim\limits_{k\to\infty}}\,\mu(x^k,\varepsilon_k) < \mu(\hat{x},0)$ gelten (vgl. hierzu Übungsaufgabe 6.2). Hierin liegt letztlich die Ursache des bereits von Zoutendijk [Zou60] beschriebenen zick-zack Verhaltens von Verfahren der zulässigen Richtungen im Fall, daß die dabei auftretenden Parameter ε_k identisch Null gewählt werden, d.h. jeweils nur die aktiven Restriktionen in den Richtungssuchproblemen berücksichtigt werden. $\square$

LEMMA 6.4 *Die Problemfunktionen seien Lipschitz-stetig differenzierbar. Genügen $x \in G$, $d \in I\!\!R^n$ mit $\|d\| \le 1$ sowie $\sigma < 0$ einem der Ungleichungssysteme*

$$i) \qquad \nabla g_i(x)^T d \le \sigma, \quad i \in I_\varepsilon(x),$$
oder
$$ii) \qquad g_i(x) + \nabla g_i(x)^T d \le \sigma, \quad i \in I_\varepsilon(x),$$

dann gilt

$$x + \alpha d \in G \qquad \text{für alle} \quad \alpha \in [0, \min\{1, \frac{\varepsilon}{L}, -\frac{2\sigma}{L}\}].$$

Hierbei bezeichnet L die Lipschitz-Konstante für die Funktionen und ihre Gradienten.

Beweis: Es sei $i \notin I_\varepsilon(x)$. Dann gilt wegen der Lipschitz-Stetigkeit

$$g_i(x + \alpha d) \le g_i(x) + \alpha L\,\|d\| \le -\varepsilon + \alpha L \le 0 \qquad \text{für alle} \quad \alpha \in [0, \frac{\varepsilon}{L}].$$

Wir untersuchen zunächst das System i). Mit der Taylorschen Formel gilt

$$
\begin{aligned}
g_i(x + \alpha d) &\le g_i(x) + \alpha \nabla g_i(x)^T d + \tfrac{L}{2}\alpha^2\|d\|^2 \le \alpha\sigma + \tfrac{L}{2}\alpha^2 \\
&= \alpha(\sigma + \tfrac{L}{2}\alpha) \le 0 \qquad \text{für alle} \quad \alpha \in [0, -\tfrac{2\sigma}{L}], \ i \in I_\varepsilon(x).
\end{aligned}
$$

Wir betrachten nun das Ungleichungssystem ii) für $\alpha \in [0,1]$. Analog zum vorhergehenden Fall gilt

$$
\begin{aligned}
g_i(x + \alpha d) &\le g_i(x) + \alpha \nabla g_i(x)^T d + \tfrac{L}{2}\alpha^2\|d\|^2 \\
&\le \alpha[g_i(x) + \nabla g_i(x)^T d] + \tfrac{L}{2}\alpha^2 + (1-\alpha)g_i(x) \\
&\le \alpha(\sigma + \tfrac{L}{2}\alpha) \le 0 \qquad \text{für alle} \quad \alpha \in [0, -\tfrac{2\sigma}{L}], \ i \in I_\varepsilon(x).
\end{aligned}
$$

Insgesamt gilt damit die Behauptung. $\blacksquare$

Wir wenden uns nun den Schrittweitentechniken zu. Diese sind analog zu den im Abschnitt 3.1 für die freie Minimierung vorgestellten, müssen jedoch die Zulässigkeit zusätzlich berücksichtigen. Mit der im aktuellen Iterationspunkt x^k durch ein Richtungssuchprogramm bestimmten Richtung d^k betrachten wir folgende Schrittweitenalgorithmen:

Strahlminimierung: Bestimme $\alpha_k > 0$ so, daß gilt

$$
x^k + \alpha_k d^k \in G \quad \text{und} \quad f(x^k + \alpha_k d^k) \le f(x^k + \alpha d^k) \quad \forall\, \alpha > 0 \tag{4}
$$
$$\text{mit } x^k + \alpha d^k \in G.$$

Armijo-Prinzip: Mit einem $\delta \in (0,1)$ und $S := \{2^{-j}\}_{j=0}^{\infty} \subset I\!\!R_+$ wird α_k definiert durch

$$\alpha_k := \max \{\, \alpha \in S : \ x^k + \alpha d^k \in G, \ f(x^k + \alpha d^k) \leq f(x^k) + \alpha \delta \nabla f(x^k)^T d^k \,\}. \tag{5}$$

Als **Verfahren der zulässigen Richtungen** bezeichnet man Lösungsmethoden für (1), die von einem $x^0 \in G$ durch

$$x^{k+1} := x^k + \alpha_k d^k, \qquad k = 0, 1, \ldots \tag{6}$$

mit einer jeweils zu x^k gehörig in einem Richtungssuchprogramm bestimmten Richtung d^k und einem mit einer Schrittweitentechnik ermittelten α_k.

SATZ 6.1 *Es seien die Funktionen f und g_i, $i \in I$, Lipschitz-stetig differenzierbar. Mit beliebigem $x^0 \in G$ und $\varepsilon_k = \varepsilon > 0$, $k = 0, 1, \ldots$ sei die Folge $\{x^k\} \subset G$ mit dem Verfahren der zulässigen Richtungen unter Verwendung einer der beiden Richtungssuchprogramme (2) oder (3) sowie einer der beiden Schrittweitentechniken (4) oder (5) erzeugt. Dann gilt entweder*

$$\lim_{k \to \infty} f(x^k) = -\infty$$

oder

$$\lim_{k \to \infty} \mu(x^k, \varepsilon) = 0 \qquad bzw. \qquad \lim_{k \to \infty} \nu(x^k, \varepsilon) = 0. \tag{7}$$

Beweis: Nach Konstruktion ist die Folge $\{f(x^k)\}$ stets monoton nicht wachsend. Wir untersuchen im weiteren bei der Schrittweitenbestimmung nur die Strahlminimierung. Das Armijo-Prinzip kann analog behandelt werden (als Übungsaufgabe 6.3). Aus der Lipschitz-stetigen Differenzierbarkeit von f folgt mit der Taylorschen Formel die Abschätzung

$$f(x^{k+1}) \leq f(x^k) + \alpha_k \nabla f(x^k)^T d^k + \frac{L}{2} \alpha_k^2. \tag{8}$$

Wir nehmen an, (7) gelte nicht. Wegen $\mu(x^k, \varepsilon) \leq 0$ bzw. $\nu(x^k, \varepsilon) \leq 0$ existieren dann eine unendliche Indexmenge $\mathcal{K} \subset I\!\!N$ und eine Zahl $\sigma < 0$ mit

$$\mu(x^k, \varepsilon) \leq \sigma \ \forall \, k \in \mathcal{K} \qquad bzw. \qquad \nu(x^k, \varepsilon) \leq \sigma \ \forall \, k \in \mathcal{K}$$

Aus (8) sowie $\nabla f(x^k)^T d^k \leq \sigma \ \forall \, k \in \mathcal{K}$ folgt

$$f(x^{k+1}) \leq f(x^k) + \alpha_k(\sigma + \frac{L}{2}\alpha_k) \leq f(x^k) + \frac{\sigma}{2}\alpha_k, \qquad \text{falls} \quad \alpha_k \in [0, -\frac{\sigma}{L}].$$

Mit Lemma 6.4 und der Strahlminimierung erhält man hieraus

$$f(x^{k+1}) \leq f(x^k) + \frac{\sigma}{2} \min\{1, \frac{\varepsilon}{L}, -\frac{\sigma}{L}\} \qquad \text{für alle} \quad k \in \mathcal{K}.$$

Mit $\frac{\sigma}{2}\min\{1, \frac{\varepsilon}{L}, -\frac{\sigma}{L}\} < 0$, der Monotonie der Gesamtfolge $\{f(x^k)\}$ und mit $\operatorname{card}\mathcal{K} = +\infty$ liefert dies $\lim\limits_{k \to \infty} f(x^k) = -\infty$. ∎

Folgerung 6.1 Wird das Richtungssuchproblem (3) gewählt und $\varepsilon_k := \varepsilon > 0$, $k = 0, 1, \ldots$ gesetzt (man spricht in diesem Fall von einem **P2-Verfahren** [Zou60]), dann genügt jeder Häufungspunkt einer mit dem Verfahren der zulässigen Richtungen erzeugten Folge $\{x^k\}$ den John-Bedingungen – und damit unter Regularitätsvoraussetzungen auch den Kuhn-Tucker-Bedingungen. Sind insbesondere die Problemfunktionen f und g_i, $i \in I$, konvex und gilt $G^0 \neq \emptyset$, dann ist jeder Häufungspunkt von $\{x^k\}$ eine Optimallösung des Ausgangsproblems (1). $\square$

Beispiel 6.1 Wir wenden auf das nichtlineare Optimierungsproblem

$$f(x) := -10\xi + \eta \to \min\,!$$

$$\text{bei} \quad \begin{array}{l} g_1(x) := \xi^2 + \eta - 1 \le 0, \\ g_2(x) := \sin\xi - \eta \quad \le 0, \end{array} \quad x = \begin{pmatrix} \xi \\ \eta \end{pmatrix} \in I\!\!R^2 \tag{9}$$

das P2-Verfahren der zulässigen Richtungen mit Strahlminimierung an. Wir wählen dabei $\varepsilon = 0.2$ und $x^0 = (0,0)^T$ und führen lediglich drei Iterationsschritte aus. Mit den gewählten Daten gilt $I_\varepsilon(x^0) = \{2\}$, und man erhält in x^0 das (3) entsprechende Richtungssuchproblem

$$\nu \to \min\,!$$

$$\text{bei} \quad -10\xi + \eta \le \nu, \quad \xi - \eta \le \nu, \quad |\xi| \le 1, \ |\eta| \le 1.$$

Dies liefert den optimalen Wert $\nu_0 = -9/11$ sowie die zulässige Abstiegsrichtung $d^0 = (2/11, 1)^T$. Mit der maximalen Schrittweite $\alpha_0 = 0.96896$ (Rundung auf 5 Stellen) erhält man als neuen Iterationspunkt $x^1 = (0.17617, 0.96896)^T$ und zugehörig $I_\varepsilon(x^1) = \{1\}$. Das neue Richtungssuchproblem lautet damit

$$\nu \to \min\,!$$

$$\text{bei} \quad -10\xi + \eta \le \nu, \quad 0.35234\xi + \eta \le \nu, \quad |\xi| \le 1, \ |\eta| \le 1,$$

und es gilt $d^1 = (0, -1)^T$. Dies liefert $x^2 = (0.17617, 0.17526)^T$. Wir erhalten nun $I_\varepsilon(x^2) = \{2\}$ und damit das neue Richtungssuchproblem

$$\nu \to \min\,!$$

$$\text{bei} \quad -10\xi + \eta \le \nu, \quad 0.98452\xi - \eta \le \nu, \quad |\xi| \le 1, \ |\eta| \le 1.$$

Dies liefert $d^2 = (0.18207, 1)^T$ und schließlich $x^2 = (0.30895, 0.90455)^T$. Für die Zielfunktionswerte in den Iterationspunkten gilt

$$f(x^0) = 0, \quad f(x^1) = -0.79274, \quad f(x^2) = -1.58644, \quad f(x^3) = -2.18495,$$

und damit der erwartete Abstieg. In der Abbildung 6.1 ist der Verlauf der Iteration skizziert. $\square$

Es sei an dieser Stelle auf das im Verlauf der Iteration typische Wechseln der aktiven Restriktionen hingewiesen, das im Fall von $\varepsilon = 0$ zum Scheitern des Verfahrens führen kann (zick-zack Verhalten). Wird das Richtungssuchproblem (2) genutzt,

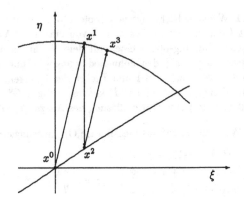

Abbildung 6.1

dann läßt sich wegen der für $\varepsilon > 0$ fehlenden Äquivalenz von $\mu(x,\varepsilon) = 0$ zu Optimalitätsbedingungen kein fester Parameter im Verfahren der zulässigen Richtungen wählen. Es sind in diesem Fall angepaßte Techniken zur Reduktion von ε_k mit dem Ziel $\lim\limits_{k\to\infty} \varepsilon_k = 0$ einzusetzen. Das Grundprinzip entspricht dabei der Steuerung der Parameter γ_k im gedämpften regularisierten Newton-Verfahren (vgl. Abschnitt 3.2). Man erhält so das folgende

P1-Verfahren (der zulässigen Richtungen)

(i) Vorgabe eines $x^0 \in G$ sowie eines $\varepsilon_0 > 0$. Setze $k := 0$.

(ii) Bestimme $d^k \in \mathbb{R}^n$ und $\mu(x^k, \varepsilon_k)$ aus dem Richtungssuchprogramm (2).

(iii) Gilt $\mu(x^k, \varepsilon_k) \geq -\varepsilon_k$, so setze $\varepsilon_{k+1} := \varepsilon_k/2$ sowie $x^{k+1} := x^k$ und gehe mit $k := k + 1$ zu Schritt (ii).

(iv) Gilt $\mu(x^k, \varepsilon_k) < -\varepsilon_k$, so bestimme eine Schrittweite $\alpha_k > 0$ mit der Strahlminimierung oder nach dem Armijo-Prinzip. Setze $\varepsilon_{k+1} := \varepsilon_k$ sowie $x^{k+1} := x^k + \alpha_k d^k$ und gehe mit $k := k + 1$ zu Schritt (ii).

Zur Konvergenz des P1-Verfahrens gilt

SATZ 6.2 *Es seien die Problemfunktionen Lipschitz-stetig, und die durch das P1-Verfahren erzeugte Folge $\{x^k\}$ sei beschränkt. Dann besitzt diese einen Häufungspunkt $\bar{x}$ mit $\mu(\bar{x}, 0) = 0$.*

Beweis: Wir nehmen zunächst an, daß ein $\bar{\varepsilon} > 0$ existiert mit $\varepsilon_k \geq \bar{\varepsilon} > 0$, $k = 0, 1, \ldots$. Damit kann der Schritt (iii) des Verfahrens nur endlich oft durchlaufen werden, und es existiert ein k_0 mit $\varepsilon_k = \varepsilon_{k_0}$ $\forall\, k \geq k_0$. Nach Konstruktion gilt dann

$$\mu(x^k, \varepsilon_{k_0}) < -\varepsilon_{k_0} \quad \text{für alle} \quad k \geq k_0.$$

Wir erhalten nach Satz 6.1 hierzu im Widerspruch jedoch $\lim_{k\to\infty} \mu(x^k, \varepsilon_{k_0}) = 0$. Also war die Annahme falsch, und es gilt $\lim_{k\to\infty} \varepsilon_k = 0$. Nach Konstruktion der Folge $\{\varepsilon_k\}$ gibt es somit eine unendliche Indexmenge $\mathcal{K} \subset I\!N$ mit

$$-\varepsilon_k \leq \mu(x^k, \varepsilon_k) \leq 0 \qquad \text{für alle} \quad k \in \mathcal{K}.$$

Dies liefert $\lim_{k\in\mathcal{K}} \mu(x^k, \varepsilon_k) = 0$. Mit Lemma 6.3 folgt schließlich $\mu(\bar{x}, 0) = 0$ für jeden Häufungspunkt $\bar{x}$ der Teilfolge $\{x^k\}_{k\in\mathcal{K}} \subset \{x^k\}$. ∎

Wir haben bereits am Anfang des Abschnittes darauf hingewiesen, daß sich die einzelnen Varianten der Verfahren der zulässigen Richtungen durch die verwendeten Richtungssuchprogramme und Schrittweitentechniken unterscheiden. Betrachtet man z.B. das Richtungssuchprogramm (2), so sichern für $\mu < 0$ der Anteil $\nabla f(x)^T d \leq \mu$ den Abstieg und $\nabla g_i(x)^T d \leq \mu$, $i \in I_\varepsilon(x)$, die Zulässigkeit. Eine andere Möglichkeit, diese Eigenschaften zu garantieren, wird mit dem folgenden modifizierten Richtungssuchprogramm

$$\begin{aligned} \mu := \nabla f(x)^T d &\;\to\; \min ! \\ \text{bei} \qquad \nabla g_i(x)^T d &\;\leq\; -\varepsilon, \, i \in I_\varepsilon(x), \qquad \|d\| \leq 1 \end{aligned} \tag{10}$$

geliefert. Dieses ist mit einem Algorithmus zur Steuerung der Folge $\{\varepsilon_k\}$ in der Art des P1-Verfahrens zu verbinden. Das Richtungssuchprogramm (10) eignet sich speziell zur Behandlung von Optimierungsproblemen (1) mit separablen Blockrestriktionen. In diesem Fall läßt sich das Richtungssuchprogramm (10) entsprechend der Struktur der Restriktionen des Ausgangsproblems in unabhängige Teilaufgaben (vgl. hierzu [Gro81]) zerlegen.

Sind gewisse Restriktionsfunktionen g_i von (1) linear, so können zugehörig die Ungleichungen

$$\nabla g_i(x)^T d \leq 0 \qquad \text{bzw.} \qquad g_i(x) + \nabla g_i(x)^T d \leq 0$$

anstelle der in (2) bzw. (3) verwandten Bedingungen genutzt werden (vgl. Übungsaufgabe 6.4).

Das von Wolfe [Wol63] entwickelte **Verfahren der reduzierten Gradienten** läßt sich mit Hilfe einer speziellen Wahl des Richtungssuchprogrammes auch als eine Variante der Verfahren der zulässigen Richtungen interpretieren. Wir wollen dies kurz skizzieren. Das Ausgangsproblem (1) besitze nur lineare Restriktionen, d.h. es habe die Form

$$f(x) \;\to\; \min ! \qquad \text{bei} \quad x \in I\!R^n, \; Ax \leq a \tag{11}$$

mit einer Matrix $A \in \mathcal{L}(I\!R^n, I\!R^m)$ und einem Vektor $a \in I\!R^m$. Die Zeilenvektoren von A seien wieder mit a_i^T bezeichnet. Setzt man $g_i(x) := a_i^T x - a_i$, $i \in I$, so bildet (11) eine spezielle Realisierung des Ausgangsproblems (1).

Im k-ten Iterationsschritt bezeichne $A_k \in \mathcal{L}(I\!R^n, I\!R^{m_k})$ mit $m_k := \text{card}\, I_{e_k}$ die durch $A_k := (a_i^T)_{i\, \in\, I_{e_k}}$ definierte Matrix. Diese werde durch eine geeignete Matrix $B_k \in \mathcal{L}(I\!R^n, I\!R^{n-m_k})$ ergänzt zu einer regulären Matrix

$$T_k := \begin{pmatrix} A_k \\ B_k \end{pmatrix}.$$

Es bezeichne $P_k : I\!R^n \to I\!R^n$ ferner die durch

$$[P_k v]_i := \begin{cases} v_i & \text{, falls } i \notin I_{e_k}, \\ \max\{0, v_i\} & \text{, falls } i \in I_{e_k}, \end{cases}$$

erklärte Abbildung. Die im Verfahren der reduzierten Gradienten ermittelten Richtungen $\tilde{d}^k$ werden durch

$$\tilde{d}^k = -T_k^{-1} P_k (T_k^{-1})^T \nabla f(x^k) \tag{12}$$

definiert. Es bezeichne $\|\cdot\|$ die euklidische Norm und $d^k := \tilde{d}^k / \|T_k \tilde{d}^k\|$. Die dadurch bestimmte Richtung d^k läßt sich auch als optimale Lösung des Richtungssuchprogrammes

$$\nabla f(x^k)^T d \to \min ! \quad \text{bei} \quad A_k d \leq 0, \ \|T_k d\| \leq 1 \tag{13}$$

gewinnen. Damit kann das Verfahren der reduzierten Gradienten als eine spezielle Realisierung des Verfahrens der zulässigen Richtungen betrachtet werden. Für weitere Untersuchungen hierzu verweisen wir auf [GK76].

6.1.2 Ein Verfahren für nichtzulässige Startpunkte

Verfahren der zulässigen Richtungen generieren von einen $x^0 \in G$ ausgehend eine Folge $\{x^k\} \subset G$ mit abnehmenden Zielfunktionswerten. Im allgemeinen steht jedoch häufig kein zulässiger Startpunkt x^0 zur Verfügung und muß selbst erst durch eine Hilfsaufgabe, z.B. durch

$$\sum_{1 \leq i \leq m} \max{}^2\{0, g_i(x) - t\} \to \min ! \quad \text{bei} \quad x \in I\!R^n$$

mit einem geeigneten Parameter $t < 0$, bestimmt werden. Eine derartige Anlaufrechnung kann vermieden werden, wenn der bei Verfahren der zulässigen Richtungen angestrebte Abstieg als Kompromiß zwischen der Zielfunktion und den am stärksten verletzten Restriktionen gefordert wird. Das in [FG78] vorgeschlagene Verfahren, das nachfolgend kurz vorgestellt wird, geht von diesem Prinzip aus.

Vorgegeben sei wieder das Ausgangsproblem (1). Wir führen zunächst einige Bezeichnungen ein:

$$D(x,y) := \max\{f(x) - f(y), g_1(x), \ldots, g_m(x)\},$$

$$g_0(x) := f(x), \qquad \hat{I} := I \cup \{0\},$$

$$w_i(x) := \begin{cases} D(x,x) & \text{, falls } i = 0, \\ D(x,x) - g_i(x) & \text{, falls } i \in I, \end{cases}$$

$$\hat{I}_\varepsilon(x) := \{ i \in \hat{I} : w_i(x) \leq \varepsilon \}.$$

Ein von (2) abgeleitetes Richtungssuchprogramm wird durch

$$\begin{aligned} \mu &\to \min! \\ \text{bei} \quad \nabla g_i(x)^T d &\leq \mu, \; i \in \hat{I}_\varepsilon(x), \qquad \|d\| \leq 1 \end{aligned} \tag{14}$$

erklärt, und es bezeichne wieder $\mu(x, \varepsilon)$ den zugehörigen optimalen Wert.

Bemerkung 6.3 Für $x \in G$ und beliebige $\varepsilon \geq 0$ gilt $\hat{I}_\varepsilon(x) = I_\varepsilon(x) \cup \{0\}$. Damit fällt das modifizierte Richtungssuchprogramm (14) für zulässige x mit (2) zusammen. $\square$

Durch unmittelbare Übertragung des P1-Verfahrens erhält man unter Verwendung des Armijo-Prinzips zur Schrittweitenwahl ein

P1-Verfahren für allgemeine Startpunkte

(i) Vorgabe eines $x^0 \in \mathbb{R}^n$, eines $\varepsilon_0 > 0$ und eines $\delta \in (0,1)$. Setze $k := 0$.

(ii) Bestimme $d^k \in \mathbb{R}^n$ und $\mu(x^k, \varepsilon_k)$ aus dem Richtungssuchprogramm (14).

(iii) Gilt $\mu(x^k, \varepsilon_k) \geq -\varepsilon_k$, so setze $\varepsilon_{k+1} := \varepsilon_k/2$ sowie $x^{k+1} := x^k$ und gehe mit $k := k + 1$ zu Schritt (ii).

(iv) Gilt $\mu(x^k, \varepsilon_k) < -\varepsilon_k$, so bestimme $\alpha_k > 0$ durch

$$\alpha_k := \max\{ \alpha \in \{2^{-j}\}_{j=0}^\infty : D(x^k + \alpha d^k, x^k) \leq D(x^k, x^k) + \alpha \delta \mu(x^k, \varepsilon_k)\}. \tag{15}$$

Setze $\varepsilon_{k+1} := \varepsilon_k$ sowie $x^{k+1} := x^k + \alpha_k d^k$ und gehe mit $k := k + 1$ zu Schritt (ii).

Zur Konvergenz des vorgeschlagenen Verfahrens gilt

SATZ 6.3 *Es seien die Problemfunktionen Lipschitz-stetig, und es gelte die Regularitätsbedingung:*

• *Zu jedem $x \in \mathbb{R}^n$ mit $\max\limits_{1 \leq i \leq m} g_i(x) \geq 0$ existiert ein $s \in \mathbb{R}^n$ mit*

$$\nabla g_i(x)^T s < 0 \quad \forall \, i \in \hat{I}_0(x) \backslash \{0\}. \tag{16}$$

Ferner sei die durch das P1-Verfahren für allgemeine Startpunkte erzeugte Folge $\{x^k\}$ beschränkt. Dann besitzt diese Folge einen Häufungspunkt $\bar{x}$, der den Kuhn-Tucker-Bedingungen des Ausgangsproblems (1) genügt.

Den Beweis dieser Aussage kann man durch Modifikation der Grundgedanken zum Beweis von Satz 6.2 erhalten, und er ist in [FG78] angegeben. Es sei lediglich darauf hingewiesen, daß man im Unterschied zu Satz 6.2 im vorliegenden Fall eine Abschätzung der Form

$$D(x^{k+1}, x^{k+1}) \leq D(x^k, x^k) - c\varepsilon_k$$

für alle Indizes k mit $\mu(x^k, \varepsilon_k) < -\varepsilon_k$ zeigen kann. Dabei bezeichnet $c > 0$ eine geeignete Konstante. Ferner hat man nachzuweisen, daß die gesamte Folge $\{D(x^k, x^k)\}$ monoton nicht wachsend und nach unten durch Null beschränkt ist.

Bemerkung 6.4 Der Einfluß der einzelnen Problemfunktionen läßt sich durch Wahl von Zahlen $\rho_i > 0$, $i \in \hat{I}$, in

$$D(x, y) := \max \{\rho_0(f(x) - f(y)), \rho_1 g_1(x), \ldots, \rho_m g_m(x)\}$$

wichten. □

Übung 6.1 Beweisen Sie Lemma 6.1.

Übung 6.2 Konstruieren Sie anhand eines Beispiels eine Folge $\{x^k\} \subset G$, $x^k \to \hat{x}$ und eine Folge $\{\varepsilon_k\}$, $\varepsilon_k \to +0$ derart, daß gilt

$$\varlimsup_{k \to \infty} \mu(x^k, \varepsilon_k) < \mu(\hat{x}, 0).$$

Übung 6.3 Weisen Sie die Aussage von Satz 6.1 für den Fall der Schrittweitenwahl nach dem Armijo-Prinzip nach.

Übung 6.4 Untersuchen Sie die Konvergenz eines P2-Verfahrens für linear restringierte Optimierungsprobleme, wobei die Aufgaben des Typs

$$\nabla f(x)^T d \to \min ! \quad \text{bei} \quad g_i(x) + \nabla g_i(x)^T d \leq 0, \ i \in I_\varepsilon(x), \quad \|d\| \leq 1$$

als Richtungssuchprogramme eingesetzt seien.

Übung 6.5 Wenden Sie das P1-Verfahren für allgemeine Startpunkte auf das in Beispiel 6.1 gegebene Problem mit $x^0 = (0.5, 1)^T$ und $\varepsilon_0 = 0.5$ mit Strahlminimierung als Schrittweitenalgorithmus an (4 Iterationsschritte).

6.2 Lokal überlinear konvergente Verfahren

Wir betrachten wieder das Ausgangsproblem (1), wobei jedoch die Ziel- und Restriktionsfunktionen in diesem Abschnitt als zweimal Lipschitz-stetig differenzierbar vorausgesetzt werden. Überlinear konvergente Verfahren für restringierte Optimierungsprobleme basieren ebenso wie die für unrestringierte Aufgaben (vgl. Kapitel 3) auf einer geeigneten Approximation höherer Ordnung der Problemfunktionen bzw. hinreichender Optimalitätsbedingungen. Dies setzt insbesondere voraus, daß diese gegenüber kleinen Störungen stabil sind.

Von zentraler Bedeutung für überlinear konvergente Verfahren sind die in Satz 1.4 angegebenen hinreichenden Optimalitätsbedingungen zweiter Ordnung. Diese besitzen die Form:

Zu $\bar{x} \in I\!\!R^n$ existiert ein $\bar{u} \in I\!\!R^m_+$ derart, daß $(\bar{x}, \bar{u})$ den Kuhn-Tucker-Bedingungen

$$\left. \begin{aligned} \nabla_x L(\bar{x}, \bar{u}) &= 0, \\ \bar{u}_i g_i(\bar{x}) &= 0, \\ \bar{u}_i &\geq 0, \\ g_i(\bar{x}) &\leq 0, \end{aligned} \right\} \quad i \in I. \tag{17}$$

genügt. Ferner gilt

$$w^T \nabla^2_{xx} L(\bar{x}, \bar{u}) \, w > 0 \tag{18}$$

für alle $w \in I\!\!R^n$, $w \neq 0$ mit

$$\begin{aligned} \nabla g_i(\bar{x})^T w &\leq 0, \quad i \in I_0(\bar{x}) \backslash I_+(\bar{x}), \\ \nabla g_i(\bar{x})^T w &= 0, \quad i \in I_+(\bar{x}). \end{aligned} \tag{19}$$

Dabei bezeichnet $I_+(\bar{x}) := \{ i \in I_0(\bar{x}) : \bar{u}_i > 0 \}$. Genügt ein Punkt $\bar{x}$ den Bedingungen (17) - (19), dann bildet $\bar{x}$ ein isoliertes lokales Minimum für das Ausgangsproblem (1). Zur Sicherung der Stabilität der hinreichenden Optimalitätsbedingungen zweiter Ordnung wird ferner vorausgesetzt, daß die strenge Komplementaritätsbedingung

$$g_i(\bar{x}) = 0 \quad \Longleftrightarrow \quad \bar{u}_i > 0 \tag{20}$$

erfüllt ist und daß die Gradienten $\nabla g_i(\bar{x})$, $i \in I_0(\bar{x})$, der aktiven Restriktionen linear unabhängig sind.

Für die weiteren Untersuchungen dieses Abschnittes genüge $\bar{x}$ stets den hinreichenden Optimalitätsbedingungen, und es seien die genannten Regularitätsvoraussetzungen erfüllt. Unter diesen Annahmen lassen sich die Kuhn-Tucker-Bedingungen lokal reduzieren auf

$$\nabla_x L(\bar{x}, \bar{u}) = 0, \qquad \bar{u}^T g(\bar{x}) = 0. \tag{21}$$

Bezeichnet $F : I\!\!R^n \times I\!\!R^m \to I\!\!R^n \times I\!\!R^m$ die durch

$$F_i(x, u) := \begin{cases} \dfrac{\partial}{\partial x_i} L(x, u) & , i = 1(1)n, \\ u_{i-n} \, g_{i-n}(x, u) & , i = n + 1(1)n + m, \end{cases} \tag{22}$$

definierte Abbildung, so ist (21) äquivalent zu

$$F(\bar{x}, \bar{u}) = 0. \tag{23}$$

Die vorausgesetzte strenge Komplementarität (20) sichert ferner, daß aus (23) auch die Erfüllung der in den Kuhn-Tucker-Bedingungen enthaltenen Ungleichungen folgt, also (22), (23) die Kuhn-Tucker-Bedingungen lokal vollständig erfaßt.

In Verbindung mit Untersuchungen zu gestörten Optimierungsproblemen wurde in Satz 2.3 gezeigt, daß die Jacobi-Matrix

$$
F'(x,u) := \left(
\begin{array}{c|ccc}
\nabla^2_{xx}L(x,u) & \nabla g_1(x) & \cdot \quad \cdot & \nabla g_m(x) \\
\hline
u_1 \nabla g_1(x)^T & g_1(x) & & \\
\cdot & & \cdot & 0 \\
\cdot & & & \\
u_m \nabla g_m(x)^T & & 0 & g_m(x)
\end{array}
\right)
\tag{24}
$$

unter den getroffenen Voraussetzungen im Punkt $(\bar{x}, \bar{u})$ regulär ist. Damit kann z.B. lokal das Newton-Verfahren zur Bestimmung von $(\bar{x}, \bar{u})$ genutzt werden. Dies bildet eine wichtige Grundlage für die Konstruktion lokal überlinear konvergenter Lösungsverfahren für (1), und wir werden noch ausführlicher darauf eingehen.

Zunächst wird jedoch ein von Levitin/Poljak [LP66] vorgeschlagenes Verfahren kurz vorgestellt. Bei Beibehaltung der Restriktionen des Ausgangsproblems wird dabei die Zielfunktion lokal quadratisch approximiert. Im **Levitin-Poljak-Verfahren** wird von $x^k \in G$ ausgehend jeweils die nachfolgende Iterierte x^{k+1} als Lösung des Optimierungsproblems

$$
f(x^k) + \nabla f(x^k)^T(x - x^k) + \tfrac{1}{2}(x - x^k)^T \nabla^2 f(x^k)(x - x^k) \to \min !
$$
$$
\text{bei} \qquad x \in G
\tag{25}
$$

bestimmt. Für nichtlineare Restriktionsfunktionen ist dieses Verfahren i.allg. nicht praktikabel, da keine effektiven Lösungsmethoden für die Hilfsprobleme (25) verfügbar sind. Im Fall eines linear restringierten Ausgangsproblems (1) führt das Levitin-Poljak-Verfahren auf eine Folge quadratischer Optimierungsprobleme. Verfahren dieser Klasse werden als **SQP-Verfahren** (sequential quadratic programming) bezeichnet.

SATZ 6.4 *Unter den getroffenen Voraussetzungen existiert ein $\rho > 0$ derart, daß für beliebiges $x^0 \in G \cap U_\rho(\bar{x})$ die mit dem Levitin-Poljak-Verfahren erzeugte Folge $\{x^k\}$ gegen die lokale Lösung $\bar{x}$ von (1) konvergiert. Dabei gilt mit einer Konstanten $c > 0$ die Abschätzung*

$$
\|x^{k+1} - \bar{x}\| \leq c \|x^k - \bar{x}\|^2, \qquad k = 0, 1, \ldots .
$$

Wir untersuchen nun die lokale Anwendung des Newton-Verfahrens auf das nichtlineare Gleichungssystem

$$
F(x,u) = 0,
\tag{26}
$$

also das Iterationsverfahren

$$
F(x^k, u^k) + F'(x^k, u^k) \begin{pmatrix} x^{k+1} - x^k \\ u^{k+1} - u^k \end{pmatrix} = 0, \qquad k = 0, 1, \ldots .
\tag{27}
$$

Mit der Struktur von F und der durch (24) gegebenen Jacobi-Matrix ist dies äquivalent zu

$$\nabla_x L(x^k, u^k) + \nabla_{xx}^2 L(x^k, u^k)(x^{k+1} - x^k) + \nabla_{xu}^2 L(x^k, u^k)(u^{k+1} - u^k) = 0,$$
$$u_i^k g_i(x^k) \ + \ u_i^k \nabla g_i(x^k)^T (x^{k+1} - x^k) \ + \ g_i(x^k)(u_i^{k+1} - u_i^k) \ = 0, \tag{28}$$

$i = 1(1)m$. Im Unterschied zu dem in Abschnitt 3 betrachteten Newton-Verfahren für unrestringierte Minimierungsaufgaben sind die Jacobi-Matrizen im vorliegenden Fall weder symmetrisch noch positiv definit. Man erhält jedoch auf der Basis der voranstehenden Betrachtungen zur Regularität der Jacobi-Matrix $F'(\bar{x}, \bar{u})$ sowie mit der vorausgesetzten zweimaligen Lipschitz-stetigen Differenzierbarkeit der Problemfunktionen und mit der Struktur von $F(\cdot, \cdot)$ aus der Konvergenztheorie des Newton-Verfahrens für nichtlineare Gleichungssysteme (s. z.B. [Sch79], vgl. auch den Beweis zu Satz 6.4) unmittelbar

SATZ 6.5 *Es genüge $\bar{x}$ den hinreichenden Optimalitätsbedingungen zweiter Ordnung, und $\bar{u}$ bezeichne den zugehörigen optimalen Lagrange-Vektor. Unter den angenommenen Regularitätsvoraussetzungen gibt es ein $r > 0$ derart, daß das Newton-Verfahren (28) für beliebige Startvektoren $(x^0, u^0) \in U_r(\bar{x}) \times U_r(\bar{u})$ unbeschränkt durchführbar ist und eine Q-quadratisch gegen $(\bar{x}, \bar{u})$ konvergente Folge $\{(x^k, u^k)\}$ liefert, d.h. mit einer Konstanten $c > 0$ gilt die Abschätzung*

$$\left\| \begin{pmatrix} x^{k+1} - \bar{x} \\ u^{k+1} - \bar{u} \end{pmatrix} \right\| \leq c \left\| \begin{pmatrix} x^k - \bar{x} \\ u^k - \bar{u} \end{pmatrix} \right\|^2, \qquad k = 0, 1, \dots.$$

Die Iterationsvorschrift (28) wurde aus der Anwendung des Newton-Verfahrens auf das nichtlineare Gleichungssystem (23) gewonnen. Eine direkte Verbindung der einzelnen Iterationsschritte zu gestörten Optimierungsproblemen liegt nicht unmittelbar vor. Eine derartige Beziehung kann jedoch durch eine, die Konvergenzordnung nicht beeinflussende, Modifikation der Iteration erreicht werden. Unter Beachtung der Struktur der Lagrange-Funktion gilt

$$\nabla_{xu}^2 L(x^k, u^k)(u^{k+1} - u^k) = \sum_{i=1}^m (u_i^{k+1} - u_i^k) \nabla g_i(x^k).$$

Dies liefert

$$\nabla_x L(x^k, u^k) + \nabla_{xu}^2 L(x^k, u^k)(u^{k+1} - u^k) = \nabla f(x^k) + \sum_{i=1}^m u_i^{k+1} \nabla g_i(x^k).$$

Somit läßt sich (28) äquivalent umformen zu

$$\nabla f(x^k) + \nabla_{xx}^2 L(x^k, u^k)(x^{k+1} - x^k) + \sum_{i=1}^m u_i^{k+1} \nabla g_i(x^k) = 0,$$
$$u_i^{k+1}(g_i(x^k) + \nabla g_i(x^k)^T (x^{k+1} - x^k)) - (u_i^{k+1} - u_i^k) \nabla g_i(x^k)^T (x^{k+1} - x^k) = 0, \tag{29}$$

$i = 1(1)m$. Durch Vernachlässigung des quadratischen Gliedes in (29) erhält man die modifizierte Iterationsvorschrift

$$\nabla f(x^k) + \nabla^2_{xx} L(x^k, u^k)(x^{k+1} - x^k) + \sum_{i=1}^{m} u_i^{k+1} \nabla g_i(x^k) = 0,$$

$$u_i^{k+1}(g_i(x^k) + \nabla g_i(x^k)^T(x^{k+1} - x^k)) = 0, \quad i = 1(1)m. \tag{30}$$

Unter der Annahme, daß ferner die Zusatzbedingungen

$$u_i^{k+1} \geq 0, \qquad g_i(x^k) + \nabla g_i(x^k)^T(x^{k+1} - x^k) \leq 0, \quad i = 1(1)m \tag{31}$$

erfüllt sind, bildet (x^{k+1}, u^{k+1}) einen Kuhn-Tucker-Punkt (vgl. Übungsaufgabe 6.7) für das quadratische Optimierungsproblem

$$f(x^k) + \nabla f(x^k)^T(x - x^k) + \tfrac{1}{2}(x - x^k)^T \nabla^2_{xx} L(x^k, u^k)(x - x^k) \to \text{ min !}$$

$$\text{bei} \qquad g_i(x^k) + \nabla g_i(x^k)^T(x - x^k) \leq 0, \quad i = 1(1)m. \tag{32}$$

Hierauf basierend begründet sich als weiteres SQP-Verfahren das

Wilson-Verfahren

(i) Wahl von $(x^0, u^0) \in I\!\!R^n \times I\!\!R^m_+$ als Näherung für $(\bar{x}, \bar{u})$. Setze $k := 0$.

(ii) Bestimme $(x^{k+1}, u^{k+1}) \in I\!\!R^n \times I\!\!R^m_+$ als lokalen (zu $(\bar{x}, \bar{u})$ hinreichend nahe benachbarten) Kuhn-Tucker-Punkt des quadratischen Optimierungsproblems (32).

(iii) Gehe mit $k := k + 1$ zu Schritt (ii).

Für dessen Konvergenz gilt

SATZ 6.6 *Unter den Voraussetzungen von Satz 6.5 gibt es ein $r > 0$ derart, daß das Wilson-Verfahren für beliebige Startvektoren $(x^0, u^0) \in U_r(\bar{x}) \times U_r(\bar{u})$ unbeschränkt durchführbar ist und eine Q-quadratisch gegen $(\bar{x}, \bar{u})$ konvergente Folge $\{(x^k, u^k)\}$ liefert.*

Beweis: Zur Vereinfachung der Bezeichnung setzen wir $z^k := \begin{pmatrix} x^k \\ u^k \end{pmatrix}$, $\bar{z} := \begin{pmatrix} \bar{x} \\ \bar{u} \end{pmatrix} \in$
$I\!\!R^n \times I\!\!R^m$. Ferner sei zu z^k gehörig $\tilde{z}^{k+1} \in I\!\!R^n \times I\!\!R^m$ als Lösung des in z^k linearisierten Problems $F(z) = 0$, d.h.

$$F(z^k) + F'(z^k)(\tilde{z}^{k+1} - z^k) = 0. \tag{33}$$

Da $F'(\bar{z})$ regulär und die Problemfunktionen f, g_i von (1) zweimal Lipschitz-stetig differenzierbar sind, gibt es Konstanten $\rho > 0$ und $\sigma > 0$ derart, daß F' auf der Umgebung $U_\rho(\bar{z})$ von $\bar{z}$ regulär ist sowie

$$\|F'(z)^{-1}\| \leq \sigma \qquad \text{für alle} \quad z \in U_\rho(\bar{z}) \tag{34}$$

gilt. Damit ist für $z^k \in U_\rho(\bar{z})$ durch (33) eindeutig ein $\tilde{z}^{k+1} \in I\!\!R^n \times I\!\!R^m$ definiert. Da $\bar{z}$ eine Nullstelle von F ist, gilt ferner

$$F(\bar{z}) + F'(z^k)(\bar{z} - z) = 0,$$

und mit (33) erhält man $F'(z^k)(\tilde{z}^{k+1} - \bar{z}) = F(\bar{z}) - [F(z^k) + F'(z^k)(\bar{z} - z^k)]$. Unter Verwendung der Taylorschen Formel und unter Beachtung der Eigenschaften von f, g_i, $i = 1(1)m$, sowie der Definition von F folgt hieraus die Existenz eines $c_0 > 0$ mit

$$\|\tilde{z}^{k+1} - \bar{z}\| \leq c_0 \|z^k - \bar{z}\|^2. \tag{35}$$

Es sei d^k definiert durch $d^k := \begin{pmatrix} 0 \\ v^k \end{pmatrix} \in I\!\!R^n \times I\!\!R^m$ mit

$$v_i^k := (\tilde{u}_i^{k+1} - u_i^k)\nabla g_i(x^k)^T(\tilde{x}^{k+1} - x^k), \quad i = 1(1)m. \tag{36}$$

Mit den zu (29) führenden Modifikationen von (28) erhält man damit

$$\nabla f(x^k) + \nabla_{xx}^2 L(x^k, u^k)(\tilde{x}^{k+1} - x^k) + \sum_{i=1}^m \tilde{u}_i^{k+1}\nabla g_i(x^k) = 0,$$
$$\tilde{u}_i^{k+1}(g_i(x^k) + \nabla g_i(x^k)^T(\tilde{x}^{k+1} - x^k)) = v_i^k, \ i = 1(1)m. \tag{37}$$

Dies stellt gerade gestörte Kuhn-Tucker-Bedingungen zu Problem (32) dar. Nach [Rob74] sind diese unter den getroffenen Voraussetzungen stabil, und es läßt sich damit lokal abschätzen

$$\|\tilde{z}^{k+1} - z^{k+1}\| \leq c \|v^k\|$$

mit einem $c > 0$. Unter Beachtung von (36) erhält man mit einer weiteren Konstanten $c_1 > 0$ die Abschätzung

$$\|z^{k+1} - \bar{z}\| \leq c_0 \|z^k - \bar{z}\|^2 + c_1 \|\tilde{z}^{k+1} - z^k\|^2.$$

Durch Einfügung von $\bar{z}$ und Nutzung von (35) läßt sich schließlich die Existenz eines $c_2 > 0$ zeigen mit

$$\|z^{k+1} - \bar{z}\| \leq c_2 \|z^k - \bar{z}\|^2. \tag{38}$$

Ist nun $\rho > 0$ hinreichend klein gewählt, nämlich so, daß $c_2\rho < 1$ gilt, dann folgt hieraus $z^{k+1} \in U_\rho(z^k)$. Die Folge $\{z^k\}$ ist damit für jeden Startpunkt $z^0 \in U_\rho(\bar{z})$ wohldefiniert. Ferner gilt $\lim_{k\to\infty} z^k = \bar{z}$.

Zu zeigen bleibt, daß z^{k+1} einen lokalen Kuhn-Tucker-Punkt des quadratischen Optimierungsproblems (32) bildet (vgl. Übungsaufgabe 6.7). Die vorausgesetzte strenge Komplementarität und die endliche Anzahl der Restriktionen in (1) sichern ferner, daß für hinreichend kleine $\rho > 0$ gilt

$$u_i^{k+1} > 0, \ i \in I_0(\bar{x}) \quad \text{und} \quad g_i(x^k) + \nabla g_i(x^k)^T(x^{k+1} - x^k) < 0, \ i \notin I_0(\bar{x}).$$

Mit dem zweiten Teil von (37) folgt nun

$$g_i(x^k) + \nabla g_i(x^k)^T(x^{k+1} - x^k) = 0, \ i \in I_0(\bar{x}) \quad \text{und} \quad u_i^{k+1} = 0, \ i \notin I_0(\bar{x}).$$

Hieraus folgt, daß z^{k+1} auch (30) genügt. Damit bildet $z^{k+1} = \begin{pmatrix} x^{k+1} \\ u^{k+1} \end{pmatrix}$ einen Kuhn-Tucker-Punkt des quadratischen Optimierungsproblems (32). Aus den angegebenen Störungsergebnissen (vgl. Satz 2.3) folgt, daß z^{k+1} lokal eindeutig bestimmt ist. Die Q-quadratische Konvergenz des Verfahrens wurde bereits mit (38) nachgewiesen. ∎

Wir diskutieren abschließend das Problem des Einzugsgebietes für die Konvergenz der betrachteten Verfahren, wie etwa für das Newton-Verfahren zur direkten Behandlung der Kuhn-Tucker-Bedingungen kurz an. Durch die Voraussetzung der strengen Komplementaritätsbedingung wurde die Erfüllung der Ungleichungsbedingungen $u_i \geq 0$, $g_i(x) \leq 0$, $i = 1(1)m$ lokal bereits mit den Gleichungsbedingungen gesichert (vgl. hierzu auch den Beweis zu Satz 6.6). Hieraus ergibt sich aber auch andererseits eine zusätzliche Beschränkung für die Wahl der Startiterierten. Die Ungleichungsrestriktionen in den Kuhn-Tucker-Bedingungen lassen sich ihrerseits z.B. aus lokalen Sattelpunktbedingungen der Lagrange-Funktion über $I\!\!R^n \times I\!\!R^m_+$ herleiten (vgl. Kapitel 1 und 2). Legt man dagegen die modifizierte Lagrange-Funktion $L_\rho(\cdot, \cdot)$ zugrunde, so sind die Sattelpunktbedingungen unrestringiert. Dies liefert unter Regularitätsforderungen die notwendige Optimalitätsbedingung

$$\nabla_x L_\rho(x, u) = 0, \qquad \nabla_u L_\rho(x, u) = 0. \tag{39}$$

Bei Beachtung der Struktur

$$L_\rho(x, u) = f(x) + \frac{1}{2\rho} \sum_{i=1}^m \left[\max^2\{0, u_i + \rho\, g_i(x)\} - u_i^2 \right], \tag{40}$$

der modifizierten Lagrange-Funktion liefert dies

$$\begin{aligned} \nabla f(x) + \sum_{i=1}^m \max\{0, u_i + \rho\, g_i(x)\} \nabla g_i(x) &= 0, \\ \max\{0, u_i + \rho\, g_i(x)\} - u_i &= 0, \quad i = 1(1)m. \end{aligned} \tag{41}$$

Das so erzeugte nichtlineare Gleichungssystem enthält jedoch nichtglatte Funktionen, die z.B. durch eine asymptotisch verschwindende parametrische Glättung (vgl. Abschnitt 3.5) behandelt werden können.

Analog zu $L_\rho(\cdot, \cdot)$ lassen sich auch weitere Typen modifizierter Lagrange-Funktionen bilden, die z.T. höhere Glattheitseigenschaften besitzen.

Eine andere Interpretationsmöglichkeit für das nichtlineare Gleichungssystem (41) im Vergleich zu den Kuhn-Tucker-Bedingungen besteht darin, daß das Ungleichungssystem

$$u_i g_i(x) = 0, \qquad u_i \geq 0, \qquad g_i(x) \leq 0, \quad i = 1(1)m \tag{42}$$

durch nichtlineare Gleichungen

$$v(g_i(x), u_i) = 0, \quad i = 1(1)m \tag{43}$$

mit einer Funktion $v : I\!R \times I\!R \to I\!R$, die der Bedingung

$$v(\alpha, \beta) = 0 \quad \Longleftrightarrow \quad \alpha\beta = 0, \ \alpha \le 0, \ \beta \ge 0 \tag{44}$$

genügt, ersetzt wurde. Beispiele für derartige Funktionen (vgl. [Wie71], [Man76], [EP84], [Fis92]) sind:

$$v(\alpha, \beta) = \min\{-\alpha, \beta\}, \tag{45}$$

$$v(\alpha, \beta) = \alpha\beta + \frac{1}{2}\max{}^2\{0, \alpha - \beta\}, \tag{46}$$

$$v(\alpha, \beta) = (\alpha + \beta)^2 + \alpha|\alpha| - \beta|\beta|, \tag{47}$$

$$v(\alpha, \beta) = \sqrt{\alpha^2 + \beta^2} + \alpha - \beta. \tag{48}$$

Die Kuhn-Tucker-Bedingungen lassen sich mit ihrer Hilfe durch nichtlineare Gleichungssysteme

$$\begin{aligned}
\nabla f(x) + \sum_{i=1}^{m} u_i \nabla g_i(x) &= 0, \\
v(g_i(x), u_i) &= 0, \quad i = 1(1)m
\end{aligned} \tag{49}$$

sichern.

Die in diesem Teilabschnitt beschriebenen Optimierungsverfahren zeigen für hinreichend gute Startwerte eine überlineare Konvergenz. Ihr direkter Einsatz erfordert entsprechende Startinformationen. Globalisierungen von lokal konvergenten Verfahren können im vorliegenden Fall durch Anwendung von z.B. zur Lösung nichtlinearer Gleichungssystemen entwickelter Konzepte erreicht werden (vgl. Kapitel 3). Dabei sind sowohl geeignete Abstiegskriterien als auch Kombinationen mit robusten, global konvergenten Verfahren (etwa den Strafmethoden) einsetzbar. Wir verweisen für konkrete Realisierungen sowie für weitergehende Untersuchungen z.B. auf [KKRS85]. Zur Vermeidung von Fehlinterpretationen im Zusammenhang mit Optimierungsaufgaben sei jedoch bemerkt, daß eine derartige Globalisierung lediglich eine uneingeschränkte Startwertwahl bedeutet, nicht aber die Konvergenz gegen globale Lösungen des Ausgangsproblems (1) sichert.

Es sei ferner noch bemerkt, daß wir in diesem Teilabschnitt ausschließlich vom Grundprinzip des Newton-Verfahrens ausgegangen sind. In Weiterführung der Untersuchung zu Minimierungstechniken können z.B. auch Quasi-Newton Verfahren auf restringierte Optimierungsprobleme übertragen werden. Dies erfordert jedoch weitere Zusatzuntersuchungen, und wir verweisen hierzu z.B. auf [KKRS85].

Übung 6.6 Weisen Sie die lokale Konvergenz des Levitin-Poljak-Verfahrens unter der Zusatzforderung nach, daß $\nabla^2 f(\bar{x})$ positiv definit ist.

Übung 6.7 Geben Sie die Kuhn-Tucker-Bedingungen für das quadratische Optimierungsproblem (32) an, und zeigen Sie damit, daß jeder (30), (31) genügende Punkt $(x^{k+1}, u^{k+1}) \in I\!R^n \times I\!R^m$ einen Kuhn-Tucker-Punkt für (32) bildet.

Übung 6.8 Wenden Sie das Wilson-Verfahren auf das in Beispiel 6.1 gegebene Optimierungsproblem an. Als Startpunkt der Iteration ist dabei eine durch die quadratische Strafmethode ermittelte Näherung $(\tilde{x}, \tilde{u})$ für einen Kuhn-Tucker-Punkt zu nutzen.

Übung 6.9 Weisen Sie nach, daß die in (45) - (48) beschriebenen Funktionen $v(\cdot, \cdot)$ jeweils der Bedingung (44) genügen.

Übung 6.10 Zeigen Sie, daß jede Lösung $(\bar{x}, \bar{u}) \in I\!\!R^n \times I\!\!R^m$ des nichtlinearen Gleichungssystems (41) einen Kuhn-Tucker-Punkt für (1) bildet. Untersuchen Sie dabei die Beziehungen zwischen (41) und (49) mit einer der durch (45) - (48) erklärten Funktionen $v(\cdot, \cdot)$.

7 Komplexität

Unter der Überschrift Komplexität werden theoretische Grundlagen vorgestellt, mit denen es möglich ist, die Schwierigkeit von Algorithmen und Problemen geeignet zu erfassen. Dazu wird als Modellrechner die sogenannte Turing-Maschine herangezogen. Durch den Begriff „polynomial" können effektiv arbeitende Algorithmen und effektiv lösbare Probleme gut beschrieben und auch quantitativ gut unterschieden werden. Mit Hilfe der Eigenschaft „nichtdeterministisch polynomial" gelingt es, Klassen komplizierterer Algorithmen und Probleme abzugrenzen. Schließlich werden einige Aussagen bewiesen, die für den Nachweis der Polynomialität der linearen Optimierung im Kapitel 8 benötigt werden. Das Buch Computers and Intractability von Garey/Johnson [GJ79] ist ein wichtiger Meilenstein in der Entwicklung der Komplexitätstheorie.

7.1 Definitionen, Polynomialität

Durch den Begriff der Komplexität wird der Aufwand zur Abarbeitung eines Algorithmus bzw. zur Lösung eines Problems in Abhängigkeit vom Umfang der Eingangsinformation größenordnungsmäßig erfaßt. Wir präzisieren zunächst die in dieser Konzeption verwendeten Begriffe.

Unter einem **Problem** $P(\mathcal{E}, \mathcal{X})$ verstehen wir einen Operator P, durch den einer Menge $\mathcal{E}$ von Eingangsinformationen eine Menge $\mathcal{X}$ von Lösungen zugeordnet wird.

Beispiel 7.1 Für ein lineares Gleichungssystem $Ax = b$ ist $\mathcal{E} \subset I\!N \times I\!N \times \mathcal{A} \times \mathcal{B}$, wobei $I\!N$ die Menge der natürlichen Zahlen, $\mathcal{A}$ die Menge aller Matrizen und $\mathcal{B}$ die Menge aller Vektoren ist. Die Eingangsinformation besteht in der Angabe der Dimensionsparameter m, n, der Matrix A und der rechten Seite b. Die Lösungsmenge ist $\mathcal{X} = \mathcal{B}$. Der Operator $P(\mathcal{E}, \mathcal{X})$ ist nichtlinear. □

Ein Problem ist also gegeben durch eine allgemeine Beschreibung all seiner Parameter und durch eine genaue Beschreibung der Eigenschaften, die eine Lösung haben soll. Die Beschreibung erfolgt in einer Sprache. Eine solche konkrete Beschreibung bezeichnen wir als **Modell**. Das bekannte Rundreiseproblem (vergleiche Abschnitt 1.5) kann z.B. durch ein Permutationsmodell, ein graphentheoretisches Modell oder ein ganzzahliges lineares Optimierungsmodell beschrieben werden.

Ein Problem $P(\mathcal{E}_1, \mathcal{X}_1)$ mit $\mathcal{E}_1 \subset \mathcal{E}$, $\mathcal{X}_1 \subset \mathcal{X}$ heißt **Teilproblem** zum Problem $P(\mathcal{E}, \mathcal{X})$. Das symmetrische Rundreiseproblem ist ein Teilproblem des Rundreiseproblems, lineare Gleichungssysteme mit $m = n = 10$ sind ein Teilproblem des

Problems Lineares Gleichungssystem.

Speziell heißt $P(\{E\}, \{X\}) = P(E, X)$ mit $E \in \mathcal{E}, X \in \mathcal{X}$ eine **Aufgabe** (Beispiel, Instance, Zustand), d.h. in einer Aufgabe sind alle Eingangsgrößen wertmäßig festgelegt. Mit dieser Definition wird ein Problem durch die Menge seiner Aufgaben beschrieben.

Ein Problem, bei dem die Lösung nur aus der Antwort ja oder nein besteht, heißt **Entscheidungsproblem**. In diesem Fall können wir $\mathcal{X} = \{0, 1\}$ setzen. Das Beispiel

TSB :   Existiert in einem gewichteten Graphen $G(V, E)$ (1)
           eine Rundreise mit einer Länge $\leq \beta$?

zeigt eine Verwandtschaft von Optimierungs- und Entscheidungsproblemen. Entscheidungsprobleme und ihre Komplexität werden wesentlich über das Sprachkonzept untersucht.

Eine endliche Menge Σ von Symbolen heißt **Alphabet**. Σ^* bezeichnet die Menge aller endlichen Zeichenketten von Symbolen aus Σ. Eine Teilmenge $L \subset \Sigma^*$ heißt **Sprache** über dem Alphabet Σ.

Durch ein **Kodierungsschema** C wird nun jede Eingangsinformation eines Entscheidungsproblems P als Zeichenkette über einem Alphabet Σ beschrieben. Damit wird die Menge Σ^* durch P und C in drei Klassen zerlegt:

1. Eine Zeichenkette ist keine Kodierung einer Eingangsinformation für P,

2. Eine Zeichenkette entspricht einer Eingangsinformation mit nein-Antwort,

3. Eine Zeichenkette entspricht einer Eingangsinformation mit ja-Antwort. Die Klasse dieser Zeichenketten bezeichnen wir mit Y_P, die Menge der entsprechenden Eingangsinformationen heiße $\mathcal{E}_Y$.

$$\text{Mit} \quad L(P, C) := \left\{ x \in \Sigma^* : \begin{array}{l} x \text{ ist } C\text{-Kodierung einer ja-Eingangsinformation} \\ \text{mit Hilfe des Alphabets } \Sigma \end{array} \right\}$$

bezeichnen wir die zum Problem P und dem Kodierungsschema C und dem Alphabet Σ gehörige Sprache.

Unter einem **Algorithmus** verstehen wir eine endliche Folge von ausführbaren elementaren Operationen, durch die einer Eingangsinformation eine Ausgangsinformation zugeordnet wird. Elementare Operationen in diesem Sinn sind $+, *, /, <$ aber eventuell auch Funktionswertberechnungen, Pivotisierungsschritte und insbesondere Computerbefehle. Mit letzteren ist natürlich ein bestimmtes Maschinenmodell verbunden. Im Zusammenhang mit Komplexitätsuntersuchungen wird dabei i.allg. die **deterministische Turing-Maschine (DTM)** betrachtet.

Eine DTM besteht aus einer endlichen Zustandskontrolle, einem Lese-Schreib-Kopf und einem beidseitig unendlichen, in Felder eingeteilten Band (s. Abbildung 7.1).

Ein Programm für eine DTM wird durch folgende Information realisiert:

1. Eine endliche Menge Γ von Bandsymbolen mit einer Teilmenge $\Sigma \subset \Gamma$ von Eingabesymbolen und ein Leerzeichen $b \in \Gamma\backslash\Sigma$.

2. Eine endliche Menge Q von Zuständen, in der ein Anfangszustand q_0 und zwei verschiedene Haltezustände q_Y und q_N ausgezeichnet werden.

3. Eine Überführungsfunktion

$$F : \Gamma \times (Q\backslash\{q_Y, q_N\}) \rightarrow \Gamma \times Q \times \{LV, RV\},$$

wobei LV eine Links- und RV eine Rechtsbewegung des Lese-Schreib-Kopfes bedeuten.

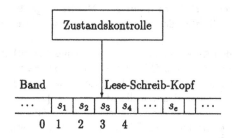

Abbildung 7.1: deterministische Turing-Maschine (DTM)

Ein Eingabestring $x = (s_1, \cdots, s_e) \in \Sigma^*$ wird fortlaufend auf das Band geschrieben, wobei ein Symbol $s_i \in \Sigma$ in ein Feld kommt. Das übrige Band enthält das Leerzeichen b. Durch die Überführungsfunktion wird einem Zustand q eindeutig ein neuer Zustand q' zugeordnet, ein Bandsymbol s durch ein Bandsymbol s' ersetzt und eine Links- oder Rechtsverschiebung um ein Feld durchgeführt.

Viele andere Rechnermodelle können auf die Turing-Maschine zurückgeführt werden. Bei Algorithmen in einer Formel- oder Programmiersprache muß man im allgemeinen das im Computer erzeugte Maschinenprogramm als den eigentlichen Algorithmus ansehen.

Wir definieren, daß ein DTM-Programm M ein $x \in \Sigma^*$ genau dann akzeptiert, wenn M bei Eingabe von x im Zustand q_Y endet. Die durch M erkannte Sprache ist $L_M := \{x \in \Sigma^* : M$ akzeptiert $x\}$. Weiterhin sagen wir, daß ein DTM-Programm M ein Entscheidungsproblem P unter einem Kodierungsschema C löst, falls M für alle Eingabe-Zeichenketten in einen Endzustand kommt und $L_M = L(P, C)$ ist.

Als **Umfang d der Eingangsinformation** wollen wir die Anzahl der Symbole in der Zeichenkette verstehen, die wir durch die Kodierung der Eingangsinformation erhalten. Im Zusammenhang mit den realen Rechnern betrachten wir dabei eine **binäre Kodierung**, d.h. $\Sigma = \{0, 1\}$. In diesem Fall wird eine positive ganze Zahl x mit $2^r \leq x < 2^{r+1}$ durch die Zeichenkette $\delta_0, \delta_1, \cdots, \delta_r$ mit

$$x = \sum_{i=0}^{r} \delta_i 2^i , \ \delta_i \in \{0, 1\} \text{ für } i = 0(1)r ,$$

dargestellt. Für die Länge $r + 1$ der Zeichenkette gilt

$$r + 1 = \lceil \mathrm{ld}\,(x + 1) \rceil = O(\mathrm{ld}\,x) \tag{2}$$

mit dem dyadischen Logarithmus $\mathrm{ld}(\cdot)$. Unter Vernachlässigung von Vorzeichen, Trennungen und anderen zur Beschreibung der Struktur notwendigen Aufwendungen und auch der Aufrundung $\lceil\,.\,\rceil$ setzen wir für den Umfang d

$$
\begin{aligned}
&\text{für eine ganze Zahl } n &&:\quad d := \mathrm{ld}\,(|n| + 1)\\
&\text{für einen Vektor } a = (a_1, \cdots, a_n)^T &&:\quad d := \sum_{i=1}^{n} \mathrm{ld}\,(|a_i| + 1).
\end{aligned} \tag{3}
$$

Es ist zu beachten, daß durch d nur eine Mindestlänge der Eingangsinformation beschrieben wird, die aber den wahren Umfang größenordnungsmäßig richtig wiedergibt.

Wir können den Aufwand zur Abarbeitung eines Algorithmus durch die Anzahl der notwendigen elementaren Operationen, insbesondere wenn diese im Aufwand etwa gleich sind, oder durch die benötigte Rechenzeit messen.

Sei nun ein Problem P durch die Menge $\mathcal{E} = \{E_1, E_2, \cdots\}$ seiner Eingangszustände gegeben. $d(E_i)$ sei die Länge der zu E_i gehörigen Zeichenkette. Wir betrachten einen Algorithmus A zur Lösung von P. Der Aufwand $\mathrm{compl}(A, E)$ von A zur Lösung eines Eingangszustandes $E \in \mathcal{E}$ sei durch eine Funktion $g_A : \mathcal{E} \to \mathbb{R}_+$ gegeben. Durch

$$f_A(t) := w\text{-compl}\,(A, P) := \max\{\, g_A(E) : E \in \mathcal{E} \wedge d(E) = t \,\} \tag{4}$$

wird ein Abarbeitungsaufwand für den Algorithmus A bei Umfang t der Eingangsinformation beschrieben. Wegen der Maximumbildung in (4) sprechen wir von einer **worst case Komplexität**. Bei gegebener Verteilung der Eingangszustände E in $\mathcal{E}$ erhalten wir eine **average case Komplexität** durch

$$
\begin{aligned}
f_A(t) \;&:= \; a\text{-compl}(A, P)\\
&:= \; \text{Erwartungswert } \{g_A(E) : E \in \mathcal{E} \wedge d(E) = t\}.
\end{aligned} \tag{5}
$$

Wir führen nun die Komplexität von Problemen ein. Dazu sei AP die Menge aller Algorithmen zur Lösung des Problems P. Die w- bzw. a-Komplexität eines Problems P wird dann in folgender Weise definiert:

$$
\begin{aligned}
w\text{-compl}(P) \;&= \; \min_{A \in AP} w\text{-compl}(A, P),\\
a\text{-compl}(P) \;&= \; \min_{A \in AP} a\text{-compl}(A, P).
\end{aligned} \tag{6}
$$

Ein Algorithmus A zur Lösung eines Problems P bzw. ein Problem P heißt **polynomial**, wenn ein $p \in \mathbb{R}$ existiert mit

$$f(t) = O(t^p) \tag{7}$$

wobei $f(t) = \mathrm{compl}(A, P)$ bzw. $f(t) = \mathrm{compl}(P)$ bedeutet. Im weiteren bezeichne $\mathcal{P}$ die Klasse der polynomialen Probleme.

Ein Hauptuntersuchungsgegenstand der Komplexitätstheorie ist das Entscheidungsproblem, ob ein gegebenes Problem zur Klasse $\mathcal{P}$ gehört. Im Fall einer ja-Antwort interessiert natürlich auch der Exponent p.

Ein Algorithmus A zur Lösung eines Problems P bzw. ein Problem P heißt **exponentiell**, wenn Konstanten $c_1, c_2 > 0$, $d_1, d_2 > 1$ und eine positive ganze Zahl $\bar{t}$ existieren mit

$$c_1 \, d_1^t \leq f(t) \leq c_2 \, d_2^t \quad \text{für} \quad t \geq \bar{t}. \tag{8}$$

Beispiel 7.2 Ein Problem P habe genau eine positive Zahl a als Datensatz, die Rechenzeit eines Algorithmus A sei proportional zu a. Dann ist $d(a) = \mathrm{ld}\,a$, und es gilt

$$f_A(t) = Ca = C'e^t.$$

Der Algorithmus A ist also exponentiell. $\square$

Es ist klar, daß bei einem polynomialen Problem der benötigte Speicherplatz höchstens eine polynomiale Funktion der Datensatzlänge sein kann.

Wir wollen noch einige Bemerkungen zur Endlichkeit von Algorithmen machen. Für lineare Optimierungsprobleme oder lineare ganzzahlige Probleme, bei denen die Variablen beschränkt sind, existieren endliche Algorithmen. Für nichtlineare Probleme gibt es im allgemeinen keine endlichen Verfahren, aber durch Angabe einer ε-Genauigkeit kann die Endlichkeit erreicht werden. Von besonderem Interesse sind auch nichtlineare Probleme mit ganzzahligen Variablen. Hier ist zu bemerken, daß Enumerationsalgorithmen für solche Probleme in der Regel exponentiell sind. Betrachten wir das aus dem zehnten Hilbertschen Problem abgeleitete Entscheidungsproblem

$$\mathbf{H10} : \{ x \in \mathbb{Z} : p(x) = 0 \} \neq \emptyset \,?, \tag{9}$$

wobei p ein beliebiges Polynom mit ganzzahligen Koeffizienten ist, so ist es sogar unmöglich, ein Verfahren zur Lösung dieses Problems anzugeben. Der Unterschied zwischen polynomial und exponentiell zeigt sich natürlich insbesondere bei Problemen großen Umfangs, wird aber auch schon bei mittlerem Problemumfang deutlich. Wir betrachten die Komplexitätsfunktionen t^2 und 2^t und eine Rechenanlage mit 10^9 Operationen in der Sekunde. Dann ergeben sich folgende Rechenzeiten in Abhängigkeit von t :

t	20	40	60	80	100
t^2	$4 \cdot 10^{-7}$ sec	$2 \cdot 10^{-6}$ sec	$4 \cdot 10^{-6}$ sec	$6 \cdot 10^{-6}$ sec	$1 \cdot 10^{-5}$ sec
2^t	10^{-3} sec	18 min	37 Jahre	38 Jahrmill.	!!!

Tabelle 7.1

Diese Tabelle rechtfertigt die Aussage „mit angemessenem Aufwand lösbar" oder „gutartig" für polynomiale Probleme bzw. „für größere Dimensionen nicht mehr lösbar" für exponentielle Probleme.

In der folgenden Tabelle wird dargestellt, wie der Umfang einer etwa in einer Stunde lösbaren Aufgabe wächst, wenn eine 1000 mal schnellere Rechenanlage eingesetzt wird.

$f(t)$	Umfang mit gegenwärtiger Rechenanlage	Umfang mit 1000 mal schnellerer Anlage
t^2	d_1	$31.6\ d_1$
2^t	d_2	$d_2 + 9.997$

Tabelle 7.2

Wir erwähnen bzw. diskutieren im folgenden kurz einige Probleme aus $\mathcal{P}$.

P1) Sortieren durch Mischen :
Die Menge $S = \{S_1, \cdots, S_n\}$ von reellen Zahlen wird in zwei Teilmengen aufgeteilt, die nacheinander vollständig sortiert und anschließend gemischt werden.

Algorithmus MERGE
S bestehe aus n Elementen. Spalte S in zwei Teilmengen $\underline{S}$ und $\overline{S}$ der Längen $n_1 = n - [n/2]$ und $n_2 = [n/2]$ auf.
MERGE($\underline{S}$); MERGE($\overline{S}$);
Der erste Aufruf produziere die Folge $x_1 \leq x_2 \leq \cdots \leq x_{n_1}$, der zweite Aufruf die Folge $y_1 \leq y_2 \leq \cdots \leq y_{n_2}$.
Mische diese beiden Folgen zu einer sortierten Folge $z_1 \leq z_2 \leq \cdots \leq z_n$ zusammen.

Nach [Meh77] gilt

$$w\text{-compl}(Merge) = s\text{-compl}(Merge) = O(n \ln n).$$

P2) Problem des kürzesten Weges in Graphen:
Siehe dazu in Abschnitt 9.3.

P3) Lineares Gleichungssystem:
Ein Gleichungssystem $Ax = b$ mit einer nichtsingulären n, n-Matrix A wird mit dem Gauß-Eliminationsverfahren in $O(n^3)$ Operationen gelöst.

P4) Lineares Optimierungsproblem:
Die in den Abschnitten 8.1 und 8.3 angegebenen Innerer-Pfad-Algorithmus und Algorithmus von Karmarkar sind polynomial. Demgegenüber zeigt das Beispiel von Klee/Minty [KM72], daß die Simplexmethode aus Abschnitt 4.2.1 in der w-Komplexität exponentiell ist. Folgende lineare Optimierungsaufgabe wird dazu betrachtet:

Beispiel 7.3 Gegeben sei

$$z = x_n \to \min !$$
$$\text{bei} \quad \varepsilon \le x_1 \le 1$$
$$\varepsilon x_{j-1} \le x_j \le 1 - \varepsilon x_{j-1}, \quad j = 2(1)n,$$

wobei $0 < \varepsilon < \frac{1}{2}$ gewählt wird. Die Nebenbedingungen beschreiben eine ε-Störung des n-dimensionalen Einheitswürfels. Beginnend mit $x^0 = (\varepsilon, \cdots, \varepsilon^{n-1}, 1 - \varepsilon^n)^T$ kann die Pivotwahl in einem Abstiegsverfahren von Ecke zu Ecke so erfolgen, daß insgesamt $2^n - 1$ Iterationen erforderlich sind. (Zum Beweis siehe z.B. in [PS82]). Damit gilt

$$w\text{-compl}(Eckenabstiegsverfahren) = O(2^n).$$

d.h. das Verfahren ist exponentiell. Wird in diesem Beispiel ein Simplexverfahren mit stärkstem Abstieg verwendet, so genügt ein Iterationsschritt, um von der Startecke x^0 zur Optimallösung $x = (\varepsilon, \varepsilon^2, \cdots, \varepsilon^n)^T$ zu gelangen. $\square$

P5) Zuordnungsproblem
Siehe dazu Beispiel 1.2 und Abschnitt 9.2. Ein effektiver Lösungsalgorithmus wurde von Tomizawa (siehe in [Tom71]) angegeben. Es gilt

$$w\text{-compl}(Zuordnungsproblem) = O(n^3).$$

Bisher unterscheiden wir polynomiale und exponentielle Probleme. Wir führen eine Transformation zwischen Problemen ein, die diese Klasseneinteilung erhält. Dazu seien zwei Probleme mit den Zustandsmengen D_1 und D_2 und den Lösungsmengen

$$S_1(D_1) = \cup_{z \in D_1} S_1(z), \qquad S_2(D_2) = \cup_{z \in D_2} S_2(z)$$

gegeben. Eine **polynomiale Transformation** $\propto$ eines Problems P_1 in ein Problem P_2 ist eine Funktion $f : D_1 \to D_2$ mit den Eigenschaften:

1. Die Berechnung von $f(z)$ erfolgt mit polynomialem Aufwand.

2. Für alle $z_1 \in D_1$ gilt

   a) $S_2(f(z_1)) = \emptyset \quad \Rightarrow \quad S_1(z_1) = \emptyset$,

   b) $S_2(f(z_1)) \ne \emptyset \quad \Rightarrow \quad$ Es existiert eine Funktion $g : S_2(D_2) \to S_1(D_1)$
      mit $x_2 \in S_2(f(z_1)) \wedge x_1 = g(x_2) \Rightarrow x_1 \in S_1(z_1)$,
      und $g(x_2)$ ist mit polynomialem Aufwand
      berechenbar.

(Die Bezeichnung $P_1 \propto P_2$ wird auch gelesen als "P_1 kann polynomial auf P_2 transformiert werden").

In Anwendung auf die Transformation von Sprachen – und leicht übertragbar auf Entscheidungsprobleme – erhält man folgenden Spezialfall:

Eine polynomiale Transformation einer Sprache $L_1 \subset \sum_1^*$ in eine Sprache $L_2 \subset \sum_2^*$

ist eine Funktion $f : \sum_1^* \to \sum_2^*$ mit den Eigenschaften:

1. Es existiert ein polynomiales DTM-Programm, das f berechnet.
2. Für alle $x \in \sum_1^*$ ist $x \in L_1$ genau dann, wenn $f(x) \in L_2$.

Zur Illustration geben wir einige Beispiele und Aussagen an.

Beispiel 7.4 Transformation linearer Optimierungsprobleme.
Es sei A eine (m, n)-Matrix. Dann gelten die folgenden Zusammenhänge.

$$
\begin{array}{lll}
c^T x & \to & \min! \\
Ax & \leq & a \quad (P_1) \\
x & \geq & 0
\end{array}
\qquad \xrightarrow{\quad f \quad}
\qquad
\begin{array}{lll}
c^T x & \to & \min! \\
Ax + y & = & a \quad\quad (P_2) \\
x \geq 0, & y \geq 0
\end{array}
$$

Einführen
von
Schlupfva-
riablen
y

Lösung z.B.
mit
Simplexver-
fahren

$$S_1(z_1) \subset I\!R^n \qquad \xleftarrow{\quad g \quad} \qquad S_2(z_2) \subset I\!R^{n+m}$$

Streichen
des y-Teils

□

Als weiteres Beispiel betrachten wir eine Transformation zwischen dem in (1) eingeführten Entscheidungsproblem Traveling Salesman Bound (TSB) und dem folgenden Entscheidungsproblem **Hamilton-Kreis** (Hamilton Circuit):

HC : Enthält der ungerichtete Graph $G = (V, E)$ einen Hamilton-Kreis?   (10)

LEMMA 7.1 $HC \propto TSB$.

Beweis: Wir konstruieren eine polynomiale Funktion entsprechend obiger Definition. Ein Zustand z von HC besteht aus

Graph $G = (V, E)$,   card $V = n$ (keine Kantenbewertungen).

Der korrespondierende Zustand $f(z)$ von TSB sei

Graph mit Knotenmenge V; für v_i, $v_k \in V$ wird eine Kante (v_i, v_k)
mit folgender Bewertung definiert:

$$d(v_i, v_k) = \begin{cases} 1, & \text{falls } (v_i, v_k) \in E, \\ 2, & \text{sonst.} \end{cases}$$

geforderte Rundreiselänge $\beta := n$.

$f(z)$ ist mit polynomialem Aufwand $(\leq O(n^2))$ berechenbar. $f(z) \notin Y_{P_2}$ bedeutet, es existiert keine Rundreise mit einer Länge $\leq n \Rightarrow$ wenigstens eine Kante hat die Länge $2 \Rightarrow$ in G existiert kein Hamilton-Kreis, d.h. $z \notin Y_{P_1}$.

Sei $f(z) \in Y_{P_2}$, d.h. es existiert eine Rundreise mit der Länge n $\Rightarrow$ alle Kanten haben die Länge 1 $\Rightarrow$ diese Rundreise ist Hamilton-Kreis in G. ∎

Bemerkung 7.1 In Lemma 7.1 wird nichts über die Komplexität der betrachteten Probleme ausgesagt. □

LEMMA 7.2 $P_1, P_2 \in \mathcal{P}$ mit $P_1 \propto P_2 \Rightarrow$ „$P_2 \in \mathcal{P} \Rightarrow P_1 \in \mathcal{P}$".

Die Aussage $P_1 \propto P_2$ bedeutet „P_2 ist mindestens so schwierig wie P_1".

LEMMA 7.3 $\propto$ *ist transitiv, d.h.* $P_1 \propto P_2 \wedge P_2 \propto P_3 \Rightarrow P_1 \propto P_3$.

Wir nennen im weiteren zwei Probleme P_1 und P_2 **polynomial äquivalent**, falls $P_1 \propto P_2 \wedge P_2 \propto P_1$ gilt.

Einem Problem $P(\mathcal{E}, \mathcal{X}) \in \mathcal{P}$ können wir das Entscheidungsproblem

$\hat{\mathbf{P}}$: Wird $E \in \mathcal{E}$ durch P auf $X \in \mathcal{X}$ abgebildet ?

zuordnen. Da ein polynomialer Lösungsalgorithmus für P auch ein polynomialer Lösungsalgorithmus für $\hat{P}$ ist, gehört damit auch $\hat{P}$ zu $\mathcal{P}$. Wenn wir die Klasse der polynomialen Entscheidungsprobleme mit $\mathcal{PE}$ bezeichnen, dann gilt also $\mathcal{P} = \mathcal{PE}$.

Übung 7.1 Man veranschauliche sich den Polytop der Nebenbedingungen im Beispiel 7.3 für $n = 3$.

Übung 7.2 Geben Sie für das lineare Optimierungsproblem eine mögliche Transformation $\propto$ auf das zugehörige duale Problem an.

Übung 7.3 Man untersuche die Komplexität der Transformation eines linearen Gleichungssystems auf Dreiecksgestalt.

7.2 Nichtdeterministisch polynomiale Algorithmen; die Klassen $\mathcal{NP}$, $\mathcal{NP}$-vollständig

In diesem Abschnitt werden wir zwei weitere wichtige Klassen von Entscheidungsproblemen und Sprachen betrachten. Dazu führen wir zunächst eine **nichtdeterministische Turing-Maschine** (NDTM) in folgender Weise ein. Zusätzlich zur deterministischen Turing-Maschine wird ein **Orakel**-Modul mit einem Schreibkopf verwendet. In der ersten Stufe eines NDTM-Programms wird durch den Orakel-Modul eine beliebige Zeichenkette aus Σ^* auf das Band (vom Feld 0 nach links) geschrieben. Wie bei der DTM steht die einer Eingangsinformation x entsprechende Zeichenkette auf dem Band vom Feld 1 nach rechts.

In der zweiten Stufe eines NDTM-Programms ist der Orakel-Modul inaktiv. Das Programm arbeitet ab dem aktuellen Zustand q_0 wie ein DTM-Programm. Dabei wird in der Regel das Orakel mitgelesen.

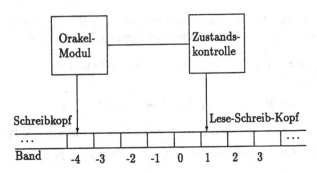

Abbildung 7.2: nichtdeterministische Turing-Maschine (NDTM)

Eine Berechnung heißt „akzeptierend", wenn sie im Zustand q_Y endet. Ein NDTM-Programm M akzeptiert einen Input x, falls mindestens eine der unendlich vielen – eine für jedes mögliche Orakel aus Σ^* – möglichen Berechnungen eine akzeptierende Berechnung ist. Wie früher gilt

$$L_M = \{ x \in \Sigma^* : M \text{ akzeptiert } x \}.$$

Der Aufwand wird wie in (4) gemessen, wobei wir den Aufwand für den Orakel-Schritt gleich 1 setzen. $g_A(E)$ mißt also jetzt den Aufwand der zweiten Stufe, den Überprüfungsaufwand.

Für ein Entscheidungsproblem $P(\mathcal{E}, \mathcal{X})$ sei

$$
\begin{aligned}
\mathcal{E}_Y &:= \{ E \in \mathcal{E} : E \text{ führt auf ja-Antwort} \}, \\
\mathcal{E}_N &:= \{ E \in \mathcal{E} : E \text{ führt auf nein-Antwort} \}.
\end{aligned}
\tag{11}
$$

Für $E \in \mathcal{E}$ sei eine Zulässigkeits- oder Akzeptanzprüfung auf $E \in \mathcal{E}_Y$ mittels Prüfdaten V gegeben. Ein nichtdeterministischer Algorithmus zur Verifikation einer Aufgabe $E \in \mathcal{E}$ kann dann wie folgt beschrieben werden:

(i)   Orakel- oder Rateschritt: Rate V;

(ii)   Akzeptanz- oder Prüfschritt: Prüfe $E \in \mathcal{E}_Y$ mit Hilfe von V;
                                            Falls $E \in \mathcal{E}_Y$ so stoppe,
                                            anderenfalls gehe zu (i).

Ein solches Verfahren heißt **nichtdeterministisch polynomialer Algorithmus**, wenn der Aufwand für den Prüfschritt, d.h. die erforderliche Rechenzeit bzw. Operationenzahl polynomial ist. Ein Entscheidungsproblem heißt **nichtdeterministisch polynomial**, wenn es einen zugehörigen nichtdeterministisch polynomialen Algorithmus gibt. Wir identifizieren ein Entscheidungsproblem P mit der Sprache $L(P, C)$ und bezeichnen mit $\mathcal{NP}$ die Klasse aller nichtdeterministisch polynomialen Entscheidungsprobleme.

Im weiteren werden einige Probleme aus $\mathcal{NP}$ betrachtet.

Beispiel 7.5 Gegeben sei ein lineares Ungleichungssystem

$$Ax \leq b \quad \text{mit} \quad A \in \mathcal{L}(I\!\!R^n, I\!\!R^m), \ b \in I\!\!R^m, \tag{12}$$

und a_{ik}, b_i seien ganzzahlig mit $|a_{ik}| \leq \delta$, $|b_i| \leq \delta$. Wir betrachten die Lösung des folgenden Entscheidungsproblems

U01 : Gibt es ein $x \in \{0,1\}^n$ mit $Ax \leq b$? $\tag{13}$

mit dem nichtdeterministischen Algorithmus

(i) Rateschritt : Rate ein $x \in \{0,1\}^n$.

(ii) Prüfschritt : Prüfe $Ax \leq b$.

Die Input-Zeichenkettenlänge ist $t \approx m \cdot n \operatorname{ld} \delta$. Der Aufwand im Prüfschritt beträgt

$$f(t) = 2m(n+1) \operatorname{ld} \delta = O(mn \operatorname{ld} \delta) = O(t).$$

Der Algorithmus ist nichtdeterministisch linear, das Problem U01 gehört zu $\mathcal{NP}$.
□

Beispiel 7.6 Hamilton-Kreis (vgl. (10) und Lemma 7.1).
Der folgende nichtdeterministische Algorithmus ist polynomial.

(i) Rateschritt : Rate eine Bogenmenge $E' \subset E$.

(ii) Prüfschritt :

    a) Prüfe, ob die Ordnung jedes Knotens von $G' = (V, E')$ zwei ist. Im Fall ja, gehe zu b), sonst gehe zu (i).

    b) Prüfe, ob G' zusammenhängend ist. Wenn ja, so ist G hamiltonsch; anderenfalls gehe zu (i).

Wir gehen von einem Graphen G mit n Knoten und m Bögen aus. Die Prüfung a) erfordert $O(n)$ Operationen. Der Aufwand für den Schritt b) ist ebenfalls $O(n)$.
□

Nach Abschnitt 7.1 können wir die Klasse der polynomialen Entscheidungsprobleme mit $\mathcal{P}$ identifizieren. Damit gilt natürlich $\mathcal{P} \subset \mathcal{NP}$. Eine zentrale, jedoch noch offene Frage in der Komplexitätstheorie ist, ob $\mathcal{NP}$ eine echte Erweiterung von $\mathcal{P}$ darstellt. Hierzu besteht die weitgehend akzeptierte

Vermutung: $\mathcal{P} \neq \mathcal{NP}$.

Definition 7.1 Ein Problem P heißt $\mathcal{NP}$-**vollständig**, falls
    1. $P \in \mathcal{NP}$ und
    2. für alle $P' \in \mathcal{NP}$ gilt $P' \propto P$.

Die $\mathcal{NP}$-vollständigen Probleme sind praktisch die schwierigsten Probleme in der Klasse $\mathcal{NP}$. Von Cook [Coo71] wurde gezeigt, daß die Klasse $\mathcal{NP}$-vollständig nichtleer ist. Er betrachtete das folgende **Erfüllbarkeitsproblem (Satisfiability, SAT)**:

Es sei $U = \{u_1, u_2, \cdots, u_n\}$ eine Menge von Booleschen Variablen. Eine **aussagenlogische Formel** ist ein Ausdruck, der sich aus den Variablen u_i, $i = 1(1)n$, mit Hilfe von Junktoren $\wedge$ (und), $\vee$ (oder), $\Rightarrow$ (wenn, dann) und $\neg$ (nicht) in endlich vielen Schritten unter Berücksichtigung der bekannten syntaktischen Regeln erzeugen läßt. Der Ausdruck heißt erfüllt, wenn es eine Zuordnung von wahr und falsch zu $u_1, \cdots, u_n$ gibt, so daß der Ausdruck den Wert wahr ergibt. Damit formulieren wir das folgende Entscheidungsproblem

SAT: Ist eine gegebene aussagenlogische Formel Φ erfüllbar?

LEMMA 7.4 (Cook) *SAT ist $\mathcal{NP}$-vollständig.*

Beweis: Der folgende im wesentlichen technische Beweis lehnt sich an [JT88], [PS82] an. Entsprechend der Definition 7.1 weisen wir nacheinander die Eigenschaften 1 und 2 nach.

Eigenschaft 1: Die Anzahl der Junktoren in Φ sei m (entsprechend der Vielfachheit gezählt). Als Umfang $d(\Phi)$ der Eingangsinformation setzen wir

$$d(\Phi) = n + m.$$

Diese Größe ist eine untere Schranke für die wahre Länge der Eingangsinformation, die durch die Kodierung der Junktoren und der Variablen bestimmt wird. Wird im Rateschritt eine Belegung der Variablen von Φ erraten, so ist es mit einem Aufwand proportional zu m möglich festzustellen, ob die Formel Φ durch die Belegung erfüllt wird. Der Proportionalitätsfaktor kann durch n und die Länge der Kodierungen der Junktoren und Variablen polynomial abgeschätzt werden.

Eigenschaft 2: Durch konstruktive Angabe einer polynomialen Transformation wird gezeigt „Für alle $P \in \mathcal{NP}$ gilt $P \propto SAT$". Es sei nun

$$M_P = (Q, \Gamma, F, q_0, \{q_Y, q_N\}, Orakel)$$

eine NDTM die P akzeptiert, d.h. für jede Zeichenkette $W \in Y_P$ gibt es ein Orakel, so daß die Rechnung mit M_P im Zustand q_Y endet. (Die Bezeichnungen in M_P entsprechen denen aus Abschnitt 7.1, d.h. Q Zustandsmenge, Γ Menge der Bandsymbole, F Überführungsfunktion, q_0 Anfangszustand). Es sei d die Inputlänge von w. Dann gibt es wegen $P \in \mathcal{NP}$ ein Polynom $p(d)$, das den Berechnungsaufwand von M_P für w beschreibt. Wir können deshalb annehmen, daß die Bandinschrift immer auf den Feldern $-p(d), \cdots, p(d)$ steht. Durch den Begriff der Konfiguration K beschreiben wir den Zustand der Steuereinheit q, die Bandinschrift und die Position des Lese-Schreib-Kopfes zu einem Zeitpunkt t:

$$K = a\, q\, z \qquad \text{mit}$$

a - Bandinschrift der Zellen $-p(d), \cdots, k-1$,
z - Bandinschrift der Zellen $k, \ldots, p(d)$,
k - Nummer der Zelle, auf die der Lese-Schreib-Kopf zeigt.

Wir werden nun zu jeder Eingabe w von M_P eine aussagenlogische Formel $\Phi(w)$ konstruieren, die genau dann erfüllbar ist, wenn w von M_P akzeptiert wird. Der Aufwand für diese Konstruktion ist polynomial in $p(d)$ mit $d = d(w)$. Um die Abarbeitung auf M_P zu erfassen, führen wir die folgenden drei Booleschen Variablengruppen ein:

$x_{i,a,t}$ ist wahr genau dann, wenn das i-te Feld auf dem Band von M_P zur Zeit t das Symbol a enthält.

$s_{q,t}$ ist wahr genau dann, wenn sich M_P zur Zeit t im Zustand q befindet.

$h_{i,t}$ ist wahr genau dann, wenn der Kopf von M_P zur Zeit t auf das Feld i zeigt.

Dabei gilt $a \in \Gamma$, $-p(d) \le i \le p(d)$,
$q \in Q$, $0 \le t \le p(d)$.

Die Formel $\Phi(w)$ wird entsprechend der Arbeit der Maschine M_P als Konjunktion von vier Teilen aufgebaut

$$\Phi(w) = S(w) \wedge U(w) \wedge W(w) \wedge E(w). \tag{14}$$

Bei der Beschreibung der vier Teile nutzen wir aus, daß der Ausdruck

$$\varphi(u_1, \cdots, u_r) := (u_1 \vee \cdots \vee u_r) \wedge \bigwedge_{1 \le i < j \le r} (\neg u_i \vee \neg u_j) \tag{15}$$

genau dann wahr ist, wenn genau eine der Variablen den Wert wahr hat. Dabei gilt $compl\, \varphi(u_1, \cdots, u_r) = O(r^2)$. Weiterhin sei $Q = (q_0, q_1, \cdots, q_e)$, $\Gamma = (a_1, \cdots, a_m)$. Im weiteren Beweis betrachten wir die vier Komponenten von $\Phi(w)$ in der Darstellung (14) getrennt.

Komponente 1: Der Ausdruck $S(w)$ sichert den korrekten Start von M_P zum Zeitpunkt $T = 0$, nachdem das Orakel gearbeitet hat : Die Felder $-p(d), \cdots, -1, 0$ des Bandes wurden eventuell beschrieben, die Maschine befindet sich in einem Zustand $q \in Q$. Auf den Feldern $1, \cdots, d(w)$ steht die Eingangsinformation w.

$$S(w) = \bigwedge_{1 \le i \le d(w)} x_{i,w_i,0} \wedge \varphi(s_{q_0}, s_{q_1}, \cdots, s_{q_e})$$

Komponente 2: Der Ausdruck $U(w)$ sichert, daß zu jedem Zeitpunkt $t, 1 \le t \le p(d)$ ein zulässiger Zustand der Maschine vorliegt, der Kopf auf genau ein Feld zeigt und das Band mit zulässigen Symbolen beschrieben ist.

$$U(w) = \bigwedge_{0 \leq t \leq p(d)} [\varphi(s_{q_1}, \cdots, s_{q_e}) \wedge \varphi(h_{-p(d),t}, \cdots, h_{p(d),t}) \wedge$$

$$\bigwedge_{-p(d) \leq i \leq p(d)} \varphi(x_{i,a_1,t}, \cdots, x_{i,a_m,t})].$$

Komponente 3: Wir betrachten einen Maschinenschritt, d.h. den Übergang von einer Konfiguration zu einer Nachfolgekonfiguration. Dabei wird höchstens ein Bandsymbol geändert, der Kopf rückt nach links oder rechts ($\alpha = -1 \vee +1$) und der Nachfolgezustand q' wird durch die Überführungsfunktion aus q bestimmt: $F(a,q) = (b,q',\alpha)$.

$$D_t := \bigwedge_{\substack{-p(d) \leq i \leq p(d) \\ a \in \Gamma}} (h_{it} \vee (x_{i,a,t} \Leftrightarrow x_{i,a,t+1})) \qquad (16)$$

sichert, daß höchstens das Bandsymbol im Feld unter dem Kopf geändert wird. Durch

$$E_{iaqt} = (\neg x_{i,a,t}) \vee (\neg h_{i,t}) \vee (\neg s_{q,t}) \bigvee_{(q,a,q',b,\alpha) \in \Gamma} (x_{i,b,t+1} \wedge h_{i+\alpha,t+1} \wedge s_{q',t+1})$$

wird gesichert, daß genau dann der Nachfolgezustand q' eintritt, die Bandinschrift b in Feld i erfolgt und die Verschiebung α vorgenommen wird, wenn der Zustand q vorliegt und im Feld i das Symbol a steht.
Wir setzen

$$E_t = \bigwedge_{\substack{-p(d) \leq i \leq p(d) \\ a \in \Gamma, q \in Q}} E_{iaqt}$$

und zusammenfassend

$$W(w) = \bigwedge_{0 \leq t \leq p(d)} (D_t \wedge E_t).$$

Komponente 4: Der Ausdruck

$$E(w) = s_{q_Y,p(d)}$$

sichert den Abbruch der Rechnung im Zustand q_Y.

Wir betrachten abschließend den Aufwand zur Berechnung der einzelnen Ausdrücke. Es gilt

$$\operatorname{compl} S(w) = O(p(d)), \quad \operatorname{compl} U(w) = O(p^3(d)),$$

$$\text{compl}\, D_t = O(p(d)), \quad \text{compl}\, E_t = O(p(d)), \quad \text{compl}\, W(w) = O(p^2(d))$$

und damit

$$\text{compl}\, \Phi(w) = O(p^3(d)). \quad \blacksquare$$

Um für ein gegebenes Problem P die Zugehörigkeit zur Klasse $\mathcal{NP}$-vollständig zu untersuchen, gehen wir unmittelbar auf die Definition 7.1 zurück und nutzen die Transitivität der Transformation $\propto$ aus:

(i) Zeige $P \in \mathcal{NP}$.

(ii) Suche ein bekanntes Problem $\hat{P} \in \mathcal{NP}$- vollständig mit $\hat{P} \propto P$.

Nach Lemma 7.4 kann für solche Untersuchungen $\hat{P} = \text{SAT}$ verwendet werden. Im Abschnitt 9.4 werden wir einige graphentheoretische Probleme auf Zugehörigkeit zur Klasse $\mathcal{NP}$-vollständig untersuchen.

Wir führen nun den Begriff **komplementär** für Entscheidungsprobleme ein. Sei $P(\mathcal{E}, \mathcal{X})$ ein Entscheidungsproblem mit $\mathcal{E} = \mathcal{E}_Y \cup \mathcal{E}_N$ (vgl.(11)). Dann heißt das Entscheidungsproblem $\hat{P}(\hat{\mathcal{E}}, \hat{\mathcal{X}})$ mit $\hat{\mathcal{E}} = \mathcal{E}$ aber $\hat{\mathcal{E}}_Y = \mathcal{E}_N$ und $\hat{\mathcal{E}}_N = \mathcal{E}_Y$ komplementär zu P. Es gilt

LEMMA 7.5 *Die Klasse $\mathcal{P}$ ist bezüglich der Komplementbildung abgeschlossen.*

Beweis: Für ein Entscheidungsproblem $P(\mathcal{E}, \mathcal{X}) \in \mathcal{P}$ sei ein polynomialer Algorithmus $A(E), E \in \mathcal{E}$, mit $\text{compl}\, A(E) = p(d)$, $d = d(E)$ und einem Polynom p gegeben. Dann ist der Algorithmus $\hat{A}(E)$

(i) Wende $A(E)$ an;

(ii) Im Schritt $p(d) + 1$ stoppe mit der Antwort ja;

ein polynomialer Algorithmus für das komplementäre Problem $\hat{P}$. $\blacksquare$

Wir bezeichnen nun mit co-$\mathcal{NP}$ die Klasse aller Probleme, die komplementär zu einem Problem aus $\mathcal{NP}$ sind. Die folgenden Überlegungen zeigen, daß Lemma 7.5 vermutlich nicht auf die Klasse $\mathcal{NP}$ übertragen werden kann. Das Problem TSB (siehe (1)) gehört zu $\mathcal{NP}$ (mit einem Orakel wird eine Rundreise mit einer Länge $\leq \beta$ erraten. Die Berechnung der Länge ist mit einem Aufwand proportional zur Knotenzahl des Graphen möglich). Das komplementäre Problem ist

$$\overline{\text{TSB}} : \text{Haben alle Rundreisen eine Länge} > \beta? \ . \tag{17}$$

Ein möglicher Lösungsalgorithmus wäre die Ermittlung aller Rundreisen mit zugehöriger Länge. Die Anzahl der Rundreisen in einem vollständigen Graphen beträgt $(n-1)!$ und ist deshalb nichtpolynomial in n. Somit ergeben sich Schwierigkeiten bei der Untersuchung auf Zugehörigkeit zu $\mathcal{NP}$. In [PS82] wird das folgende Lemma bewiesen.

LEMMA 7.6 *Falls das Komplement eines Problems aus $\mathcal{NP}$ zu $\mathcal{NP}$-vollständig gehört, dann gilt $\mathcal{NP} = \text{co-}\mathcal{NP}$.*

Übung 7.4 Man untersuche die Erfüllbarkeit des Ausdruckes

$$(u_1 \vee u_2 \vee u_3) \wedge (u_1 \vee \overline{u}_2) \wedge (u_2 \vee \overline{u}_3) \wedge (u_3 \vee \overline{u}_1) \wedge (\overline{u}_1 \vee \overline{u}_2 \vee \overline{u}_3).$$

Übung 7.5 Man gebe eine Beschreibung von D_t aus (16) an, bei der die Relation „$\Leftrightarrow$" durch $\vee$ und $\wedge$ ersetzt wird.

Übung 7.6 Es seien $a, c \in \mathbb{Z}_+^n$, $b, \zeta \in \mathbb{Z}_+$ gegeben. Das Problem

K01 : Gibt es ein $x \in \{0,1\}^n$ mit $a^T x \leq b$ und $c^T x \geq \zeta$?

heißt 0-1-Knapsackproblem. Man beweise „K01 $\in \mathcal{NP}$-vollständig".

7.3 Optimierungsprobleme und die Klasse $\mathcal{NP}$-hart

Die in Abschnitt 7.2 eingeführte Klasse $\mathcal{NP}$ umfaßt nur Entscheidungsprobleme. Wenn wir nun in der Definition 7.1 auf die Bedingung „$P \in \mathcal{NP}$" verzichten, so erhalten wir einen Zugang zu allgemeineren Problemen. Wir nennen ein Problem P $\mathcal{NP}$-hart, falls für alle $P' \in \mathcal{NP}$ gilt $P' \propto P$. Unter Anwendung von Definition 7.1 bedeutet dies : Ein Problem P ist $\mathcal{NP}$-hart, wenn es ein Problem $\hat{P} \in \mathcal{NP}$-vollständig gibt mit $\hat{P} \propto P$. Für die weiteren Untersuchungen definieren wir zu einem Optimierungsproblem

$$\mathbf{P} : \qquad z = f(x) \to \min ! \quad \text{bei } x \in G \tag{18}$$

ein sogenanntes ZF-**Separierungsproblem**

$$\mathbf{PB} : \qquad \text{Existiert ein } x \in G \text{ mit } f(x) < \beta? \tag{19}$$

mit einem vorgegebenen $\beta \in \mathbb{R}$ und interessieren uns für die Lösung des Problems (18) mit Hilfe von Problemen der Form (19). Soll z.B. eine Zahl z^* aus einer gegebenen geordneten Zahlenmenge gesucht werden, so hat man

LEMMA 7.7 *Es sei $\varepsilon > 0$ gegeben. Eine Zahl z^* zwischen $\underline{z}$ und $\overline{z}$ kann mittels $\left\lceil \operatorname{ld} \dfrac{\overline{z} - \underline{z}}{\varepsilon} \right\rceil$ Fragen der Form „Ist $z^* < a$?" mit der Genauigkeit ε bestimmt werden.*

Beweis: Bei der binären Suche (**Intervallhalbierung**) wird das Suchintervall auf Grund der Frage „$z^* < a$?" in jedem Schritt halbiert. ∎

Folgerung 7.1 Besteht die gegebene Zahlenmenge nur aus ganzen Zahlen, sind also insbesondere $\underline{z}, \overline{z}$ und z^* ganzzahlig, so wird z^* nach $k = \lceil \operatorname{ld}(\overline{z} - \underline{z} + 1) \rceil$ Schritten gefunden. □

Für den Zusammenhang der Probleme (18) und (19) gilt damit die

Folgerung 7.2 Ist eine Einschließung $\underline{z} \leq z^* \leq \overline{z}$ des optimalen Zielfunktionswertes von (18) bekannt, so kann z^* mittels $k = \left\lceil \operatorname{ld} \dfrac{\overline{z} - \underline{z}}{\varepsilon} \right\rceil$ ZF-Separierungsproblemen mit der Genauigkeit ε bestimmt werden. $\square$

Beispiel 7.7 Untere und obere Schranken für das Rundreiseproblem mit nichtnegativen Bogenlängen c_{ik}, $i, k = 1(1)n$, können sofort in der Form $\underline{z} = 0$ und $\overline{z} = n \cdot \max\limits_{i,j}\{c_{ij}\}$ angegeben werden. $\square$

Auf Grund der Definition für $\mathcal{NP}$-hart gilt die folgende Beziehung

$$PB \in \mathcal{NP}\text{-vollständig} \Rightarrow P \in \mathcal{NP}\text{-hart.} \tag{20}$$

Zusammengefaßt ergibt sich für die von uns eingeführten Komplexitätsklassen das in der Abbildung 7.3 dargestellte Bild.

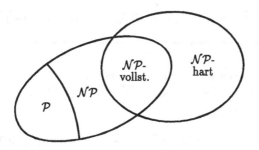

Abbildung 7.3: Komplexitätsklassen

Es ist auch ein Anliegen dieses Buches, für Probleme aus der Klasse $\mathcal{NP}$-hart Lösungsalgorithmen anzugeben, mit denen Aufgaben relevanter Größenordnung bearbeitet werden können.

Übung 7.7 Für zwei Optimierungsprobleme

$$P_1: \ F(u) \to \min ! \quad \text{bei } u \in G \quad \text{und} \quad P_2: \ J(v) \to \min ! \quad \text{bei } v \in H$$

wird folgender Äquivalenzbegriff eingeführt:
P_1 ist äquivalent zu P_2, wenn zwei Abbildungen $\varphi : G \to H$ und $\psi : H \to G$ existieren mit

$$J(\varphi(u)) \leq F(u) \quad \text{für alle} \quad u \in G,$$
$$F(\psi(v)) \leq J(v) \quad \text{für alle} \quad v \in H.$$

Man vergleiche diese Äquivalenz mit der in Abschnitt 7.1 gegebenen Definition.

7.4 Komplexität in der linearen Optimierung

Am Beispiel des linearen Optimierungsproblems mit ganzzahligen Koeffizienten werden in diesem Abschnitt einige Komplexitätsuntersuchungen exemplarisch durchgeführt. Damit liegen wichtige Grundlagen vor, um im Kapitel 8 die Polynomialität dieses Problems nachzuweisen.

Wir betrachten das lineare Optimierungsproblem in der Form

$$z = c^T x \rightarrow \min ! \quad \text{bei} \quad Ax \leq b, \quad x \geq 0 \tag{21}$$

mit

$$c \in \mathbb{Z}^n, \ A \in \mathcal{L}(\mathbb{Z}^n, \mathbb{Z}^m), \ b \in \mathbb{Z}^m, \ m \geq 2, n \geq 2. \tag{22}$$

Entsprechend der Festlegung (3) setzen wir für den Umfang der Eingangsinformation

$$L := \underbrace{\sum_{i=1}^{m} \sum_{j=1}^{n} \operatorname{ld}(|a_{ij}| + 1) + \sum_{i=1}^{m} \operatorname{ld}(|b_i| + 1) + \operatorname{ld}(nm + 1)}_{=: L_0} + \sum_{j=1}^{n} \operatorname{ld}(|c_j| + 1). \tag{23}$$

In der Problemstellung (21) existiert sinnvollerweise je Zeile und Spalte ein $a_{ij} \neq 0$, d.h. es gilt $|a_{ij}| \geq 1$. Damit folgt aus (23) die Abschätzung

$$\max\{n, m\} \leq L. \tag{24}$$

LEMMA 7.8 *Falls das lineare Optimierungsproblem (21) mit der Mindestdatenlänge L lösbar ist, so existiert eine Lösung in der Kugel* $S := \{x \in \mathbb{R}^n : \|x\| \leq 2^{L_0}\}$.

Beweis : Nach dem Eckpunktsatz (Satz 4.3) und unter Ausnutzung der Cramerschen Regel existiert eine optimale Lösung von (21) in der Gestalt

$$x^0 = \left(\frac{\Delta_1}{\Delta}, \cdots, \frac{\Delta_n}{\Delta}\right)^T, \quad \text{mit} \quad \Delta \neq 0, \tag{25}$$

wobei Δ_j, $j = 1(1)n$, bis auf das Vorzeichen Unterdeterminanten der erweiterten Matrix $B = (A \ b)$ sind. Durch vollständige Induktion beweist man mit Hilfe des Entwicklungssatzes für Determinanten folgende Abschätzung für eine beliebige Unterdeterminante $\tilde{\Delta}$ der Matrix B:

$$|\tilde{\Delta}| \leq \prod_{i=1}^{m} \prod_{j=1}^{n} (|a_{ij}| + 1) \prod_{k=1}^{m} (|b_k| + 1). \tag{26}$$

Mit der Definition von L_0 erhält man

$$|\tilde{\Delta}| \leq \frac{2^{L_0}}{nm} \leq \frac{2^{L_0}}{n}. \tag{27}$$

Aus $\Delta \neq 0$ folgt $|\Delta| \geq 1$ und damit $|\frac{\tilde{\Delta}}{\Delta}| \leq \frac{2^{L_0}}{n}$. $\blacksquare$

Folgerung 7.3 Für den optimalen Zielfunktionswert z^* des Problems (21) gilt die Einschließung $\underline{z} \leq z^* \leq \overline{z}$ mit $\underline{z} = -2^L$, $\overline{z} = 2^L$. $\square$

Wir bemerken, daß z.B. die Größe $\overline{z} = 2^L$ nicht polynomial von der Inputlänge L abhängt. Der für $\overline{z}$ benötigte Speicherplatz ist jedoch proportional zu L. Sachgemäß setzen die Komplexitätsuntersuchungen zur Polynomialität voraus, daß alle Berechnungen mit einem Speicherplatz erfolgen, dessen Umfang polynomial von der Inputlänge abhängt. Rechnungen mit reellen insbesondere natürlich mit irrationalen Zahlen sind dadurch im allgemeinen verboten. Reelle Zahlen sind mit entsprechender Genauigkeit zu approximieren, wobei die Verwendung einer unabhängig vom Problem vorgegebenen festen Wortlänge in der Regel nicht ausreicht. Die Wortlänge hängt selbst von L ab. Auf Grund der Ganzzahligkeit der Eingangsdaten können wir versuchen, alle im Laufe der Rechnung auftretenden Zahlen a als rationale Zahlen Z/N in der Form eines Tupels (Z/N) darzustellen. Wir nennen eine Zahl a exakt mit (pL/qL), wenn a eine rationale Zahl Z/N ist mit $|Z| \leq 2^{pL}$ und $|N| \leq 2^{qL}$. Über die Gültigkeit für alle Komponenten übertragen wir diese Definition auf Vektoren. Für die Basislösungen des Problems (21) gilt damit

LEMMA 7.9 *Alle Basislösungen $\overline{x}$ von*

$$Ax \leq b, \ x \geq 0 \qquad mit \ A \in \mathcal{L}(\mathbb{Z}^n, \mathbb{Z}^m), \ b \in \mathbb{Z}^m \qquad (28)$$

sind exakt mit (L_0/L_0).

Beweis : Aus Lemma 7.8 folgt $\|\overline{x}\| \leq 2^{L_0}$.
Für $\overline{x}$ gilt eine Darstellung (25), wobei wegen (27) $|\Delta| \leq 2^{L_0}$ ist. $\blacksquare$

Bezüglich der Zielfunktionswerte von Basislösungen erhält man

LEMMA 7.10 *Es sei $\overline{x}$ eine Basislösung des Problems (21). Dann ist der zugehörige Zielfunktionswert $c^T \overline{x}$ exakt mit (L/L).*

Beweis: Übungsaufgabe 7.9

Bei der Bestimmung des optimalen Zielfunktionswertes z^* des Problems (21) kann man sich also auf die Zahlenmenge Rat_L der mit (L/L) exakten Zahlen beschränken. Um z^* mit Hilfe der Intervallhalbierung (vgl. Lemma 7.7) exakt zu bestimmen, ist $\varepsilon = 2^{-2L}$ zu wählen. Man erhält

Folgerung 7.4 Falls das Problem (21) lösbar ist, kann der optimale Wert z^* mit Hilfe von $k = 3L + 1$ zu (21) gehörigen ZF-Separierungsproblemen (19) bestimmt werden.

Um die gemäß dieser Folgerung zu lösenden ZF-Separierungsprobleme besser beschreiben zu können, führen wir folgende Bezeichnung ein. Für $a \in \mathbb{R}$ sei

$$\lfloor a \rfloor_L := \max\{\alpha \ : \ \alpha < a, \ \alpha \in Rat_L\}. \qquad (29)$$

Damit haben die ZF-Separierungsprobleme die Form

PB : Existiert ein $x \in I\!\!R^n$ mit $\tilde{A}x \leq \tilde{b}$?,   (30)

wobei $\tilde{A} = \begin{pmatrix} A \\ -E \\ c^T \end{pmatrix}$, $\tilde{b} = \begin{pmatrix} b \\ 0 \\ \lfloor \beta \rfloor_L \end{pmatrix}$ gesetzt wird und $z = \beta$ der aktuelle

Funktionswert ist, nach dem separiert wird.

Bei bekanntem z^* betrachten wir nun die Ermittlung einer optimalen Basis für (21) bzw. einer zugehörigen Optimallösung x^*. Dazu lösen wir für $k = 1(1)n$ das Problem P_k der Art (30) mit folgenden Spezifizierungen:

Streiche in $\tilde{A}$ die Spalte k (d.h. setze $x_k = 0$),
Streiche in $\tilde{A}$ alle Spalten $j \in I(k)$, wobei $I(k) := \{ j : 1 \leq j < k, P_j \text{ lösbar}\}$
(d.h. setze $x_j = 0$ für $j \in I(k)$),
Setze $\beta = z^* + 2^{-2L}$.

Alle Spalten $\tilde{a}_j$ von $\tilde{A}$ mit $j \notin I(n+1)$ gehören zu einer optimalen Basis. Ein zugehöriges x^* kann mit dem Gaußschen Eliminationsverfahren mit $O(n^3)$ Operationen bestimmt werden. Diese Rechnung ist aber auf Grund der Darstellung (25) mit einer Mantissenlänge proportional zu L_0 durchzuführen. Diese Überlegungen ergeben zusammen mit Folgerung 7.4 den folgenden

SATZ 7.1 *Für das lineare Optimierungsproblem (21) mit ganzzahligen Koeffizienten existiert ein polynomialer Algorithmus genau dann, wenn das zugehörige ZF-Separierungsproblem (30) polynomial lösbar ist.*

Im folgenden Lemma wird noch eine Aussage über die Nichtlösbarkeit eines linearen Ungleichungssystems mit ganzzahligen Koeffizienten getroffen.

LEMMA 7.11 *Falls das System $Ax \leq b$, mit $A \in \mathcal{L}(\mathbb{Z}^n, \mathbb{Z}^m)$, $b \in \mathbb{Z}^m$, mit der Mindestlänge L_0 des Datensatzes unlösbar ist, so gilt*

$$\vartheta(x) := \max_{i=1(1)m} (\sum_{j=1}^{n} a_{ij}x_j - b_i) \geq 2 \cdot 2^{-L_0} \quad \text{für alle } x \in I\!\!R^n. \quad (31)$$

Beweis: Mit den Zeilenvektoren a_i von A besitzt die Funktion ϑ die Darstellung $\vartheta(x) = \max_i(a_i^T x - b_i)$, und sie ist konvex in $I\!\!R^n$. Aus der Nichtlösbarkeit von $Ax \leq b$ folgt $\vartheta(x) > 0$. Damit ist das Problem

$$\vartheta(x) \rightarrow \min ! \quad \text{bei } x \in I\!\!R^n$$

lösbar und besitzt wegen der Äquivalenz zu

$$\sigma \rightarrow \min ! \quad \text{bei } a_i^T x - b_i \leq \sigma, \; i = 1(1)m, \quad (32)$$

eine Lösung der Gestalt $\tilde{x} = \left(\dfrac{\Delta_1}{\Delta}, \cdots, \dfrac{\Delta_n}{\Delta} \right)^T$, wobei $\Delta \neq 0$, Δ_j, $j = 1(1)n$, bis auf das Vorzeichen Unterdeterminanten der erweiterten Matrix $B = (A \; e \; b)$ mit

$e^T = (1, \cdots, 1) \in \mathbb{R}^m$ sind. Für eine beliebige Unterdeterminante $\tilde{\Delta}$ von B erhält man mit dem Entwicklungssatz für Determinanten (! Entwicklung nach e-Spalte) und mit (27)

$$|\tilde{\Delta}| \leq n \cdot \frac{2^{L_0}}{n \cdot m} \leq \frac{2^{L_0}}{m}. \tag{33}$$

Damit wird

$$\left| \frac{\Delta_j}{\Delta} \right| \geq m \cdot 2^{-L_0} \geq 2 \cdot 2^{-L_0}, \quad j = 1(1)n, \tag{34}$$

und aus der Ganzzahligkeit aller a_{ij} und b_i folgt (31). ∎

Übung 7.8 Zeigen Sie die Richtigkeit der Folgerung 7.3.

Übung 7.9 Beweisen Sie Lemma 7.10.

8 Innere-Punkt-Methoden

Eines der Basisprinzipien bei der Entwicklung von Verfahren der restringierten Optimierung besteht darin, einem gegebenen Ausgangsproblem eine Folge einfacherer Ersatzaufgaben zuzuordnen und diese mit bekannten, effektiven Verfahren, wie z.B. dem Newton Verfahren, zu behandeln. Im Unterschied zu den im Kapitel 5 dargestellten klassischen Straf- und Barrieremethoden (vgl. [FM68], [GK79], [Fle87]) wird bei den Innere-Punkt-Methoden jedoch das Konvergenzverhalten des jeweiligen zur Lösung der Ersatzprobleme eingesetzten Iterationsverfahrens in die Analysis der Gesamtmethode mit einbezogen. Bei bekannter Schrittzahl zum Erreichen einer vorgegebenen Genauigkeit und bei Kenntnis des numerischen Aufwandes eines Schrittes des Iterationsverfahrens können so Komplexitätsabschätzungen erzielt werden. Diese, zunächst vor allem für lineare Optimierungsprobleme erhaltenen Ergebnisse gaben der Entwicklung der Innere-Punkt-Methoden einen entscheidenden Impuls.

Klee und Minty [KM72] hatten anhand speziell konstruierter Beispiele vorgegebener Dimension nachgewiesen, daß das Simplexverfahren in diesem Fall alle exponentiell mit der Dimension des Problemes wachsend vielen Ecken des zulässigen Bereiches durchläuft und damit einen exponentiellen Aufwand erfordert. Folglich ist das Simplexverfahren, obwohl es sich in der praktischen Nutzung sehr bewährt hat, kein polynomiales Lösungsverfahren für lineare Optimierungsprobleme. Das Ergebnis von Klee und Minty intensivierte die Frage danach, ob das Problem Lineare Optimierung selbst polynomial ist.

Mit der Ellipsoid-Methode schlug Khachian [Kha79] 1979 erstmalig ein polynomiales Verfahren zur Lösung linearer Optimierungsprobleme vor und wies damit die Polynomialität des Problems Lineare Optimierung nach. Zahlreiche darauffolgende theoretische und praktische Untersuchungen führten jedoch trotz der polynomialen Komplexität nicht zu einer befriedigenden Praktikabilität der Ellipsoid-Methode. So blieb ein scheinbarer Widerspruch zwischen der Polynomialität des Problems Lineare Optimierung und der im allgemeinen guten Lösbarkeit mit der exponentiellen Simplexmethode bestehen.

1984 wurde von Karmarkar [Kar84] ein neuer Zugang zu einem polynomialen Lösungsalgorithmus für das lineare Optimierungsproblem vorgelegt. Dabei wird zunächst ein lineares Optimierungsproblem in einer speziellen Normalform in homogenen Koordinaten betrachtet. Spätere Arbeiten widmeten sich sowohl der weiteren Aufarbeitung der Methode und des zugehörigen Polynomialitätsnachweises, sowie auch der praktischen Umsetzbarkeit des Karmarkar-Verfahrens in ein stabiles Rechnerprogramm.

Neuere Arbeiten (vgl. [FM96], [RTV97]) ordnen das Karmarkar-Verfahren in die Klasse der Innere-Punkt-Methoden ein. Im Unterschied zum Simplexverfahren, das wesentlich die endliche Anzahl der Ecken des polyedrischen zulässigen Bereiches und die Struktur der zugehörigen Basislösungen ausnutzt, wird bei den Innere-Punkt-Verfahren eine Folge relativ innerer Punkte erzeugt, die gegen eine Lösung des Problems konvergieren. Diese Folge kann jedoch entsprechend der geforderten Genauigkeit bereits nach einer polynomial mit der Dimension wachsenden Schrittzahl abgebrochen werden. Die Konstruktion der Folge relativ innerer Punkte wird mit Hilfe einer parametrischen oder nichtparametrischen Ersatzfunktion beschrieben. Im ersten Fall kann zur Minimierung eine klassische Iterationstechnik, wie z.B. das Newton Verfahren, eingesetzt werden und der Einbettungsparameter wird simultan mit der Iteration verändert. Im zweiten Fall sind jedoch spezielle Iterationsverfahren erforderlich, da nichtparametrische Ersatzfunktionen eine reduzierte Regularität aufweisen. Eine grundlegende Analyse der Innere-Punkt-Methoden in Verbindung mit verkürzten Iterations- und Einbettungstechniken wurde von Nesterov/Nemirovskii [NN94] gegeben. Dabei wird insbesondere die Konvergenz des Newton-Verfahrens in einer der Singularität der parametrischen Aufgabe angepaßten Norm studiert. Eine von logarithmischen Barrierefunktionen verallgemeinerte Eigenschaft, die „self-concordance" genannt wird und im wesentlichen das Verhalten der dritten Ableitungen von Ersatzfunktionen in Relation zu dem der zweiten Ableitungen setzt, sichert dabei über Abschätzungen von Restgliedern, daß sich das Einzugsgebiet des Newton-Verfahrens nicht zu schnell verringert und damit sich der Einbettungsparameter genügend schnell reduzieren läßt.

Im vorliegenden Kapitel werden die Innere-Punkt-Methoden zur Lösung von Minimierungsproblemen der Form

$$f(x) \to\to \min ! \quad \text{bei} \quad x \in G := \{\, x \in \mathbb{R}^n \; : \; Ax = b, \; x \geq 0 \,\}, \tag{1}$$

wobei die Zielfunktion $f : \mathbb{R}^n \to \mathbb{R}$ konvex sei, betrachtet. Für lineare Optimierungsprobleme wird im ersten Abschnitt eine primale Innerer-Pfad-Methode angegeben, die auf eine parametrische logarithmische Barrierefunktion zurückgreift. Dabei wird ein ausführlicher Polynomialitätsnachweis gegeben. Im zweiten Abschnitt wird eine von Kortanek/Potra/Ye [KPY91] vorgeschlagene Innere-Punkt-Methode, die auf einer parameterfreien Ersatzfunktion basiert, untersucht.

Der dritte Abschnitt enthält eine kurze Darstellung der ursprünglichen Methode von Karmarkar. Anschließend wird auf die Anwendung der Innere-Punkt-Methoden auf Komplementaritätsprobleme eingegangen. Schließlich wird in Abschnitt 8.5 ein Polynomialitätsnachweis für das Problem Lineare Optimierung geführt.

8.1 Innerer-Pfad-Methode für lineare Probleme

Wir betrachten die Standardaufgabe der linearen Optimierung (vgl.(4.21))

$$f(x) = c^T x \to \min ! \quad \text{bei} \quad Ax = b, \; x \geq 0, \tag{2}$$

mit der zugehörigen Dualaufgabe

$$g(u) = b^T u \to\to \max ! \qquad \text{bei} \qquad A^T u \leq c. \tag{3}$$

Es sei darauf hingewiesen, daß die Restriktionen in der primalen Aufgabe als Gleichungen vorliegen, d.h. $Ax = b$, und folglich die Variablen in der dualen Aufgabe nicht vorzeichenbeschränkt sind, d.h. $u \in {I\!\!R}^m$.

Für die weiteren Untersuchungen setzen wir das Erfülltsein der folgenden Bedingungen voraus:

- $\{ x \in {I\!\!R}^n : Ax = b,\ x > 0 \} \neq \emptyset;$ \hfill (4)

- $\{ (u,y) \in {I\!\!R}^m \times {I\!\!R}^n_+ : A^T u + y = c,\ y > 0 \} \neq \emptyset;$ \hfill (5)

- $A \in \mathcal{L}({I\!\!R}^n, {I\!\!R}^m), n > m$ ist vom vollen Rang, d.h. Rang $A = m.$ \hfill (6)

Dabei ist (6) nicht von prinzipieller Bedeutung, sondern dient lediglich zur Vereinfachung der Darstellung von Projektionsoperatoren. Abgesehen davon kann der rangdefiziente Fall analog behandelt werden.

Mit Hilfe der logarithmischen Barrierefunktion (vgl. (5.16)) läßt sich dem Ausgangsproblem (2) eine Familie von einem Parameter $\mu > 0$ abhängiger Ersatzaufgaben

$$\begin{aligned} T_P(x;\mu) &= c^T x - \mu \sum_{i=1}^n \ln(x_i) \to \min ! \\ \text{bei} \qquad & x \in G^0 := \{ x \in {I\!\!R}^n :\ Ax = b,\ x > 0 \} \end{aligned} \tag{7}$$

zuordnen. Zu deren Lösbarkeit gilt

SATZ 8.1 *Für jeden Parameterwert* $\mu > 0$ *besitzt das Ersatzproblem (7) eine eindeutige Lösung* $x(\mu)$.

Beweis: Nach den getroffenen allgemeinen Voraussetzungen existiert ein $\tilde{x} \in G^0$, d.h. der zulässige Bereich von (7) ist nicht leer. Es bezeichne

$$N_\mu := \{ x \in G^0 :\ T_P(x,\mu) \leq T_P(\tilde{x},\mu) \}$$

die zugehörige Niveaumenge. Die Eigenschaften der Barrierefunktion sichern, daß die Menge N_μ abgeschlossen und $T_P(\cdot,\mu)$ auf N_μ stetig ist.

Wir weisen nun die Beschränktheit von N_μ nach. Nach der zweiten Grundvoraussetzung gibt es ein $\tilde{y} \in {I\!\!R}^n$, $\tilde{y} > 0$ und ein $\tilde{u} \in {I\!\!R}^m$ mit

$$A^T \tilde{u} + \tilde{y} = c. \tag{8}$$

Es sei $\rho > 0$ fest gewählt derart, daß

$$\rho < \frac{1}{n} \min_{1 \leq i \leq n} \tilde{y}_i \, / \, \max_{1 \leq i \leq n} \tilde{y}_i. \tag{9}$$

Da die Menge G^0 konvex ist, kann jedes $x \in G^0$ in der Form

$$x = \tilde{x} + \xi d \quad \text{mit geeignetem} \quad d \in {I\!\!R}^n, \quad Ad = 0, \quad \|d\|_\infty = 1 \tag{10}$$

und einem Parameter $\xi \in I\!\!R$, $\xi \geq 0$ dargestellt werden. Hierbei bezeichnet $\|d\|_\infty :=$ $\max\limits_{1 \leq i \leq n} |d_i|$. Wir untersuchen im weiteren zwei Fälle.

Fall 1: Es gilt $d_i \geq -\rho$, $i = 1, \ldots, n$.

Wegen $\rho \in (0,1)$ und $\|d\|_\infty = 1$ existiert damit ein Index $j \in \{1, \ldots, n\}$ mit $d_j = 1$. Aus (8) folgt

$$\tilde{u}^T A d + \tilde{y}^T d = c^T d,$$

und mit (10) also $\tilde{y}^T d = c^T d$. Unter Beachtung von $d_i \geq -\rho$, $i = 1, \ldots, n$ und $d_j = 1$ sowie der Eigenschaft (9) und $\rho > 0$ liefert dies

$$
\begin{aligned}
c^T d \;=\; \sum_{i=1}^{n} \tilde{y}_i d_i &\geq \tilde{y}_j - \rho \sum_{\substack{i=1 \\ i \neq j}}^{n} \tilde{y}_i \geq \tilde{y}_j \big(1 - \rho \sum_{\substack{i=1 \\ i \neq j}}^{n} \frac{\tilde{y}_i}{\tilde{y}_j}\big) \\
&\geq \tilde{y}_j \big(1 - \rho(n-1)\frac{\max\{y_i\}}{\min\{y_i\}}\big) \geq \frac{1}{n} \min_{1 \leq i \leq n} \tilde{y}_i > 0.
\end{aligned}
\tag{11}
$$

Wir zeigen nun, daß gilt

$$\tilde{x} + \xi d \notin N_\mu, \quad \forall\, \xi > 2p^{-2} \frac{1}{\min\limits_{1 \leq i \leq n} \tilde{x}_i} \qquad \text{mit} \qquad p := \frac{1}{\mu\, n^2} \min_{1 \leq i \leq n} \tilde{y}_i > 0. \tag{12}$$

Für feste r, $s > 0$ erhält man mit der Taylorentwicklung der Exponentialfunktion die Abschätzung

$$e^{r\xi} > 1 + \frac{1}{2} r^2 \xi^2 > 1 + s\xi, \quad \forall\ \xi > 2r^{-2}s \tag{13}$$

und damit

$$r\xi > \ln(1 + s\xi), \quad \forall\ \xi > 2r^{-2}s. \tag{14}$$

Im weiteren Beweis wird die Barrierefunktion T_P durch Übergang zur erweiterten Logarithmus-Funktion

$$\mathrm{Ln}(\zeta) := \begin{cases} \ln(\zeta) & , \text{ falls } \zeta > 0, \\ -\infty & , \text{ falls } \zeta \leq 0 \end{cases}$$

im Sinne von (5.4) auf den ganzen $I\!\!R^n$ erweitert. Für $r := p$ und $s := 1/\tilde{x}_i$ liefert (14) unter Beachtung von (11) und der Monotonie der Logarithmusfunktion

$$
\begin{aligned}
\xi \frac{1}{\mu\, n} c^T d - \mathrm{Ln}(\tilde{x}_i + \xi d_i) &\geq \xi \frac{1}{\mu\, n^2} \min_{1 \leq i \leq n} \tilde{y}_i - \mathrm{Ln}(\tilde{x}_i + \xi) \\
&> -\mathrm{Ln}(\tilde{x}_i), \qquad \forall\, \xi > 2p^{-2}/\tilde{x}_i.
\end{aligned}
\tag{15}
$$

Durch Multiplikation mit $\mu > 0$ und Summation erhält man hieraus

$$
\begin{aligned}
T_P(\tilde{x} + \xi d, \mu) \;=\; & c^T \tilde{x} + \xi c^T d - \mu \sum_{i=1}^{n} \mathrm{Ln}(\tilde{x}_i + \xi d_i) \\
> \; & c^T \tilde{x} - \mu \sum_{i=1}^{n} \mathrm{Ln}(\tilde{x}_i) = T_P(\tilde{x}, \mu), \quad \forall\, \xi > \frac{2p^{-2}}{\min\limits_{1 \leq i \leq n} \tilde{x}_i}.
\end{aligned}
$$

Damit ist (12) nachgewiesen.

<u>Fall 2</u>: Es gibt ein $j \in \{1, \ldots, n\}$ mit $d_j < -\rho$.

Aus der Bedingung $x > 0$ liefert dies unmittelbar

$$\tilde{x} + \xi d \notin N_\mu, \quad \forall \xi > \tilde{x}_j/\rho. \tag{16}$$

Durch Verbindung beider Fälle, d.h. der entsprechenden Abschätzungen (12) und (16), folgt

$$\|x - \tilde{x}\|_\infty > \max\left\{ \frac{2\,p^{-2}}{\min\limits_{1 \le i \le n} \tilde{x}_i}, \max\limits_{1 \le i \le n} \tilde{x}_j/\rho \right\} \quad \Longrightarrow \quad x \notin N_\mu,$$

also ist N_μ für jedes feste $\mu > 0$ beschränkt. Mit der Stetigkeit von $T_P(\cdot, \mu)$ auf N_μ sowie der Abgeschlossenheit von N_μ liefert dies die Existenz mindestens einer Lösung $x(\mu)$ des Ersatzproblems (7). Die Einzigkeit von $x(\mu)$ folgt aus der strengen Konvexität von $T_P(\cdot, \mu)$ in G^0. ∎

Die für $\mu > 0$ erlärte Abbildung $\mu \mapsto x(\mu) \in G^0$ definiert eine Kurve, die als zum Ausgangsproblem (2) gehöriger **innerer Pfad** bezeichnet wird.

Neben der logarithmischen Barrieremethode (7) für die primale Aufgabe (2) wird in der Literatur häufig auch die gleichzeitige Anwendung der Barrieretechnik auf die duale Aufgabe (3) untersucht. Dies führt zu Ersatzproblemen

$$T_D(u, y; \mu) = b^T u + \mu \sum_{i=1}^{n} \ln(y_i) \to \max! \tag{17}$$
$$\text{bei} \quad A^T u + y = c, \ y > 0.$$

Unter Beachtung der Tatsache, daß die primale Aufgabe (2) auch die zur dualen Aufgabe (3) duale darstellt und unter Verwendung der getroffenen allgemeinen Voraussetzungen, läßt sich analog zu Satz 8.1 zeigen

SATZ 8.2 *Für jeden Parameterwert $\mu > 0$ besitzt das zur dualen Aufgabe gehörige Ersatzproblem (17) eine eindeutige Lösung $u(\mu)$, $y(\mu)$.*

Beweis: Übungsaufgabe 8.1.

Bevor wir die Barriereprobleme (7) weiter untersuchen, stellen wir noch einige interessante Verbindungen zu gestörten Kuhn-Tucker-Bedingungen dar.

Die Anwendung von Satz 1.3 auf die primale Aufgabe (2) ergibt (vgl.(1.60)) unter Verwendung von Schlufvariablen $y \in I\!R^n$, $y \ge 0$ die (1.62) entsprechenden Kuhn-Tucker-Bedingungen

$$\begin{aligned} Ax &= b, \ x \ge 0 \\ \text{bei} \quad A^T u + y &= c, \ y \ge 0 \\ x_i y_i &= 0, \quad i = 1, \ldots, n. \end{aligned} \tag{18}$$

Das Gleichungssystem (18) entspricht im übrigen den Bedingungen (4.114), (4.115) aus Satz 4.8 bei Anwendung auf das Aufgabenpaar (2), (3).

Zugehörig zu (18) betrachten wir das gestörte System

$$\begin{aligned} Ax &= b, \quad x \geq 0 \\ \text{bei} \quad A^T u + y &= c, \quad y \geq 0 \\ x_i y_i &= \mu, \quad i = 1, \ldots, n, \end{aligned} \tag{19}$$

wobei $\mu \in I\!\!R$, $\mu \geq 0$ einen Parameter bezeichnet. Die Gleichungen (19) bilden ein nichtlineares, vom Parameter μ abhängiges Gleichungssystem, das für $\mu \to 0$ in das Kuhn-Tucker-System (18) übergeht. Mit Hilfe der Diagonalmatrix $X := \text{diag}(x_i)$ (analog sind im weiteren die Matrizen $Y, X_k, \cdots$ definiert) und $e := (1, \cdots, 1)^T \in I\!\!R^n$ können die gestörten Komplementaritätsbedingungen in (19) in der Form $Xy = \mu e$ dargestellt werden. Dies liefert die in der Regel in der Literatur anzutreffende Form

$$\begin{aligned} Ax &= b, \quad x \geq 0 \\ \text{bei} \quad A^T u + y &= c, \quad y \geq 0 \\ Xy &= \mu e \end{aligned} \tag{20}$$

des Systems (19).

Zwischen den gestörten Kuhn-Tucker-Bedingungen (19) und den beiden Barriereproblemen (7) und (17) besteht die folgende Beziehung.

LEMMA 8.1 *Für jeden Parameterwert $\mu > 0$ genügt das Tripel $(x(\mu),\, u(\mu),\, y(\mu))$ genau dann den gestörten Kuhn-Tucker-Bedingungen, wenn $x(\mu)$ und $u(\mu),\, y(\mu)$ die Ersatzprobleme (7) bzw. (17) lösen.*

Beweis: Mit den zu (7) und (17) gehörigen Lagrange-Funktionen (vgl.(1.55))

$$L_P(x, u; \mu) = c^T x - \mu \sum_{i=1}^{n} \ln(x_i) - u^T(Ax - b) \tag{21}$$

und

$$L_D(u, y, x; \mu) = b^T u + \mu \sum_{i=1}^{n} \ln(y_i) - x^T(A^T u + y - c) \tag{22}$$

erhält man zur Charakterisierung von $x(\mu)$ bzw. $u(\mu),\, y(\mu)$ die entsprechenden Kuhn-Tucker-Bedingungen

$$\nabla_x L_P(x, u; \mu) = c - \mu X^{-1} e - A^T u = 0, \quad x > 0, \tag{23}$$

$$\nabla_u L_P(x, u; \mu) = -Ax + b = 0, \tag{24}$$

$$\nabla_u L_D(u, y, x; \mu) = b - Ax = 0, \tag{25}$$

$$\nabla_y L_D(u, y, x; \mu) = \mu Y^{-1} e - Xe = 0, \tag{26}$$

$$\nabla_x L_D(u, y, x; \mu) = -A^T u - y + c = 0, \quad y > 0, \tag{27}$$

$$x \geq 0, \quad y \geq 0. \tag{28}$$

Da (24) und (25) übereinstimmen, (23) und (26) die Gleichung (27) ergeben und
(26) sich direkt in $Xy = \mu e$ umformen läßt, sind die Optimalitätsbedingungen
(23) - (27) mit der Relaxation (19) der ursprünglichen Kuhn-Tucker-Bedingungen
identisch. ∎

KOROLLAR 8.1 *Das Gleichungssystem (19) besitzt für jedes $\mu > 0$ eine ein-*
deutige Lösung $x(\mu), u(\mu), y(\mu)$.

In der **Methode des inneren Pfades** wird nun die folgende Grundidee realisiert
(s. Abbildung 8.1).

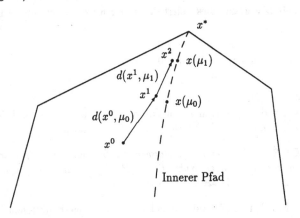

Abbildung 8.1: Innerer-Pfad-Algorithmus

Zum gegebenen Parameterwert μ_k sei mit $x^k \in G^0$ eine Näherung für den Innerer-
Pfad-Punkt $x(\mu_k)$ gegeben. Ausgehend von x^k wird durch einen Schritt des Newton-
Verfahrens eine verbesserte Näherung $x^{k+1} \in G^0$ für $x(\mu_k)$ bestimmt und anschließend der Parameter μ_k zu einem neuen Parameter $\mu_{k+1} \in (0, \mu_k)$ verändert. Der
Charakter der nur lokalen, aber schnellen Konvergenz des Newton-Verfahrens erfordert, daß der Parameter μ nicht zu schnell geändert wird. Wir zeigen später,
daß eine Korrektur in der Form $\mu_{k+1} := (1 - \theta)\mu_k$ mit einem geeigneten $\theta \in (0, 1)$
möglich ist.

Sei nun $x \in G^0$ eine Näherungslösung des Ersatzproblems

$$T_P(x; \mu) = c^T x - \mu \sum_{i=1}^n \ln(x_i) \to \min!$$

$$\text{bei} \qquad x \in G^0 := \{ x > 0 : Ax = b \} \tag{29}$$

für einen festen Barriereparameter $\mu > 0$. Wendet man das Newton-Verfahren
hierauf an, dann wird eine neue Näherungslösung von (29) in der Form

$$\tilde{x} := x + d \in \mathbb{R}^n \tag{30}$$

erhalten, wobei die Newton-Korrektur $d = d(x, \mu) \in I\!\!R^n$ als Lösung des Problems

$$\nabla_x T_P(x; \mu)^T d + \frac{1}{2} d^T \nabla_{xx}^2 T_P(x; \mu) d \to \min !$$

$$\text{bei} \quad A d = 0 \tag{31}$$

bestimmt ist. Unter Beachtung von

$$\nabla_x T_P(x; \mu) = c - \mu X^{-1} e, \qquad \nabla_{xx}^2 T_P(x; \mu) = \mu X^{-2} \tag{32}$$

ist dies äquivalent zu

$$\left(c - \mu X^{-1} e \right)^T d + \frac{\mu}{2} d^T X^{-2} d \to \min ! \quad \text{bei} \quad A d = 0. \tag{33}$$

Wird nun die Substitution

$$z := X^{-1} d$$

gewählt, dann kann die Lösung d von (33) mit Hilfe der Lösung z des Projektions-problems

$$\| z - (e - \frac{1}{\mu} Xc) \|_2^2 \to \min ! \quad \text{bei} \quad AX z = 0 \tag{34}$$

mit der euklidischen Norm $\| \cdot \|_2$ und über die Rücksubstitution $d = X z$ bestimmt werden. Damit ergibt sich

$$d(x, \mu) = X P_{AX}(e - \frac{1}{\mu} Xc), \tag{35}$$

wobei $P_B : I\!\!R^n \to I\!\!R^n$ den (euklidischen Ortho-) Projektionsoperator in den Null-raum einer (m, n)-Matrix B bezeichnet. Man vergleiche hierzu auch die explizite Darstellung von P_B in Abschnitt 4.3.

Für $x > 0$ gilt $d(x, \mu) = 0$ genau dann, wenn

$$\delta(x, \mu) := \| P_{AX}(e - \frac{1}{\mu} Xc) \| = 0 \tag{36}$$

gilt. Da die Aussagen $\delta(x, \mu) = 0$ und $d(x, \mu) = 0$ für $x > 0$ äquivalent sind und da $d(x, \mu)$ die Newton-Korrektur darstellt, erhält man damit den folgenden

SATZ 8.3 *Für jeden Punkt $x \in G^0$ und jeden Innerer-Pfad-Parameter μ gilt $\delta(x, \mu) = 0$ genau dann, wenn $x = x(\mu)$ ist.*

Nach Satz 8.3 ist also $\delta(x, \mu)$ als ein Abstandsmaß vom inneren Pfad geeignet. Es kann gezeigt werden (Übungsaufgabe), daß das Newton-Verfahren bei Anwendung auf Ersatzprobleme (7) im Fall eines fixen Barriereparameters $\mu_k = \mu$, $k = 0, 1, 2, \ldots$, für Startpunkte $x^0 > 0$ mit $Ax^0 = b$ und $\delta(x^0, \mu) < 1$ gegen die Lösung $x = x(\mu)$ von (7) konvergiert. Wir untersuchen nun den Fall, daß auch der Barriereparameter gleichzeitig mit der Newton-Iteration verändert wird.

LEMMA 8.2 *Es seien* $\mu > 0$ *und* $x \in G^0$ *gegeben, und es gelte* $\delta(x,\mu) < 1$. *Dann ist der durch einen zugehörigen Newton-Schritt (30), (31) bestimmte Punkt*

$$\tilde{x} := x + d(x,\mu)$$

streng zulässig, d.h. $\tilde{x} \in G^0$. *Ferner gilt für jedes* $\tilde{\mu} \in (0,\mu)$ *die Abschätzung*

$$\delta(\tilde{x},\tilde{\mu}) \leq \frac{\mu}{\tilde{\mu}}\,\delta(x,\mu)^2 + \frac{\mu - \tilde{\mu}}{\tilde{\mu}}\,\sqrt{n}. \tag{37}$$

Beweis: Für beliebige (m,n)-Matrizen B besitzen die euklidischen Orthoprojektoren P_B, P_{B^T} die Eigenschaft $P_B + P_{B^T} = I$, (vgl. Bemerkung 4.10). Damit erhält man

$$\delta(x,\mu) = \| P_{AX}(\tfrac{1}{\mu}Xc - e)\| = \min_{u \in \mathbf{R}^m} \|\tfrac{1}{\mu}Xc - e - \tfrac{1}{\mu}(AX)^T u\|$$

$$= \min_{u \in \mathbf{R}^m} \|\tfrac{1}{\mu}X(c - A^T u) - e\|.$$

Mit der Substitution $r := \tfrac{1}{\mu}X(c - A^T u)$ liefert dies

$$\delta(x,\mu) = \min_{(u,r) \in \mathbf{R}^m \times \mathbf{R}^n}\{\,\|r - e\| : \ A^T u + \mu X^{-1} r = c\,\}. \tag{38}$$

Es bezeichne $u(x,\mu)$, $r(x,\mu)$ die Minimumstelle in (38) sowie $R := \mathrm{diag}(r)$. Insbesondere gilt damit

$$\delta(x,\mu) = \|r - e\|, \qquad \text{und mit} \qquad A^T u + \tilde{\mu}\tilde{X}^{-1}(\tfrac{\mu}{\tilde{\mu}}\tilde{X}X^{-1}r) = c \tag{39}$$

folgt

$$\delta(\tilde{x},\tilde{\mu}) = \|\tilde{r} - e\| \leq \|\tfrac{\mu}{\tilde{\mu}}\tilde{X}X^{-1}r - e\|$$

$$= \tfrac{\mu}{\tilde{\mu}}\|\tilde{X}X^{-1}r - e + (1 - \tfrac{\tilde{\mu}}{\mu})e\| \tag{40}$$

$$\leq \tfrac{\mu}{\tilde{\mu}}\big(\|\tilde{X}X^{-1}r - e\| + (1 - \tfrac{\tilde{\mu}}{\mu})\|e\|\big).$$

Wegen $d(x,\mu) = X(e - r)$ gilt ferner

$$\tilde{x} = x + d(x,\mu) = Xe + X(e - r) = 2Xe - Xr \tag{41}$$

und damit

$$\|\tilde{X}X^{-1}r - e\| = \|(2X - XR)X^{-1}r - e\| = \|2r - Rr - e\|$$

$$= \|(I - R)(r - e)\| \leq \|e - r\|^2. \tag{42}$$

Zusammenfassend ergibt sich mit (40) hieraus die Abschätzung (37).

Zu zeigen bleibt $\tilde{x} \in G^0$. Nach Konstruktion gilt $Ad = 0$, und mit $Ax = b$ sowie $\tilde{x} = x + d$ folgt $A\tilde{x} = b$. Wegen $\delta(x,r) = \|r - e\|$ impliziert die Bedingung

$\delta(x, \mu) < 1$ nun $2e - r > 0$. Unter Beachtung von $x > 0$ liefert (41) damit schließlich $\tilde{x} > 0$, also gilt $\tilde{x} \in G^0$. ∎

Aus Lemma 8.2 folgt unmittelbar, daß die Iterierten $x^k, k = 1, 2, \cdots$, bei geeigneter Wahl der Parameterfolge $\{\mu_k\}$ und guter Wahl der Startwerte $\mu_0 > 0$ und $x^0 \in G^0$ in der Nähe des inneren Pfades bleiben. Darüber hinaus wird im weiteren gezeigt, daß für hinreichend kleines μ_k die Iterierte x^k den Punkt $x(\mu_k)$ beliebig genau approximiert. Dazu analysieren wir im folgenden Lemma die Dualitätslücke $c^T x(\mu) - b^T u(\mu)$ für Punkte des inneren Pfades und geben eine Abschätzung für Punkte, die in der Nähe des Pfades liegen, an.

LEMMA 8.3 *Es seien $\mu > 0$ und $x \in G^0$ gegeben, und es gelte $\delta(x, \mu) < 1$. Bezeichnet $(u, r) = (u(x, \mu), r(x, \mu)) \in \mathbb{R}^m \times \mathbb{R}^n$ eine zugehörige Lösung des Projektionsproblems (38), dann gilt:*

a) $\quad A^T u \le c, \quad$ *d.h. u ist dual zulässig;* $\qquad\qquad$ (43)

b) $\quad |(c^T x - b^T u) - n\mu| \le \mu \sqrt{n}\, \delta(x, \mu)\,.$ $\qquad\qquad$ (44)

Beweis: a) Wie im Beweis zu Lemma 8.2 gezeigt wurde, gilt $\delta(x, \mu) = \|e - r\|$. Mit $\delta(x, \mu) < 1$ folgt hieraus $r > 0$. Unter Beachtung von $x > 0$ und $\mu > 0$ sowie der Nebenbedingungen von (38) erhält man nun

$$c - A^T u = \mu X^{-1} r > 0\,. \qquad\qquad (45)$$

b) Mit (45) und $x \in G^0$ gilt ferner

$$\begin{aligned}
c^T x - b^T u &= \mu (r^T X^{-1} + u^T A)\, x - b^T u \\
&= \mu\, r^T X^{-1} x + u^T (Ax - b) = \mu\, r^T e\,.
\end{aligned}$$

und unter Beachtung der Cauchy-Schwarz-Ungleichung sowie (39) erhält man

$$\begin{aligned}
|(c^T x - b^T u) - n\mu| &= \mu\, |r^T e - n| = \mu\, |r^T e - e^T e| = \mu\, |e^T (r - e)| \\
&\le \mu\, \|e\|\, \|r - e\| = \mu \sqrt{n}\, \delta(x, \mu)\,. \quad ∎
\end{aligned}$$

Aufbauend auf den bisherigen Überlegungen betrachten wir den folgenden

Innerer-Pfad-Algorithmus

(i) Wähle einen Innerer-Pfad-Parameter μ_0 und einen relativ inneren, primal zulässigen Startpunkt $x^0 \in G^0$ mit $\delta(x^0, \mu_0) \le 1/2$, und fixiere eine Genauigkeit $\varepsilon > 0$. Setze $\theta := 1/(6\sqrt{n})$ und $k := 0$.

(ii) Falls $n\,\mu_k \leq \varepsilon/2$, dann stoppe das Verfahren.
Anderenfalls setze

$$\mu_{k+1} := (1 - \theta)\,\mu_k$$

und bestimme

$$x^{k+1} := x^k + X_k P_{AX_k}\!\left(e - \frac{1}{\mu_k}X_k c\right).$$

Wiederhole Schritt (ii) mit $k := k + 1$.

Es sei hier darauf hingewiesen, daß mit dem primalen Verfahren auch entsprechende Iterierte $y^k = y(x^k,\mu_k)$ und $u^k = u^k(x^k,\mu_k)$ für das zugehörige duale Verfahren durch die Projektion P_{AX_k} der Form

$$u^k = (B_k B_k)^T B_k^{-1}(e - 1/\mu_k X_k) \quad \text{und} \quad y^k = c - A^T u^k \tag{46}$$

mit $B_k = AX_k$ bestimmt sind, d.h. u^k erhält man als Projektion von $e - X_k c/\mu_k$ in den Bildraum $\mathcal{R}(B_k^T)$ von B_k^T. Zur numerischen Berechnung von $P_{AX_K}(e - 1/\mu_k X_k c)$ und u^k, y^k ist nur eine Projektionsberechnung erforderlich. Diese auch im Schritt (ii) benötigte Projektion P_{AX_k} kann durch

$$P_{AX_k} = I - B_k^T (B_k B_k^T)^{-1} B_k \tag{47}$$

explizit angegeben werden (vgl. Abschnitt 4.3). Diese Darstellung ist jedoch in der Regel nicht effizient zur numerischen Berechnung von Projektionen. Wir verweisen hierzu auf Bemerkung 4.11.

Wir geben zunächst eine Begründung des Abbruchtestes in Schritt (ii). Mit $\theta = 1/(6\sqrt{n})$ folgt $\lim\limits_{k\to\infty} \mu_k = 0$ und aus Lemma 8.2 ergibt sich

$$\delta(x^k,\mu_k) \leq 1/2, \; k = 1,2,\dots,$$

falls $\delta(x^0,\mu_0) \leq 1/2$ gesichert ist. Aus der Ungleichung (44) in Lemma 8.3 folgt deshalb die Konvergenz

$$\lim_{k\to\infty} |c^T x^k - b^T u^k - n\,\mu_k| = 0 \tag{48}$$

und damit

$$\lim_{k\to\infty} (c^T x^k - b^T u^k) = 0. \tag{49}$$

Wegen (48) kann $n\,\mu_k$ als ein gutes Maß für die Approximation einer Optimallösung angesehen werden. Wir zeigen später, daß bei Abbruch der Iteration für

$$n\,\mu_k \leq \varepsilon/2 \tag{50}$$

der optimale Zielfunktionswert $z_{\min} = c^T x^*$ mit der Genauigkeit ε bestimmt ist.

Der angegebene Algorithmus erfordert im Schritt (i) die Bestimmung geeigneter Startwerte. Darauf werden wir am Ende dieses Abschnittes eingehen. Bezüglich der Wahl des Genauigkeitsparameters ε sei auf die Komplexitätsanalysen verwiesen.

Mit dem folgenden Satz wird die Polynomialität des Innerer-Pfad-Algorithmus gezeigt.

SATZ 8.4 *Der Innerer-Pfad-Algorithmus endet nach höchstens*

$$k = O(\sqrt{n}(\ln n + |\ln \varepsilon|))$$

Schritten der Form (ii) des Verfahrens. Für den Optimalwert $z_{\min} = c^T x^*$ *des primalen Problems (2) gilt*

$$|z_{\min} - c^T x^k| \leq \varepsilon. \tag{51}$$

Beweis: Ausgehend von Lemma 8.3 kann die Anzahl k der maximal zur Erfüllung des Abbruchtests im Algorithmus notwendigen Iterationsschritte bestimmt werden durch

$$n\,\mu = n(1 - \theta)^k \mu_0 \leq \varepsilon/2.$$

Durch Logarithmierung erhält man

$$\ln(2n\,\mu_0) + k \ln(1 - \theta) \leq \ln \varepsilon$$

und wegen $\ln(1 - \theta) < -\theta$ ist

$$\begin{aligned} k &= \theta^{-1}[\ln(2n\,\mu_0) - \ln \varepsilon] = 6\sqrt{n}[\ln(2n\,\mu_0) - \ln \varepsilon] \\ &= O(\sqrt{n}(\ln n + |\ln \varepsilon|)). \end{aligned} \tag{52}$$

Bei Abbruch des Algorithmus gilt

$$|(c^T x^k - b^T u^k) - n\,\mu_k| \leq \mu_k \sqrt{n}\,\delta(x^k, \mu_k) \leq \frac{1}{2}\,\mu_k \sqrt{n}.$$

Die Auflösung des Betrages ergibt die beiden Fälle

a) $c^T x^k - b^T u^k \geq n\,\mu_k$ und damit
$$c^T x^k - b^T u^k \leq n\,\mu_k + \frac{1}{2}\,\mu_k \sqrt{n} \leq \frac{\varepsilon}{2} + \frac{\varepsilon}{4} < \varepsilon,$$

b) $c^T x^k - b^T u^k \leq n\,\mu_k$ und damit $c^T x^k - b^T u^k \leq \frac{\varepsilon}{2} < \varepsilon.$

Zusammenfassend erhält man

$$|z_{\min} - c^T x^k| = c^T x^k - z_{\min} \leq c^T x^k - b^T u^k \leq \varepsilon. \qquad \blacksquare$$

Die Ergebnisse von Satz 8.4 beschreiben den Einfluß der Dimension n und des Genauigkeitsparameters ε auf die notwendige Schrittzahl, um den optimalen

Zielfunktionswert mit der Genauigkeit ε zu bestimmen. Der Aufwand pro Schritt wird durch den Aufwand für die Projektion P_{AX_k} bestimmt und kann mit $O(n^3)$ abgeschätzt werden.

Der Innerer-Pfad-Algorithmus erfordert in Schritt (i) die Bestimmung geeigneter Startgrößen x^0 und μ_0 mit $x^0 > 0$, $Ax^0 = b$, $\mu_0 > 0$ und $\delta(x^0, \mu_0) \leq 1/2$. Sollte dies nicht direkt aus der Aufgabe heraus möglich sein, so können wir diese Schwierigkeit durch Betrachtung einer geeigneten Relaxation zum Ausgangsproblem (2) umgehen.

Mit $x^0, y^0 \in \mathbb{R}^n$, $x^0 > 0, y^0 > 0$, und $u^0 \in \mathbb{R}^m$, sowie

$$M_1, M_2 \in \mathbb{R} \quad \text{mit} \quad M_1 > (b - Ax^0)^T u^0 \quad \text{und} \quad M_2 > (A^T u^0 + y^0 - c)^T x^0 \quad (53)$$

betrachten wir das Problem

$$c^T x + M_1 x_{n+1} \to \min !$$

$$\text{bei} \qquad \begin{aligned} Ax + (b - Ax^0)x_{n+1} &= b \\ (A^T u^0 + y^0 - c)^T x + x_{n+2} &= M_2 \\ x \geq 0, \ x_{n+1} \geq 0, \ x_{n+2} &\geq 0. \end{aligned} \qquad (54)$$

Mit den Vektoren

$$\bar{x} := \begin{pmatrix} x \\ x_{n+1} \\ x_{n+2} \end{pmatrix}, \quad \bar{c} := \begin{pmatrix} c \\ M_1 \\ 0 \end{pmatrix} \in \mathbb{R}^{n+2} \quad \text{und} \quad \bar{b} := \begin{pmatrix} b \\ M_2 \end{pmatrix} \in \mathbb{R}^{n+1} \qquad (55)$$

sowie der durch

$$\bar{A} := \begin{pmatrix} A & b - Ax^0 & 0 \\ (A^T u^0 + y^0 - c)^T & 0 & 1 \end{pmatrix} \qquad (56)$$

definierten Matrix $\bar{A} \in \mathcal{L}(\mathbb{R}^{n+2}, \mathbb{R}^{n+1})$ läßt sich das Problem (54) durch

$$\bar{f}(\bar{x}) = \bar{c}^T \bar{x} \to \min ! \quad \text{bei} \quad \bar{A}\bar{x} = \bar{b}, \ \bar{x} \in \mathbb{R}^{n+2}, \ \bar{x} \geq 0, \qquad (57)$$

d.h. in der Form des Ausgangsproblems (2), darstellen.

LEMMA 8.4 *Für den Zusammenhang der Probleme (2) und (54) gilt:*

a) *Die Aufgabe (54) bzw. (57) ist immer lösbar.*

b) *Besitzt die Aufgabe (54) eine Lösung $\bar{x}^*$ mit $x_{n+1}^* = 0$, so ist x^* auch Lösung von (2).*

c) *Falls (2) lösbar ist, dann existiert $\underline{M}_1 > 0$ derart, daß für alle $M_1 > \underline{M}_1$ und jede Optimallösung $\bar{x}^*$ von (57) gilt $\bar{x}_{n+1}^* = 0$.*

Beweis: Übungsaufgabe 8.3.

Wir wenden uns nun der Realisierung der Startbedingungen für das erweiterte Problem (57) zu. Der Vektor

$$\bar{x}^0 := \begin{pmatrix} x^0 \\ 1 \\ M_2 - (A^T u^0 + y^0 - c)^T x^0 \end{pmatrix} \in I\!\!R^{n+2} \tag{58}$$

ist auf Grund der gewählten Konstruktion zulässig für das Problem (57), und wegen $x^0 > 0$ sowie $M_2 > (A^T u^0 + y^0 - c)^T x^0$ gilt $\bar{x}^0 > 0$. Mit

$$\bar{y}^0 := \begin{pmatrix} y^0 \\ M_1 - (b - Ax^0)^T u^0 \\ 1 \end{pmatrix} \in I\!\!R^{n+2} \quad \text{und} \quad \bar{u}^0 := \begin{pmatrix} u^0 \\ -1 \end{pmatrix} \in I\!\!R^{m+1} \tag{59}$$

hat man ferner $\bar{y}^0 > 0$ und

$$\bar{y}^0 = \bar{c} - \bar{A}^T \bar{u}^0 \tag{60}$$

für jede beliebige Wahl von $x^0 > 0$, $y^0 > 0$ und $u^0 \in I\!\!R^m$. Wird insbesondere $y^0 := \mu_0 X_0^{-1} e$, $M_1 := \mu_0 + (b - Ax^0)^T u^0$, $M_2 := \mu_0 + (A^T u^0 + y^0 - c)^T x^0$ gesetzt mit einem beliebigen $\mu_0 > 0$, so folgt

$$\frac{1}{\mu_0} \bar{X}_0 (\bar{c} - \bar{A}^T \bar{u}^0) - e = 0.$$

Mit der im Beweis zu Lemma 8.2 gegebenen Darstellung

$$\delta(\bar{x}^0, \mu_0) = \min_{\bar{u} \in I\!\!R^{m+1}} \| \frac{1}{\mu_0} \bar{X}_0 (\bar{c} - \bar{A}^T \bar{u}) - e \|$$

folgt unmittelbar $\delta(\bar{x}^0, \mu_0) = 0$. Damit eignen sich dieser einfach zu wählende Vektor $\bar{x}^0 > 0$ und $\mu_0 > 0$ als Startwerte für den Innerer-Pfad-Algorithmus für das erweiterte Problem (57). Durch hinreichend großes μ_0 kann ferner $M_1 > 0$ beliebig groß gewählt werden. Damit läßt sich sichern, daß jede Optimallösung von (57) auch eine optimale Lösung des Ausgangsproblems (2) liefert.

Übung 8.1 Beweisen Sie den Satz 8.2.

Übung 8.2 Für die in Lemma 8.3 gezeigte Aussage $c^T x(\mu) - b^T u(\mu) = n\,\mu$ ist ein direkter Beweis auf der Basis von Lemma 8.1 anzugeben.

Übung 8.3 Beweisen Sie Lemma 8.4

Übung 8.4 Bestimmen Sie explizit den inneren Pfad für die Aufgabe

$$-3x_1 - 2x_2 \to \min ! \quad \text{bei} \quad x_1 + x_2 = 1, \quad x_1 \geq 0, \ x_2 \geq 0.$$

8.2 Innere-Punkt-Methode mit parameterfreiem Potential

Nachdem im Abschnitt 8.1 eine spezielle, auf logarithmischen Barrierefunktionen basierende Innere-Punkt-Methode für lineare Optimierungsaufgaben dargestellt und bezüglich der Komplexität analysiert wurde, betrachten wir nun, weitgehend der Darstellung in [KPY91] folgend, eine Innere-Punkt-Methode, die von einer parameterfreien Ersatzzielfunktion ausgeht. Die Untersuchungen im vorliegenden Abschnitt erfolgen für eine linear restringierte Optimierungsaufgabe der Form

$$f(x)^* \to \min ! \quad \text{bei} \quad x \in G := \{\, x \in \mathbb{R}^n \ : \ Ax = b, \ x \geq 0 \,\}, \tag{61}$$

wobei folgende Voraussetzungen getroffen werden:

- Die Funktion $f : \mathbb{R}^n \to \mathbb{R}$ ist konvex.

- $A \in \mathcal{L}(\mathbb{R}^n, \mathbb{R}^m)$ mit Rang $A = m$.

Die Kuhn-Tucker-Bedingungen (1.54) besitzen für das Problem (61) die Form

$$\nabla f(x) - A^T u \geq 0, \quad Ax = b, \quad x \geq 0, \quad x^T(\nabla f(x) - A^T u) = 0, \tag{62}$$

und diese bilden nach Satz 1.2 und Korollar 1.2 notwendige und hinreichende Optimalitätsbedingungen für (61), d.h. es gilt

LEMMA 8.5 *Ein $\bar{x} \in \mathbb{R}^n$ ist genau dann Lösung von (61), wenn ein $\bar{u} \in \mathbb{R}^m$ existiert, so daß $(\bar{x}, \bar{u})$ Lösung von (62) ist.*

Mit $y(x,u) := \nabla f(x) - A^T u$ läßt sich (62) durch

$$y = \nabla f(x) - A^T u, \quad Ax = b, \quad x \geq 0, \quad y \geq 0, \quad x^T y = 0, \tag{63}$$

darstellen, und unter Beachtung von Lemma 8.5 ist Problem (61) damit äquivalent zu

$$\begin{aligned} x^T y &\to \min ! \\ \text{bei} \quad y = \nabla f(x) - A^T u, \quad Ax = b, \quad x \geq 0, \quad y \geq 0. \end{aligned} \tag{64}$$

Zur Minimierung der hier auftretenden Zielfunktion bei Elimination der Vorzeichenbedingungen im Sinne von Barrieren eignet sich die folgende Ersatzfunktion

$$\Psi(x,y) := (x^T y)^\varrho / \prod_{i=1}^{n} x_i y_i, \quad x, y \in \mathbb{R}^n, \ x > 0, y > 0, \tag{65}$$

mit einem festen $\varrho > n$.
Im weiteren bezeichnen

$$Q^0 := \{\, (x,y) \in \mathbb{R}^n \times \mathbb{R}^n \ : \ x > 0, y > 0 \,\}$$

und bdQ^0 den Rand von Q^0. Für die Ersatzfunktion Ψ hat man damit

LEMMA 8.6 *Es sei $\varrho > n$. Dann ist die Funktion Ψ in Q^0 mindestens n-mal differenzierbar, und es gilt:*

(i) $\quad \Psi(x,y) > 0 \quad \forall (x,y) \in Q^0$;

(ii) $\quad \left. \begin{array}{l} (x^k,y^k) \in Q^0, \\ (x^k,y^k) \to (\bar{x},\bar{y}) \in \mathrm{bd}Q^0, \ \bar{x}^T\bar{y} \neq 0 \end{array} \right\} \implies \lim\limits_{k\to\infty} \Psi(x^k,y^k) = +\infty$;

(iii) $\quad \inf\limits_{(x,y)\in Q^0} \Psi(x,y) = 0$;

(iv) $\quad x^T y \leq n^{-\dfrac{n}{\varrho - n}} \Psi(x,y)^{1/(\varrho - n)} \quad \forall (x,y) \in Q^0$. $\qquad (66)$

Beweis: Die Eigenschaften **(i)**, **(ii)** folgen unmittelbar aus der Definition der Funktion Ψ.

Mit $(x^k,y^k) := (1/k,1/k)$ gilt $(x^k,y^k) \in Q^0$, $k = 1,2,\dots$ und $\Psi(x^k,y^k) = n\,k^{-2(\varrho-n)}$. Dies liefert **(iii)**.

Wir zeigen nun **(iv)**. Aus den Eigenschaften des arithmetischen und geometrischen Mittels sowie der Definition von Ψ folgt

$$(x^T y)^{\varrho - n} \leq (x^T y)^{\varrho - n} \left(\frac{(x^T y)/n}{(\prod\limits_{i=1}^{n} x_i y_i)^{1/n}} \right)^n = n^{-n} \Psi(x,y). \qquad \blacksquare$$

Zur Vereinfachung der Untersuchungen wird nun anstelle von Ψ die Funktion $\Phi := \ln \Psi$, d.h.

$$\Phi(x,y) := \varrho \ln(x^T y) - \sum_{j=1}^{n} \ln (x_j\, y_j), \qquad x > 0,\ y > 0 \qquad (67)$$

genutzt (vgl. [KPY91]), die in Anlehnung an Frischs Methode des logarithmischen Potentials [Fri55] als **Potentialfunktion** bezeichnet wird. Eigenschaften von Φ folgen unter Verwendung der Eigenschaften der Logarithmusfunktion unmittelbar aus Lemma 8.6. Insbesondere gilt die **(iv)** entsprechende, später verwendete Abschätzung

$$x^T y \leq n^{-\dfrac{n}{\varrho - n}} \exp\left(\Phi(x,y)/(\varrho - n) \right) \quad \forall x > 0,\ y > 0. \qquad (68)$$

Für die weiteren Untersuchungen sei vorausgesetzt, daß das relativ Innere des zulässigen Bereiches in (64) nicht leer ist, d.h. es gelte

$$B^0 := \{(x,u) \in \mathbb{R}^n \times \mathbb{R}^m : \nabla f(x) - A^T u > 0, \ x > 0, \ Ax = b \} \neq \emptyset. \qquad (69)$$

Die in diesem Abschnitt betrachtete Innere-Punkt-Methode zur näherungsweisen Lösung von (61) besteht nun in der rekusiven Berechnung

$$(x^k,u^k) \in B^0 \to (x^{k+1},u^{k+1}) \in B^0 \qquad (70)$$

über ein Abstiegsverfahren für das Ersatzproblem

$$\Phi(x,y) \to \ \inf !$$
$$\text{bei} \quad y = \nabla f(x) - A^T u, \quad Ax = b, \quad x > 0, \quad y > 0. \tag{71}$$

Die Ungleichung (68) motiviert die Minimierung von $x^T y$ über ein Abstiegsverfahren für $\Phi(x,y)$.

Wir beweisen zunächst zwei technische Lemmata.

LEMMA 8.7 *Es seien* $x, y, s, t \in I\!\!R^n$ *mit*

$$x > 0, \ y > 0, \ \beta^2 := \|X^{-1}s\|^2 + \|Y^{-1}t\|^2 < 1, \tag{72}$$

wobei $X := \text{diag}(x_i)$, $Y := \text{diag}(y_i)$ *bezeichnen. Dann gilt*

$$\hat{x} := x + s > 0, \ \hat{y} := y + t > 0 \tag{73}$$

und

$$\Phi(\hat{x}, \hat{y}) - \Phi(x, y) \leq \frac{\varrho}{x^T y}(x^T t + y^T s) - e^T(X^{-1}s + Y^{-1}t) + \frac{\beta^2}{2(1 - \beta)}. \tag{74}$$

Beweis: Aus (72) erhalten wir

$$\tau := \|X^{-1}s\|_\infty = \max_i |s_i/x_i| \leq \|X^{-1}s\| \leq \beta < 1,$$
$$\sigma := \|Y^{-1}t\|_\infty = \max_i |t_i/y_i| \leq \|Y^{-1}t\| \leq \beta < 1. \tag{75}$$

Damit gilt auch (73). Aus der Definition (67) der Potentialfunktion folgt

$$\Phi(\hat{x}, \hat{y}) - \Phi(x, y) =$$
$$= \varrho[\ln((x+s)^T(y+t)) - \ln(x^T y)] - \sum_{i=1}^n \ln(1 + \frac{s_i}{x_i}) - \sum_{i=1}^n \ln(1 + \frac{t_i}{y_i}).$$

Wegen $x > 0$, $y > 0$ und der daraus folgenden Konkavität von $\ln(x^T y)$ hat man

$$\ln((x+s)^T(y+t)) \leq \ln(x^T y) + s^T \nabla_x \ln(x^T y) + t^T \nabla_y \ln(x^T y).$$

Für $|\varepsilon| < 1$ gilt

$$\ln(1 + \varepsilon) \ = \varepsilon - \frac{\varepsilon^2}{2} + \frac{\varepsilon^3}{3} - \frac{\varepsilon^4}{4} + \cdots$$
$$\geq \varepsilon - \frac{\varepsilon^2}{2}(1 + |\varepsilon| + |\varepsilon|^2 + \cdots) = \varepsilon - \frac{\varepsilon^2}{2(1 - |\varepsilon|)}$$

und damit

$$\sum_{i=1}^n \ln(1 + \frac{s_i}{x_i}) \geq \sum_{i=1}^n \frac{s_i}{x_i} - \frac{1}{2(1 - \tau)} \sum_{i=1}^n \left(\frac{s_i}{x_i}\right)^2 = e^T X^{-1}s - \frac{\|X^{-1}s\|^2}{2(1 - \tau)}$$

und analog

$$\sum_{i=1}^n \ln(1 + \frac{t_i}{y_i}) \geq e^T Y^{-1}t - \frac{\|Y^{-1}t\|^2}{2(1 - \sigma)}.$$

Mit $\tau \leq \beta$, $\sigma \leq \beta$ und der Definition von β erhält man die Abschätzung (74). ∎

LEMMA 8.8 *Für beliebige* $d \in \mathbb{R}^n$, $d > 0$ *und* $\varrho \in [n + \sqrt{n}, 2n]$ *gelten mit* $D := \mathrm{diag}(d_i)$ *die Abschätzungen:*

$$\|D^{-1}\|^2 \geq \frac{\varrho}{2\|d\|^2}, \tag{76}$$

$$\|D^{-1}e - \varrho\frac{d}{\|d\|^2}\| \geq \frac{\sqrt{3}}{2}\|D^{-1}\|. \tag{77}$$

Beweis: Es bezeichne $d_j := \min_{1\leq i\leq n} d_i$. Da D eine Diagonalmatrix mit positiven Elementen ist, folgt für die zur euklidischen Vektornorm gehörige Spektralnorm $\|D^{-1}\| = 1/d_j$. Damit gilt

$$\frac{n}{\|D^{-1}\|^2} = n\, d_j^2 \leq \|d\|^2, \tag{78}$$

und mit $\varrho \leq 2n$ erhält man (76).

Die Definitionen von D und e implizieren $d^T D^{-1} e = n$. Hieraus folgt

$$d^T(D^{-1}e - n\frac{d}{\|d\|^2}) = 0,$$

und somit

$$\begin{aligned}
\|D^{-1}e - \varrho\frac{d}{\|d\|^2}\|^2 &= \|D^{-1}e - n\frac{d}{\|d\|^2}\|^2 + \frac{(\varrho - n)^2}{\|d\|^2} \\
&= \sum_{i=1}^n (\frac{1}{d_i} - \frac{nd_i}{\|d\|^2})^2 + \frac{(\varrho - n)^2}{\|d\|^2} \\
&\geq \left(\frac{1}{d_j} - \frac{n\, d_j}{\|d\|^2}\right)^2 + \frac{(\varrho - n)^2}{\|d\|^2}.
\end{aligned}$$

Unter Beachtung von $\varrho \in [n + \sqrt{n}, 2n]$ kann damit weiter abgeschätzt werden

$$\begin{aligned}
\|D^{-1}e - \varrho\frac{d}{\|d\|^2}\|^2 &\geq \left(\|D^{-1}\| - \frac{n}{\|D^{-1}\|\,\|d\|^2}\right)^2 + \frac{n}{\|d\|^2} \\
&= \|D^{-1}\|^2\left[\left(\frac{1}{2} - \frac{n}{\|D^{-1}\|^2\|d\|^2}\right)^2 + \frac{3}{4}\right] \geq \frac{3}{4}\|D^{-1}\|^2. \quad\blacksquare
\end{aligned}$$

Wir beschreiben nun die Innere-Punkt-Methode von Kortanek/Potra/Ye [KPY91]. Zu $(x, u) \in B^0$ gehörig bezeichnen im weiteren

$$\begin{aligned}
&y := \nabla f(x) - A^T u, \quad \omega := x^T y, \quad d_i := \sqrt{x_i y_i}, \quad d = (d_i) \in \mathbb{R}^n, \\
&p := \frac{\omega}{\varrho}e - X y, \quad X := \mathrm{diag}(x_i), \quad D := \mathrm{diag}(d_i). \tag{79}
\end{aligned}$$

Innerer-Punkt-Algorithmus mit parameterfreiem Potential

(i) Wähle ein $(x, u) := (x^0, u^0) \in B^0$ und

$$\gamma, \delta \quad \text{mit} \quad 0 < \gamma < 1, \quad \frac{1}{2} \leq \delta < 1. \tag{80}$$

Setze $k := 0$.

(ii) Mit

$$\vartheta := \delta[(2 - \gamma)\|D^{-1}\| \, \|D^{-1}p\|]^{-1} \tag{81}$$

bestimme $s \in \mathbb{R}^n$, $v \in \mathbb{R}^m$ derart, daß gilt

$$\|X[\nabla f(x + s) - \nabla f(x) - A^T v] + Ys - \vartheta p\| \leq \frac{(1 - \gamma)\delta}{(2 - \gamma)\|D^{-1}\|^2}, \tag{82}$$

$$As = 0. \tag{83}$$

(iii) Setze $x^{k+1} := x + s$, $u^{k+1} := u + v$ und $(x, u) := (x^{k+1}, u^{k+1})$. Gehe mit $k := k + 1$ zu Schritt (ii).

Bemerkung 8.1 Der zentrale Schritt (82), (83) des Innerer-Punkt-Algorithmus besteht in der inexakten Lösung des nichtlinearen Gleichungssystems

$$\begin{aligned} \nabla f(x + s) + X^{-1}Ys - A^T v &= q, \\ As &= 0 \end{aligned} \tag{84}$$

mit $q := \nabla f(x) + X^{-1}\vartheta p$. Unter den getroffenen Voraussetzungen besitzt diese Aufgabe stets eine eindeutige Lösung. Speziell im Fall einer linearen Zielfunktion $f(x) = c^T x$ läßt sich die Lösung von (84) durch

$$v = (AY^{-1}XA^T)^{-1}AY^{-1}(c - q), \qquad s = Y^{-1}X(A^T v + q - c),$$

d.h. durch eine verallgemeinerte Projektion, darstellen. $\square$

Mit den Bezeichnungen

$$t := \nabla f(x + s) - \nabla f(x) - A^T v \qquad \text{und} \qquad z := Xt + Ys - \vartheta p$$

gelten die folgenden Beziehungen

$$y(x + s, u + v) = y(x, u) + t, \tag{85}$$

$$\|z\| \leq \frac{(1 - \gamma)\delta}{(2 - \gamma)\|D^{-1}\|^2}. \tag{86}$$

Für die weiteren Untersuchungen des betrachteten Innerer-Punkt-Algorithmus verwenden wir die in diesem Algorithmus eingeführten Bezeichnungen. Vor der Formulierung der zentralen Sätze 8.5 und 8.6 werden zunächst einige Abschätzungen

bereitgestellt.
Mit (81) und (86) folgt direkt

$$\|\vartheta^{-1}D^{-1}z\| \le \vartheta^{-1}\|D^{-1}\|\,\|z\| \le \frac{(1-\gamma)\,\delta\,\vartheta^{-1}}{(2-\gamma)\|D^{-1}\|} = (1-\gamma)\|D^{-1}p\|. \tag{87}$$

Für die Größe β^2 aus (72) gilt nunmehr

$$
\begin{aligned}
\beta^2 &= \|D^{-1}D^{-1}Ys\|^2 + \|D^{-1}D^{-1}Xt\|^2 \\
&\le \|D^{-1}\|^2(\|D^{-1}(Ys+Xt)\|^2 - 2s^Tt) \\
&= \|D^{-1}\|^2(\vartheta^2\|D^{-1}p + \tfrac{1}{\vartheta}D^{-1}z\|^2 - 2s^Tt) \\
&\le \|D^{-1}\|^2[\vartheta^2(2-\gamma)^2\|D^{-1}p\|^2 - 2s^Tt] = \delta^2 - 2\|D^{-1}\|^2 s^Tt.
\end{aligned}
\tag{88}
$$

Wegen (83) und der Konvexität von f folgt

$$s^Tt = s^T[\nabla f(x+s) - \nabla f(x)] \ge 0. \tag{89}$$

Aus (88) und (89) ergibt sich mit (80)

$$\beta \le \delta < 1. \tag{90}$$

Auf der Grundlage der bisherigen Untersuchungen wird im folgenden Satz ein Mindestabstieg der Potentialfunktion (67) in einem Schritt des angegebenen Algorithmus nachgewiesen.

SATZ 8.5 *Unter der zusätzlichen Voraussetzung*

$$\sqrt{3}\,\gamma - 2\delta - (\sqrt{3}-1)\gamma\delta > 0 \tag{91}$$

gilt $\quad (x+s, u+v) \in B^0 \quad$ *und* $\quad \Delta\Phi := \Phi(x+s, y+t) - \Phi(x,y) \le -\eta,$ (92)

wobei $\quad \eta := \dfrac{\delta[\sqrt{3}\,\gamma - 2\delta - (\sqrt{3}-1)\gamma\delta]}{2(2-\gamma)(1-\delta)} \quad$ *bezeichnet.*

Beweis: Wegen (90) ist $\beta < 1$ und Lemma 8.7 ergibt zusammen mit der Definition von t und der Bedingung (83) die Innere-Punkt-Eigenschaft (92) von $(x+s, u+v)$.

Um $\Delta\Phi$ abzuschätzen, gehen wir auf (74) in Lemma 8.7 zurück. Es gilt

$$\frac{\varrho}{x^T y}(x^T t + y^T s) - e^T(X^{-1}s + Y^{-1}t) =$$

$$= \frac{\varrho}{\omega}e^T\left[Ys + Xt - \frac{\omega}{\varrho}D^{-2}(Ys + Xt)\right]$$

$$= \frac{\varrho\vartheta}{\omega}e^T\left(D - \frac{\omega}{\varrho}D^{-1}\right)\left(D^{-1}p + \frac{1}{\vartheta}D^{-1}z\right)$$

$$= -\frac{\varrho\vartheta}{\omega}D^{-1}p\left(D^{-1}p + \frac{1}{\vartheta}D^{-1}z\right) \le -\frac{\varrho\vartheta\gamma}{\omega}\|D^{-1}p\|^2$$

$$\le -\frac{\sqrt{3}}{2}\gamma\vartheta\|D^{-1}\|\,\|D^{-1}p\| = -\frac{\sqrt{3}\,\gamma\,\delta}{2(2 - \gamma)}$$

!(77)

und damit

$$\Delta\Phi \le -\frac{\sqrt{3}\,\gamma\,\delta}{2(2 - \gamma)} + \frac{\varrho}{\omega}y^T t + \frac{\beta^2}{2(1 - \beta)}$$

$$\le -\frac{\sqrt{3}\,\gamma\,\delta}{2(2 - \gamma)} + \frac{\delta^2}{2(1 - \delta)} + \left[\frac{\varrho}{\omega} - \frac{\|D^{-1}\|^2}{(1 - \delta)}\right]s^T t.$$

Wegen (76) und $\delta \le 1/2$ ist der letzte Term stets nichtpositiv, und wir erhalten

$$\Delta\Phi \le -\frac{\delta[\sqrt{3}\,\gamma(1 - \delta) - \delta(2 - \gamma)]}{2(2 - \gamma)(1 - \delta)}$$

$$= -\frac{\delta[\sqrt{3}\,\gamma - 2\,\delta - (\sqrt{3} - 1)\gamma\delta]}{2(2 - \gamma)(1 - \delta)} = -\eta. \quad\blacksquare$$

Wir geben noch einige Bemerkungen zu den in den Untersuchungen auftretenden Konstanten. Aus (86) ist ersichtlich, daß bei $\gamma = 1$ Lösungen von (82), (83) mit dem Defekt $z = 0$ zu bestimmen sind. Für $\delta = 1/2, \gamma = 5/6$ wird $\eta > 0$ erreicht.

Wir betrachten nun die Anzahl der Iterationsschritte im Algorithmus, um eine vorgegebene Genauigkeit $\varepsilon > 0$ zu erreichen. Wegen Satz 8.5 gilt für die im Algorithmus erzeugten (x^k, u^k) und die zugeordneten $y^k := y(x^k, u^k)$ auf Grund der Struktur der Potentialfunktion Φ die Beziehung

$$\lim_{k\to\infty}(x^k)^T y^k = 0.$$

Damit genügt jeder Häufungspunkt $(\bar{x}, \bar{u})$ der Folge $\{(x^k, u^k)\}$ den Kuhn-Tucker-Bedingungen (62). Man bricht daher den Innerer-Punkt-Algorithmus ab, wenn

$$(x^k)^T y^k < \varepsilon$$

erreicht ist.

SATZ 8.6 *Für den Startpunkt des Algorithmus gelte $(x, u) = (x^0, u^0) \in B^0$. δ, γ, η seien entsprechend (80) und (91) gewählt. Dann endet der Algorithmus nach höchstens $O(\Phi(x^0, y^0) - n\ln n + (\varrho - n)|\ln \varepsilon|)$ Schritten.*

Beweis: Aus (68) folgt $(\varrho - n)\,\ln(x^T y) \leq \Phi(x,y) - n\ln n$ und damit

$$\Phi(x,y) \leq n\ln n + (\varrho - n)\ln\varepsilon \Rightarrow 0 < x^T y \leq \varepsilon.$$

Die Anzahl k der notwendigen Iterationsschritte, um die Genauigkeit ε zu erreichen, ergibt sich mit Satz 8.5 aus

$$\Phi(x^0, y^0) - k\eta \leq n\ln n + (\varrho - n)\ln\varepsilon.$$

Wir erhalten

$$k = O(\Phi(x^0, y^0) - n\ln n + (\varrho - n)|\ln\varepsilon|) \qquad \blacksquare$$

Für $\varrho = n + \sqrt{n}$ ergibt sich

$$k = O(\Phi(x^0, s^0) - n\ln n + \sqrt{n}\,|\ln\varepsilon|).$$

Wie in der entsprechenden Abschätzung (52) für den Algorithmus aus Abschnitt 8.1 tritt auch hier der Term $\sqrt{n}\,|\ln\varepsilon|$ wesentlich auf. Eine genauere Analyse von $\Phi(x^0, y^0)$ insbesondere bezüglich der Abhängigkeit von der Dimension n führt auf $\Phi(x^0, y^0) \approx (n+\sqrt{n})\ln n + O(n)$ und damit $k \approx O(\sqrt{n}(\ln n + |\ln\varepsilon|)$ in vollständiger Analogie zu (52) für das lineare Optimierungsproblem. Durch k wird die Anzahl der Iterationen im angegebenen Algorithmus erfaßt, d.h. wie oft muß das im allgemeinen nichtlineare Gleichungssystem (82), (83) mit ständig wachsender Genauigkeit (man beachte den Einfluß von $\|D^{-1}\|$ in (82)) gelöst werden, um die Genauigkeit ε zu erreichen. Die Lösung von (82), (83) kann z.B. mit dem Newton-Verfahren erfolgen. Bezüglich entsprechender Untersuchungen und der Anwendung der Innere-Punkt-Methodik auf lineare Komplementaritätsprobleme, quadratische Optimierungsprobleme und spezielle Aufgaben sei z.B. auf [KMY91], [YP90], [Ans86], [SB90], [Meg89], [RTV97], [FP97] verwiesen.

8.3 Der Algorithmus von Karmarkar

Seit 1984 durch Karmarkar [Kar84] eine völlig andere Struktur von polynomialen Verfahren gegenüber den auf der Arbeit von Khachian [Kha79] aufbauenden Ellipsoid-Methoden zur Behandlung linearer Optimierungsaufgaben vorgeschlagen wurde, hat eine breite Forschung auf diesem Gebiet der Innere-Punkt-Methoden eingesetzt. Dabei können drei Haupttypen von Algorithmen unterschieden werden, die, wie der ursprüngliche Karmarkar-Algorithmus auch, alle mit der logarithmischen Barrierefunktion verwandt sind. Freund und Mizuno geben hierzu in [FM96] eine kurze, einführende Übersicht. Für eine ausführliche Darstellung sei auf [RTV97] verwiesen.

Die drei Haupttypen der Innere-Punkt-Methoden sind die affinen Skalierungsmethoden, die Potentialreduktionsmethoden und die Zentrale-Trajektorie-Methoden.

Das von Karmarkar [Kar84] angegebene Verfahren basiert auf einer Abstiegsmethodik für eine parameterfreie Potentialfunktion. Ausgangspunkt der Untersuchungen ist die Normalform

$$z = c^T x \to \text{ min }!$$
$$\text{bei } \quad Ax = 0, \ e^T x = n, \ x \geq 0. \tag{93}$$

Sei $\bar{x}$ zulässig für (93) und $D = \text{diag}(\bar{x})$. Mit Hilfe der durch

$$y = \frac{n D^{-1} x}{e^T D^{-1} x}. \tag{94}$$

definierten, über D von $\bar{x}$ abhängigen projektiven Transformation $T(\cdot\,; \bar{x}) : x \mapsto y$ erhält man das zu (93) äquivalente Problem

$$\frac{\bar{c}^T y}{e^T D y} \to \text{min} ! \quad \text{ bei } \quad \overline{A} y = 0 \,, \quad y \in S \tag{95}$$

mit $\bar{c} = Dc$, $\overline{A} = AD$ und $S := \{\, x \in \mathbb{R}_+^n : e^T x = n \,\}$.

Damit wird durch die Transformation T ein zu (93) äquivalentes lineares Optimierungsproblem

$$v = \bar{c}^T y \to \text{min} ! \quad \text{ bei } \quad \overline{A} y = 0 \,, \quad y \in S \tag{96}$$

gefunden, das den optimalen Zielfunktionswert $v^* = \bar{c}^T y^* = 0$ besitzt und für das $y = T(\bar{x}; \bar{x}) = e > 0$ eine zulässige Lösung ist. Um eine bessere zulässige Lösung für (96) zu erhalten, wird von $y = e$ ausgehend ein Schritt in Richtung des stärksten Abstiegs durchgeführt. Diese Abstiegsrichtung ist wegen $\bar{c} = Dc$ und Lemma 4.20 durch

$$q = -[I - B^T (BB^T)^{-1} B] Dc \quad \text{mit} \quad B = \begin{pmatrix} AD \\ e^T \end{pmatrix} \tag{97}$$

gegeben. Mit

$$y = e + \alpha r \frac{q}{\|q\|}, \quad 0 < \alpha < 1 \tag{98}$$

wird also ein zulässiger Abstiegsschritt beschrieben. Die Rücktransformation von y wird als „Verbesserung" von $\bar{x}$ betrachtet. Man beachte allerdings, daß wegen der Nichtlinearität der Zielfunktion in (95) nicht notwendig

$$c^T \bar{x} > c^T T^{-1}(y; \bar{x})$$

gilt. Die Abbildung 8.2 gibt eine Veranschaulichung des Zusammenspiels von einem Verfahrensschritt mit der Transformation T und ihrer Inversen T^{-1}.

Der Konvergenzbeweis des Karmarkar-Verfahrens wird über die parameterfreie Potentialfunktion

$$f(x) := n \ln c^T x - \sum_{j=1}^{n} \ln x_j \tag{99}$$

geführt.

Mit der Parameterwahl $\alpha = 1/(3r)$ kann

$$\Delta f = f(x^{k+1}) - f(x^k) \leq -\frac{1}{4}$$

gezeigt werden. Bei vorgegebener Genauigkeit $\varepsilon > 0$ ist der Abbruchtest $c^T x \leq \varepsilon$ erfüllt, falls $f(x) \leq n \ln \varepsilon$ gilt. Damit läßt sich die maximale Anzahl k^* der auszuführenden Iterationsschritte aus

$$f(e) - \frac{1}{4}k^* \leq n \ln \varepsilon$$

bestimmen. Es gilt

$$k^* = O(n \ln(c^T e) + n |\ln \varepsilon|) = O(n |\ln \varepsilon|). \tag{100}$$

Die Umformulierung eines beliebigen linearen Optimierungsproblems in die Normalform (93) kann zum Beispiel mit Hilfe der Kuhn-Tucker-Bedingungen erfolgen.

Die kurze Darstellung des ursprünglichen Karmarkar-Verfahrens in diesem Abschnitt zeigt, in wie weit frühere mathematische Untersuchungen in diesem Algorithmus zusammengelaufen sind. Wesentliche Grundgedanken sind der Übergang zu einem normierten Problem verknüpft mit einer Skalierung, die Ausführung eines bestmöglichen Abstiegsschrittes in diesem Problem und die Messung des Abstiegs

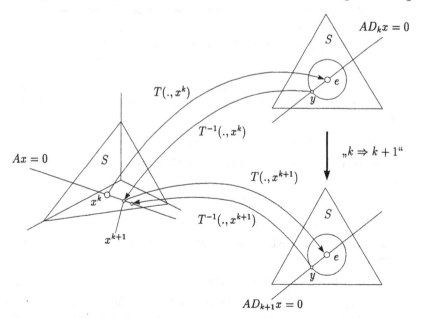

Abbildung 8.2: Karmarkar-Algorithmus

über eine geeignete Logarithnusfunktion. Die Darstellung in Abschnitt 8.1 führt alle diese Gedanken auf die Anwendung eines Barriereverfahrens auf ein lineares Optimierungsproblem zurück

8.4 Innerer-Pfad-Methode für Komplementaritätsprobleme

Konvexe Optimierungsprobleme sind über die Kuhn-Tucker-Bedingungen äquivalent zu speziellen, restringierten Komplementaritätsproblemen (vgl. Kapitel 1). Diese Beziehung wurde z.B. in Abschnitt 8.2 zur Begründung einer Innere-Punkt-Methode genutzt. Komplementaritätsprobleme treten jedoch nicht nur in Verbindung mit Optimalitätskriterien auf, sondern auch als eigenständige Aufgabenstellungen. Es ist daher naheliegend, Innere-Punkt-Methoden auch direkt für Komplementaritätsprobleme zu entwickeln. Wir beschreiben hier eine von Gonzaga/Bonnans [GB96] vorgeschlagene Technik. Als Ausgangsproblem wird betrachtet:

Bestimme ein $(x, y) \in \mathbb{R}^n_+ \times \mathbb{R}^n_+$ derart, daß

$$
\begin{aligned}
A x + B y &= c, \\
x_i y_i &= 0, \quad i = 1, \ldots, n.
\end{aligned}
\tag{101}
$$

Hierbei sind A, $B \in \mathcal{L}(\mathbb{R}^n, \mathbb{R}^n)$ und $c \in \mathbb{R}^n$ vorgebene Matrizen bzw. ein vorgegebener Vektor. Es bezeichne

$$
F := \{ (x, y) \in \mathbb{R}^n \times \mathbb{R}^n : Ax + By = c, \ x \geq 0, \ y \geq 0 \},
$$
$$
F^0 := \{ (x, y) \in F : x > 0, \ y > 0 \}.
$$

Für die weiteren Untersuchungen wird vorausgesetzt, daß $F^0 \neq \emptyset$ gilt und das Ausgangsproblem (101) eine streng komplementäre Lösung $(x^*, y^*) \in F$ besitzt, d.h.

$$
x_i^* = 0 \quad \Longleftrightarrow \quad y_i^* > 0, \quad i = 1, \ldots, n.
$$

Zugehörig zum Komplementaritätsproblem (101) betrachten wir die parametrische Einbettung

$$
\begin{aligned}
A x(\mu) + B y(\mu) &= c, \\
x_i(\mu) y_i(\mu) &= \mu, \quad i = 1, \ldots, n.
\end{aligned}
\tag{102}
$$

Unter zusätzlichen Annahmen an die Matrizen A, B, wie z.B. die 'Monotonie'-Eigenschaft

$$
A u + B v = 0 \quad \Longrightarrow \quad u^T v \geq 0,
\tag{103}
$$

und mit der strengen Komplementarität sichert der Satz über implizite Funktionen, daß (102) in einer Umgebung von $(x, y, \mu) = (x^*, y^*, 0)$ lokal nach $x(\mu)$, $y(\mu)$ in Abhängigkeit vom Parameter $\mu \in \mathbb{R}$ aufgelöst werden kann.

Bemerkung 8.2 Eine Möglichkeit zur Abschwächung der Voraussetzung der strengen Komplementarität besteht in der Nutzung von Funktionen $\varphi : \mathbb{R} \times \mathbb{R} \to \mathbb{R}$ mit der Eigenschaft

$$\varphi(s,t) = 0 \quad \Longleftrightarrow \quad st = 0, \quad s \geq 0, \quad t \geq 0$$

(vgl. (6.42) - (6.48)) zur Beschreibung von

$$x_i y_i = 0, \quad x_i \geq 0, \quad y_i \geq 0, \quad i = 1, \ldots, n.$$

Techniken, die auf Glättungen dieser Funktionen basieren, werden z.B. in [CM95], [Kan96] untersucht. □

Analog zu Abschnitt 8.1 definieren wir ein Abstandsmaß

$$\delta(x,y,\mu) := \| \frac{1}{\mu} Xy - e \|, \tag{104}$$

wobei wie bisher $X = \text{diag}(x_i)$ die zu $x \in \mathbb{R}^n$ zugeordnete Diagonalmatrix bezeichnet. Speziell für zu festem $\mu > 0$ gehörige Lösungen $(x(\mu), y(\mu)) \in \mathbb{R}^n \times \mathbb{R}^n$ von (102) gilt damit $\delta(x(\mu), y(\mu), \mu) = 0$.

Es sei (x,y) eine Näherungslösung von (102) für $\mu > 0$, die $Ax + By = c$ genügt. Zur einfacheren Analyse des Einflusses des Einbettungsparameters stellen wir den neuen Parameter $\hat{\mu} \in [0,\mu]$ in der Form $\hat{\mu} = \gamma\mu$ mit einem $\gamma \in [0,1]$ dar. Ein Schritt des Newton-Verfahrens liefert von (x,y) ausgehend bei Anwendung auf (102) eine Näherung

$$(\hat{x}, \hat{y}) = (x,y) + (u,v)$$

für $(x(\hat{\mu}), y(\hat{\mu}))$, wobei $(u,v) \in \mathbb{R}^n \times \mathbb{R}^n$ bestimmt ist durch

$$\begin{aligned} Au + Bv &= 0, \\ y_i u_i + x_i v_i &= \gamma\mu - x_i y_i, \quad i = 1, \ldots, n. \end{aligned} \tag{105}$$

Bezeichnen $(u_c, v_c) \in \mathbb{R}^n \times \mathbb{R}^n$ und $(u_a, v_a) \in \mathbb{R}^n \times \mathbb{R}^n$ die Lösungen von (105) für die Parameterwerte $\gamma = 1$ bzw. $\gamma = 0$, dann besitzt die Lösung $(u,v) \in \mathbb{R}^n \times \mathbb{R}^n$ für beliebige $\gamma \in [0,1]$ die Darstellung

$$(u,v) = \gamma(u_c, v_c) + (1-\gamma)(u_a, v_a). \tag{106}$$

Diese gestattet nun in einfacher Weise auch den Einfluß des Reduktionsfaktors γ über den Parameter $\hat{\mu} := \gamma\mu$ in der Einbettung (102) auf das Verhalten von $\delta(\hat{x}, \hat{y}, \hat{\mu})$ zu analysieren. Insbesondere kann im Unterschied zu der in den Abschnitten 8.1 - 8.3 verwendeten Strategie der Faktor $\gamma \in [0,1]$ in jedem Verfahrensschritt angepaßt variiert werden.

Bemerkung 8.3 Zur Reduktion des numerischen Aufwandes wird in [GB96] vorgeschlagen, anstelle des Newton-Verfahrens ein vereinfachtes Newton-Verfahren einzusetzen, bei dem die Linearisierung nicht in jedem Schritt aktualisiert, sondern über eine gewisse Schrittzahl fixiert wird, d.h. x_i, y_i auf der linken Seite von (105) werden nicht in jedem Zyklus aufdatiert. Dies erlaubt die mehrfache Nutzung einer Faktorisierung der Koeffizientenmatrix im System (105), bringt jedoch keine prinzipiell neuen Probleme in der Analysis des so modifizierten Verfahrens mit sich. □

Aufbauend auf den obigen Überlegungen betrachten wir den folgenden

Innerer-Pfad-Algorithmus für Komplementaritätsprobleme

(i) Wähle einen Startpunkt $(x^0, y^0) \in F^0$ und einen Innerer-Pfad-Parameter $\mu_0 > 0$ mit $\delta(x^0, y^0, \mu_0) < 1/2$, sowie eine Genauigkeit $\varepsilon > 0$. Setze $k := 0$.

(ii) Falls $n\,\mu_k \leq \varepsilon/2$, dann stoppe das Verfahren.
Anderenfalls ermittle mit $(x, y) := (x^k, y^k)$ Lösungen $(u_c, v_c) \in I\!\!R^n \times I\!\!R^n$ und $(u_a, v_a) \in I\!\!R^n \times I\!\!R^n$ des linearen Gleichungssytems (105) für $\gamma = 1$ bzw. $\gamma = 0$. Bestimme $\gamma_k \in [0, 1]$ derart, daß

$$\delta(x^k + \gamma_k u_c + (1 - \gamma_k)u_a, \, y^k + \gamma_k v_c + (1 - \gamma_k)v_a, \, \gamma_k\,\mu_k) = 1/2. \quad (107)$$

Setze
$$\begin{aligned} (x^{k+1}, y^{k+1}) &:= (x^k, y^k) + (u, v) \\ \mu_{k+1} &:= \gamma_k\,\mu_k \end{aligned} \quad (108)$$

mit (u, v) gemäß (106) und $\gamma = \gamma_k$. Wiederhole Schritt (ii) mit $k := k + 1$.

Für eine im bereits erwähnten Sinne modifizierte Form des Algorithmus, in dem auch zusätzliche Kontrollkriterien enthalten sind, wird in [GB96] für hinreichend kleine Startparameter $\mu_0 > 0$ die Konvergenz nachgewiesen und die Komplexität abgeschätzt.

Auf Grund der vorausgesetzten strengen Komplementarität lassen sich die Variablen analog zu Basis- und Nichtbasisvariablen der linearen Optimierung in zwei disjunkte Gruppen I_B, I_N einteilen gemäß

$$x_i^* > 0, \quad y_i^* = 0, \quad i \in I_B \qquad \text{und} \qquad x_i^* = 0, \quad y_i^* > 0, \quad i \in I_N,$$

wobei $I_B \cup I_N = \{1, \ldots, n\}$. Zur Vereinfachung der Konvergenzuntersuchungen kann daher ohne Beschränkung der Allgemeinheit angenommen werden, daß die Variablen skaliert sind zu

$$x_i^* = 1, \quad y_i^* = 0, \quad i \in I_B \qquad \text{und} \qquad x_i^* = 0, \quad y_i^* = 1, \quad i \in I_N.$$

Als wichtige Eigenschaft der Iterierten erhält man unmittelbar aus (105), (108) die Beziehung

$$\frac{1}{\mu_{k+1}} x_i^{k+1} y_i^{k+1} - 1 = \frac{1}{\gamma_k \mu_k} (x_i + u_i)(y_i + v_i) - 1 = \frac{1}{\gamma_k \mu_k} u_i v_i.$$

Diese gestattet eine einfache Abschätzung des neuen Wertes $\delta(\hat{x}, \hat{y}, \hat{\mu})$. Für weitere Details der Konvergenzanalysis der skizzierten Innerer-Pfad-Methode verweisen wir auf [GB96].

Übung 8.5 Man stelle die Optimalitätsbedingungen für das lineare Optimierungsproblem

$$c^T x \to \min ! \quad \text{bei} \quad Ax \geq b, \quad x \geq 0$$

in der Form des Komplementaritätsproblems (101) dar.

8.5   Komplexität der linearen Optimierung

Im Abschnitt 8.1 wurde die Aufgabe

$$\begin{aligned} f(x) &= c^T x \to \min! \\ \text{bei} \quad Ax &= b, \quad x \geq 0, \end{aligned} \tag{109}$$

unter den Voraussetzungen (4) und (5) betrachtet. Für die problembestimmenden Größen n, m, c, A, b setzen wir nunmehr zusätzlich

$$c \in \mathbb{Z}^n, \ A \in \mathcal{L}(\mathbb{Z}^n, \mathbb{Z}^m), \ b \in \mathbb{Z}^m, \ m \geq 2, n \geq 2$$

(vgl. Abschnitt 7.4) voraus. Wie früher definieren wir L bzw. L_0 als den Umfang der Eingangsinformation. Kann man nun die im Schritt (i) des Innerer-Pfad-Algorithmus geforderten Voraussetzungen erfüllen, so kann mit diesem Algorithmus die lineare Optimierungsaufgabe (109) mit polynomialem Aufwand gelöst werden. Weiterhin wurde gezeigt, daß durch eine leichte Aufweitung der Aufgabe (109) die Startbedingungen des Algorithmus stets erfüllt werden können. Im Zusammenhang mit den Komplexitätsuntersuchungen ist hier jedoch eine ergänzende Aussage über die Größenordnung von M_1 und M_2 und damit über die polynomiale Lösbarkeit der Aufgabe (53) notwendig.

Die Voraussetzungen (4) und (5) beinhalten im wesentlichen die Existenz von zulässigen Elementen für die Aufgaben (2) und (3) und sichern damit entsprechend Satz 4.7 die Lösbarkeit der Aufgabe (109).

Um die gegenüber (4) abgeschwächte Voraussetzung

$$\{ x \in \mathbb{R}^n : Ax = b, \ x \geq 0 \} \neq \emptyset \tag{110}$$

zu prüfen, betrachten wir die (109) zugeordnete Hilfszielfunktionsaufgabe (4.84)

$$\begin{aligned} h(v) &= e^T v \to \min! \\ Ax + v &= b, \ x \in \mathbb{R}_+^n, \ v \in \mathbb{R}_+^m. \end{aligned} \tag{111}$$

Nach Lemma 4.12 gilt (110) genau dann, wenn (111) den Optimalwert $h_{min} = 0$ besitzt.

Wie in Abschnitt 4.2.5 gezeigt wurde, ist die Aufgabe (111) stets lösbar. Unter Verwendung der Beweisgedanken zu Lemma 7.11 erhalten wir im Fall $h_{min} > 0$ die Aussage

$$h_{min} \geq 2 \cdot 2^{-L_0} \tag{112}$$

mit der Mindestlänge L_0 des Datensatzes zu (111) bzw. (109). Die Anwendung von Satz 8.4 ergibt, daß (112) mit polynomialem Aufwand überprüfbar ist, wobei die Startbedingungen im Schritt (i) des Algorithmus wiederum durch Übergang zu einer Aufgabe der Art (54) erfüllt werden können. Wie bereits oben diskutiert, ist auch hier noch die polynomiale Lösbarkeit von (54) zu zeigen. Analog kann die Bedingung (5) für die duale Aufgabe (111) untersucht werden. Damit kann die Nichtlösbarkeit der Aufgabe (109) mit polynomialem Aufwand entschieden werden. Im Fall der Lösbarkeit gilt $h_{min} < 2 \cdot 2^{-L_0}$ und damit wegen $v_i \geq 0$, $i = 1, \ldots, m$, auch $v_i < 2 \cdot 2^{-L_0}$, $i = 1, \ldots, m$, und wegen (7.34)

$$v_i = 0, \quad i = 1, \ldots, m. \tag{113}$$

Bemerkung 8.4 Das in Abschnitt 7.4 formulierte ZF-Separierungsproblem PB (7.30) kann in die Form (109) transformiert werden. Falls also die Startbedingungen des Innerer-Pfad-Algorithmus erfüllt werden können, ist eine polynomiale Lösung des Problems PB möglich. □

Mit der in Abschnitt 7.4 beschriebenen Technik zur Bestimmung einer optimalen Basis bei bekanntem Optimalwert und den obigen Betrachtungen zur Lösbarkeit von (2) gilt damit folgende Verschärfung von Satz 7.1.

SATZ 8.7 *Falls die Startbedingungen im Innerer-Pfad-Algorithmus mit polynomialem Aufwand erfüllt werden können, kann für das lineare Optimierungsproblem (2) mit polynomialem Aufwand die Lösbarkeit entschieden und gegebenenfalls eine optimale Basislösung bestimmt werden.*

Um den vollständigen Nachweis der polynomialen Komplexität für das Problem Lineare Optimierung mit ganzzahligen Koeffizienten zu führen, analysieren wir im weiteren die Erfüllung der Startbedingungen im Schritt (i) des Algorithmus mit Hilfe der Ersatzprobleme (54) genauer. Insbesondere werden geeignete Konstanten M_1 und M_2 im Sinne von Lemma 8.4 bzw. (53) angegeben.

Sei x^* eine optimale Basislösung des Problems (2). Nach Lemma 7.8 gilt $\|x^*\| \leq 2^L$. Wir wählen M_1, M_2 mit

$$\begin{aligned} M_1 &= \mu_0 + (b - Ax^0)^T u^0, \quad M_2 = \mu_0 + (A^T u^0 + y^0 - c)^T x^0 \\ M_2 &\geq \max\{(A^T u^0 + y^0 - c)^T x^0, (A^T u^0 + y^0 - c)^T x^*\}. \end{aligned} \tag{114}$$

Mit $x^0 = e$, $u^0 = e$, μ_0 hinreichend groß kann (114) mit $M_1 = 2^{3L}$ erfüllt werden. Dann ist $M_2 \leq 2^{4L}$.

Sei nun $\bar{x}^1 = \begin{pmatrix} x^1 \\ x^1_{n+1} \\ x^1_{n+2} \end{pmatrix}$ eine optimale Basislösung von (54).

Im Fall $x^1_{n+1} = 0$ gilt $c^T x^1 = c^T x^*$, und die Aufgabe (2) ist gelöst (nach Aussage b) in Lemma 8.4).

Im weiteren wird gezeigt, daß der Fall $x^1_{n+1} > 0$ bei obiger Wahl von M_1 nicht auftreten kann. Nach den Lemmata 7.8 und 7.11 gelten für alle Basislösungen $\begin{pmatrix} x \\ x_{n+1} \end{pmatrix}$ von

$$Ax + (b - Ax^0)\, x_{n+1} = b, \quad x \geq 0, \ x_{n+1} \geq 0 \tag{115}$$

die Aussagen

$$\| x \| \leq 2^L \quad \text{und} \quad x_{n+1} = 0 \ \text{oder} \ x_{n+1} \geq 2 \cdot 2^{-L}.$$

Damit gilt im Fall $x^1_{n+1} > 0$ sogar $x^1_{n+1} \geq 2 \cdot 2^{-L}$. Die Ungleichung

$$c^T x^1 + M_1 x^1_{n+1} \leq c^T x^* \tag{116}$$

führt jedoch wegen $c^T x^1 \geq -2^L$ und $c^T x^* \leq 2^L$ (! Folgerung 7.3) auf einen Widerspruch. Damit ist $\underline{M_1} = 2^{3L}$ ein geeigneter Wert entsprechend Lemma 8.4c.

Die Eingangsinformation $\bar{L}$ von (54) kann durch

$$\bar{L} = L + \ell d(\underline{M_1}) + \ell d(M_2) = 8L$$

beschrieben werden und hängt damit polynomial von L ab. Nach Satz 8.4 kann damit die Bestimmung der Startwerte im Schritt (i) des Innerer-Pfad-Algorithmus mit polynomialem Aufwand erfolgen.

Die hier durchgeführten Betrachtungen gelten auch für die Hilfszielfunktionsaufgabe (111) und die entsprechende Hilfsaufgabe für die duale Aufgabe (3). Damit kann zunächst die Lösbarkeit der Aufgabe (2) mit polynomialem Aufwand entschieden werden. Im Lösbarkeitsfall kann eine optimale Basislösung mit Hilfe des Innerer-Pfad-Algorithmus mit polynomialem Aufwand angegeben werden. Zusammenfassend gilt also

SATZ 8.8 *Das lineare Optimierungsproblem*

$$c^T x \to min\,! \quad bei \quad Ax = b,\, x \geq 0 \tag{117}$$

mit $A \in \mathcal{L}(\mathbb{Z}^n, \mathbb{Z}^m)$, $c \in \mathbb{Z}^n$, $b \in \mathbb{Z}^m$ ist polynomial.

Wir bemerken, daß die Abschätzungen für M_1 und M_2 nur sehr grob und nur von theoretischer Bedeutung sind. Für praktische Rechnungen sollte man mit M_1, M_2 in der durch $(b - Ax^0)^T u^0$ und $(A^T u^0 + y^0 - x)^T x^0$ gegebenen Größenordnung beginnen und in Abhängigkeit von der Lösung der entsprechenden Aufgabe (54) die Werte gegebenenfalls verdoppeln. Auch auf diese Weise erhält man einen insgesamt polynomialen Algorithmus zur Bestimmung einer optimalen Lösung x^* von (2).

9 Aufgaben über Graphen

Die Bedeutung graphentheoretischer Modelle und Verfahren liegt in ihrer Anschaulichkeit und Praxisnähe. Zeitliche und logische Abläufe sowie zweiseitige Beziehungen zwischen Zuständen, Systemkomponenten oder Knoten werden durch Bögen, Kanten und gewichtete Bögen direkt und zweckmäßig modelliert. Die entwickelten Algorithmen lassen sich vielfach als Anwendungen allgemeiner Lösungstechniken auf spezielle Strukturen interpretieren. Im Zusammenhang mit der graphentheoretischen Begriffswelt und der damit verbundenen Datenstruktur haben diese Algorithmen jedoch eine große Eigenständigkeit und Bedeutung auch als Quelle der Innovation. Im vorliegenden Kapitel werden graphentheoretische Probleme insbesondere im Hinblick auf ihre Einbettung in die allgemeine Optimierungstheorie dargestellt. Zu speziellen Fragestellungen sei z.B. auf [BG67], [Hae79] verwiesen.

9.1 Definitionen

Zunächst seien einige wichtige Definitionen zusammengestellt.

Es seien V, E zwei disjunkte Mengen und $f : E \to V$, $g : E \to V$ zwei (Inzidenz-)Abbildungen mit den Eigenschaften

- $V \neq \emptyset$, card $V < \infty, E \cap V = \emptyset$

- $(\forall e, e' \in E)(f(e) = f(e') \wedge g(e) = g(e') \Rightarrow e = e')$

- $(\forall e \in E)(f(e) \neq g(e))$.

Dann heißen $G = (V, E, f, g)$ ein gerichteter (Schleifen- und parallelkantenfreier) **Graph** (solche Graphen werden allgemein als **Digraph** bezeichnet.), V **Knotenmenge**, E **Bogenmenge**, $f(e)$ bzw. $g(e)$ **Anfangs-** bzw. **Endknoten** von $e \in E$. Spielt die Richtung der Verbindung $e = (v, v'), v, v' \in V$, keine Rolle, so sprechen wir von einer **Kante**. Ein entsprechender Graph $G = (V, E)$ heißt **ungerichtet**. Für $V_1 \subset V$ und $E_1 := \{ e : e \in E \wedge f(e) \in V_1 \wedge g(e) \in V_1 \}$ seien $f_1 := f|_{E_1}$, $g_1 = g|_{E_1}$ die Einschränkungen von f und g auf E_1. Dann heißt $G_U = (V_1, E_1, f_1, g_1)$ **Untergraph** von $G = (V, E, f, g)$. Für $\tilde{E} \subset E$ heißt $G_T = (V, \tilde{E}, \tilde{f}, \tilde{g})$ **Teilgraph** von G.

Wir nennen $G = (V, E, f, g)$

symmetrisch, falls $(\forall e \in E)(\exists e' \in E)(f(e) = g(e') \wedge g(e) = f(e'))$;

asymmetrisch, falls $(\forall e, e' \in E)(f(e) \neq g(e') \vee g(e) \neq f(e'))$;

transitiv, falls $(\forall e, e' \in E)(\exists \tilde{e} \in E)(g(e) = f(e') \wedge f(e) \neq g(e') \Rightarrow f(\tilde{e}) = f(e) \wedge g(\tilde{e}) = g(e'))$;

vollständig, falls $(\forall v, v' \in V)(v \neq v') \Rightarrow (\exists e \in E)(f(e) = v \wedge g(e) = v')$.

Ein n-Tupel $\mu = (e_{\nu_1}, \ldots, e_{\nu_n})$ von Bögen $e_{\nu_i} \in E$, zu dem es ein $(n+1)$-Tupel $(v_{\varrho_0}, \ldots, v_{\varrho_n})$ von Knoten $v_{\varrho_k} \in V$ gibt, so daß

$$[f(e_{\nu_i}) = v_{\varrho_{i-1}} \wedge g(e_{\nu_i}) = v_{\varrho_i}] \vee [g(e_{\nu_i}) = v_{\varrho_{i-1}} \wedge f(e_{\nu_i}) = v_{\varrho_i}]$$

für $i = 1(1)n$ gilt, heißt **Kette.** Die Knoten v_{ϱ_0} und v_{ϱ_n} heißen Enden der Kette. Gilt $v_{\varrho_0} = v_{\varrho_n}$, so heißt die Kette ein **Zyklus.** Ist in der Kette ein Durchlaufsinn definiert, so sei μ^+ die Menge der im Sinne des Durchlaufs gerichteten Bögen, μ^- die Menge der übrigen Bögen. Eine Kette mit $g(e_{\nu_i}) = f(e_{\nu_{i+1}})$ für $i = 1(1)n-1$ heißt **Weg** von v_{ϱ_0} nach v_{ϱ_n}. Ein Weg mit $v_{\varrho_0} = v_{\varrho_n}$ heißt ein **Kreis.** Zur Beschreibung einer Kette genügt die Angabe der Bogenfolge. Ein Zyklus bzw. Kreis mit $v_{\varrho_i} \neq v_{\varrho_j}$ für $i \neq j$ außer $v_{\varrho_0} = v_{\varrho_n}$ heißt **Elementarzyklus** bzw. **Elementarkreis.** Wir nennen einen Graphen **zusammenhängend** bzw. **stark zusammenhängend,** wenn für zwei beliebige Knoten v, v' stets eine Kette bzw. ein Weg von v nach v' existiert. Die maximalen zusammenhängenden Untergraphen von G heißen **Komponenten** von G. Es sei $G = (V, E, f, g)$ ein zusammenhängender Graph und $U \subset V$. Dann bezeichnen wir mit

$$\omega^+(U) := \{e \in E : f(e) \in U, \; g(e) \notin U\}$$
bzw.
$$\omega^-(U) := \{e \subset E : f(e) \notin U, \; g(e) \in U\}$$

die mit U nach außen bzw. nach innen inzidenten Bögen. Die Menge $\omega(U) := \omega^+(U) \cup \omega^-(U)$ heißt ein **Co-Zyklus.**

Ein Co-Zyklus $\omega(U)$ heißt **elementar,** wenn zwei zusammenhängende Untergraphen $G_U = (U, E_U, f_U, g_U)$ und $G_W = (W, E_W, f_W, g_W)$ mit $U \cap W = \emptyset, U \cup W = V$ existieren. Gilt $\omega(U) = \omega^+(U)$ oder $\omega(U) = \omega^-(U)$, so heißt $\omega(U)$ ein **Co-Kreis.**

Gilt $U = \{v\}$ für ein $v \in V$, so heißt die Zahl card $\omega^+(U)$ der **Außengrad** von v, analog card $\omega^-(U)$ der **Innengrad** von v. Ein Knoten v mit $\omega(\{v\}) = \omega^+(\{v\}) \neq \emptyset$ heißt eine **Quelle,** ein Knoten w mit $\omega(\{w\}) = \omega^-(\{w\}) \neq \emptyset$ eine **Senke.**

Wir nennen einen zusammenhängenden, kreisfreien, gerichteten Graphen ein **Netz.** Ein Netz mit genau einer Quelle und einer Senke heißt **Netzwerk.** Für ungerichtete Graphen sind die folgenden zwei Begriffe wichtig. Ein zusammenhängender, zyklenfreier Graph $G = (V, E)$ mit mindestens zwei Knoten heißt ein **Baum.** Ist ein Teilgraph $G_T = (V, E_T), E_T \subset E$, von G ein Baum, so heißt G_T ein **Gerüst** von G.

Übung 9.1 Interpretieren Sie die eingeführten Begriffe an den Graphen aus Abbildung 9.1.

Übung 9.2 Einer Bogenmenge $Y \subset E$ werde durch die Vorschrift

$$y_i = \begin{cases} 1 & \text{falls } e_i \in Y \\ 0 & \text{anderenfalls} \end{cases}$$

ein Vektor y zugeordnet. Falls in Y eine Richtung r definiert ist, setzen wir

$$y_i = \begin{cases} 1 & \text{falls } e_i \in Y,\ e_i \text{ hat Richtung } r, \\ -1 & \text{falls } e_i \in Y,\ e_i \text{ hat nicht Richtung } r, \\ 0 & \text{falls } e_i \notin Y. \end{cases}$$

Die lineare Unabhängigkeit von Bogenmengen wird über die so zugeordneten Vektoren definiert. Für den Graphen I aus Abbildung 9.1 bestimme man die Maxi-

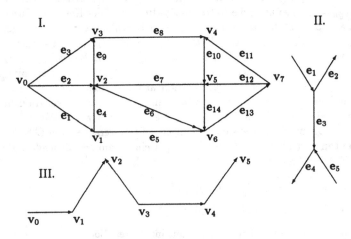

Abbildung 9.1

malzahl ζ linear unabhängiger Zyklen und die Maximalzahl γ linear unabhängiger Co-Zyklen. Man beweise, daß allgemein $\zeta + \gamma = \operatorname{card} E$ gilt.

9.2 Graphentheoretische Probleme als lineare Optimierungsaufgaben

Wir betrachten das allgemeine lineare Optimierungsproblem (siehe Abschnitt 4.2.1) mit einer speziellen Koeffizientenmatrix. Dazu definieren wir (vgl. [Hae79]) eine m, n-Matrix mit den Eigenschaften

(E1)   Es existiert keine Nullzeile,

(E2)   In jeder Spalte gibt es genau ein oder zwei von Null verschiedene Elemente, als **verallgemeinerte Inzidenzmatrix**. Einer solchen Matrix werde durch die folgenden Festlegungen ein Graph G zugeordnet. Eine Spalte enthält

- Zwei vorzeichengleiche Elemente (in den Zeilen i und j) $\Rightarrow$ Kante zwischen Knoten v_i und v_j,
- ein positives Element (in Zeile i), ein negatives Element (in Zeile j) $\Rightarrow$ Bogen von Knoten v_i nach v_j,
- ein positives Element (in Zeile i) $\Rightarrow$ Kante zwischen Knoten v_{m+1} und v_i.
- ein negatives Element (in Zeile i) $\Rightarrow$ Bogen von Knoten v_{m+1} nach v_i.

Umgekehrt wird einem Graphen G mit einem Bogen bzw. einer Kante e_k zwischen den Knoten v_i und v_j eine **Inzidenzmatrix** zugeordnet, die in der k-ten Spalte in der i-ten Zeile das Element 1 und in der j-ten Zeile das Element -1 bzw. 1 aufweist, sonst Nullen.

Beispiel 9.1 Zusammenhang von Inzidenzmatrizen und Graph

$$\begin{pmatrix} 1 & 0 & -3 & 5 & 0 \\ -1 & 2 & 0 & 0 & -2 \\ 0 & 0 & 0 & 3 & -3 \end{pmatrix}$$

$$\begin{pmatrix} 1 & 0 & -1 & 1 & 0 \\ -1 & 1 & 0 & 0 & 1 \\ 0 & 0 & 0 & 1 & 1 \\ 0 & 1 & 1 & 0 & 0 \end{pmatrix} \qquad \square$$

Die Inzidenzmatrix eines gerichteten Graphen enthält in jeder Spalte genau eine $+1$ und eine -1.

Es sei H eine verallgemeinerte Inzidenzmatrix und es gelte $a, b, c \in \mathbb{R}^n$ mit $0 \le a \le b < +\infty$. Dann beschreibt das Problem

$$c^T x \to \min ! \qquad \text{bei} \qquad Hx = d, \quad a \le x \le b \tag{1}$$

ein **verallgemeinertes Flußproblem** mit dem zugehörigen dualen Problem

$$\begin{aligned} & d^T y + a^T u - b^T v \to \max ! \\ \text{bei} \quad & H^T y + u - v = c, \quad u \ge 0, \quad v \ge 0. \end{aligned} \tag{2}$$

Knoten mit $d_i > 0$ heißen **Quellen**, solche mit $d_i < 0$ **Senken**. Die Anwendung von Satz 4.8 ergibt (s. auch [Hae79])

SATZ 9.1 *Es sei $\bar{c} = c - H^T y$. Zulässige Lösungen von (1) und (2) sind genau dann optimal, wenn für jedes $j = 1, \cdots, n$ eine der drei folgenden Bedingungen erfüllt ist:*

$$
\begin{aligned}
x_j &= a_j \quad, & \bar{c}_j &\geq 0 \\
x_j &= b_j \quad, & \bar{c}_j &\leq 0 \\
a_j &< x_j < b_j, & \bar{c}_j &= 0.
\end{aligned}
$$

Es sei H eine Inzidenzmatrix eines Netzwerkes $G = (V, E)$ mit der Quelle v_1 und der Senke v_n, und es sei e_1 der zusätzlich eingeführte Bogen (v_n, v_1) mit $a_1 := -\infty, b_1 := +\infty$. Dann heißt das Problem

$$x_1 \to \max ! \qquad \text{bei} \qquad Hx = 0, \quad a \leq x \leq b \tag{3}$$

das Problem vom **maximalen Fluß** vom Knoten v_1 zum Knoten v_n. Die Größe x_1 ist eine freie Variable. Die Nebenbedingungen werden durch die Kirchhoffschen Knotenbedingungen und untere und obere Schranken für die Bogenflüsse gebildet. Entsprechend (2) lautet das duale Problem

$$
\begin{aligned}
& b^T u - a^T v \to \min ! \\
\text{bei} \quad & y_i - y_j + u_{ij} - v_{ij} = 0 \quad \text{für alle } (v_i, v_j) \in E, \\
& y_n - y_1 = 1, \\
& u \geq 0, v \geq 0 \,.
\end{aligned}
\tag{4}
$$

Mit der in Abschnitt 12.1 gegebenen Definition einer total unimodularen Matrix gilt

LEMMA 9.1 *Die Koeffizientenmatrix von (4) ist total unimodular.*

Folgerung 9.1 Die Basislösungen von (4) haben die Struktur $u_{ij} = 0 \vee 1 \vee -1$, $v_{ij} = 0 \vee 1 \vee -1$, $y_i = 0 \vee 1 \vee -1$. □

Durch $V_1 \subset V$ mit $v_1 \in V_1$ und $v_n \notin V_1$ ist eine Partition der Knotenmenge V in V_1 und $V \backslash V_1$ gegeben. Der Co-Zyklus $\omega(V_1)$ wird auch als **Schnitt** im Graphen G bezeichnet.

LEMMA 9.2 *Die Wertebelegung*

$$y_i = \begin{cases} 0 & \text{für} \quad v_i \in V_1 \\ 1 & \text{sonst} \end{cases}$$

$$u_{ij} = \begin{cases} 1 & \text{für} \quad v_i \in V_1, \, v_j \in V \backslash V_1 \\ 0 & \text{sonst} \end{cases} \tag{5}$$

$$v_{ij} = \begin{cases} 1 & \text{für} \quad v_i \in V \backslash V_1, \, v_j \in V_1 \\ 0 & \text{sonst} \end{cases}$$

*repräsentiert einen Schnitt und ist zulässige Lösung von (4). Der Funktionswert $b^T u - a^T v$ ist die **Kapazität des Schnittes**.*

Für einen maximalen Fluß von v_1 nach v_n existiert keine Kette von v_1 nach v_n mit der Eigenschaft

(E) $\qquad \underbrace{a_j \leq x_j < b_j}_{\alpha}$ für alle Vorwärtsbögen *und*

$\qquad \underbrace{a_j < x_j \leq b_j}_{\beta}$ für alle Rückwärtsbögen. $\hfill (6)$

(vgl. auch Abschnitt 1.5).

In jeder Kette von v_i nach v_n gibt es also einen letzten Bogen mit α bzw. β. Für alle folgenden Bögen gilt entweder $x_j = b_j$, wenn es ein Vorwärtsbogen ist bzw. $x_j = a_j$. Diese „Nachfolgebögen" bilden einen Schnitt. Die zugehörige Knotenmenge V_1 sind diejenigen Knoten, die mit den abgeschnittenen Ketten von v_1 aus erreicht werden können. Die Wertebelegung nach Lemma 9.2 ist eine duale Lösung mit dem Wert $\sum\limits_{e \in \omega^+(V_1)} b(e) - \sum\limits_{e \in \omega^-(V_1)} a(e)$. Das ist aber gleichzeitig der Wert des Flusses durch die Bögen des Schnittes. Wegen des sich aus der schwachen Dualitätsabschätzung ergebenden Optimalitätskriteriums (vgl. Folgerung 2.1) gilt also

SATZ 9.2 (Ford/Fulkerson) *In dem Flußproblem (3) ist der maximale Fluß gleich der minimalen Schnittkapazität.*

Das Problem des kürzesten Weges vom Knoten v_1 zum Knoten v_n wird durch das Flußproblem

$$c^T x \to \min ! \qquad \text{bei} \quad Hx = 0, \quad x_1 = 1, \quad x \geq 0 \qquad (7)$$

modelliert.

Wir erwähnen hier noch, daß die Größen y aus dem dualen Problem (5) die Bedeutung von Potentialen haben. Zugänge von dieser Seite werden wesentlich in [BG67] und [Hae79] genutzt.

Ein wichtiger Spezialfall des allgemeinen Flußmodells (1) ist das Transportproblem (vgl. Abschnitt 4.2.9)

$$z = \sum_{i=1}^m \sum_{j=1}^n c_{ij} x_{ij} \to \min !$$

$$\text{bei} \quad \sum_{j=1}^n x_{ij} = a_i, \quad i = 1(1)m,$$

$$\sum_{i=1}^m x_{ij} = b_j, \quad j = 1(1)n, \qquad (8)$$

$$x_{ij} \geq 0, \quad i = 1(1)m, \quad j = 1(1)n.$$

Definieren wir einen bipartiten Graphen durch eine Knotenmenge $\{v_i, i = 1(1)m\}$, und eine Knotenmenge $\{v_j, j = m+1(1)m+n\}$ und entsprechende Kanten, so ist die Koeffizientenmatrix der Nebenbedingungen in (8) gerade die Inzidenzmatrix dieses Graphen.

Ebenfalls mit Hilfe der Inzidenzmatrix kann das folgende **Matching Problem** modelliert werden. Für einen ungerichteten Graphen $G = (V, E)$ besteht das k-Matching Problem darin, eine Teilmenge $M \subset E$ von Kanten so auszuwählen, daß in einem Knoten nicht mehr als eine vorgegebene Zahl k von Kanten zusammentreffen. Ein k-Matching heißt **perfekt**, wenn in jedem Knoten genau k Kanten zusammentreffen. Ein Matching mit card $M \rightarrow$ max! heißt **maximum cardinality matching**. Ist jeder Kante $e \in E$ ein Gewicht $c(e)$ zugeordnet, so wird in dem **gewichteten** k-Matching Problem ein Matching mit $\sum_{e \in M} c(e) \rightarrow$ max! gesucht. Ein Beispiel für die Bestimmung eines maximal gewichteten 1-Matchings ist das klassische **Zuordnungsproblem** (vgl. auch Beispiel 1.2 in Abschnitt 1.1.). In Abschnitt 12.3 wird ein Lösungsalgorithmus für dieses Problem bereitgestellt.

Ordnen wir einer Kante i eine 0-1-Variable x_i mit $x_i = 1$ genau dann, wenn i zu M gehört, zu, so können die eingeführten Matching-Probleme durch

$$c^T x \rightarrow \text{max}! \qquad \text{bei} \qquad Hx \leq \hat{k}, \ x \in \{0,1\}^m,$$

beschrieben werden. Dabei ist $m = \text{card}\, E$, H die Inzidenzmatrix von G und $\hat{k}$ ein Vektor, dessen alle Komponenten gleich k sind. Für perfekte Matchings ist $Hx = \hat{k}$.

In dem bereits erwähnten Zuordnungsproblem liegt ein sogenannter **bipartiter Graph** $G(V, E)$ zugrunde, d.h. die Knotenmenge V zerfällt disjunkt in zwei Teilmengen V_1 und V_2 und es existieren nur Kanten, die mit einem Knoten aus V_1 und einem Knoten aus V_2 inzident sind.

Wir betrachten nun einen Algorithmus zur Bestimmung eines maximum cardinality 1-Matching in einem bipartiten Graphen. Es sei M ein gegebenes 1-Matching. Eine Kette in $G(V, E)$, bei der die Kanten zwischen M und $E \backslash M$ alternieren, heißt **alternierende Kette** bez. M. Ein Knoten $v \in V$, der mit keiner Kante aus E inzidiert, heißt **isolierter Knoten** bez. M. Weiterhin nennen wir eine alternierende Kette bez. M, deren beide Endknoten isoliert bez. M sind eine **vergrößernde Kette** bez. M. Es gilt das folgende Optimalitätskriterium

SATZ 9.3 *Ein 1-Matching M ist genau dann maximal, wenn keine vergrößernde Kette bez. M existiert.*

Beweis: K sei die Kantenmenge einer vergrößernden Kette $\Rightarrow M' := (M \cup K) \backslash (M \cap K)$ ist ein Matching mit card $M' = \text{card}\, M + 1$.

Falls M nicht maximal ist, dann existiert ein Matching M' mit card $M' = \text{card}\, M + 1$. Für $D := (M \cup M') \backslash (M \cap M')$ gilt card $D = 2\,\text{card}\, M + 1 - 2\,\text{card}\,(M \cap M')$ ungerade. Der Knotengrad im Teilgraphen $G_D := (V, D)$ ist kleiner gleich 2. Falls der Grad gleich 2 ist, gehört je eine Kante zu M bzw. M'. Die Komponenten von G_D sind damit entweder isolierte Knoten, gerade Zyklen oder alternierende Ketten. Wegen card D ungerade und card $M' = \text{card}\, M + 1$ ist wenigstens eine alternierende Kette eine vergrößernde Kette bez. M. ∎

Algorithmus für max-card 1-Matching in bipartiten Graphen

(i) Es sei M das aktuelle Matching;
Alle Knoten sind unbearbeitet und unmarkiert;

(ii) Optimalitätstest: Wenn höchstens ein unmarkierter isolierter (bez. M) Knoten existiert, so ist M maximal; andernfalls wähle einen unmarkierten isolierten (bez. M) Knoten v und markiere ihn mit $(g, -)$;

(iii) Für alle markierten und unbearbeiteten Knoten w führe folgende Anweisungen aus:
Falls w mit g markiert ist, so markiere alle unmarkierten Nachbarknoten von w mit (u, w). Der Knoten w ist damit bearbeitet.
Falls w mit u markiert und isoliert (bez. M), so wird M entsprechend der durch die Markierungen beschriebenen vergrößernden Kette vergrößert. Setze alle Knoten als unmarkiert und unbearbeitet und gehe zu (ii).
Falls w mit u markiert und nichtisoliert (bez. M), so markiere den Knoten, der mit w durch eine Kante aus M verbunden ist, mit (g, w). Der Knoten w ist damit bearbeitet.

(iv) Gehe zu (ii).

Bei der Übertragung des Algorithmus auf allgemeine Graphen gibt es Schwierigkeiten bei der Bestimmung der vergrößernden Ketten in den in Abbildung 9.2 ge-

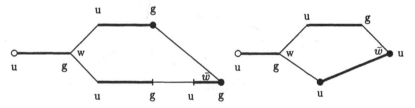

Zwei g-Knoten sind adjazent.

Zwei u-Knoten sind durch eine Kante des Matchings verbunden.

Abbildung 9.2

zeigten Fällen. Die Rückverfolgung ab $\overline{w}$ führt auf eine gerade und eine ungerade Kette zur Gabelung w. Es sei W die Kantenmenge der beiden Ketten, U die beteiligte Knotenmenge. Der Graph (U, W) heißt Blüte bez. des Matching M. Beim Auftreten einer Blüte im Markierungsprozeß wird diese Blüte (U, W) auf einen Pseudoknoten $\tilde{w}$ geschrumpft. In dem reduzierten Graphen $\tilde{G}$ erhält $\tilde{w}$ die Markierung von w und gilt als unbearbeitet, die von U aus nach $E\backslash U$ vorgenommenen Markierungen werden durch $(\cdot, \tilde{w})$ ersetzt.

Wird bei der Fortsetzung des Markierungsverfahrens im reduzierten Graphen $\tilde{G}$ eine vergrößernde Kette K gefunden, so müssen für die vergrößernde Kette in G die an K beteiligten Blüten entfaltet werden, d.h. für $\tilde{w}$ wird in die Kette K eine alternierende Kette mit gerader Kantenzahl aus der Blüte eingefügt (s. Abbildung 9.3).

Durch Einfügen der Operationen Schrumpfen und Entfalten von Blüten kann der angegebene Algorithmus auf die Ermittlung von maximum cardinality 1-Matchings in beliebigen Graphen erweitert werden. Mit $m = \operatorname{card} E$ und $n = \operatorname{card} V$ gelten folgende Überlegungen zur Komplexität. Die Anzahl der Matching-Vergrößerungen ist höchstens $m/2$. Der Aufwand für die Bestimmung einer vergrößernden Kette ist $O(n)$. Damit ergibt sich der Gesamtaufwand des Algorithmus zu $O(m \cdot n)$.

Die algorithmischen Untersuchungen zu Matching-Problemen wurden wesentlich von Edmonds [Edm65] initiiert.

Bemerkung 9.1 Nach der Komplexitätstheorie lassen sich alle graphentheoretischen Probleme, die als lineare Optimierungsaufgaben mit polynomialen Anzahlen von Variablen und Nebenbedingungen formuliert werden, mit polynomialem Aufwand lösen. Entsprechende Lösungsverfahren werden aber in der Regel eigenständig begründet. Im folgenden Abschnitt werden dazu einige Beispiele gegeben. □

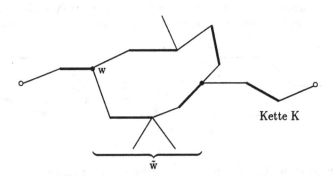

Abbildung 9.3

Übung 9.3 Geben Sie eine detaillierte Beschreibung des Algorithmus zur Bestimmung eines maximum cardinality 1-Matchings in einem beliebigen Graphen.

Übung 9.4 Wie lautet das duale Problem zum Problem des kürzesten Weges (7)?

Übung 9.5 Man führe weitere Untersuchungen über den Zusammenhang von zulässigen Lösungen von (4) und Schnitten im Netzwerk G durch.

Übung 9.6 Formulieren Sie die Anwendung der Simplexmethode zur Lösung des Transportproblems (8) als Kettenaustausch (vgl. Abschnitt 4.2.9).

9.3 Aufdatierungen in Graphen

Eines der wichtigsten eigenständigen oder auch in anderen Aufgabenstellungen genutzten Probleme ist die Ermittlung von Wegen oder Ketten mit speziellen Eigenschaften, z.B. kürzester Weg zwischen zwei Knoten oder nichtabgesättigte Ketten zur Verbesserung eines Flusses (s. Abschnitt 1.5). Zur Effektivierung von Algorithmen und zu Beweisführungen werden die Wege vielfach in Klassen von Wegen mit gleicher Bogenzahl eingeteilt.

9.3.1 Kürzeste Wege

Wir betrachten zunächst das Problem, in einem gerichteten Graphen mit nichtnegativen Bogenbewertungen einen kürzesten Weg von einem Startknoten v_a zu einem Zielknoten v_e zu bestimmen. Im **Algorithmus von Dijkstra** werden von v_a ausgehend kürzeste Wege zu anderen Knoten solange bestimmt bis v_e erreicht ist. Zur Vereinfachung der Darstellung identifizieren wir im folgenden den Knoten v_i mit dem Index i. $g(\omega^+\{i\})$ sind die unmittelbaren Nachfolger vom Knoten i.

(i) Setze $d(i) := \infty$ für alle $i \in V$ sowie
$A := \{a\}$, $d(a) := 0$, $r := a$, $B := g(\omega^+\{a\})$.

(ii) Solange $e \notin A$ gilt, führe folgende Anweisungen aus:
Für alle $i \in g(\omega^+\{r\})$ setze $d(i) := \min\{d(i), d(r) + c_{ri}\}$;
Wähle ein $r \in B$ mit $d(r) = \min\{d(i) : i \in B\}$ und
setze $A := A \cup \{r\}$, $B := (B \cup g(\omega^+\{r\}))\backslash\{r\}$.

LEMMA 9.3 *Der Algorithmus von Dijkstra liefert die kürzeste Weglänge* $d(e)$.

Beweis: Im Algorithmus werden kürzeste Wege nach wachsender Weglänge geordnet erzeugt. In einem beliebigen Schritt des Algorithmus seien $d(i), i \in A$, die kürzesten Weglängen vom Knoten a zu den Knoten aus A. Über die Menge B werden <u>alle</u> möglichen Wegfortsetzungen über A hinaus erfaßt. Durch die Anweisung $\min\{d(i) : i \in B\}$ wird die nächstkürzeste Weglänge ermittelt, die durch den Knoten r realisiert wird. $d(r)$ ist damit kürzeste Weglänge vom Knoten a zum Knoten r. ∎

Bemerkung 9.2 Durch Ergänzungen und geeignete Tests kann ein zugehöriger Weg erhalten bzw. die Nichtlösbarkeit des Problems festgestellt werden. □

Die im Beweis verwendete Schlußweise wird in größerem Zusammenhang nochmals in Kapitel 11 dargestellt.

Wir stellen im folgenden das **Verfahren von Ford/Moore** dar, bei dem im Unterschied zum Algorithmus von Dijkstra auf die Voraussetzung $c_{ij} \geq 0$ verzichtet werden kann.

(i) Setze $d(i) := \infty$ für alle $i \in V$ sowie
$A := \{a\}$, $B := \emptyset$, $d(a) := 0$, $k := 1$;

(ii) Solange nicht $A = \emptyset$ oder $k = n + 1$ gilt, führe folgende Anweisungen aus:
Für alle $j \in A$ und für alle $i \in g(\omega^+\{j\})$ mit $d(j) + c_{ji} < d(i)$ setze
$d(i) := d(j) + c_{ji}$ sowie $B := B \cup \{i\}$;
Setze $A := B$, $B := \emptyset$, $k := k + 1$.

Für das Verfahren von Ford/Moore kann gezeigt werden (vgl. [KLS75])

LEMMA 9.4 *Falls bei Abbruch des Algorithmus $A = \emptyset$ gilt, so sind alle kürzesten Weglängen $d(i)$ vom Knoten a zu allen erreichbaren Knoten i bestimmt. Falls $A \neq \emptyset$ gilt, so enthält der Graph Kreise mit negativer Länge.*

Bemerkung 9.3 Da sich das Verfahren von Ford/Moore auch auf Probleme mit negativen Bogenbewertungen c_{ij} anwenden läßt, kann man mit diesem Verfahren auch maximale Weglängen bestimmen. Durch $d(i) := -\infty$ für alle $i \in V$ in (i) und Änderung der zentralen Anweisung im Algorithmus zu

$$d(i) := \max\{d(i),\ d(j) + c_{ji}\}$$

entsteht der mit **FML** bezeichnete Algorithmus von Ford/Moore zur Bestimmung längster Wege. $\square$

9.3.2 Netzplantechnik

Der modifizierte Ford/Moore-Algorithmus FML aus dem vorangegangenen Abschnitt wird als wesentliches Hilfsmittel in der Netzplantechnik eingesetzt. Zur Lösung entsprechender Probleme behandeln wir im folgenden die **Metra-Potential-Methode (MPM)**.

Die Netzplantechnik beinhaltet Methoden zur Optimierung und Überwachung der Ausführung von Projekten. Diese Projekte werden über eine Zerlegung in Teilvorgänge und Berücksichtigung vielfacher Abhängigkeiten durch Netzwerke modelliert. Eine einfache Aufgabenstellung ist die Ermittlung einer möglichen Projektausführung bei minimaler Gesamtdauer. In der folgenden Modellierung werden den Teilvorgängen (Aktivitäten) die Knoten des Netzwerkes zugeordnet. Die Bögen beschreiben logische und zeitliche Aufeinanderfolgen von Aktivitäten.

Die Aktivitäten des Projektes seien mit I, $I = 1(1)N$, bezeichnet. Die Aktivität I habe die Dauer $D[I]$ und sei einem Knoten I zugeordnet. Zwischen den Aktivitäten bestehen logische Verknüpfungen, die durch Bögen mit Zeitwerten, sogenannten **Koppelabständen** $KA[I, J]$ modelliert werden. Wie in der Netzplantechnik üblich, bezeichnen wir mit $FT[I]$ den frühest möglichen Anfangstermin und mit $ST[I]$ den spätest zulässigen Endtermin der Aktivität I. Wir betrachten die folgenden beiden Fälle (a) und (b):

(a) $KA[I, J] \geq 0$ bedeute, die Aktivität J kann frühestens nach $KA[I, J]$ Zeiteinheiten nach Beginn von I beginnen (Mindestabstand). Es gilt also

$$FT[J] \geq FT[I] + KA[I, J],$$
$$ST[J] \geq ST[I] + KA[I, J]. \tag{9}$$

(b) $KA[I, J] \leq -0$ bedeute, die Aktivität J muß spätestens nach $|KA[I, J]|$ Zeiteinheiten nach Beginn von I begonnen haben (Höchstabstand). Es gilt also

$$FT[J] \leq FT[I] - KA[I, J],$$
$$ST[J] \leq ST[I] - KA[I, J]. \tag{10}$$

Die Zuordnung eines Bogens wird wie folgt vorgenommen:

Fall (a): Bogen von I nach J.

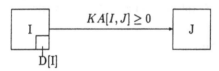

Fall (b): Aus (10) folgt $FT[I] \geq FT[J] + KA[I, J]$, d.h. I und J vertauschen praktisch ihre Rollen, deshalb Bogen von J nach I :

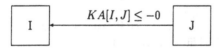

Der Bogen ist in diesem Fall entgegengesetzt der zeitlichen Reihenfolge der Aktivitäten I und J orientiert.

Einige Sonderfälle sollen kurz angegeben werden:

$KA[I, J] = D[I]$ bedeutet, J kann frühestens nach Abschluß von I beginnen.
$KA[J, I] = \pm 0$ bedeutet, I und J beginnen gleichzeitig. Der Netzplan wird durch eine Endaktivität E abgeschlossen. In der Regel ist $D[E] = 0$.

Aus der Modellierung ist ersichtlich, daß eigentlich die Anfangszeitpunkte von Aktivitäten den Knoten zugeordnet werden (Ereignisse).

LEMMA 9.5 *Bei der Aufstellung eines Netzplanes sind solche Kreise unzulässig, für die die Summe der zugehörigen Koppelabstände positiv ist.*

Aus dem folgenden Lemma begründet sich die Anwendbarkeit der Wegealgorithmen auf Probleme der Netzplantechnik.

LEMMA 9.6 *Der frühestmögliche Termin FT[J] für das Eintreten des Ereignisses J ist gleich der maximalen Länge aller Wege vom Startereignis A nach J.*

Beweis: Jeder Weg beschreibt eine Folge von Abhängigkeiten. Bevor J eintreten kann, müssen alle Abhängigkeitsfolgen berücksichtigt worden sein. Die zugehörige Zeit ist gleich der Weglänge. Aus der Berücksichtigung des ungünstigsten Falles ergibt sich die Notwendigkeit der Berechnung der maximalen Weglänge. ■

Analog zu Lemma 9.6 gilt

LEMMA 9.7 *Der spätestzulässige Termin ST[J] ist gleich dem Wert FT[E] minus der maximalen zeitlichen Länge aller Wege vom Ereignis J zum Endereignis E.*

Folgerung 9.2 Die Bestimmung der $FT[J]$ und $ST[J]$ kann mit dem Algorithmus FML erfolgen. □

Wir nennen einen Weg mit der Länge $T = FT[E]$ einen **kritischen Weg**. Die minimale Projektdauer ergibt sich dann zu $\max(FT[I] + D[I])$. Mit dem folgenden Algorithmus wird eine Zeitplanung im Netzplan ermöglicht.

MPM-Algorithmus

(i)   Setze $v_a := A$ und
$$c_{ij} := \begin{cases} KA[I,J] \text{ für } KA[I,J] \geq 0, \\ KA[J,I] \text{ für } KA[J,I] \leq -0; \end{cases}$$

(ii) Wende den Algorithmus FML an;
      Setze $FT[J] := d(j);\ T := FT[E]$;

(iii) Setze $v_a := E$ und orientiere die Bögen um gemäß
$$c_{ji} := \begin{cases} KA[I,J] \text{ für } KA[I,J] \geq 0, \\ KA[J,I] \text{ für } KA[J,I] \leq -0. \end{cases}$$

(iv) Wende den Algorithmus FML an;
      Setze $ST[J] := T - d(j)$.

LEMMA 9.8 *Es gilt FT[I] ≤ ST[I] für alle I.*

Die Größen $GP[I] := ST[I] - FT[I]$ heißen **Pufferzeiten**. Eine Aktivität I mit $GP[I] = 0$ heißt **kritisch**.

LEMMA 9.9 *Kritische Aktivitäten liegen genau auf kritischen Wegen.*

LEMMA 9.10 *Ein Bogen mit KA[I,J] zwischen I und J liegt genau dann auf einem kritischen Weg, wenn*

$$GP[I] = GP[J] = 0 \ \wedge \ ST[J] - FT[I] = |KA[I,J]|.$$

Bemerkung 9.4 Identifiziert man den Knoten I mit dem Start einer Aktivität (I, J) zum Knoten J und setzt die Dauer dieser Aktivität $d(I, J) = KA[I, J] \geq 0$, so erhält man die bekannte Methode **CPM (critical path method)** (siehe z.B. [KLS75]) als Spezialfall von MPM. $\square$

9.3.3 Maximaler Fluß

Wir betrachten das in (3) beschriebene Problem des maximalen Flusses vom Knoten v_1 zum Knoten v_n. Durch Streichen der v_n-Zeile aus der Inzidenzmatrix H entstehe die Matrix H'. Jede ganzzahlige Lösung von $H'x \geq 0$, $a \leq x \leq b$ heißt ein **Präfluß**. In einem Präfluß kann also die Summe der in einen Knoten einströmenden Bogenflüsse die Summe der ausströmenden Bogenflüsse übersteigen. Lediglich im Zielknoten ist ein Überschuß der ausströmenden Bogenflüsse möglich. Ohne auf die Zielfunktion näher einzugehen, erhalten wir durch die Präflüsse eine Relaxation des gegebenen Flußproblems. Während im Algorithmus von Ford/Fulkerson die Verbesserung eines gegebenen Flusses durch eine Flußerhöhung längs eines Weges realisiert wird, kann mit Hilfe des Präfluß-Begriffes eine globale Verbesserung erfolgen. Die in [Din70] bzw. [DM89] angegebenen Algorithmen von Dinic/Karzanov bzw. Goldberg können dabei als Gesamtschritt- bzw. als Einzelschrittverfahren charakterisiert werden. Wir beschreiben im folgenden das Verfahren von Goldberg.

Wie oben eingeführt, wird für den Graphen $G = (V, E, a, b)$ ein Präfluß durch eine Funktion $p : E \to \mathbb{Z}_+$ mit

$$
\begin{aligned}
a(e) &\leq p(e) \leq b(e) && \text{für alle } e \in E \\
\sum_{e \in \omega^-(v)} p(e) &\geq \sum_{e \in \omega^+(v)} p(e) && \text{für alle } v \in V \setminus \{v_1, v_n\}
\end{aligned}
\tag{11}
$$

definiert. Die entsprechend

$$
\Delta p(v) = \begin{cases} \infty & \text{, falls } v = v_1, \\ \displaystyle\sum_{e \in \omega^-(v)} p(e) - \sum_{e \in \omega^+(v)} p(e) & \text{, sonst} \end{cases}
\tag{12}
$$

definierte Funktion $\Delta p : V \to \overline{\mathbb{Z}}_+$ heißt Überschußfunktion in bezug auf den Präfluß p. Zugehörig zum Präfluß p wird ein reduzierter Graph $L(p) = (V, E_p, c_p)$ definiert durch

$$
E_p = \{e : e \in E \text{ und } p(e) < b(e)\}
$$
$$
\cup \{e = (v, w) : e' = (w, v) \in E \text{ und } p(e') > a(e')\}, \tag{13}
$$

$$
c_p(e) = \begin{cases} b(e) - p(e) & \text{für } e \in E_p \cap E \\ p(e') - a(e') & \text{für } e \in E_p \setminus E. \end{cases}
\tag{14}
$$

Eine Funktion $d : V \to \mathbb{Z}_+$ mit

$$
\begin{aligned}
d(v_n) &= 0 \text{ und } d(v) > 0 \text{ für } v \neq v_n, \ v \in V, \\
d(v) &\leq d(w) + 1 \text{ für } e = (v, w) \in E_p
\end{aligned}
\tag{15}
$$

heißt **zulässige Markierung** bezüglich p. Eine einfache zulässige Markierung wird z.B. durch

$$d(v) = \begin{cases} 0 & \text{für } v = v_n \\ 1 & \text{sonst} \end{cases}$$

beschrieben.

Für einen Knoten v sei $N(v) = \{w \in V : \exists e = (v,w) \in E_p\}$ die Menge der Nachfolger von v im reduzierten Graphen $L(p)$. Ein Knoten v heißt **aktiv** bezüglich eines Präflusses p und einer zulässigen Markierung d, falls

$$\Delta p(v) > 0 \qquad \text{und} \qquad 0 < d(v) < |V| \tag{16}$$

gilt. Die Menge aller aktiven Knoten bezeichnen wir mit $A := A(p,d)$. Bei gegebenem Präfluß p und gegebener Markierung d wird der zentrale Teil des **Verfahrens von Goldberg** ([GT86],[DM89]) durch die folgenden Anweisungen beschrieben:

(ii)   Solange $A \neq \emptyset$ ist, sind die folgenden Anweisungen auszuführen:

Wähle $v \in A$; Falls $N(v) = \emptyset$, so setze $d(v) = |V|$ und wähle neues v;
Falls $d(w) \geq d(v)$ für alle $w \in N(v)$ gilt, setze

$$d(v) := \min\{d(w) + 1 : w \in N(v)\};$$

Wähle $w \in N(v)$ mit $d(w) < d(v)$ und setze $e := (v,w)$,
$\varepsilon := \min\{\Delta p(v), c_p(e)\}$;
Falls $e \in E$ ist, setze $p(e) := p(e) + \varepsilon$, anderenfalls $p(e) := p(e) - \varepsilon$;

Beispiel 9.2 (s. Abbildung 9.4) Durch [a,b] sind die unteren und oberen Kapazitäten in den Bögen gegeben. Die weiteren Werte an den Bögen beschreiben einen Präfluß. □

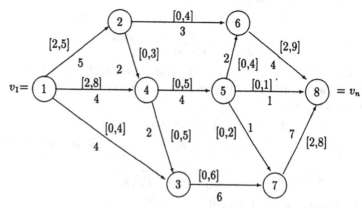

Abbildung 9.4: Flußproblem

LEMMA 9.11 *Das Goldberg-Verfahren bestimmt durch die im Algorithmus mit erzeugten Mengen $W = \{v \in V : d(v) < |V|\}$ und $V\backslash W$ einen Schnitt minimaler Kapazität.*

LEMMA 9.12 *Für alle Knoten $w \in W$ gilt $\Delta p(w) = 0$, d.h. für diese Knoten ist die Flußbedingung (3) erfüllt.*

Um den maximalen Fluß vollständig zu bestimmen, wird der angegebene Algorithmus auf den umorientierten Graphen $G' = (V, E', a, b)$ mit $E' = \{e = (v, w) : \exists (w, v) \in E\}$ mit dem Startknoten v_n und dem Zielknoten v_1 angewendet.

Im Algorithmus von Karzanov wird ein Teil des reduzierten Graphen $L(p)$ als sogenannter **Schichtengraph** $LG(p) = (\bar{V}, \bar{E}, c_p)$ verwendet. Der Schichtengraph wird dabei durch folgenden Algorithmus definiert. Es sei ein Fluß p gegeben.

(i)   Setze $W_0 := \{v_1\}$, $k := 0$, $\bar{V} := V\backslash W_0$;

(ii) $E_k := \{e = (v, w) \in E : v \in W_k, \; w \in \bar{V}, p(e) < b(e)\}$,

       $\bar{E}_k := \{e = (v, w) : e' = (w, v) \in E, w \in \bar{V}, v \in W_k, p(e') > a(e')\}$,

       $W_{k+1} := \{w \in \bar{V} : \exists (v, w) \in E_k \cup \bar{E}_k\}$;

       Gilt $W_{k+1} = \emptyset$, so ist p ein maximaler Fluß;

(iii)   Setze $k := k + 1$;

       Falls $v_n \notin W_k$, so setze $\bar{V} := \bar{V}\backslash W_k$ und gehe zu (ii);

       Setze $W_k := \{v_n\}$, $E_k := \{e = (v, w) \in E_{k-1} : w = v_n\}$;

       $\bar{E}_k := \emptyset$;

Durch die im Algorithmus ermittelte Knotenmenge $\bar{V}$ sowie $E := \bigcup_{j=1}^{k}(E_k \cup \bar{E}_k)$ und durch die Kapazitäten c_p (vgl. (12)) ist $LG(p)$ definiert. Im Algorithmus von Karzanov wird dabei über einen Präfluß in $LG(p)$ ein Flußzuwachs Δp ermittelt und mit dem verbesserten Fluß $p + \Delta p$ fortgesetzt.

Wir beschreiben im weiteren die Bestimmung eines **Startflusses** in einem Netzwerk N mit unteren und oberen Kapazitäten nach [Gal87]. Wir nehmen an, daß N den Bogen $\bar{e} = (v_n, v_1)$ nicht enthält. Ist $\bar{e}$ in N enthalten, so müßte $\bar{e}$ als Rückwärtsbogen mit dem Fluß $p(e) = a(\bar{e})$ belegt werden. Ist das Flußproblem ohne den Bogen $\bar{e}$ mit einer Maximalflußstärke $p_0 \geq a(\bar{e})$ lösbar, so liegt gleichzeitig eine Lösung für das Ausgangsproblem mit der Flußstärke $p_0 - a(\bar{e})$ vor, anderenfalls ist das Ausgangsproblem nicht lösbar.

Wir erweitern also N um den Bogen $\bar{e} := (v_n, v_1)$ mit den Kapazitäten $a(\bar{e}) := 0$, $b(\bar{e}) := +\infty$, erhalten so das Netzwerk N' und berechnen

$$u(v) = \sum_{e \in \omega^-(v)} a(e) - \sum_{e \in \omega^+(v)} a(e) \quad \text{für alle } v \in V. \tag{17}$$

Durch Hinzufügen von zwei Knoten $\bar{r}$ (neue Quelle) und $\bar{s}$ (neue Senke) und von Bögen $(\bar{r}, v)$ zwischen $\bar{r}$ und solchen v, für die $u(v) > 0$ gilt - wir setzen in diesem Fall $\hat{a}(\bar{r}, v) := 0$, $\hat{b}(\bar{r}, v) := u(v)$ - sowie zwischen solchen v, für die $u(v) < 0$ gilt, und $\bar{s}$ - in diesem Fall wird $\hat{a}(v, \bar{s}) := 0$, $\hat{b}(v, \bar{s}) := -u(v)$ gesetzt, wird N' zu einem Netzwerk $\hat{N}$ erweitert. Dabei werden für alle Bögen e aus N' die Schranken $\hat{a}(e) := 0, ; , \hat{b}(e) := b(e) - a(e)$ gesetzt. In $\hat{N}$ gilt

$$\sum_{e \in \omega^+(\hat{r})} \hat{b}(e) = \sum_{e \in \omega^-(\hat{s})} \hat{b}(e) . \tag{18}$$

Die Konstruktion von $\hat{N}$ aus N' bedeutet, daß im Fall $u(v) > 0$ die Mindestmenge, die in den Knoten v hineinfließt, vermindert um die Mindestmenge, die aus v herausfließt, direkt von der neuen Quelle $\hat{r}$ kommt. Entsprechend wird im Fall $u(v) < 0$ die Nettomindestmenge $|u(v)|$, die in N' aus v herausfließt, auf den Bogen $(v, \hat{s})$ umgelegt. Die Erfüllung der Mindestflußmengen bedeutet, daß die Zulässigkeit von Flüssen in N gleichbedeutend ist mit der Existenz von Flüssen $\hat{p}$ mit

$$\hat{p}(e) = \hat{b}(e) \text{ für alle } e \in \omega^+(\hat{r}) \text{ und alle } e \in \omega^-(\hat{s}) . \tag{19}$$

Flüsse in $\hat{N}$ mit der Bedingung (19) wollen wir abgesättigte Flüsse nennen.

Damit gilt: In N existiert ein zulässiger Fluß, wenn ein maximaler Fluß in $\hat{N}$ abgesättigt ist. Ist $\hat{p}$ solch ein maximaler Fluß, so wird durch

$$p(e) := \hat{p}(e) + a(e) \quad \text{für alle} \quad e \in E \tag{20}$$

ein zulässiger Fluß p in N erhalten.

Zur Bestimmung eines maximalen Flusses $\hat{p}$ kann von dem Nullfluß in $\hat{N}$ ausgegangen werden.

Übung 9.7 Zeige, jeder Weg von einem Knoten v zum Knoten v_n in $L(p)$ hat wenigstens $d(v)$ Bögen.

Übung 9.8 Führe einige Schritte des Goldberg-Verfahrens im Beispiel 9.2 durch.

9.4   Probleme aus der Klasse $\mathcal{NP}$-vollständig

Zunächst werden wir einige graphentheoretische und benachbarte Entscheidungsprobleme definieren. Umfangreiche Komplexitätsaussagen und Untersuchungen zu den eingeführten und zahlreichen weiteren Problemen sind in [GJ79] enthalten.

3-dimensionales Matching (3DM)

Gegeben: Eine Menge $U \subset X \times Y \times Z$, wobei X, Y, Z disjunkt sind und $\operatorname{card} X = \operatorname{card} Y = \operatorname{card} Z = n$ gilt.

Frage: Gibt es ein 3-dimensionales Matching, d.h. eine Menge M mit $M \subset U$, $\operatorname{card} M = n$ und keine zwei verschiedenen Tupel aus M stimmen in irgendeiner Komponente überein?

Vertex Cover (VC)

Gegeben: Ein Graph $G = (V, E)$ und eine positive ganze Zahl $K \le \text{card} \, V$.

Frage: Existiert ein V' mit $V' \subset V$ und $\text{card} \, V' \le K$, so daß für jedes $e = (u, v) \in E$ entweder u oder v zu V' gehört?

Exact Cover (EC)

Gegeben: Eine endliche Menge W und eine Menge F von Teilmengen von W.

Frage: Gibt es eine Menge $F' \subset F$ mit $\bigcup\limits_{S \in F'} S = W$ und $S \cap \overline{S} = \emptyset$ für $S, \overline{S} \in F', S \ne S'$?

(Ein solches F' heißt exakte Überdeckung oder Partition von W.)

Clique (CL)

Gegeben: Ein Graph $G = (V, E)$ und eine positive ganze Zahl $K \le \text{card} \, V$.

Frage: Existiert ein V' mit $V' \subset V$ und $\text{card} \, V' \ge K$, so daß je zwei Knoten aus V' durch eine Kante aus E verbunden sind?

Independent Set (IS)

Gegeben: Ein Graph $G = (V, E)$ und eine positive ganze Zahl $K \le \text{card} \, V$.

Frage: Gibt es eine unabhängige Menge von K Knoten, d.h. eine Menge $U \subset V$ mit $\text{card} \, U = K$ und keine zwei Knoten aus U sind durch ein $e \in E$ verbunden?

Durch (7.1) und (7.10) wurden bereits die Probleme Traveling Salesman Bound (TSB) und Hamilton-Kreis (HC) definiert. Bezüglich der Komplexität der eingeführten Probleme gilt folgende Aussage

SATZ 9.4 *Die Probleme 3DM, VC, EC, CL, IS, TSB, HC gehören zur Klasse $\mathcal{NP}$-vollständig.*

Der Beweis von Satz 9.4 wird mit der in Abschnitt 7.2 auf der Grundlage von Definition 7.1 begründeten Technik durchgeführt. Für jedes aufgeführte Problem P muß die Zugehörigkeit zu $\mathcal{NP}$ gezeigt werden. Anschließend ist ein Problem $\hat{P}$ zu suchen, für das die Zugehörigkeit zu $\mathcal{NP}$-vollständig bereits nachgewiesen ist und für das die polynomiale Transformierbarkeit $\hat{P} \propto P$ gezeigt werden kann. Wegen Lemma 7.4 kann das Problem *Satisfiability* (SAT) als $\hat{P}$ verwendet werden. In [Wag88],[PS82] ist der Beweis für die Aussage SAT $\propto$ 3DM enthalten.

Eine aussagenlogische Formel Φ kann in konjunktiver Normalform

$$\Phi = \bigwedge_i (u_1^i \vee \cdots \vee u_{n_i}^i)$$

geschrieben werden, wobei die u_j^i Variablen oder die Negation von Variablen sind.
Wir definieren dann das folgende Teilproblem von SAT.

3-Satisfiability (3-SAT)

Gegeben: Eine aussagenlogische Formel Φ mit $n_i \leq 3 \ \forall i$.
Frage: Ist Φ erfüllbar?

Wegen SAT $\propto$ 3-SAT (s. z.B.[GJ79],[JT88]) ist 3-SAT $\mathcal{NP}$-vollständig.

Bemerkung 9.5 Das Problem 2-SAT ist polynomial lösbar (s. etwa [JT88]). □

In der Literatur gezeigte Transformationen sind etwa 3-SAT$\propto$ CL (siehe [PS82]),
3-SAT $\propto$ HC (siehe [PS82]), HC $\propto$ TSB (siehe Lemma 7.1), 3-SAT $\propto$ EC (siehe
[JT88]), 3-SAT $\propto$ VC und VC $\propto$ HC (siehe [GJ79]) .
Führt man zu einem Graphen $G = (V, E)$ ein Komplement $\overline{G} = (V, \overline{E})$ in folgender Weise ein

$$\text{Für} \quad u, v \in V \quad \text{gilt} \quad e = (u, v) \in \overline{E} \quad \text{genau dann, wenn} \quad e \notin E \quad \text{ist.}$$

so gilt

LEMMA 9.13 *Für einen Graphen $G = (V,E)$ und eine Menge $S \subset V$ sind folgende Aussagen äquivalent*

  (i) *S ist eine Clique in G.*
  (ii) *S ist unabhängige Menge in $\overline{G}$.*
  (iii) *$V \setminus S$ ist eine Knotenüberdeckung in $\overline{G}$.*

Übung 9.9 Im Problem MAX-CUT wird für einen Graphen $G = (V, E)$ bei ge-
gebenem k eine Partition von V in V_1 und V_2 gesucht, so daß $\operatorname{card} \omega(V_1) \geq k$ gilt.
Zeigen Sie, daß MAX-CUT $\mathcal{NP}$-vollständig ist.

Übung 9.10 Man beweise Lemma 9.13.

10 Die Methode branch and bound

Branch and bound ist eine sehr flexible Technik, um effektive Lösungsverfahren insbesondere für Probleme der diskreten Optimierung zu entwickeln. Auf Grund der Möglichkeiten, die Struktur der Probleme im Lösungsprozeß berücksichtigen zu können und zu müssen, auf Grund guter Ausnutzung von zur Verfügung stehender Rechnertechnik (Anpassung an vorhandene Speicherkapazität, Realisierung im Dialog und auf Parallelrechnern) und auf Grund der strukturellen Nähe zu den theoretischen nichtdeterministischen Turing-Maschinen ist branch and bound die angepaßte Lösungsmethodik für diskrete $\mathcal{NP}$-harte Optimierungsprobleme. In der Methode branch and bound wird die mathematische Technik der Fallunterscheidung kultiviert, Anschaulichkeit wird durch die graphentheoretische Baumstruktur erreicht, eine effektive Implementierung gehört direkt zur Methodik und kommt ohne gute Informatikkenntnisse nicht aus. Wir beschreiben zunächst einen allgemeinen Zugang zu branch and bound und geben dann einige konkrete Anwendungen.

10.1 Grundlegende Konzeption – Relaxation, Separation, Strategien

In einem branch and bound Verfahren wird das zu lösende Problem

$$P : \quad f(x) \to \min ! \quad \text{bei } x \in S \tag{1}$$

durch eine Familie von Teilproblemen $F_k = \{ P_1, P_2, \cdots, P_{r_k} \}$ mit

$$P_i : \quad f(x) \to \min ! \quad \text{bei } x \in S_i \tag{2}$$

ersetzt, wobei stets gesichert wird, daß die Lösung von P aus den Lösungen der in F_k enthaltenen Teilprobleme erhalten werden kann. Das branch and bound Verfahren stellt sich dann als Iterationsprozeß

$$F_{k+1} = \Phi(F_k), \quad k = 0, 1, \cdots \tag{3}$$

über Familien von Teilproblemen dar. Der Operator Φ setzt sich aus verschiedenen Grundbausteinen zusammen, die im folgenden beschrieben werden.

1. Separation (Verzweigung, Branching)

Zunächst wird der zulässige Bereich S in endlich viele Teilmengen zerlegt : $S =$ $S_{01} \cup \cdots \cup S_{0s_0}$. In weiteren Schritten muß es in analoger Weise möglich sein, im Laufe des Verfahrens auftretende Teilmengen S_i zu zerlegen :

$$S_i = S_{i1} \cup \cdots \cup S_{is_i} \quad \text{usw.}$$

Gilt dabei $S_{i\ell} \cap S_{ij} = \emptyset$ für $\ell \neq j$, so sprechen wir von einer Partition. Der Zerlegungsprozeß kann anschaulich in einem Baum dargestellt werden.

2. Relaxation (vgl. Abschnitt 1.1, (1.14) und (1.15)) (Bounding)

Zu dem Problem P wird ein Problem

$$P_R : \qquad z(x) \to \min ! \quad \text{bei } x \in Q \tag{4}$$

mit $S \subset Q$ und $z : Q \to \mathbb{R}$ mit $z(x) \leq f(x)$ für alle $x \in S$ betrachtet. Die in 1 beschriebene Separation wird in der Regel über die Menge Q vorgenommen. Die Übertragung von (4) führt dann für ein Teilproblem $P_i \in F_k$:

$$P_i : \qquad f(x) \to \min ! \quad \text{bei } x \in S_i \tag{5}$$

zu der Relaxation

$$P_{R_i} : \qquad z(x) \to \min ! \quad \text{bei } x \in Q_i . \tag{6}$$

An die Relaxationen wird die Forderung gestellt, daß sie einfacher zu lösen sind als die ursprünglichen Probleme. Die Optimalwerte z_i^* der Relaxationen bilden **untere Schranken** $b(P_i)$ für die Optimalwerte f_i^* der ursprünglichen Probleme. Wir vereinbaren noch folgende Bezeichnungen:

x_i^* Optimallösung von P_i, d.h. $x_i^* \in S_i$ und $f(x_i^*) = f_i^*$,

$\tilde{x}_i^*$ Optimallösung von P_{R_i}, d.h. $\tilde{x}_i^* \in Q_i$ und $z(\tilde{x}_i^*) = z_i^*$.

3. Strategie (Auswahlregel)

Durch die Auswahlregel φ wird aus der Familie F_k ein Teilproblem P_{i_k} für einen Separationsschritt ausgewählt :

$$P_{i_k} = \varphi(F_k) .$$

Vor einer allgemeinen algorithmischen Beschreibung seien noch einige Definitionen, Aussagen und Bemerkungen zusammengestellt.

Für die unteren Schranken gilt bzw. wird gefordert:

a) $b(P_i) = z_i^* \leq f_i^* = \min\limits_{x \in S_i} f(x)$.

b) $b(P_i) = f_i^*$ für $\operatorname{card} S_i = 1$ bzw. $\operatorname{card} Q_i = 1$.

c) $b(P_{i_k}) \leq b(P_{i_k j})$ für $j = 1(1)s_{i_k}$.

Durch b) wird für „einelementige" Probleme gefordert, daß die Schranke durch den Funktionswert dieses Elementes gegeben ist. Diese Forderung ist wichtig für den Abbruch der Algorithmen.

Durch c) wird gesichert, daß bei einer Separation keine Verschlechterung der Schranken auftritt. Falls $S_i = \emptyset$ oder $Q_i = \emptyset$ bekannt ist, so setzen wir formal $b(P_i) = +\infty$. Solche Teilprobleme werden von weiteren Untersuchungen ausgeschlossen.

Ein $u \in \bar{R}$ mit $u \geq f^*$ heißt **obere Schranke**. Die Bestimmung von u erfolgt in der Regel über eine Näherungslösung $\hat{x} \in S$ durch $u = f(\hat{x})$. u wird im Laufe des Verfahrens aktualisiert (Rekord).

Wesentliche Grundlage für ein branch and bound Verfahren ist die folgende **Streichungsregel (Rejection)**:

LEMMA 10.1 *Ein Teilproblem P_i mit $b(P_i) > u$ enthält keine Optimallösung von P und kann aus den weiteren Untersuchungen ausgeschlossen (gestrichen) werden.*

Beweis: Aus der Annahme, es existiert ein $\tilde{x} \in S_i$ mit $f(\tilde{x}) = f^*$ folgt mit $f^* = f(\tilde{x}) \geq b(P_i) > u > f^*$ ein Widerspruch. ∎

Der folgende Algorithmus realisiert die Bestimmung einer Optimallösung des Problems (1).

branch and bound Basisalgorithmus

(i) (Start) Untersuche die Relaxation P_R, berechne ein $b(P)$ und bestimme eine Näherungslösung $\hat{x} \in S$;
Gilt $b(P) = f(\hat{x})$, so ist $\hat{x}$ Optimallösung von P.
Anderenfalls setze $F := \{P\}$, $u := f(\hat{x})$;

(ii) (Abbruchtest) Falls $F = \emptyset$, so ist $\hat{x}$ Optimallösung von P und $u = f(\hat{x}) = f^*$;

(iii) (Verzweigungsstrategie) Setze $P_i := \varphi(F)$ und $F := F \setminus \{P_i\}$;

(iv) (Separation) Für alle Nachfolger P_{ij}, $j = 1(1)s_i$, von P_i ist die Relaxation $P_{R_{ij}}$ zu untersuchen und dementsprechend sind folgende Anweisungen auszuführen:

Falls $S_{ij} = \emptyset$ oder $Q_{ij} = \emptyset$, so ist die Untersuchung von P_{ij} beendet (P_{ij} wird gestrichen);

Falls $b(P_{ij}) \geq u$, so ist die Untersuchung von P_{ij} beendet;

Falls $\hat{x}_{ij}^* \in S_{ij}$ und $f(\hat{x}_{ij}^*) < u$, so setze $\hat{x} := \hat{x}_{ij}^*$ und $u := f(\hat{x}_{ij}^*)$ und die Untersuchung von P_{ij} ist beendet;

Falls ein $\bar{x} \in S_{ij}$ mit $f(\bar{x}) < u$ gefunden wurde, setze $\hat{x} := \bar{x}$ und $u := f(\bar{x})$;

Falls bei der Untersuchung von P_{ij} eine Verkleinerung von u erreicht wurde, setze $F := F \setminus \{P_k\}$ für alle $P_k \in F$ mit $b(P_k) \geq u$;

Setze $F := F \cup \{P_{ij}\}$ (Das Problem P_{ij} wird für weitere Untersuchungen vorgemerkt);

(v) Gehe zu (ii);

Die Güte und der Verlauf eines branch and bound Verfahrens hängen bei vorgegebener Separation wesentlich von der Schärfe der Schranken $b(P_k)$ und von der
Strategie φ ab. Zur Beschreibung verschiedener möglicher Auswahlfunktionen φ
verwenden wir die Stufe $d(P_k)$ von P_k im Verzweigungsbaum, d.h. $d(P_k)$ ist die
Anzahl von Separationen, durch die P_k aus P entstanden ist.

(3A) Best bound search

    Setze $P_i = \varphi(F)$ mit $b(P_i) \leq b(P_k)$ für alle $P_k \in F$.

    Ein Teilproblem mit der kleinsten unteren Schranke wird verzweigt.

(3B) Depth first search (LIFO)

    Bestimme $\delta = \max\{\, d(P_k) \; : \; P_k \in F \,\}$ und $\hat{F} = \{P_k \in F \; : \; d(P_k) = \delta\}$,

    Setze $P_i = \varphi(F)$ mit $b(P_i) \leq b(P_k)$ für alle $P_k \in \hat{F}$.

    Von der höchsten Stufe wird ein Teilproblem mit kleinster Schranke
    verzweigt.

(3C) Breadth first search

    Bestimme $\delta = \min\{\, d(P_k) \; : \; P_k \in F \,\}$ und $\hat{F} = \{\, P_k \in F \; : \; d(P_k) = \delta\,\}$,

    Setze $P_i = \varphi(F)$ mit $b(P_i) \leq b(P_k)$ für alle $P_k \in \hat{F}$.

    Bevor zur nächsten Stufe übergegangen wird, werden alle Teilprobleme der
    aktuellen Stufe verzweigt.

Das in Abbildung 10.1 dargestellte Zahlenbeispiel – in den Knoten P_i sind die
unteren Schranken $b(P_i)$ angegeben – zeigt den unterschiedlichen Aufbau des Verzweigungsbaumes bei den drei angegebenen Strategien.

Die in branch and bound Verfahren verwendeten Separationen können im wesentlichen in das **Partiallösungs**- und das **Dichotomie**- oder **Alternativkonzept** ein-
geordnet werden. Zur Darstellung des ersteren nehmen wir an, daß die Elemente x
des zulässigen Bereiches S eine Struktur haben, die eine Zerlegung in Komponenten
erlaubt: $x = (x_1, \cdots, x_n)$. Durch die Separierungsrestriktionen werden einzelnen
Variablen (Komponenten) x_i feste Werte zugeordnet. Ein Knoten P_k im Zerle-
gungsbaum ist dann durch eine Indexmenge $I_k = \{\, i_1, \cdots, i_k \,\} \subset \{1, \cdots, n \,\}$ mit
$x_i = \bar{x}_i$ für $i \in I_k$ charakterisiert. $(\bar{x}_{i_1}, \cdots, \bar{x}_{i_k})$ heißt **Partiallösung**. Die Sepa-
rationsrestriktionen haben folgendes Aussehen: $x_i = \bar{x}_{i1}, x_i = \bar{x}_{i2}, x_i = \bar{x}_{i3}, \cdots$.
Die Vorteile dieser Vorgehensweise bestehen darin, daß die Separationsrestriktio-
nen sehr einfach sind und in jeder Stufe des Zerlegungsbaumes eine Reduktion der
Dimension der Probleme erreicht wird. Bei einem großen Wertebereich von x_i ergeben sich jedoch viele Teilprobleme. Ein Beispiel für das Partiallösungskonzept
bildet der ursprüngliche Algorithmus von Land/Doig für ganzzahlige lineare Optimierungsaufgaben. Im Dichotomie- oder Alternativkonzept wird eine Zerlegung
eines Problems P_k mit dem zulässigen Bereich S_k in zwei Teilprobleme P_{k1} und
P_{k2} mit den zulässigen Bereichen S_{k1} und S_{k2} vorgenommen. Dabei wird für die
zulässigen Bereiche gefordert: $S_{k1} \cup S_{k2} = S_k$, $S_{k1} \cap S_{k2} = \emptyset$. Beispiele für diese

Vorgehensweise sind der Algorithmus von Little/Murty/Sweeney/Karel [LMSK63] für das TSP, die Separation $x_j \leq \lfloor \bar{x}_j \rfloor$ oder $x_j \geq \lfloor \bar{x}_j \rfloor + 1$ in der ganzzahligen linearen Optimierung (siehe Abschnitt 10.2) und die Separation i_k vor i_ℓ oder i_ℓ vor i_k bei Permutationsproblemen.

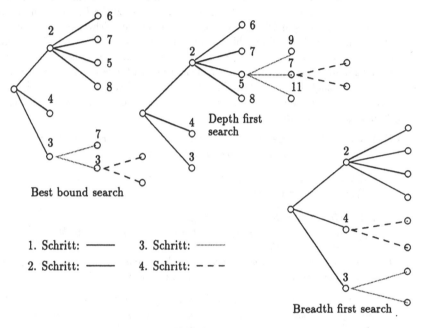

1. Schritt: ———   3. Schritt: ·············

2. Schritt: ———   4. Schritt: – – –

Abbildung 10.1

Der angegebene branch and bound Basisalgorithmus kann nur eine grobe Orientierung zur Implementierung eines branch and bound Algorithmus für ein konkretes Problem sein. Im Gegensatz zu anderen Darstellungen z.B.[GM72],[NW88] wird hier ein Teilproblem unmittelbar nach seiner Erzeugung den angegebenen Verwerf- und Verbesserungstests unterworfen. Für die Entscheidung für diese oder jene Vorgehensweise sind die Abspeichertechnik des Verzweigungsbaumes und die Möglichkeit rekursiver Berechnung von $b(P_{i_\ell})$ aus $b(P_i)$ maßgebend. Testrechnungen lassen den Schluß zu, daß es im allgemeinen insbesondere bei größerem Problemumfang günstig ist, mit schärferen Schranken zu rechnen, um dadurch einen kleineren Verzweigungsbaum zu erhalten. Bei Rechnungen mit weniger scharfen Schranken, die mit geringerem Rechenaufwand zu erhalten sind, wird ein größerer Verzweigungsbaum erhalten und der Gesamtrechenaufwand wird wesentlich durch kombinatorische Effekte bestimmt. Bei Rechnungen mit scharfen Schranken wird der größte Teil der Rechenzeit für die Schrankenberechnung benötigt. Hier machen sich also Einsparungen durch rekursive Berechnungen stark bemerkbar. Im Algorithmus muß die Information über P_i beim Übergang von (iii) nach (iv) aufgebaut werden und steht dann für P_{ij}, $j = 1(1)s_i$, zur Verfügung. Bei der Abspeicherung eines P_{ij} muß im allgemeinen wieder auf Information verzichtet werden. An dieser Stelle ist mit großer Sorgfalt auszuwählen und Speicherplatzaufwand mit dem Aufwand für eine eventuell notwendige Neuberechnung zu vergleichen. Da die bei den Separationen hinzukommenden Bedingungen eine zusätzliche Information bei der Berechnung der unteren Schranken bedeuten, werden diese Schranken mit wachsender Stufenzahl schärfer. Teilprobleme in den unteren Stufen des Verzweigungsbaumes werden im allgemeinen durch Separation inaktiv (d.h. gestrichen). Aus diesem Grund kann man hier mit geringerem Aufwand zu erhaltende schwächere Schranken einsetzen. Bezüglich der in einem branch and bound Verfahren zu verzweigenden Knoten (zu separierenden Teilprobleme) und bezüglich der verwendeten Strategien gelten folgende Aussagen.

LEMMA 10.2 *Jedes Teilproblem P_k mit $b(P_k) < f^*$, sofern es nicht wegen $S_k = \emptyset$ gestrichen wird, muß weiterverzweigt werden.*

LEMMA 10.3 *Bei der Strategie best bound search werden nur Teilprobleme P_i mit $b(P_i) \leq f^*$ weiterverzweigt.*

LEMMA 10.4 *Unter den Voraussetzungen*
(V1) Für jede Familie F existiert höchstens ein $P_k \in F$ mit $b(P_k) = f^*$.
(V2) P ist eindeutig lösbar.
gilt: Alle Teilprobleme, die bei der Strategie best bound search verzweigt werden, müssen auch bei jeder anderen Strategie verzweigt werden.

Letztere Aussage bedeutet, daß unter den angegebenen Voraussetzungen bei Anwendung der best bound search eine minimale Anzahl von Teilproblemen verzweigt wird. Auf Grund der besseren rekursiven Berechnungsmöglichkeiten und günstigerer Speichertechnik wird jedoch bei der Realisierung von branch and bound Algorithmen der LIFO-Strategie der Vorzug gegeben. Neben den angeführten Gründen ist dafür weiterhin maßgebend, daß card$F$, also die Anzahl der abzuspeichernden Teilprobleme, bei der Strategie *best bound search* nicht a priori angepaßt abschätzbar ist.

Die Methoden branch and bound und diskrete dynamische Optimierung (s. Abschnitt 11.2) sind eng miteinander verwandt. Man vergleiche dazu insbesondere die Untersuchungen zur Forward State Strategie in Abschnitt 11.2.3. Die in der folgenden Definition eingeführte Dominanzrelation ist wesentliches Grundelement der dynamischen Optimierung, das aber auch als weiterer Verwerftest im Schritt (iv) des allgemeinen branch and bound Algorithmus eingesetzt werden kann.

Eine binäre Relation $D \subset F \times F$ mit
$$P_k \, D \, P_j \quad \Rightarrow \quad f_k^* < f_j^* \, , \text{ falls alle Optimallösungen gesucht werden,}$$
$$P_k \, D \, P_j \quad \Rightarrow \quad f_k^* \leq f_j^* \, , \text{ falls nur eine Optimallösung gesucht wird,}$$
heißt **Dominanzrelation**. Das Teilproblem P_k dominiert dabei das Teilproblem P_j, wenn P_k Lösungen mit kleinerem Zielfunktionswert als der Wert von P_j besitzt.

10.2 Branch and bound für ganzzahlige lineare Optimierungsaufgaben

Die branch and bound Verfahren zur Lösung des ganzzahligen linearen Optimierungsproblems

$$c^T x \to \min! \quad \text{bei} \quad Ax = b, \; x \geq 0, \; x \in \mathbb{Z}^n, \tag{7}$$

gehen auf Land, Doig [LD60] und Dakin [Dak65] zurück. Es wird die lineare Optimierungsrelaxation (stetige Relaxation)

$$c^T x \to \min! \quad \text{bei} \quad Ax = b, \; x \geq 0 \tag{8}$$

verwendet. Die im weiteren durchgeführten Untersuchungen gelten sinngemäß auch für gemischt-ganzzahlige Probleme. Die Teilprobleme P_k haben die Gestalt

$$c^T x \to \min! \quad \text{bei} \quad A^{(k)} x = b^{(k)}, \; x \geq 0, \; x \in \mathbb{Z}^n. \tag{9}$$

Bei der zugehörigen stetigen Relaxation P_{Rk} entfällt die Bedingung $x \in \mathbb{Z}^n$. Zu P_{Rk} gehöre die optimale Basisdarstellung

$$\begin{aligned} z &= d^T x_N + d_0 \\ x_B &= B x_N + b \end{aligned} \tag{10}$$

mit $d \geq 0$, $b \geq 0$. Falls b ganzzahlig ist, so ist eine zulässige Lösung des ganzzahligen linearen Optimierungsproblems P_k gefunden. In diesem Fall ist zu überprüfen, ob die erhaltene Lösung besser als die bisher beste gefundene zulässige Lösung ist. Anderenfalls gilt $b(P_k) := \lceil d_0 \rceil$ und für $d_0 > u$ braucht P_k nicht weiter untersucht zu werden. Da nunmehr b nichtganzzahlig ist, wird bei einer Weiterverzweigung von P_k ein nichtganzzahliges b_j ausgewählt, und es werden die beiden Nachfolger P_{k1} und P_{k2} wie folgt konstruiert
P_{k1} entsteht aus P_k durch Hinzunahme der Bedingung

$$x_{B_j} \leq \lfloor b_j \rfloor, \tag{11}$$

P_{k2} entsteht aus P_k durch Hinzunahme der Bedingung

$$x_{B_j} \geq \lfloor b_j \rfloor + 1. \tag{12}$$

Bei Anwendung der LIFO-Strategie wird P_{k2} (bzw. P_{k1}) in der Liste F der noch zu untersuchenden Teilprobleme abgespeichert und $P_i := P_{k1}$ (bzw. $P_i := P_{k2}$) wird weiterverzweigt.

Bemerkung 10.1 Rekursivität
Die zusätzlichen Bedingungen (11) und (12) passen wegen

$$s := \lfloor b_j \rfloor - x_{B_j} = -b_j^T x_N - (b_j - \lfloor b_j \rfloor) \tag{13}$$

bzw.

$$s := x_{B_j} - \lfloor b_j \rfloor - 1 = b_j^T x_N - (\lfloor b_j \rfloor + 1 - b_j) \tag{14}$$

unmittelbar zu der optimalen Basisdarstellung (10). Wegen

$$b_j - \lfloor b_j \rfloor > 0 \quad \text{bzw.} \quad \lfloor b_j \rfloor + 1 - b_j > 0$$

ergibt sich in beiden Fällen eine primal unzulässige Zeile. Bei Verwendung der LIFO-Strategie kann also P_{k1} (natürlich auch P_{k2}) unmittelbar durch eine Reoptimierung mittels des dualen Simplexverfahrens behandelt werden. □

Bemerkung 10.2 Strafkosten, Penalties (Driebeck [Dri66])
Es wird die Veränderung des optimalen Zielfunktionswertes d_0 untersucht, wenn zu der optimalen Basisdarstellung (10) eines Teilproblems P_k für gegebenes q und r die Restriktionen $x_j \leq q$ bzw. $x_j \geq r$ hinzugefügt werden. Es gilt bei entsprechender Indizierung

(a) $\quad c^T x \geq d_0 + \underbrace{\min_{\ell:b_{j\ell}<0} \{ (b_j - q)\,d_\ell/(-b_{j\ell}) \}}_{=:p_D \text{ Strafkosten}}$ \hfill (15)

für alle für P_k zulässigen x mit $x_j \leq q < b_j$,

(b) $\quad c^T x \geq d_0 + \underbrace{\min_{\ell:b_{j\ell}>0} \{ (r - b_j)\,d_\ell/b_{j\ell} \}}_{=:p_U \text{ Strafkosten}}$ \hfill (16)

für alle für P_k zulässigen x mit $x_j \geq r > b_j$.
Diese Abschätzungen ergeben sich aus der Untersuchung eines dualen Simplexschrittes.
Mit $q := \lfloor b_j \rfloor$ und $r := \lfloor b_j \rfloor + 1$ ist $d_0 + \min\{ p_D, p_U \}$ eine verbesserte Schranke für P_k. $d_0 + p_D$ bzw. $d_0 + p_U$ sind vorläufige Schranken für P_{k1} bzw. P_{k2}. □

Bemerkung 10.3 Verbesserte Strafkosten
Bisher wurden Verzweigungsregeln und Schranken aus der Tatsache abgeleitet, daß die Basisvariablen ganzzahlig sein müssen. Wenn eine ganzzahlige Nichtbasisvariable x_ℓ ihren Wert ändert, muß diese Veränderung mindestens 1 betragen. Die entsprechenden Strafkosten sind durch die reduzierten Kosten d_ℓ gegeben. Damit ergeben sich die verbesserten Strafkosten

$$\begin{aligned}
p_D^* &= \min_{\ell\,:\,b_{j\ell}<0} \{ \max\{ d_\ell, (b_j - q)d_\ell/(-b_{j\ell}) \}\}, \\
p_U^* &= \min_{\ell\,:\,b_{j\ell}>0} \{ \max\{ d_\ell, (r - b_j)d_\ell/b_{j\ell} \}\}. \quad □
\end{aligned}$$

Bemerkung 10.4 GOMORY-Strafkosten Analog Bemerkung 10.2 wird als zusätzliche Restriktion ein Gomory-Schnitt (s. in Abschnitt 1.) eingeführt und die Veränderung des Zielfunktionswertes in einem Austauschschritt untersucht. □

Bemerkung 10.5 Knotentausch, node swapping
Es sei $p_D < p_U$. Dann würde P_{k1} vor P_{k2} gelöst. Gilt dabei für $d_0(P_{k1})$ (damit sei der Optimalwert von P_{Rk1} bezeichnet) $d_0(P_{k1}) > p_U$, dann kann die Entscheidung

für die weitere Untersuchung von P_{k1} auf Grund der Strafkosten ungünstig gewesen sein. Deshalb wird zunächst $d_0(P_{k2})$ bestimmt. Falls jetzt $d_0(P_{k1}) > d_0(P_{k2})$ gilt, wird P_{k2} weiterverfolgt. □

Bemerkung 10.6 Verallgemeinerte **obere-Schranken-Bedingungen**
Das zu lösende Problem (7) enthalte Bedingungen der Form

$$\sum_{i \in J} x_i = 1 \, , \tag{17}$$

wobei J eine Teilmenge der Variablen beschreibt. In diesem Fall wird anstelle einer Verzweigung

$$x_j = 0 \quad \text{oder} \quad x_j = 1 \quad \text{für ein} \quad j \in J \tag{18}$$

besser eine Verzweigung

$$\sum_{j \in J'} x_j = 0 \quad \text{oder} \quad \sum_{j \in J \setminus J'} x_j = 0 \tag{19}$$

mit card $J' \approx \frac{1}{2}$ card J verwendet. □

10.3 Das Rundreiseproblem

Das Rundreiseproblem (Traveling Salesman Problem, TSP) – siehe Definition in Abschnitt 1.5 – ist auf Grund seiner einfachen und anschaulichen Formulierung eines der bekanntesten Probleme der diskreten Optimierung. Es gehört zur Klasse $\mathcal{NP}$-hart und wird oft als Repräsentant dieser Klasse als Beispielproblem bei der Entwicklung von Algorithmenkonzepten verwendet. So auch 1963 von Little, Murty, Sweeney und Karel [LMSK63] für die Methode branch and bound. Mit subtilen Techniken ist es derzeit möglich, Rundreiseprobleme mit bis zu 300-400 Städten zu lösen. Bei der Entwicklung von Algorithmen ist die folgende Unterscheidung nach symmetrischen und unsymmetrischen Problemen zu beachten. Ein Rundreiseproblem heißt **symmetrisch**, wenn für jede Tour die Längen von Tour und Gegentour übereinstimmen. Die folgende Transformation (auch als **Zeilen- und Spaltenreduktion** bezeichnet) spielt eine wichtige Rolle sowohl für theoretische Untersuchungen als auch für numerische Lösungsverfahren. Es seien $D = (d_{ij})_{i,j=1(1)n}$ eine gegebene Entfernungsmatrix, $a = (a_1, \cdots, a_n)^T$ und $b = (b_1, \cdots, b_n)^T$ zwei reelle Vektoren. Dann wird das TSP mit der Matrix D durch

$$d_{ij}^* = d_{ij} + a_i + b_i, \quad i, j = 1(1)n, \tag{20}$$

in ein äquivalentes TSP mit der Matrix $D^* = (d_{ij}^*)_{i,j=1(1)n}$ transformiert. Nach [STU79] gilt, daß ein Rundreiseproblem genau dann symmetrisch ist, wenn es ein äquivalentes Rundreiseproblem mit symmetrischer Entfernungsmatrix gibt.

10.3.1   Das unsymmetrische Rundreiseproblem

Für das Rundreiseproblem mit n Städten und der Entfernungsmatrix $D = (d_{ij})$ kann folgende Modellierung mittels binärer Variablen x_{ij} vorgenommen werden Es sei $V = \{1, \cdots, n\}$ die Menge der Städte und

$$x_{ij} = \begin{cases} 1, & \text{wenn von Stadt } i \text{ direkt zu Stadt } j \text{ gereist wird,} \\ 0, & \text{anderenfalls.} \end{cases} \tag{21}$$

Modell TSP:

$$z = \sum_{i \in V} \sum_{j \in V} d_{ij} x_{ij} \to \min ! \tag{22}$$

$$\text{bei} \quad \sum_{i \in V} x_{ij} = 1 \quad \text{für alle } j \in V, \tag{23}$$

$$\sum_{j \in V} x_{ij} = 1 \quad \text{für alle } i \in V, \tag{24}$$

$$x_{ij} = 0 \vee 1 \quad \text{für alle } (i,j) \in V \times V, \tag{25}$$

$$\sum_{i \in U} \sum_{j \in U} x_{ij} \leq card\, U - 1 \text{ für alle } U \subset V \text{ mit } U \neq \emptyset \text{ und } U \neq V. \tag{26}$$

Durch (22) - (25) wird das Zuordnungsproblem (ZOP) beschrieben (siehe Beispiel 1.2 sowie die Abschnitte 9.3 und 12.3). Das ZOP ist also eine Relaxation des TSP. Durch (26) werden die sogenannten **Subtourverbote** realisiert. Eine Subtour ist eine geschlossene Tour durch eine Teilmenge von Städten. Für $n = 5$ repräsentiert die ZOP-Lösung $x_{12} = x_{23} = x_{31} = x_{45} = x_{54} = 1$ die beiden Subtouren $1-2-3-1$ und $4-5-4$.

Zu einem gegebenen TSP mit einer nichtnegativen Entfernungsmatrix D kann man versuchen, durch eine Transformation (20) ein äquivalentes TSP(D^*) mit $D^* \geq 0$ und möglichst vielen Nullelementen zu erzeugen. Eine erste Möglichkeit dazu ist die folgende Transformation

$$\begin{aligned} &\text{Für } i := 1(1)n \quad \text{setze} \\ &a_i := \min_j \{d_{ij}\}, \; d'_{ik} := d_{ik} - a_i \quad \text{für } k = 1(1)n; \\ &\text{Für } k := 1(1)n \quad \text{setze} \\ &b_k := \min_j \{d'_{jk}\}, \; d^*_{ik} := d'_{ik} - b_k \quad \text{für } i = 1(1)n. \end{aligned} \tag{27}$$

In jeder Zeile und Spalte von D^* steht mindestens ein Nullelement. Die Auswahl von n solchen Nullelementen beschreibt eine Relaxation des TSP. Auf der Grundlage dieser Relaxation wurde der branch and bound Algorithmus in [LMSK63] entwickelt. Die Verzweigung erfolgt durch die Alternative, ob ein bestimmtes Nullelement in eine Rundreise aufgenommen wird oder nicht. Für das ZOP (22) - (25)

gilt folgendes Optimalitätskriterium:
Die Matrix $X = (x_{ij})$ ist genau dann Lösung des ZOP, wenn Zahlen $u_i, v_i, i = 1, \cdots, n$, existieren mit

$$\hat{d}_{ij} := d_{ij} - u_i - v_i = \begin{cases} 0 & \text{für} \quad x_{ij} = 1 \\ \geq 0 & \text{für} \quad x_{ij} = 0. \end{cases} \tag{28}$$

Die Matrix $\hat{D} = (\hat{d}_{ij})$ entsteht also durch eine Zeilen- und Spaltenreduktion aus D. $\hat{D}$ wird als **optimal reduzierte Matrix** bezeichnet. Offensichtlich enthält $\hat{D}$ mindestens n Nullelemente. Die *Potentiale* u_i und v_i können jedoch so gewählt werden, daß mindestens $2n - 1$ Nullelemente auftreten. In [SST77] stellen Smith/Srinivasan/Thompson Subtoureliminationsalgorithmen vor. Bei solchen Algorithmen werden ausgehend von der ZOP-Lösung des aktuellen Teilproblems neue Teilprobleme erzeugt, indem die Elemente einer ausgewählten Subtour nach einer vorgegebenen Strategie gestrichen (d.h. verboten) werden. Speziell wird jedem Element der ausgewählten Subtour mittels eines Kostenoperators eine Bewertung m^+ zugeordnet, um die der ZOP-Wert mindestens steigt, falls dieses Element gestrichen wird. Streichung eines Elementes (p, q) bedeutet, die Basis muß durch Hinzunahme eines anderen Elementes (r, s) wieder vervollständigt werden (Austausch des Basiselementes (p, q) gegen ein Nichtbasiselement (r, s)). Das Element d_{rs} der aktuellen optimal reduzierten Matrix gibt den Zielfunktionszuwachs bei diesem Austausch an. m^+ ergibt sich als Minimum aller d_{rs}, für die (r, s) gegen (p, q) getauscht werden kann. Im Zusammenhang mit dem allgemeinen ganzzahligen linearen Optimierungsproblem aus Abschnitt 10.2 gilt: m^+ sind die auf das ZOP übertragenen Strafkosten p_D (siehe Bemerkung 10.2 mit $b_j = 1, q = 0, -b_{j\ell} = 1, d_\ell$ entspricht d_{rs}).
Als neues Teilproblem wird zuerst dasjenige Problem betrachtet, das entsteht, wenn das Subtourelement mit kleinster Bewertung gestrichen wird. Danach wird dieses Element fixiert (d.h. in die Rundreise aufgenommen) und dasjenige mit nächstgrößerer Bewertung gestrichen usw. Durch das Fixieren wird die Disjunktheit der zulässigen Bereiche der entstehenden Teilprobleme erreicht. Der Aufwand zur Ermittlung einer unteren Schranke m^+ beträgt $O(n^2)$ Operationen.
Im folgenden wird der von den Autoren in [SST77] ermittelte beste Algorithmus, der sogenannte TSP2-Algorithmus, vorgestellt. Dazu werden folgende Bezeichnungen festgelegt:

U aktuelle obere Schranke des TSP ,

L aktuelle untere Schranke,

s Stufenindex der s-ten Subtour (Verzweigungsstufe),

F Menge von gestrichenen und fixierten Bögen,

M hinreichend große Zahl,

$D = (d_{ij})$ ist die entsprechend der ZOP-Lösung reduzierte Distanzmatrix, d.h. die optimal reduzierte Matrix. Man beachte, daß bei der Berechnung der Werte der aktuellen ZOP-Lösungen die als Markierung dienenden Korrekturen durch M berücksichtigt werden müssen.

TSP2-Algorithmus

(i) Löse das ZOP; Setze L gleich dem Wert der ZOP-Lösung;
$U := M; s := 0; F := \emptyset$;

(ii) Falls die aktuelle ZOP-Lösung eine Rundreise ist, dann überschreibe U mit
dem Wert dieser Rundreise und gehe nach (v);
$s := s + 1$;
Bestimme und speichere die kürzeste (mit den wenigsten Knoten) Subtour
als s-te Subtour zusammen mit den Bewertungen m^+ für jeden Bogen dieser
Subtour (falls ein Bogen fixiert ist, dann $m^+ := M$, sonst Neuberechnung
von m^+);
Sei (p, q) ein Bogen dieser Subtour mit kleinster Bewertung m^+; Falls
$L + m^+ \geq U$, dann $s := s - 1$ und gehe zu (v) (Bei Streichen dieser Subtour
entstehen keine besseren Rundreisen);

(iii) Streiche (p, q), d.h. $d_{pq} := d_{pq} + M$, und ermittle die zugehörige aktuelle ZOP-
Lösung;
Setze L gleich dem Wert der aktuellen ZOP-Lösung;
Falls $L \geq U$, dann gehe nach (iv);
Nimm (p, q) in F auf und gehe nach (ii);

(iv) $d_{pq} := d_{pq} - M$;
Falls alle Bögen der s-ten Subtour in (iii) betrachtet wurden, dann $s := s - 1$
und gehe nach (v);
Bestimme die kleinste Bewertung m^+, die mit einem Bogen (e, f) in der s-ten
Subtour gespeichert und noch nicht in (iii) betrachtet wurde;
Falls $L + m^+ < U$, dann fixiere (p, q), d.h. $d_{pq} := d_{pq} - M$, nimm (p, q) in F
auf, setze $(p, q) := (e, f)$ und gehe nach (iii);
$s := s - 1$;

(v) Falls F leer ist, so stoppe (Die zu U gehörende Rundreise ist Optimallösung
des TSP).
Sei (p, q) der an letzter Stelle in F stehende Bogen;
Entferne (p, q) aus F;
Falls (p, q) in (iii) gestrichen wurde, dann gehe nach (iv);
$d_{pq} := d_{pq} + M$;
Ermittle eine neue aktuelle ZOP-Lösung, aktualisiere L und gehe nach (v);

Mit dem Algorithmus wurden Probleme bis $n = 180$ gelöst. Bezüglich weiterer
Ergebnisse und Vergleiche siehe auch in [Ter81]. Die Testergebnisse belegen, daß
die Zuordnungsrelaxation mit sehr gutem Erfolg bei unsymmetrischen Rundreiseproblemen eingesetzt werden kann. Die Berechnung der ZOP-Schranken muß dabei
rekursiv erfolgen.

10.3.2 Das symmetrische Rundreiseproblem

Wir betrachten das Rundreiseproblem mit einer symmetrischen Matrix $D = (d_{ij})$, d.h., es liegt ein vollständiger Graph mit einer symmetrischen Bogenbewertung vor. Eine Rundreise ist dann ein Teilgraph, der folgende Bedingungen erfüllt:

a) Jeder Knoten ist mit zwei Kanten inzident,

b) Es existiert kein Zyklus in einer Teilmenge der Knoten, die den Knoten 1 nicht enthält.

Die im vorangegangenen Abschnitt betrachteten Algorithmen auf der Basis der Zuordnungsrelaxation sichern die Forderung a) und streben die Erfüllung von b) an.

Die Forderung b) wird durch die sogenannten 1-Bäume erfüllt. Ein **1-Baum** ist ein Teilgraph des gegebenen Graphen, der aus einem Gerüst über der Knotenmenge $2, \cdots, n$ und zwei mit dem Knoten 1 inzidenten Kanten besteht. Bezeichnen wir die Menge aller 1-Bäume mit $T1$ und identifizieren einen 1-Baum mit der Matrix $X = (x_{ij})$

$$\text{mit } x_{ij} = \left\{ \begin{array}{ll} 1 \,, & \text{falls die Kante } (i,j) \text{ zum 1-Baum gehört,} \\ 0 & \text{sonst,} \end{array} \right.$$

so kann das Rundreiseproblem mit der symmetrischen Matrix D in folgender Weise modelliert werden:

$$\sum_{i=1}^{n-1} \sum_{j=i+1}^{n} d_{ij}\, x_{ij} \to \min !$$
$$\text{bei} \quad \sum_{k<i} x_{ki} + \sum_{j>i} x_{ij} = 2, \quad i = 1, \cdots, n, \tag{29}$$
$$X = (x_{ij}) \in T1 \,.$$

Die Vernachlässigung der Forderung, daß mit jedem Knoten genau zwei Kanten inzidieren sollen, führt auf die Relaxation: Bestimme einen minimalen 1-Baum. Dieses Problem kann durch Bestimmung eines Minimalgerüstes über den Knoten $2, \cdots, n$ und Hinzunahme der zwei kürzesten mit dem Knoten 1 inzidenten Kanten mit einem Aufwand $O(n^2)$ gelöst werden.

Held/Karp [HK71] betrachten über die Lagrange-Funktion

$$\begin{array}{rl} L(x,u) = & \displaystyle\sum_{i=1}^{n-1} \sum_{j=i+1}^{n} d_{ij} x_{ij} + \sum_{i=1}^{n} u_i \left(\sum_{k<i} x_{ki} + \sum_{j>i} x_{ij} - 2 \right) \\[2mm] = & -2 \displaystyle\sum_{i=1}^{n} u_i + \sum_{i=1}^{n-1} \sum_{j=i+1}^{n} (d_{ij} + u_i + u_j) x_{ij} \end{array}$$

die folgende zu (29) duale Aufgabe

$$h(u) = -2 \sum_{i=1}^{n} u_i + \min_{X \in T1} \sum_{i=1}^{n-1} \sum_{j=i+1}^{n} (d_{ij} + u_i + u_j) x_{ij} \to \max ! \tag{30}$$

Auf Grund der Gleichheitsnebenbedingungen in (29) sind die Variablen $u_1, \cdots, u_n$ in (30) freie Variable, d.h. nicht im Vorzeichen beschränkt. Zur Bestimmung von $h(u)$ ist damit ein minimaler 1-Raum in einem Graphen mit den Gewichten $\hat{d}_{ij} = d_{ij} + u_i + u_j$ (das ist also eine Zeilen- und Spaltenreduktion mittels u) zu bestimmen.

Übung 10.1 Zeigen Sie, daß das Rundreiseproblem mit der Entfernungsmatrix D mit

$$d_{ij} > 0 \quad \text{für} \quad i < j, \quad d_{ij} = 0 \quad \text{für} \quad i > j$$

polynomial ist.

Übung 10.2 ([MTZ60]) Man beweise, daß die Bedingungen (26) ersetzt werden können durch

$$w_i - w_j + n x_{ij} \leq n - 1 \quad \text{für} \quad 1 \leq i \neq j \leq n \tag{31}$$

wobei w_i, $i = 1(1)n$, freie Variable sind.

Übung 10.3 Man untersuche das Problem, eine längste Rundreise zu bestimmen.

Übung 10.4 Formulieren Sie einen Algorithmus zur Berechnung aller Permutationen der Zahlen $1, 2, \cdots, n$.

Übung 10.5 Lösen Sie das Rundreiseproblem mit $n=6$ Städten und der Entfernungsmatrix

$$D = \begin{pmatrix} \infty & 3 & 93 & 13 & 33 & 9 \\ 4 & \infty & 77 & 42 & 21 & 16 \\ 45 & 17 & \infty & 36 & 16 & 28 \\ 39 & 90 & 80 & \infty & 56 & 7 \\ 28 & 46 & 88 & 33 & \infty & 25 \\ 3 & 88 & 18 & 46 & 92 & \infty \end{pmatrix}.$$

Übung 10.6 Lösen Sie die ganzzahlige lineare Optimierungsaufgabe

$$\begin{aligned} z = \quad 7x_1 &+ 2x_2 \quad \to \quad \text{max!} \\ \text{bei} \quad -x_1 &+ 2x_2 \leq 4 \\ 5x_1 &+ x_2 \leq 20 \\ 2x_1 &+ 2x_2 \geq 7 \end{aligned}$$

$$x = (x_1, x_2)^T \in \mathbb{Z}_+^2,$$

mit Hilfe des Algorithmus nach Land/Doig/Dakin.

11 Dekomposition strukturierter Optimierungsprobleme

Bei Optimierungsmodellen aus Naturwissenschaft und Technik wie auch aus der Ökonomie sind häufig nicht alle Variablen in direkter Weise durch die Restriktionen bzw. in der Zielfunktion verkoppelt. Es treten vielmehr bestimmte Gruppen von Variablen auf, die vorrangig untereinander verbunden sind, jedoch nur in begrenztem Maße über diese Blöcke hinauswirken. So sind z.b. Aufgaben zur Optimierung von Ressourcen großer Betriebe, die in Abteilungen strukturiert sind, ebenso typische Beispiele für derartige Probleme wie Lagerhaltungsmodelle über lange Zeithorizonte. Während die erste Aufgabe auf ein hierarchisches Problem führt, das bei Fixierung zentraler Parameter in unabhängige Teilprobleme zerfällt, weist das zweite Beispiel eine dynamische Struktur auf, bei der die Ausgangsdaten der vorhergehenden Zeitschicht als Eingangsdaten in der darauf folgenden eingehen und so die Verkopplung der Gesamtaufgabe bewirken. Erfaßt man die Abhängigkeiten in den auftretenden Restriktionen in ihrem prinzipiellen Verhalten, so zeigen diese in den beiden betrachteten Modellen die Strukturen

$$
\left(
\begin{array}{cc}
[\blacksquare] & \\
\ [\blacksquare] & [\blacksquare] \\
& [\blacksquare][\blacksquare]
\end{array}
\right)
\quad \text{bzw.} \quad
\left(
\begin{array}{ccc}
[\blacksquare] & & \\
& [\blacksquare] & \\
& & [\blacksquare]
\end{array}
\right).
$$

Eine Möglichkeit zur numerischen Behandlung strukturierter Optimierungsprobleme besteht in der direkten Anpassung eines Standardverfahrens, etwa der revidierten Simplexmethode an die Spezifik der jeweiligen Aufgabe. Im Unterschied dazu kann durch partielle Nutzung von Variablengruppen als Parameter eine Splittung des Gesamtproblems in Teilprobleme erfolgen, die sich ihrerseits effektiv behandeln lassen. Lösungsverfahren, die diesem Prinzip folgen, werden als **Dekompositionsverfahren** bezeichnet. Im vorliegenden Buch konzentrieren wir uns auf einige wichtige Grundalgorithmen. Für eine breitere Untersuchung von Dekompositionsverfahren sei z.B. auf [Las70], [Bee77], [Zur81] verwiesen.

11.1 Dekompositionsprinzipien

11.1.1 Zerlegung durch Projektion

Es seien X, Y gegebene Räume. Wir betrachten das Optimierungsproblem

$$f(x,y) \to \min ! \quad \text{bei} \quad (x,y) \in B \tag{1}$$

mit einem zulässigen Bereich $B \subset (X \times Y)$ sowie einer Zielfunktion $f : B \to \mathbb{R}$
Für $y \in Y$ wird erklärt

$$G(y) := \{ x \in X : (x,y) \in B \}, \tag{2}$$

$$\varphi(y) := \inf_{x \in G(y)} f(x,y), \tag{3}$$

wobei im Fall $G(y) = \emptyset$ definitionsgemäß $\varphi(y) = +\infty$ gilt. Es sei ferner

$$Q := \{ y \in Y : G(y) \neq \emptyset \}. \tag{4}$$

Die Ausgangsaufgabe (1) kann nun mit Hilfe von

$$\varphi(y) \to \min ! \quad \text{bei} \quad y \in Q \tag{5}$$

und (2), (3) behandelt werden, wie im folgenden Satz gezeigt wird.

SATZ 11.1 *Zur Beziehung zwischen den Optimierungsproblemen (1) und (5) ge*
ten die Aussagen:

(i) $\quad Q = \emptyset \quad \Longleftrightarrow \quad B = \emptyset$;

(ii) Ist $(\bar{x},\bar{y})$ eine optimale Lösung von (1), dann löst $\bar{y}$ die Aufgabe (5);

(iii) Es sei $\bar{y}$ eine optimale Lösung von (5), und es existiere ein $\bar{x} \in G(\bar{y})$ mi
$f(\bar{x},\bar{y}) = \varphi(\bar{y})$. Dann löst $(\bar{x},\bar{y})$ das Ausgangsproblem (1).

Beweis: (i) Mit (2), (3) und (4) folgt direkt $\quad Q \neq \emptyset \Leftrightarrow B \neq \emptyset$.

(ii) Es sei $y \in Q$ beliebig und $x \in G(y)$. Dann ist $(x,y) \in B$ und $f(x,y) \geq f(\bar{x},\bar{y})$
Damit ergibt sich $\varphi(y) = \inf_{x \in G(y)} f(x,y) \geq f(\bar{x},\bar{y}) \; \forall \, y \in Q$. Speziell für $y = \bar{y}$ gil
$\varphi(\bar{y}) = \inf_{x \in G(\bar{y})} f(x,\bar{y}) \leq f(\bar{x},\bar{y})$. Wegen $\bar{y} \in Q$ folgt $\varphi(\bar{y}) = f(\bar{x},\bar{y}) = \min_{y \in Q} \varphi(y)$.

(iii) Nach Voraussetzung hat man $(\bar{x},\bar{y}) \in B$ und für alle $(x,y) \in B$ gilt

$$f(x,y) \geq \inf_{z \in G(y)} f(z,y) = \varphi(y) \geq \varphi(\bar{y}) = f(\bar{x},\bar{y}). \quad \blacksquare$$

Wir skizzieren im weiteren einen wichtigen Anwendungsfall für die Behandlung
von (1) mittels (5). Mit Räumen X_i, Z_i, $i = 1(1)r$, und Abbildungen $g_i : X_i \times Y \to Z_i$, $i = 1(1)r$, besitze der zulässige Bereich von (1) die Form

$$B = \{ (x,y) \in X \times Y : g_i(x_i,y) \leq 0, \, i = 1(1)r \} \tag{6}$$

mit $x = (x_1, \ldots, x_r) \in X := \prod\limits_{i=1}^{r} X_i$. Ferner sei die Zielfunktion f separabel entsprechend

$$f(x,y) = \sum_{i=1}^{r} f_i(x_i) + h(y) \tag{7}$$

mit Funktionen $f_i : X_i \to \mathbb{R}$, $i = 1(1)r$, und $h : Y \to \mathbb{R}$. In diesem Fall gilt

$$\varphi(y) = \sum_{i=1}^{r} \inf_{x_i \in G_i(y)} f_i(x_i) + h(y), \tag{8}$$

wobei die Mengen $G_i(y) \subset X_i$ durch

$$G_i(y) := \{\, x_i \in X_i \,:\, g_i(x_i, y) \leq 0 \,\}, \quad i = 1(1)r, \tag{9}$$

definiert sind. Zur Bestimmung des Funktionswertes $\varphi(y)$ hat man damit r unabhängige, als **Satellitenaufgaben** bezeichnete Optimierungsprobleme

$$f_i(x_i) \to \min ! \quad \text{bei} \quad x_i \in G_i(y), \quad i = 1(1)r, \tag{10}$$

zu lösen. Die Verbindung dieser Teilprobleme untereinander für die Zielstellung (1) erfolgt über die **Zentralaufgabe** (5). Die Effektivität des Gesamtverfahrens hängt sowohl von der schnellen Lösung der Satellitenaufgaben (10) als auch von der Verfügbarkeit und Effizienz angepaßter Methoden für die Zentralaufgabe (5) ab. Es sei dabei darauf verwiesen, daß die durch (8) - (10) definierte Zielfunktion $\varphi(\cdot)$ von (5) selbst bei hinreichend glatten Ziel- und Restriktionsfunktionen des Ausgangsproblems i.allg. nicht mehr differenzierbar ist. Im Unterschied dazu bleiben die Konvexitätseigenschaften erhalten, wie das folgende Lemma zeigt.

LEMMA 11.1 *Es seien $B \subset (X \times Y)$ eine konvexe Menge und $f : B \to \mathbb{R}$ eine konvexe Funktion. Dann gilt:*

(i) *Für beliebige $y \in Q$ ist die durch (2) zugeordnete Menge $G(y) \subset X$ konvex, und die Funktionen $f(\cdot, y) : G(y) \to \mathbb{R}$ sind konvex.*

(ii) *Die Menge Q und die Funktion $\varphi : Q \to \mathbb{R}$ sind konvex.*

Beweis: Übungsaufgabe 11.1

Die in diesem Teilabschnitt skizzierte Dekompositionstechnik wird als **Projektionsprinzip** bezeichnet und findet in unterschiedlichen Verfahren, wie z.B. im Verfahren von Benders (vgl. Abschnitt 11.3.2), der Ressourcenzerlegung in der linearen Optimierung (vgl. [Bee77]) und in der dynamischen Optimierung (vgl. Abschnitt 11.2) ihre spezifische Anwendung.

11.1.2 Dekomposition durch Sattelpunkttechniken

Gegeben sei ein Optimierungsproblem der Form

$$f(x) \to \min ! \qquad \text{bei} \quad x \in G = \{ x \in X \; : \; g_i(x) \le 0, \; i = 1(1)m \} \tag{11}$$

mit einer kompakten konvexen Menge $X \subset I\!\!R^n$, $X \ne \emptyset$ sowie konvexen Funktionen $f, g_i \; : \; X \to I\!\!R$, $i = 1(1)m$. Wir setzen ferner voraus, daß die Slater-Bedingung erfüllt sei, d.h. daß ein $\tilde{x} \in X$ existiere mit

$$g_i(\tilde{x}) < 0, \quad i = 1(1)m \, .$$

Unter diesen Voraussetzungen besitzt die zu (11) gehörige Lagrange-Funktion

$$L(x,u) = f(x) + \sum_{j=1}^{m} u_j g_j(x)$$

einen Sattelpunkt über $X \times I\!\!R_+^m$. Das duale Problem

$$\underline{s}(u) := \min_{x \in X} L(x,u) \to \max ! \qquad \text{bei} \quad u \in I\!\!R_+^m \tag{12}$$

ist damit lösbar, und für optimale Lösungen $\bar{x} \in X$ bzw. $\bar{u} \in I\!\!R_+^m$ von (11) bzw. (12) gilt

$$f(\bar{x}) = \underline{s}(\bar{u}) \, .$$

Das Grundprinzip eines auf Dantzig und Wolfe [DW60] zurückgehenden, zunächst zur Dekomposition linearer Probleme vorgeschlagenen Verfahrens besteht darin, von einem $x^0 \in G$ und $X_0 = \{ x^0 \}$ ausgehend wechselseitig näherungsweise (12) in der Form

$$\underline{s}_k(u) := \min_{x \in X_k} L(x,u) \to \max ! \qquad \text{bei} \quad u \in I\!\!R_+^m \tag{13}$$

mit $X_k := \{ x^0, x^1, \cdots, x^n \}$ und Probleme

$$L(x, u^{k+1}) \to \min ! \qquad \text{bei} \quad x \in X \tag{14}$$

zu lösen. Hierbei bezeichnen u^{k+1} bzw. x^{k+1} optimale Lösungen von (13) bzw. (14). Gilt für einen Index k

$$L(x^{k+1}, u^{k+1}) \ge \underline{s}_k(u^{k+1}), \tag{15}$$

so bildet u^{k+1} auch eine Lösung des dualen Problems (12), und x^{k+1} löst das Ausgangsproblem (11). Die Aufgabe (13) läßt sich mit Hilfe des äquivalenten linearen Optimierungsproblems

$$\tau \to \max !$$
$$\textit{bei} \qquad \tau \le L(x^j, u), \quad j = 0(1)k, \tag{16}$$
$$\tau \in I\!\!R, u \in I\!\!R_+^m$$

darstellen. Wegen $x^0 \in G$ hat man dabei

$$\tau \leq L(x^0, u) \leq f(x^0),$$

und die Zielfunktion von (16) ist damit auf dem zulässigen Bereich nach oben beschränkt. Folglich sind die Aufgaben (13), die in diesem Verfahren die Rolle der Zentralaufgaben innehaben, stets lösbar. Wir betrachten nun die Probleme (14) näher. Kann X in der Form $X = X_1 \times \cdots \times X_s$ mit $X_l \subset I\!\!R^{n_l}$ dargestellt werden und besitzen sowohl die Zielfunktion als auch die Restriktionen eine separable Struktur

$$
\begin{aligned}
f(x) &= \sum_{l=1}^{s} f_l(x_l) \\
g_j(x) &= \sum_{l=1}^{s} g_{jl}(x_l), \quad x = (x_1, \cdots, x_s) \in \prod_{l=1}^{s} X_l
\end{aligned}
\tag{17}
$$

mit Funktionen

$$f_l, \ g_{jl} : X_l \to I\!\!R, \quad j = 1(1)m, \ l = 1(1)s,$$

so zerfällt das Problem (14) in die s unabhängigen Satellitenprobleme

$$
\left.
\begin{aligned}
& f_l(x_l) + \sum_{j=1}^{m} u_j^{k+1} g_{jl}(x_l) \to \min ! \\
& \text{bei} \quad x_l \in X_l
\end{aligned}
\right\} \quad l = 1(1)s.
\tag{18}
$$

11.1.3 Zerlegung des zulässigen Bereiches

Gegeben seien das Optimierungsproblem

$$f(x) \to \min ! \qquad \text{bei} \quad x \in G \tag{19}$$

sowie Teilmengen $G_i \subset G$, $i = 1(1)l$, mit $G = \bigcup_{i=1}^{l} G_i$. Die zugehörigen Aufgaben

$$f(x) \to \min ! \qquad \text{bei} \quad x \in G_i \quad \text{für} \quad i = 1(1)l \tag{20}$$

werden eine **Separation** des Ausgangsproblems (19) genannt. Gilt zusätzlich

$$G_i \cap G_j = \emptyset, \quad i \neq j$$

so liegt eine **Partition** (auch **strenge Separation**) vor.
     Unmittelbar aus der Definition folgt

SATZ 11.2 *Es seien die Probleme (20) eine Separation von (19), dann gilt:*

(i) $\qquad \inf_{x \in G} f(x) = \min_{1 \leq i \leq l} \{ \inf_{x \in G_i} f(x) \}$

(ii) Besitzt (19) eine optimale Lösung $\bar{x}$, dann existiert ein Index $j \in \{1, \cdots, l\}$ derart, daß $\bar{x}$ das j-te Teilproblem (20) löst.

(iii) Besitzen die Teilprobleme der Separation (20) optimale Lösungen x^i, dann löst $\bar{x} := x^j$ mit einem $j \in \{1, \cdots, l\}$, das $f(x^j) = \min\limits_{1 \le i \le l} f(x^i)$ genügt, das Ausgangsproblem (19).

Ein wichtiges Anwendungsgebiet der Technik der Zerlegung des zulässigen Bereiches liegt in der Methode branch and bound (vgl. Kapitel 9). Im Abschnitt 11.3.4 geben wir eine auf der Zerlegung des zulässigen Bereiches beruhenden Methode zur Behandlung stückweise linearer Probleme an.

Es sei ferner darauf hingewiesen, daß die hier betrachtete Technik eng mit der Projektionsmethode verwandt ist. Besitzt die Ausgangsaufgabe (19) z.B. die Struktur

$$f(x, y) \to \min\ !$$

bei $(x, y) \in G := \{\, (x, y) \ : \ g(x, y) \le 0, \ x \in X, \ y \in \{y^1, \cdots, y^l\}\,\}$

so besteht eine natürliche Zerlegung von G in

$$G_i = \{\, (x, y) \ : \ x \in X, g(x, y^i) \le 0, \ y = y^i\,\} \quad i = 1(1)l.$$

Damit entsprechen die zugehörigen Teilprobleme (20) den Satellitenaufgaben der Projektionsmethode.

Übung 11.1 Beweisen Sie Lemma 11.1.

11.2 Dynamische Optimierung und Forward State Strategie

Die Grundidee der dynamischen Optimierung besteht in der Dekomposition des Ausgangsproblems in eine Folge von ähnlich strukturierten aber leichter zu lösenden Teilproblemen. Wie im Abschnitt 11.1 gehen wir davon aus, daß es auf Grund der Struktur einer gegebenen Aufgabe sinnvoll ist, die Menge aller Variablen in Gruppen zu zerlegen. Eine solche Zerlegung erscheint besonders effektiv, wenn der Einfluß einer Variablengruppe auf das Gesamtmodell, d.h. auf die Zielfunktion und auf die Nebenbedingungen, möglichst präzise und unabhängig von den anderen Variablengruppen beschrieben werden kann. Hierzu werden zunächst der Separabilitätsbegriff und etwas später der Begriff monoton separabel eingeführt. Die Methode der dynamischen Optimierung basiert auf der Strukturierung des Ausgangsproblems mit Hilfe des Separabilitätsbegriffes und der Anwendung der in Abschnitt 11.1.1 dargestellten Zerlegung durch Projektion.

11.2.1 Grundlagen, Separabilität

Mit Räumen X_i, $i = 1(1)n$, Y, $X := \prod_{i=1}^{n} X_i$, einer Menge $M \subset Y$ und Abbildungen $f : X \to I\!R$, $g : X \to Y$ sei folgendes Optimierungsproblem formuliert

$$f(x) \to \min ! \quad \text{bei} \quad g(x) \in M. \tag{21}$$

Das Problem (21) heißt **separabel**, wenn es eine Permutation $(i_n, \cdots, i_1)$ der Zahlen $(1, \cdots, n)$ und Funktionen

$$\left.\begin{array}{l} f_k : X_{i_k} \times \cdots \times X_{i_1} \to I\!R, r_k : X_{i_k} \to I\!R, H_k : I\!R \times I\!R \to I\!R \\ g_k : X_{i_k} \times \cdots \times X_{i_1} \to Y, s_k : X_{i_k} \to Y, G_k : Y \times Y \to Y \end{array}\right\} k = 1(1)n, \tag{22}$$

und Mengen $M_k \subset Y$, $k = 1(1)n$, gibt mit

$$\begin{aligned} f_n(x_{i_n}, \cdots, x_{i_1}) &= f(x_1, \cdots, x_n) \\ f_k(x_{i_k}, \cdots, x_{i_1}) &= H_k(r_k(x_{i_k}), f_{k-1}(x_{i_{k-1}}, \cdots, x_{i_1})), \\ g(x_1, \cdots, x_n) \in M &\Leftrightarrow g_k(x_{i_k}, \cdots, x_{i_1}) = G_k(s_k(x_{i_k}), g_{k-1}(x_{i_{k-1}}, \cdots, x_{i_1})) \in M_k, \\ & \qquad\qquad k = n(-1)1, \end{aligned} \tag{23}$$

$$f_0 = const., \quad g_0 = const., \quad M_n = M.$$

Die Funktionen f_k, r_k, g_k, s_k, $k = 1(1)n$, enthalten die Parameter $x_{i_n}, \cdots, x_{i_{k+1}}$. Für $k = 1, \cdots, n$ sind damit die Teilprobleme

$$(TP_k) \qquad f_k(x_{i_k}, \cdots, x_{i_1}) \to \min ! \quad \text{bei} \quad g_k(x_{i_k}, \cdots, x_{i_1}) \in M_k \tag{24}$$

erklärt und besitzen einen von $x_{i_n}, \cdots, x_{i_{k+1}}$ abhängigen Minimalwert

$$F_k(x_{i_n}, \cdots, x_{i_{k+1}}) \quad \text{in } \overline{I\!R}.$$

Die Abbildung

$$(k, x_{i_n}, \cdots, x_{i_{k+1}}) \to F_k(x_{i_n}, \cdots, x_{i_{k+1}}), \; k = n - 1(-1)1,$$

heißt die **Bellmansche Funktion** zur vorliegenden Dekomposition. Für $k = 0$ gelte $F_0 \equiv 0$. Genügt die Bellmansche Funktion der Rekursion

$$\begin{aligned} F_k(x_{i_n}, \cdots, x_{i_{k+1}}) = \inf \{ \, H_k(r_k(x_{i_k}), F_{k-1}(x_{i_n}, \cdots, x_{i_k})) \; : \; x_{i_k} \text{ mit} \\ G_k(s_k(x_{i_k}), g_{k-1}(x_{i_{k-1}}^*, \cdots, x_{i_1}^*)) \in M_k \, \}, \end{aligned} \tag{25}$$

so wird die rekursive Optimierung gemäß (25) als **Methode der dynamischen Optimierung** definiert. $(x_{i_{k-1}}^*, \cdots, x_{i_1}^*)$ ist hierbei eine von $x_{i_n}, \cdots, x_{i_k}$ abhängige Optimallösung von TP_{k-1}. Die Formeln (25) heißen die **Rekursionsformeln der dynamischen Optimierung**.

Beispiel 11.1 Die Aufgabe der linearen Optimierung

$$z = c^T x \to \min ! \qquad \text{bei} \quad Ax = b \quad x \geq 0$$

ist separabel. Die Rekursionsformeln der dynamischen Optimierung lauten etwa

$$F_k(x_n, \cdots, x_{k+1}) = \inf\{ c_k x_k + F_{k-1}(x_n, \cdots, x_k) : x_k \text{ mit } x_k \geq 0 \text{ und}$$
$$a^k x_k + a^{k-1} x_{k-1}^* + \cdots + a^1 x_1^* = b - a^n x_n - \cdots - a^{k+1} x_{k+1} \}.$$

Dabei bezeichnen a^k, $k = 1(1)n$, die Spaltenvektoren der Matrix A. □

Beispiel 11.2 Die nichtlineare Optimierungsaufgabe

$$z = x_1 x_2 + x_3 \to \min ! \quad \text{bei} \quad x_1 + x_2 x_3 \geq 4, \quad x_i \geq 0, \quad i = 1, 2, 3,$$

ist nicht separabel. □

Die Rekursionsformel (25) hat die Form

$$h(p) = \inf_{q \in S(p)} H(r(p,q), \, h(T(p,q))). \tag{26}$$

Dazu kann folgende Interpretation gegeben werden. Wir befinden uns in einen Zustand $p = (x_{i_n}, \cdots, x_{i_{k+1}})$ und haben die Möglichkeit, über Steuerungen $q \in S(p)$, $q = x_{i_k}$, in einen Zustand $T(p,q) = (x_{i_n}, \cdots, x_{i_{k+1}}, x_{i_k})$ zu gelangen. Ent sprechend (26) erhalten wir die optimale Bewertung $h(p)$ des Zustandes p durch ein Optimierung über alle zum Zustand p gehörenden Nachfolgezustände $T(p,q)$, $q \in S(p)$. Dabei gehen in die zu optimierenden Funktionen die optimalen Bewertungen $h(T(p,q))$ der Nachfolgezustände ein. Die Funktion H charakterisiert den Zusam menhang der optimalen Bewertungen vom Zustand p und vom Nachfolger $T(p,q)$. In vielen insbesondere auch praktisch wichtigen Fällen ist dieser Zusammenhang additiv, d.h. mit einer Menge Z von möglichen Zuständen hat (26) die Gestalt

$$h(p) = \min_{q \in S(p)} \{ r(p,q) + h(T(p,q)) \}, \, p \in Z, \tag{27}$$

(vergleiche auch Beispiel 11.1).

Beispiel 11.3 Das Problem des kürzesten Weges in einem Graphen, wobei sic die Weglänge als Summe der Bogenbewertungen ergibt, hat die Gestalt (27). Wir jedoch die Weglänge als Summe der Bogenbewertungen modulo einer Zahl a ermit telt, so ist die Rekursion (27) im allgemeinen nicht gültig. □

11.2.2 n-stufige Entscheidungsprozesse

Ein häufig genutzter Zugang zur Modellierung von Problemen, die mit der Methode der dynamischen Optimierung gelöst werden können, ist eine Darstellung als **n-stufiger Entscheidungsprozeß.** Dabei ist der Ausgangszustand (Output) der einen Stufe der Eingangszustand (Input) der folgenden Stufe.

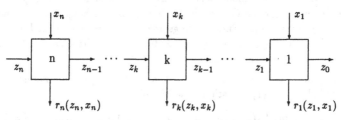

In einer Stufe k ist ausgehend von einem Eingangszustand z_k eine Entscheidung $x_k \in U_k(z_k)$ möglich, die zu einem Ausgangszustand $z_{k-1} = t_k(z_k, x_k)$ führt und bei der ein Kostenaufwand $r_k(z_k, x_k)$ entsteht. Die zu minimierenden Gesamtkosten hängen über eine Funktion $K : \mathbb{R}^n \to \mathbb{R}$ von den Stufenaufwänden ab:

$$K = K(r_1(z_1, x_1), \cdots, r_n(z_n, x_n)). \tag{28}$$

Im Fall der Additivität der Gesamtkosten, d.h.

$$K = \sum_{k=1}^{n} r_k(z_k, x_k) \tag{29}$$

ergibt sich die Rekursion (25) bzw.(27) zu

$$F_k(z_k) = \min_{x_k \in U_k(z_k)} \{ r_k(z_k, x_k) + F_{k-1}(t_k(z_k, x_k)) \}. \tag{30}$$

Die durch $H(u, v) = u + v$ erklärte Funktion H (vgl.(26)) besitzt die folgende Monotonieeigenschaft:

$$v \leq \tilde{v} \Rightarrow H(u, v) \leq H(u, \tilde{v}). \tag{31}$$

In Verallgemeinerung dessen führen wir die folgende Definition ein. Das Optimierungsproblem (21) heißt **monoton separabel,** wenn (21) separabel und jede Funktion H_k, $k = n(-1)1$, die Monotonieeigenschaft (31) besitzt.
Bezüglich der n-stufigen Entscheidungsprozesse gilt der folgende

SATZ 11.3 *Wenn für jedes $k = n(-1)1$ Funktionen $H_k : \mathbb{R}^2 \to \mathbb{R}$ existieren, so daß sich $K_n = K(r_1, \cdots, r_n)$ in der Form*

$$K_k = H_k(r_k, K_{k-1}) = r_k \circ K_{k-1}, \quad k = 1(1)n, \tag{32}$$

darstellen läßt, so ist durch den n-stufigen Entscheidungsprozeß ein separables Optimierungsproblem gegeben.

Beispiel 11.4 Engpaßproblem : Ein n-stufiger Entscheidungsprozeß mit

$$K_n = \min\{r_1, \cdots, r_n\} \tag{33}$$

ist separabel. □

Auf der Grundlage der monotonen Separabilität kann nun das folgende hinrei chende Kriterium für die Gültigkeit der Rekursionsgleichungen der dynamische Optimierung für n-stufige Entscheidungsprozesse bewiesen werden. Dazu bezeich nen wir mit $K_k = K_k(z_k, x_k, \cdots, x_1)$ den Aufwand in den Stufen $k, \cdots, 1$. Weiterhi sei folgende Voraussetzung erfüllt :

(V) - Für jedes $k = 1(1)n$ existieren nur von z_k abhängige Steuerbereiche $U_k(z_k)$.
    - Für jedes $k = 1(1)n$ existieren die Minima

$$F_k(z_k) = \min\{K_k(z_k, x_k, \cdots, x_1) : x_j \in U_j(z_j), z_{j-1} = t_j(z_j, x_j), j = 1(1)k\}.$$

SATZ 11.4 (Mitten) *Die Aufwandsfunktion*

$$K_n = K(r_1(z_1, x_1), \cdots, r_n(z_n, x_n)) = K_n(z_n, x_n, \cdots, x_1)$$

sei monoton separabel, und es gelte (V). Dann gilt für jedes $k = 1(1)n$:
Es existiert

$$\min_{x_k \in U(z_k)} [r_k(z_k, x_k) \circ F_{k-1}(t_k(z_k, x_k))] \tag{34}$$

und es gilt

$$F_k(z_k) = \min_{x_k \in U_k(z_k)} [r_k(z_k, x_k) \circ F_{k-1}(t_k(z_k, x_k))].$$

Beweis: Für alle zulässigen Steuerungen $x_{k-1}, \cdots, x_1$ gilt

$$F_{k-1}(z_{k-1}) = \min_{u_{k-1}, \cdots, u_1} K_{k-1}(z_{k-1}, u_{k-1}, \cdots, u_1) \le K_{k-1}(z_{k-1}, x_{k-1}, \cdots, x_1),$$

und mit der monotonen Separabilität folgt

$$r_k(z_k, x_k) \circ F_{k-1}(t_k(z_k, x_k)) \le r_k(z_k, x_k) \circ K_{k-1}(t_k(z_k, x_k), x_{k-1}, \cdots, x_1)$$

für alle zulässigen Steuerungen $x_k, \cdots, x_1$. Damit ist

$$r_k(z_k, x_k) \circ F_{k-1}(t_k(z_k, x_k)) \le \inf_{x_{k-1}, \cdots, x_1} [r_k(z_k, x_k) \circ K_{k-1}(t_k(z_k, x_k), x_{k-1}, \cdots, x_1)]$$

$$\text{für alle } x_k \in U_k(z_k) .$$

Andererseits gilt für $x_k \in U_k(z_k)$

$$r_k(z_k, x_k) \circ F_{k-1}(t_k(z_k, x_k)) = r_k(z_k, x_k) \circ \min_{x_{k-1}, \cdots, x_1} K_{k-1}(t_k(z_k, x_k), x_{k-1}, \cdots, x_1)$$

$$\ge \inf_{x_{k-1}, \cdots, x_1} [r_k(z_k, x_k) \circ K_{k-1}(t_k(z_k, x_k), x_{k-1}, \cdots, x_1)].$$

Zusammen ergibt sich

$$r_k(z_k, x_k) \circ F_{k-1}(t_k(z_k, x_k)) = \inf_{x_{k-1}, \cdots, x_1} [r_k(z_k, x_k) \circ K_{k-1}(t_k(z_k, x_k), x_{k-1}, \cdots, x_1)]$$

$$= \inf_{x_{k-1}, \cdots, x_1} K_k(z_k, x_k, x_{k-1}, \cdots, x_1). \tag{35}$$

Nach (V) existiert $\min_{x_k, x_{k-1}, \cdots, x_1} K_k(z_k, x_k, x_{k-1}, \cdots, x_1) = F_k(z_k)$ und nach Satz 11.1(ii)
folgt

$$F_k(z_k) = \min_{x_k \in U_k(z_k)} \inf_{x_{k-1}, \cdots, x_1} K_k(z_k, x_k, \cdots, x_1).$$

Wegen (35) gilt zusammenfassend

$$F_k(z_k) = \min_{x_k \in U_k(z_k)} [r_k(z_k, x_k) \circ F_{k-1}(t_k(z_k, x_k))]. \quad \blacksquare$$

Für einen monoton separablen n-stufigen Entscheidungsprozeß ergibt sich damit
folgender Algorithmus:

Verfahren von Bellman / Dynamische Optimierung

(i) Setze $F_0 \equiv const.$

(ii) Für $k = 1(1)n$ berechne

$$F_k(z_k) = \min_{x_k \in U_k(z_k)} [r_k(z_k, x_k) \circ F_{k-1}(t_k(z_k, x_k))] \quad \text{für } z_k \in Z_k. \tag{36}$$

Das Minimum werde dabei für $x_k^*(z_k)$ realisiert.

(iii) Bei gegebenem z_n bestimme eine optimale Steuerfolge $\bar{x}_n, \cdots, \bar{x}_1$ aus

$$\bar{x}_n = x_n^*(z_n),$$

$$z_{k-1} = t_k(z_k, \bar{x}_k), \quad \bar{x}_{k-1} = x_{k-1}^*(z_{k-1}) \quad \text{für} \quad k = n(-1)2. \tag{37}$$

Die Beschreibung der dynamischen Optimierung betrifft in gleicher Weise kontinu-
ierliche wie diskrete Probleme. Bei kontinuierlichen Problemen können die Funktionen F_k in (ii) in der Regel nur näherungsweise über Diskretisierungen bestimmt
werden (siehe dazu in [Lar68]). Bei diskreten Problemen werden die optimalen
Entscheidungen aus (ii) zweckmäßigerweise für die Berechnung in (iii) gemerkt.
Der Rechenaufwand in der dynamischen Optimierung wird wesentlich durch die
Größe der Zustandsbereiche Z_k bestimmt.

Eine sehr effektive Anwendung der dynamischen Optimierung ist die Lösung des Rucksackproblems

$$\sum_{i=1}^{n} c_i x_i \rightarrow \max !$$

$$\text{bei} \quad \sum_{i=1}^{n} a_i x_i \leq L, \quad x_i \geq 0, \text{ ganzzahlig }, i = 1(1)n, \tag{38}$$

durch den Algorithmus von Gilmore/Gomory [GG66]. Ohne Beschränkung der Allgemeinheit setzen wir $c_i \geq 0$, $a_i > 0$, $i = 1(1)n$, und $L > 0$ voraus. Weiter sei

$$F(k,r) = \max \left\{ \sum_{i=1}^{k} c_i x_i \; : \; \sum_{i=1}^{k} a_i x_i \leq r, \; x_i \in \mathbb{Z}_+, \; i = 1(1)k \right\}$$

$$k = 1(1)n, \quad 0 \leq r \leq L,$$

der maximal erreichbare Wert bei *Volumen* r und *einzupackenden Gegenständen* $1, \cdots, k$. Speziell gelte $F(0,r) = 0$ für $0 \leq r \leq L$.

Bei der Berechnung von $F(k,r)$ unterscheiden wir die beiden folgenden Fälle

1. $x_k = 0$. Dann gilt $F(k,r) = F(k-1,r)$.
2. $x_k \geq 1$. Dann ist $r \geq a_k$, und es gilt $F(k,r) = c_k + F(k, r - a_k)$.

Durch Zusammenfassen der beiden Fälle ergibt sich die Rekursionsformel

$$F(k,r) = \max\{ F(k-1,r), \; c_k + F(k, r - a_k) \}, \quad k = 1(1)n, \; 0 < r \leq L,$$

wobei $F(k, \bar{r}) = -\infty$ für $\bar{r} < 0$ gesetzt wird. Eine ausführlichere Darstellung findet man in [TLS87]. Bezüglich weiterer Untersuchungen zum Rucksackproblem sei auf [MT90] verwiesen.

11.2.3   Die Forward State Strategie

Wir betrachten im weiteren Optimierungsmodelle, bei denen die Gleichung (27) gilt und die Bereiche $S(p)$ und Z diskrete Mengen sind. Es bezeichne $d(p)$ den minimalen Aufwand, um in den Zustand p zu gelangen. Identifiziert man in (27) die Steuerung q mit dem Nachfolgezustand, so erhält (27) die Form

$$h(p) = \min_{q \in S(p)} \{ r(p,q) + h(q) \}, \, p \in Z. \tag{39}$$

Kennt man zum Zustand q die Menge aller Vorgängerzustände $V(q)$, so gilt analog zu (39) die Beziehung

$$d(q) = \min_{p \in V(q)} \{ d(p) + r(p,q) \}, \, q \in Z. \tag{40}$$

Das ist aber äquivalent zu

$$d(q) = \min\{ d(p) + r(p,q), \, d(q) \} \quad \text{für} \quad q \in S(p), \, p \in Z. \tag{41}$$

Die Berechnung des minimalen Gesamtaufwandes mit Hilfe der Aufdatierung (41) führt auf den folgenden Algorithmus.

Forward State Strategie

(i) Für den Startzustand p sei die optimale Bewertung $d(p)$ bekannt.
Setze $Q := \{p\}$ und $d(q) := \infty$ für $q \in Z \backslash Q$.

(ii) Suche einen Zustand $p \in Q$, für den die aktuelle Bewertung $d(p)$ optimal ist.
Setze $Q := Q \backslash \{p\}$.

(iii) Für alle Nachfolgezustände $q \in S(p)$ von p werden vorläufige Bewertungen

$$d(q) = \min\{ d(p) + r(p,q), \ d(q) \}$$

ermittelt.
Setze $Q := Q \cup S(p)$. Gehe zu (ii).

Die praktische Realisierung der Forward State Strategie ist wesentlich an die Verfügbarkeit eines Kriteriums gebunden, mit dem die Optimalität von $d(p)$ festgestellt werden kann. Solch ein Kriterium kann eventuell aus der speziellen Struktur des Problems hergeleitet werden. Für Probleme mit $r(p,q) \geq 0$ für alle p, q, solche Probleme können als Allokations- oder Packungsprobleme bezeichnet werden (Beispiele sind das Rucksackproblem, die Bestimmung kürzester Wege, Zuschnittprobleme) kann man folgendes Kriterium verwenden.

LEMMA 11.2 *Es gelte* $r(p,q) \geq 0$ *für* $q \in S(p)$, $p \in Z$, *und es seien gemäß Schritt (ii) des Algorithmus Forward State Strategie für eine Menge Q von Zuständen vorläufige Bewertungen berechnet. Dann ist durch* $d(\bar{q}) := \min\{ d(q) : q \in Q \}$ *die optimale Bewertung des Zustandes $\bar{q}$ gegeben.*

Der Algorithmus von Dijkstra zur Bestimmung eines kürzesten Weges in einem nichtnegativ bogenbewerteten Graphen (siehe Abschnitt 9.3.1) ist der klassische Repräsentant der Forward State Strategie.

Als weitere Anwendung der Forward State Strategie betrachten wir im folgenden das Rucksackproblem mit Stückzahlbeschränkungen. Unter den Voraussetzungen $c_i > 0$, $a_i > 0$, $d_i > 0$, $b > 0$, ganzzahlig, $i = 1(1)n$, ist die Lösung $x = (x_1, \cdots, x_n)^T$ des folgenden Problems gesucht

$$\sum_{i=1}^{n} c_i x_i \to \max !$$

$$\text{bei} \quad \sum_{i=1}^{n} a_i x_i \leq b, \ 0 \leq x_j \leq d_j, \ x_j \text{ ganzzahlig}, \ j = 1(1)n. \tag{42}$$

Die im weiteren auftretenden Zustände p entsprechen Teilproblemen der Art

$$P(k, L) : \sum_{i=1}^{k} c_i x_i \to \max ! \quad \text{bei} \quad \sum_{i=1}^{k} a_i x_i \leq L, \ 0 \leq x_j \leq d_j,$$

$$x_j \text{ ganzzahlig}, \ j = 1(1)k.$$

und repräsentieren Knoten eines Verzweigungsbaumes. Alle relevanten Zustände werden in einer Liste $\mathcal{L}$ – geordnet nach L und k – gespeichert. Jeder Knoten p wird durch folgende Information charakterisiert :

$$p = (i, V, N, E, L, z, k, x_k)$$

i : Nummer des Zustandes,
V : Vorgänger in der Liste,
N : Nachfolger in der Liste,
E : Erzeuger des Zustandes,
L : zugehöriges L,
z : zugehöriger Zielfunktionswert,
k : zugehöriges k,
x_k : Wert der Variablen x_k.

Nachfolger eines Zustandes p werden dadurch erhalten, daß jeweils genau eine der Variablen x_j, $j \geq k(p)$, um Eins erhöht wird, wobei die Schranken $d_{k(p)}$ zu beachten sind. Damit ist die Menge $S(p)$ definiert.

FSS-Rucksack-Algorithmus

(i) Setze $\mathcal{L} := \{ p \}$ mit $p = (1, 0, 0, 0, 0, 0, 1, 0)$.

(ii) Bestimme $L = \min\{ L(r) : r \in \mathcal{L} \}$.
   Falls $L \geq b$ gilt, so Abbruch des Algorithmus.
   Bestimme $p \in \mathcal{L}$ mit $L(p) = L$ und $k(p) \leq k(r)$ für alle r mit $L(r) = L$.

(iii) Für alle $q \in S(p)$ sind die folgenden Anweisungen auszuführen:

   1. Bestimme den Zustand $j \in \mathcal{L}$ mit $k(j) \leq k(q) \wedge L(j) \leq L(q) := L(p) + a_{k(q)} \wedge L(j)$ maximal.

   2. Falls $z(q) := z(p) + c_{k(q)} > z(j)$, so führe aus

      2.1 Falls $L(j) = L(q) \wedge k(j) = k(q)$, so Knoten j mit neuen Werten belegen (Aktualisierung von E, z, x_k).

      2.2 Wenn kein Knoten l mit $L(j) < L(l) \leq L(q) \wedge k(l) < k(q)$ existiert mit $z(l) \geq z(q)$, so wird neuer Knoten q eingerichtet, sonst Erzeugung des nächsten Nachfolgers und gehe zu 1.

      2.3 Alle Knoten l, $l \neq q$, mit $L(l) \geq L(q) \wedge k(l) \geq k(p)$ mit $z(l) \leq z(q)$ sind zu streichen (Das bedeutet insbesondere eine Aktualisierung der V- und N-Werte in der Liste $\mathcal{L}$).

(iv) Setze $\mathcal{L} := \mathcal{L} \setminus \{ p \}$ und gehe zu (ii).

Vor Ausführung des Algorithmus werden die Variablen zweckmäßig im Sinne fallender Quotienten c_i/a_i geordnet. Im folgenden Beispiel liegt bereits eine solche Ordnung vor.

Beispiel 11.5 $6x_1 + 3x_2 + x_3 + 2x_4 + x_5 \;\rightarrow\;$ max !

$$\text{bei}\quad 9x_1 + 7x_2 + 2x_3 + 5x_4 + 6x_5 \;\leq\; L$$

$$0 \leq x_i \leq 2\,, \quad x_i \ \text{ganzzahlig}, \ i = 1(1)5.$$

Die folgende Tabelle dokumentiert den Rechengang und enthält gleichzeitig die optimalen Zielfunktionswerte für $L = 0(1)25$. Die Punkte kennzeichnen nichtabgespeicherte Zustände.

k	1	2	3	4	5	6	7	8	9	10	11	12	13	14	15	16	17	18	19	20	21	22	23	24	25
1									6									12							
2							3							•		9							•		15
3		1		2					•		7		8					•		13		14			
4					~~2~~		•		•		•			~~8~~		•		•		•		•	~~14~~		•
5			•		•		•		•		•			•		•		•		•		•			•

☐

Im weiteren seien noch einige Überlegungen zu sogenannten Anfangs-Endzustandsproblemen ausgeführt. Gegeben sei ein Problem in der Form eines Prozesses, bei dem von einem Anfangszustand ein Endzustand erreicht werden soll, wobei die Steuerung so vorzunehmen ist, daß ein Zielkriterium optimiert wird. Wird zum Beispiel die Forward State Strategie zur Lösung eingesetzt, so bilden die zu untersuchenden Zustände über die Erzeugungsvorschrift

$$\hat{p} = T(p, q), \ q \in S(p), \tag{43}$$

einen sich ständig vergrößernden Baum. Die Berechnung wird abgebrochen, wenn der Endzustand als optimal erkannt wurde. Zustände, von denen keine Trasse zum Endzustand führt, werden dabei überflüssigerweise mituntersucht. In vielen Modellen ist es möglich, die durch (43) gegebene Abbildung T in folgendem Sinn umzukehren:

$$p = \hat{T}(\hat{p}, q), \ q \in \hat{S}(\hat{p}). \tag{44}$$

Durch gleichzeitige Betrachtung von (43) und (44) kann die Menge der zu untersuchenden Zustände in der Regel wesentlich eingeschränkt werden. Numerisch günstig ist hier die gleichzeitige Anwendung einer Forward State Strategie vom Anfangszustand mittels (43) und einer *rückwärts* Forward State Strategie vom Endzustand mittels (44) (vergleiche das Nicholson-Prinzip in [Ter81] und [TLS87]). Die Begriffe *vorwärts* und *rückwärts* sind an das Modell des n-stufigen Entscheidungsprozesses angelehnt. Im Sinne der Rekursion (25) gibt es keinen Unterschied.

Übung 11.2 Untersuchen Sie den dreistufigen Entscheidungsprozeß mit $K_3 = r_3 \cdot r_2 + r_1$ auf Separabilität.

Übung 11.3 Beweisen Sie die Äquivalenz von (40) und (41).

Übung 11.4 Geben Sie einen branch and bound Algorithmus zur Lösung des Rucksackproblems an.

Übung 11.5 Lösen Sie das Rucksackproblem

$$z = 5x_1 + 3x_2 + 8x_3 + 2x_4 \rightarrow \max !$$

$$\text{bei} \qquad 4x_1 + 3x_2 + 6x_3 + 3x_4 \leq 13$$

$$x_i \geq 0, \text{ ganzzahlig}, \quad i = 1(1)4.$$

Übung 11.6 Formulieren Sie einen Forward State Strategie Algorithmus für das Rucksackproblem (38) und lösen Sie damit die Übungsaufgabe 11.5.

11.3 Ausgewählte Anwendungen der Dekompositionsprinzipien

11.3.1 Lineare Optimierung mit blockangularen Nebenbedingungen

In diesem Abschnitt untersuchen wir die Anwendung der Dantzig-Wolfe Dekomposition auf ein iineares Optimierungsproblem mit blockangularer Struktur der Nebenbedingungen. Dazu sei das folgende Problem gegeben

$$c^T x \rightarrow \min ! \qquad \text{bei} \quad Ax \leq b, \ x \geq 0 \tag{45}$$

mit den Matrizen

$$A = \begin{pmatrix} \hat{A} \\ \hat{B} \end{pmatrix} = \begin{pmatrix} A_1 & A_2 & \cdots & A_p \\ B_1 & & & \\ & B_2 & & \\ & & \ddots & \\ & & & B_p \end{pmatrix},$$

$\hat{A} \in \mathcal{L}(\mathbb{R}^n, \mathbb{R}^l), \quad \hat{B} \in \mathcal{L}(\mathbb{R}^n, \mathbb{R}^m), \quad A_i \in \mathcal{L}(\mathbb{R}^{n_i}, \mathbb{R}^l), \quad B_i \in \mathcal{L}(\mathbb{R}^{n_i}, \mathbb{R}^{m_i}),$

$i = 1(1)p, \quad \sum_{i=1}^{p} n_i = n, \quad \sum_{i=1}^{p} m_i = m.$

Im Sinne der Darstellung (11) schreiben wir (45) in der Form

$$c^T x \rightarrow \min ! \qquad \text{bei} \quad \hat{A}x \leq b_0, \ x \in X \tag{46}$$

mit

$$X = \{ x = \begin{pmatrix} x_1 \\ \vdots \\ x_p \end{pmatrix} \ : \ B_i x_i \leq b_i, \ x_i \geq 0, \ i = 1, \cdots, p \},$$

wobei b_i, $i = 0(1)p$, entsprechende Teilvektoren von b sind. Damit ergibt sich die Zentralaufgabe (16) zu

$$\tau \to \max !$$

$$\text{bei} \quad -(\hat{A}x^j - b_0)^T u + \tau \leq c^T x^j, \quad j = 0(1)k, \tag{47}$$

$$\tau \in I\!R, \ u \in I\!R_+^l.$$

Mit der Lösung u^k von (47) erhält man für die Lagrange-Funktion

$$L(x, u^k) = c^T x + (\hat{A}x - b_0)^T u^k =: \sum_{i=1}^{p} \hat{c}_i^T x_i.$$

Damit haben die Satellitenprobleme (18) die Gestalt

$$c_i^T x_i \to \min ! \quad \text{bei} \quad B_i x_i \leq b_i, \ x_i \geq 0, \tag{48}$$

deren Lösungen zusammengesetzt x^{k+1} ergeben.

11.3.2 Der Algorithmus von Benders

Gegeben sei das Problem

$$c_1^T x + c_2^T y \to \min ! \quad \text{bei} \quad A_1 x + A_2 y \geq b, \ x \in I\!R_+^s, \ y \in \mathbb{Z}_+^t. \tag{49}$$

Die Anwendung der Projektionszerlegung aus Abschnitt 11.1.1 ergibt

$$\min_{(x,y)\in B} f(x,y) = \min_{y \in \mathbb{Z}_+^t} \min_x \{ c_1^T x + c_2^T y : x \in I\!R_+^s, A_1 x \geq b - A_2 y \}$$
$$= \min_{y \in \mathbb{Z}_+^t} [c_2^T y + \min_x \{ c_1^T x : x \geq 0, A_1 x \geq b - A_2 y \}]$$

und mit der Dualisierung des inneren linearen Optimierungsproblems

$$= \min_{y \in \mathbb{Z}_+^t} [c_2^T y + \max_u \{ (b - A_2 y)^T u : u \geq 0, A_1^T u \leq c_1 \}]$$
$$= \min_y \max_u V(y, u) \tag{50}$$

mit entsprechend definiertem $V(y, u)$.

Hier ist zu bemerken, daß der zulässige Bereich des inneren Optimierungsproblems unabhängig von y ist und bei Lösbarkeit stets eine Ecke des zulässigen Bereiches als Lösung angegeben werden kann. Damit kann dieses Problem durch

$$c_2^T y + (b - A_2 y)^T u^k \to \max ! \tag{51}$$

$$\text{bei} \quad u^k \text{ ist Ecke von } \{ u \in I\!R^m : A_1^T u \leq c_1, \ u \geq 0 \} =: H$$

ersetzt werden, und das Problem (49) ergibt sich zu

$$z \to \min!$$
$$\text{bei} \quad z \geq c_2^T y + \max_k (b - A_2 y)^T u^k \tag{52}$$
$$z \in \mathbb{R}, \quad y \in \mathbb{Z}_+^t.$$

Das ist aber gerade die Zentralaufgabe (16) aus der Dekomposition durch Sattel-punkttechniken. Da auf Grund der exponentiellen Eckenzahl von H keine explizite Problembeschreibung möglich ist, wird die im folgenden Algorithmus angegebene iterative Vorgehensweise gewählt.

Algorithmus von Benders

(i) Wähle ein $u^1 \in H$ und setze $k = 1$.

(ii) Löse das ganzzahlige Optimierungsproblem

$$z \to \min!$$
$$\text{bei} \quad z \geq c_2^T y + (b - A_2 y)^T u^j, \quad j = 1(1)k.$$
$$z \in \mathbb{R}, \quad y \in \mathbb{Z}_+^t.$$

Die Lösung sei $\bar{z}, \bar{y}$. Falls z von unten unbeschränkt ist, ergänze eine Restriktion $z \geq \bar{z}$ mit geeignetem $\bar{z}$. Setze $k := k + 1$.

(iii) Löse das lineare Optimierungsproblem

$$(b - A_2 \bar{y})^T u \to \max! \quad \text{bei} \quad A_1^T u \leq c_1, \quad u \geq 0.$$

Die Lösung sei u^k. Falls die Zielfunktion nach oben unbeschränkt ist, füge eine Restriktion $\sum u_i \leq M$ mit M hinreichend groß hinzu.
Falls $\bar{z} - c_2^T \bar{y} < (b - A_2 \bar{y})^T u^k$, gehe zu (ii).

(iv) Löse das lineare Optimierungsproblem

$$c_1^T x \to \min! \quad \text{bei} \quad A_1 x \geq b - A_2 \bar{y}, \quad x \geq 0.$$

Die Lösungen $\bar{x}, \bar{y}$ bilden die optimale Lösung von (49) und es gilt $z^* = c_1^T \bar{x} + c_2^T \bar{y}$.

11.3.3 Spaltengenerierung

Es sei das folgende lineare Optimierungsproblem zu lösen

$$c^T x \to \min ! \quad \text{bei} \quad Ax = b, \quad x \geq 0, \tag{53}$$

wobei für die problembestimmende Matrix $A \in \mathcal{L}(\mathbb{R}^n, \mathbb{R}^m)$ mit $n \gg m$ gilt. Damit ist eine explizite Angabe von A sehr aufwendig. Bei der Anwendung des Simplexverfahrens sind aber vordergründig nur die aktuelle Basismatrix und ausgewählte Spalten von A erforderlich. Da die Spalten a^k von A in dem hier interessierenden Fall in der Regel eine spezielle Struktur haben, die etwa durch $a^k \in X$, $k = 1, \cdots, n$, beschrieben werden kann, werden in der Rechnung benötigte Spalten sukzessiv generiert. Da aus der Theorie des Simplexverfahrens folgt, daß es bei Lösbarkeit von (53) eine optimale Ecke gibt und damit die Anzahl der von Null verschiedenen Variablen $\leq m$ ist, kann (53) äquivalent formuliert werden zu

Bestimme $\{i_1, \cdots, i_m\} \subset \{1, \cdots, n\}$ und $a^{i_1}, \cdots, a^{i_m} \in X$ mit

$$\sum_{k=1}^{m} c_{i_k} x_{i_k} \to \min ! \quad \text{bei} \quad \sum_{k=1}^{m} a^{i_k} x_{i_k} = b, \quad x_{i_k} \geq 0, \ k = 1(1)m. \tag{54}$$

Zur Lösung von (53) bzw. (54) werde das primale revidierte Simplexverfahren eingesetzt. Wir nehmen an, es sei eine zulässige Basisdarstellung gegeben (vgl. (4.21), (4.22)).

$$(c_N^T - c_B^T A_B^{-1} A_N) x_N + c_B^T A_B^{-1} b \to \min !$$
$$\text{bei} \quad x_B = A_B^{-1} b - A_B^{-1} A_N x_N \geq 0, \quad x_N \geq 0. \tag{55}$$

Im Sinne des Simplexverfahrens wird eine Spalte a von A_N mit zugehörigem negativen reduzierten Zielfunktionskoeffizienten gesucht. Es bezeichne $c(a)$ den zur Spalte a von A gehörigen Zielfunktionskoeffizienten von c und $h^T := c_B^T A_B^{-1}$ den Vektor der Simplexmultiplikatoren. Gilt für die Lösung des Spaltengenerierungsproblems

$$z(a) = c(a) - h^T a \to \min ! \quad \text{bei} \quad a \in X \tag{56}$$

$z_{\min} < 0$, so ist eine für einen Abstieg im Simplexverfahren geeignete Spalte gefunden worden, und es erfolgt ein Basisaustausch. Anderenfalls ist das Simplexkriterium (siehe Satz 4.1) erfüllt, und es liegt eine Optimallösung von (53) vor.
Eine wichtige Anwendung findet die Spaltengenerierung bei der Lösung von Zuschnittproblemen (siehe [TLS87]). Im eindimensionalen Fall ergibt sich dabei das Spaltengenerierungsproblem (56) als Rucksackproblem.

11.3.4 Lineare Optimierung mit flexiblen Restriktionen

Ein spezieller Typ stückweise linearer Optimierungsprobleme entsteht, wenn stückweise Verletzungen von Restriktionen durch zusätzliche Kosten modelliert werden.

Dies entspricht einer ökonomischen Interpretation der Nutzung zusätzlicher Ressourcen und Märkte bei Veränderung der Kosten bzw. Erlöse.

Die Ausgangsaufgabe habe die Form

$$z = c^T x + \sum_{i=1}^{m} \sum_{j=0}^{j(i)-1} d_{ij} \max\{0, t_{ij} - y_i\} \to \min ! \tag{57}$$

$$\text{bei } Ax + y = a, \quad x \geq 0, \quad y \geq r$$

mit

$$\left.\begin{array}{l} t_{i0} = 0, \quad i = 1(1)m, \\ t_{ij} < t_{i,j-1}, \quad j = 1(1)j(i), \\ r_i := t_{i,j(i)} \\ d_{ij} > 0, \quad j = 0(1)j(i) - 1, \end{array}\right\} \quad i = 1(1)m . \tag{58}$$

Die Zahlen $j(i)$, $i = 1(1)m$, charakterisieren dabei die Erweiterungsniveaus der i-ten Restriktion. Gilt $j(i) = 0$, $i = 1(1)m$, dann ist (57) ein lineares Optimierungsproblem

$$c^T x \to \min ! \qquad \text{bei} \quad Ax \leq a, \quad x \geq 0$$

mit festen Restriktionen.

Es sei $P := \{p \in \mathbb{Z}^m : p_i \in \{0, \cdots, l(i)\}, i = 1(1)m\}$, und wir setzen $t_{i,-1} := +\infty$, $i = 1(1)m$. Zu jedem $p \in P$ definieren wir

$$G_p := \{(x, y) \in \mathbb{R}^n \times \mathbb{R}^m : Ax + y = a, x \geq 0, y_i \in [t_{i,p_i}, t_{i,p_i-1}]\} .$$

Damit ergibt sich für den zulässigen Bereich G von (57) die Darstellung

$$G = \bigcup_{p \in P} G_p.$$

In [Gro83] wird eine systematische Lösungsmethode für diesen Typ von Aufgaben unter Nutzung der dualen Variablen und ihrer Bedeutung für die Empfindlichkeitsfunktion entwickelt.

12 Strukturuntersuchungen in der ganzzahligen Optimierung

Die Ausnutzung spezieller Strukturen in Optimierungsproblemen führt, wie schon an anderen Stellen nachgewiesen, zu Effektivitätssteigerungen in allgemeinen Algorithmen und zur Verschärfung allgemeiner Aussagen. Im vorliegenden Kapitel werden wir uns im wesentlichen mit Optimierungsproblemen über ganzzahligen Polyedern beschäftigen. Aufbauend auf Kapitel 4 wird zunächst die Ganzzahligkeitsforderung im Zusammenhang mit polyedrischen Mengen untersucht. Die bereits früher eingeführten (s. Abschnitt 4.1) gültigen Ungleichungen dienen der Verschärfung von Relaxationen für ganzzahlige Optimierungsprobleme. Schließlich wird durch die Matroide eine Struktur beschrieben, die weitgehende Optimalitätsaussagen erlaubt.

12.1 Ganzzahlige Polyeder

Die folgenden Untersuchungen schließen unmittelbar an die in Abschnitt 4.1 erhaltenen Ergebnisse an. Wir nennen eine durch

$$G = \{\, x \in I\!R^n \,:\, Ax \le b \,\} \tag{1}$$

mit $A \in \mathcal{L}(I\!R^n, I\!R^m)$, $b \in I\!R^m$, beschriebene polyedrische Menge G **rational**, wenn $A' \in \mathcal{L}(I\!R^n, I\!R^m)$, $b' \in I\!R^m$ mit rationalen Elementen a'_{ij}, b'_j existieren, so daß $G = \{\, x \in I\!R^n \,:\, A'x \le b' \,\}$ gilt. Damit läßt sich jede rationale polyedrische Menge in der Form (1) mit ganzzahligen Elementen a_{ij}, b_j darstellen. Für die so definierten rationalen polyedrischen Mengen gelten die folgenden Aussagen.

LEMMA 12.1 (Weyl) *Es seien $C \in \mathcal{L}(I\!R^{m_1}, I\!R^n)$ und $D \in \mathcal{L}(I\!R^{m_2}, I\!R^n)$ Matrizen mit rationalen Koeffizienten, und es bezeichne*

$$H := \{\, x \in I\!R^n \,:\, x = Cu + Dv \,,\, \sum_{i=1}^{m_1} u_i = 1, \, u \in I\!R_+^{m_1}, \, v \in I\!R_+^{m_2} \,\}. \tag{2}$$

Dann ist H eine rationale polyedrische Menge.

In Anlehnung an Lemma 12.1 definieren wir nun eine durch (1) gegebene nicht leere polyedrische Menge als **ganzzahlig**, wenn jede ihrer nichtleeren Flächen einen ganzzahligen Punkt enthält.

LEMMA 12.2 *Eine polyedrische Menge G nach (1) mit $\dim(G) = n$ ist genau dann ganzzahlig, wenn alle ihre Ecken ganzzahlig sind.*

LEMMA 12.3 *Eine nichtleere polyedrische Menge $G_+ = \{\, x \in \mathbb{R}^n_+ \ : \ Ax \leq b\,\}$ ist genau dann ganzzahlig, wenn alle ihre Ecken ganzzahlig sind.*

Mit dem folgenden Satz wird eine Übertragung der Darstellung (4.20) auf Mengen S der Form

$$S = G \cap \mathbb{Z}^n \text{ mit } G = \{\, x \in \mathbb{R}^n \ : \ Ax \leq b \,\} \tag{3}$$

gegeben.

SATZ 12.1 Unter den Voraussetzungen

$$A \in \mathcal{L}(\mathbb{Z}^n, \mathbb{Z}^m),\, b \in \mathbb{Z}^m,\, G = \{\, x \in \mathbb{R}^n \ : \ Ax \leq b \,\} \neq \emptyset,\, S = G \cap \mathbb{Z}^n$$

gelten die beiden Aussagen

(i) Es existiert eine endliche Anzahl von Punkten $x^k, k = 1(1)p$, aus S und eine endliche Anzahl von Kantenvektoren $z^l \in \mathbb{Z}^n$, $l = 1(1)q$, von G, so daß folgende Darstellung gilt

$$S = \left\{\, x = \sum_{k=1}^{p} \alpha_k x^k + \sum_{l=1}^{q} \beta_l z^l \ : \ \begin{array}{l} \alpha_k \in \mathbb{Z}_+,\ k = 1(1)p,\ \sum_{k=1}^{p} \alpha_k = 1 \\ \beta_l \in \mathbb{Z}_+,\ l = 1(1)q \end{array} \right\} \tag{4}$$

(ii) Im Fall $b = 0$, d.h. wenn G ein Kegel ist, existiert eine endliche Anzahl von Kantenvektoren $s^r \in \mathbb{Z}^n$, $r = 1(1)t$, von G mit

$$S = \left\{\, x = \sum_{r=1}^{t} \gamma_r s^r \ : \ \gamma_r \in \mathbb{Z}_+,\ r = 1(1)t \,\right\}. \tag{5}$$

Beweis: (i): Es seien $\{\, y^k \in \mathbb{R}^n \ : \ k \in K \,\}$ die endliche Menge der Ecken von G und $\{\, z^l \in \mathbb{Z}^n \ : \ l \in L \,\}$ die endliche Menge der Richtungsvektoren der unendlichen Kanten von G. Nach Lemma 1 haben die y^k rationale Komponenten und die Komponenten der z^l können ganzzahlig vorausgesetzt werden. Nach (4.20) gilt

$$G = \left\{\, x = \sum_{k \in K} \lambda_k y^k + \sum_{l \in L} \mu_l z^l \ : \ \begin{array}{l} \lambda_k \geq 0,\ k \in K,\ \sum_{k \in K} \lambda_k = 1 \\ \mu_l \geq 0,\ l \in L \end{array} \,\right\}.$$

Es sei nun

$$S_0 = \left\{ x \in \mathbb{Z}^n : x = \sum_{k \in K} \lambda_k y^k + \sum_{l \in L} \mu_l z^l, \begin{array}{l} \lambda_k \geq 0, k \in K, \sum_{k \in K} \lambda_k = 1 \\ 0 \leq \mu_l < 1, \ l \in L \end{array} \right\}. \quad (6)$$

S_0 ist eine endliche Menge, d.h. es gilt die Darstellung

$$S_0 = \{ x^j \in \mathbb{Z}^n : j \in J \}, \text{ und es ist } S_0 \subset G.$$

Nun ist $\bar{x} \in S$ genau dann, wenn $\bar{x} \in \mathbb{Z}^n$ und

$$\begin{aligned} \bar{x} &= \left(\sum_{k \in K} \bar{\lambda}_k y^k + \sum_{l \in L} (\bar{\mu}_l - \lfloor \bar{\mu}_l \rfloor) z^l \right) + \sum_{l \in L} \lfloor \bar{\mu}_l \rfloor z^l \\ &\text{mit } \sum_{k \in K} \bar{\lambda}_k = 1, \ \bar{\lambda}_k \geq 0, \ k \in K, \ \bar{\mu}_l \geq 0, \ l \in L. \end{aligned} \quad (7)$$

Wegen der Ganzzahligkeit von z^l und $\lfloor \bar{\mu}_l \rfloor$ ist der erste Summand in dieser Darstellung ein Punkt aus S_0. Damit gilt

$$\bar{x} = x^{j_0} + \sum_{l \in L} \beta_l z^l \text{ für ein } j_0 \in J \text{ und } \beta_l = \lfloor \bar{\mu}_l \rfloor, \ l \in L, \quad (8)$$

und wegen card$J < +\infty$ folgt die Behauptung (i).

(ii): Es gilt die Darstellung (4). Da G ein Kegel ist, gehört mit x^k auch αx^k zu S. Damit kann auf die Bedingung $\sum_{k=1}^p \alpha_k = 1$ verzichtet werden. ∎

Für die konvexe Hülle der durch (3) definierten Menge S gelten die folgenden Aussagen.

LEMMA 12.4 *Es sei* $S := G \cap \mathbb{Z}^n$ *mit* $G = \{ x \in \mathbb{R}^n : Ax \leq b \}$. *Dann ist* conv$(S)$ *eine ganzzahlige polyedrische Menge.*

Beweis: Übungsaufgabe 12.1.

SATZ 12.2 Aus

$$A \in \mathcal{L}(\mathbb{Z}^n, \mathbb{Z}^m), \ b \in \mathbb{Z}^m, \ G := \{ x \in \mathbb{R}^n : Ax \leq b \}, \ S := G \cap \mathbb{Z}^n$$

folgt, daß conv(S) eine rationale polyedrische Menge ist.

Beweis: Aus der Darstellung (4) von S erhalten wir

$$\text{conv}(S) = \left\{ x = \sum_{k=1}^p \alpha_k x^k + \sum_{l=1}^q \beta_l z^l : \begin{array}{l} \alpha_k \geq 0, \ k = 1(1)p, \ \sum_{k=1}^p \alpha_k = 1 \\ \beta_l \geq 0, \ l = 1(1)q \end{array} \right\} \quad (9)$$

wobei $x^k, z^l \in \mathbb{Z}^n$ für $k = 1(1)p$, $l = 1(1)q$, gilt. Daraus ergibt sich mit Lemma 12.1 die Behauptung. ∎

Wir beschäftigen uns nun mit einer Charakterisierung ganzzahliger polyedrischer Mengen der Form (1) durch eine spezielle Eigenschaft der Matrix A. Eine Matrix

$A \in \mathcal{L}(\mathbb{Z}^n, \mathbb{Z}^m)$ wird **total unimodular** genannt, wenn für jede quadratische Teilmatrix die zugehörige Determinante den Wert 0, 1 oder -1 besitzt. Damit erhält man

SATZ 12.3 *Für die Matrix A und die Menge $G_+(b) := \{ x \in \mathbb{R}_+^n : Ax \leq b \}$ sind die folgenden Aussagen äquivalent:*

- *$G_+(b)$ ist ganzzahlig für alle $b \in \mathbb{Z}^m$ mit $G_+(b) \neq \emptyset$;*
- *A ist total unimodular.*

Beweis: ‚$\Leftarrow$': Die Ecken von $G_+(b)$ ergeben sich aus den Basisdarstellungen von $Ax + Iy = b,\ x \in \mathbb{R}_+^n, y \in \mathbb{R}_+^m$ (vgl. Lemma 4.6). Da jede Basismatrix A_B total unimodular ist, ist auch A_B^{-1} total unimodular. Für $b \in \mathbb{Z}^m$ ist damit $A_B^{-1}b$ ganzzahlig und mit Lemma 12.3 folgt die Behauptung.

‚$\Rightarrow$': Es sei A_1 eine beliebige nichtsinguläre (k,k)-Teilmatrix von A. Außerdem sei $\tilde{A} = \begin{pmatrix} A_1 & 0 \\ A_2 & I_{m-k} \end{pmatrix}$ diejenige nichtsinguläre (m,m)-Teilmatrix von (A, I), die aus A_1 durch Hinzunahme entsprechender Spaltenvektoren von I erzeugt wird. Wir wählen $b = \tilde{A}v + e^i$ mit einem $v \in \mathbb{Z}^m$ und dem i-ten Einheitsvektor e^i. Damit gilt $\tilde{A}^{-1}b = v + \tilde{A}^{-1}e^i = v + \bar{a}_i$, wobei a_i die i-te Spalte von $\tilde{A}^{-1}$ bedeutet. Wird v zusätzlich so gewählt, daß $v + \bar{a}_i \geq 0$ gilt, so repräsentiert der Vektor $v + \bar{a}_i$ eine Ecke von $G_+(b)$. Nach Voraussetzung gilt damit $v + \bar{a}_i \in \mathbb{Z}^m$. Nach Konstruktion war auch $v \in \mathbb{Z}^m$ und damit gilt $\bar{a}_i \in \mathbb{Z}^m$, d.h. $\tilde{A}^{-1} \in \mathbb{Z}^{m \times m}$ und auch $A_1^{-1} \in \mathbb{Z}^{k \times k}$. Aus der daraus folgenden Ganzzahligkeit von $\det A_1$ und $\det A_1^{-1}$ ergibt sich wegen $|\det A_1| |\det A_1^{-1}| = |\det(A_1 A_1^{-1})| = 1$ die Aussage $|\det A_1| = 1$. ∎

Wir beschäftigen uns nun mit ganzzahligen linearen Optimierungsproblemen der Form

$$z = c^T x \rightarrow \min ! \qquad \text{bei} \quad x \in S := G \cap \mathbb{Z}^n. \tag{10}$$

Es sei $G = \{ x \in \mathbb{R}^n : Ax \leq b \}$, und wir setzen $A \in \mathcal{L}(\mathbb{Z}^n, \mathbb{Z}^m), b \in \mathbb{Z}^m$ voraus. Der zulässige Bereich S wird also implizit beschrieben als Menge der ganzzahligen Lösungen des Ungleichungssystems $Ax \leq b$. Nach Satz 12.2 kann die konvexe Hülle $\text{conv}(S)$ von S durch endlich viele lineare Ungleichungen mit rationalen Koeffizienten in der Form

$$\text{conv}(S) = \{ x \in \mathbb{R}^n : \hat{A}x \leq \hat{b} \} \tag{11}$$

beschrieben werden. Das Problem (10) wird dann durch das lineare Optimierungsproblem

$$z = c^T x \rightarrow \min ! \qquad \text{bei} \quad x \in \text{conv}(S) \tag{12}$$

ersetzt.

Die Schwierigkeit in der Realisierung dieser Methodik besteht darin, daß die Ungleichungen $\hat{A}x \leq \hat{b}$ im allgemeinen nicht explizit vorliegen und auch nicht mit polynomialem Aufwand bestimmt werden können. Aus diesem Grund versucht man in numerischen Verfahren, mit einem Teilsystem von $\hat{A}x \le \hat{b}$ (lokaler oder teilweiser Darstellung) bzw. mit Näherungsungleichungen auszukommen. Man vergleiche dazu die Bemerkungen zum Gomory-Verfahren in Abschnitt 1.4 und auch die Beschreibung des Land/Doig-Verfahrens in Abschnitt 10.2. Diese numerischen Verfahren zur Lösung von (10) bzw. (12) arbeiten praktisch mit Relaxationen, die schrittweise durch Erzeugung neuer gültiger Ungleichungen (Schnittebenen) verbessert werden.

Für den Zusammenhang der Probleme (10) und (12) gilt der folgende

SATZ 12.4 *Unter den Voraussetzungen der Sätze 12.1 bzw. 12.2 und $c \in I\!\!R^n$ gelten für die Probleme (10) und (12) die Aussagen:*

(i) *Die Zielfunktion von (10) ist über S nach unten unbeschränkt genau dann, wenn die Zielfunktion von (12) über conv(S) nach unten unbeschränkt ist.*

(ii) *Wenn (12) lösbar ist, dann gibt es eine Lösung $\bar{x}$ mit $\bar{x} \in S$, die auch (10) löst.*

(iii) *Jede Lösung von (10) ist auch Lösung von (12).*

Beweis: Es seien z_g und z_l die Optimalwerte der Probleme (10) und (12) mit der Vereinbarung $z = -\infty$, falls die Zielfunktion über dem zulässigen Bereich nach unten unbeschränkt ist. Aus $S \subset \text{conv}(S)$ folgt

$$z_l \le z_g . \tag{13}$$

(i) Mit (13) folgt aus $z_g = -\infty$ auch $z_l = -\infty$. Falls andererseits $z_l = -\infty$ gilt, dann existieren in Anwendung von Satz 4.3 auf die Darstellung (9) für conv(S) ein ganzzahliger Punkt $x^0 \in \text{conv}(S)$ und eine Richtung $d \in Z\!\!\!Z^n$, so daß $x^0 + td \in \text{conv}(S)$ für alle $t \ge 0$ und $\lim_{t \to \infty} z(x^0 + td) = -\infty$ gilt. Wegen $x^0 + td \in S$ für $t \in Z\!\!\!Z_+^1$ ist dann auch $z_g = -\infty$.

(ii) Da conv(S) eine polyedrische Menge ist, besitzt das Problem (12) eine ganzzahlige Lösung x_l. Wegen $x_l \in S$ folgt $z(x_l) = z_l \ge z_g$. Mit (13) gilt daher $z_l = z_g$.

(iii) Es sei x_g eine Lösung des Problems (10). Da $x_g \in \text{conv}(S)$ gilt und aus (ii) $z(x_g) = z_g = z_l$ folgt, ist x_g auch Lösung von (12). ∎

Bemerkung 12.1 Das ganzzahlige lineare Optimierungsproblem

$$z = c^T x \to \min ! \quad \text{bei} \quad x \in S := G \cap Z\!\!\!Z_+^n \tag{14}$$

mit $G = \{ x \in I\!\!R^n : Ax \le b \}$ und A total unimodular kann wegen conv$(S) = G_+ = \{ x \in I\!\!R_+^n : Ax \le b \}$ durch die stetige Relaxation

$$z = c^T x \to \min ! \quad \text{bei} \quad x \in G_+ \tag{15}$$

ersetzt werden. Im Fall der Lösbarkeit hat hier die stetige Relaxation stets eine ganzzahlige Lösung. Beispiele für diesen Sachverhalt sind das Transportproblem (siehe Abschnitt 4.2.9), das Zuordnungsproblem (siehe Abschnitt 10.3.1) und das Problem des maximalen Flusses (siehe Abschnitt 9.2). □

Übung 12.1 Beweisen Sie Lemma 12.4.

Übung 12.2 Es seien zwei Mengen $G_i := \{ x \in \mathbb{R}^n : A_i x \leq b_i \}$, $i = 1, 2$, gegeben. Bestimmen Sie die konvexe Hülle $K := \mathrm{conv}(G_1 \cup G_2)$ in der Form $K = \{ x \in \mathbb{R}^n : Ax \leq b \}$.

12.2 Gültige Ungleichungen

Wir betrachten im weiteren das lineare ganzzahlige Optimierungsproblem

$$c^T x \to \min ! \quad \text{bei} \quad x \in S := \{ x \in \mathbb{Z}_+^n : Ax \leq b \} \tag{16}$$

wobei $c \in \mathbb{R}^n$, $b \in \mathbb{R}^m$ gegebene rationale Vektoren und $A \in \mathcal{L}(\mathbb{R}^n, \mathbb{R}^m)$ eine gegebene rationale Matrix seien. Eine wichtige, insbesondere in den Schnittebenenverfahren (siehe z.B. in [KF71]) genutzte Lösungsmethodik besteht darin, durch möglichst scharfe gültige Ungleichungen (siehe z.B. in [Pie83]) Relaxationen für das Problem

$$c^T x \to \min ! \quad \text{bei} \quad x \in \mathrm{conv}(S) \tag{17}$$

zu konstruieren und zu lösen und auf diesem Wege auf der Grundlage des Optimalitätskriteriums Lemma 1.4 und von Satz 12.4 eine Lösung des Problems (16) zu erhalten.

Beispiel 12.1

$$S = \{ x \in \mathbb{Z}_+^2 : Ax \leq b \} \text{ mit } A = \begin{pmatrix} 6 & -4 \\ -6 & -2 \\ -2 & 5 \end{pmatrix}, b = \begin{pmatrix} 9 \\ -9 \\ 10 \end{pmatrix}.$$

Abbildung 12.1 zeigt den Polyeder $G = \{ x \in \mathbb{R}^2 : Ax \leq b \}$, die Menge S und $\mathrm{conv}(S)$. Es gilt $S = \{ \binom{1}{2}, \binom{2}{2}, \binom{2}{1}, \binom{3}{3} \}$. In diesem Beispiel kann man aus den Ecken von $\mathrm{conv}(S)$ leicht die Darstellung

$$\mathrm{conv}(S) = \{ x \in \mathbb{R}^2 : \hat{A}x \leq \hat{b} \} \text{ mit } \hat{A} = \begin{pmatrix} 2 & -1 \\ -1 & -1 \\ -1 & 2 \end{pmatrix}, \hat{b} = \begin{pmatrix} 3 \\ -3 \\ 3 \end{pmatrix}$$

gewinnen. Die Ungleichung $-x_1 + 4x_2 \leq 12$ ist eine gültige Ungleichung für G. Die Ungleichung $-x_1 - x_2 \leq -2$ ist eine gültige Ungleichung für S. □

Zwei gültige Ungleichungen $g^T x \leq g_0$ und $h^T x \leq h_0$ heißen äquivalent, wenn es ein $\lambda > 0$ gibt mit $(g, g_0) = \lambda(h, h_0)$. Existiert anderenfalls ein $\mu > 0$ mit $h \geq \mu g$ und $h_0 \leq \mu g_0$, so heißt die Ungleichung $h^T x \leq h_0$ schärfer als die Ungleichung $g^T x \leq g_0$. In diesem Sinne gehören die Facetten definierenden Ungleichungen (vergleiche Abschnitt 4.1) zu den schärfsten gültigen Ungleichungen.

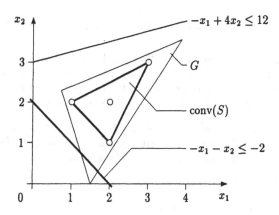

Abbildung 12.1: Beispiel 12.1

Beispiel 12.2 : Unsymmetrisches Rundreiseproblem

In Abschnitt 10.3.1 ist durch (10.22)-(10.26) eine lineare 0-1 Beschreibung des unsymmetrischen Rundreiseproblems gegeben. Die Ungleichungen (10.26) (Subtourverbote) sind gültige Ungleichungen für den Rundreisepolyeder, der durch die konvexe Hülle der Inzidenzvektoren der gerichteten Hamilton-Kreise gebildet wird. In [BB89] werden für $n = 5$ Städte alle 390 Facetten definierenden Ungleichungen angegeben. Dazu gehören z.B. die 20 Nichtnegativitätsbedingungen $x_{ij} \geq 0$ für $i,j = 1(1)5$, $i \neq j$, und die zehn 2-Subtourverbote $x_{ij} + x_{ji} \leq 1$ für $i,j = 1(1)5$, $i \neq j$. $\square$

Wir betrachten nun eine wichtige Möglichkeit, aus einer rationalen gültigen Ungleichung für S eine schärfere ganzzahlige gültige Ungleichung für S zu erhalten.

Chvatal-Gomory-Rundung

(i) Durch eine nichtnegative Linearkombination der gegebenen Ungleichungen $Ax \leq b$ erhält man eine gültige Ungleichung für S:

$$u^T A x \leq u^T b \quad \text{für} \quad u \in \mathbb{R}^m, \ u \geq 0, \text{ d.h.}$$

$$\sum_{i=1}^{n} r_i x_i \leq r_0 \quad \text{mit } r^T = (r_1, \cdots, r_n) = u^T A \text{ und } r_0 = u^T b.$$

(ii) Wegen $x \geq 0$ und $\sum_{i=1}^{n}(r_i - \lfloor r_i \rfloor)x_i \geq 0$ ist auch $\sum_{i=1}^{n} \lfloor r_i \rfloor x_i \leq r_0$ eine gültige Ungleichung.

(iii) Da $\sum_{i=1}^{n} \lfloor r_i \rfloor x_i$ ganzzahlig ist, ist auch $\sum_{i=1}^{n} \lfloor r_i \rfloor x_i \le \lfloor r_0 \rfloor$ eine gültige Ungleichung.

Die Wirksamkeit der vorstehenden Prozedur hinsichtlich der Erzeugung schärferer Ungleichungen wird bestimmt durch eine geeignete Wahl von $u \ge 0$ im Zusammenhang mit der Abrundung von r_0 im Schritt (iii). Im Schritt (i) wird eine geeignete gültige Ungleichung für $G = \{ x \in I\!R_+^n : Ax \le b \}$ ausgewählt. Dazu gilt

LEMMA 12.5 *Es sei* $g^T x \le g_0$ *eine gegebene gültige Ungleichung für* $G = \{ x \in I\!R_+^n : Ax \le b \} \ne \emptyset$. *Dann gibt es eine gültige Ungleichung der Form* $(A^T u, b^T u)$, *die die gegebene Ungleichung verschärft oder äquivalent zu ihr ist.*

Beweis: Das lineare Optimierungsproblem

$$g^T x \to \max ! \quad \text{bei} \quad x \in G$$

ist wegen $G \ne \emptyset$ und $\max \{ g^T x : x \in G \} \le g_0$ lösbar. Nach Satz 4.7, Satz 4.3 und Bemerkung 4.6 existiert eine zulässige Basislösung $\bar{u}$ der dualen Aufgabe mit

$$\bar{u} \in I\!R_+^m, \ A^T \bar{u} \ge g \quad \text{und} \quad b^T \bar{u} \le g_0.$$

Aus $Ax \le b$ und $\bar{u} \in I\!R_+^m$ folgt $\bar{u}^T Ax \le \bar{u}^T b$ und damit die Gültigkeit von $(A^T \bar{u}, b^T \bar{u})$ für G. ∎

Wir betrachten nun eine wichtige Anwendung der Chvatal-Gomory-Rundung. Es sei S gemäß (16) gegeben. Weiterhin gelte

$$\sum_{i=1}^{n} r_i x_i = r_0 \quad \text{für alle} \quad x \in S. \tag{18}$$

Dann sind

$$\sum_{i=1}^{n} r_i x_i \le r_0 \quad \text{und} \quad \sum_{i=1}^{n} r_i x_i \ge r_0$$

gültige Ungleichungen für S.
Mit einem beliebigen $d \in Z\!\!Z_+^1$, $d > 0$, sind dann nach Division der ersten Ungleichung durch d und zusätzlicher Chvatal-Gomory-Rundung auch

$$\sum_{i=1}^{n} \left\lfloor \frac{r_i}{d} \right\rfloor x_j \le \left\lfloor \frac{r_0}{d} \right\rfloor \quad \text{und} \quad -\sum_{i=1}^{n} d \left\lfloor \frac{r_i}{d} \right\rfloor x_j \ge -d \left\lfloor \frac{r_0}{d} \right\rfloor$$

gültige Ungleichungen für S.
Durch Addition der beiden rechten Ungleichungen entsteht daraus die für S gültige Ungleichung

$$\sum_{i=1}^{n} \left(r_i - d \left\lfloor \frac{r_i}{d} \right\rfloor \right) x_i \ge r_0 - d \left\lfloor \frac{r_0}{d} \right\rfloor. \tag{19}$$

Im Fall $d = 1$ und r_0 nicht ganzzahlig erhält man den sogenannten **Gomory-Schnitt**

$$\sum_{i=1}^{n}(r_i - \lfloor r_i \rfloor)x_i \geq r_0 - \lfloor r_0 \rfloor . \tag{20}$$

In Abschnitt 1.4 wurde bereits die Herleitung von Gomory-Schnitten bei Basisdarstellungen der Nebenbedingungen skizziert. Da die durch die Gomory-Schnitte gegebenen zusätzlichen Bedingungen die duale Zulässigkeit einer gegebenen Basisdarstellung nicht verändern, bietet sich die duale Simplexmethode zur Reoptimierung an. Diese Vorgehensweise wird in den Schnittebenenverfahren von Gomory (siehe z.B. in [KF71]) zur Lösung des Problems (16) realisiert.

Übung 12.3 Zeigen Sie, daß die Aussage von Lemma 12.5 auch im Fall $G = \emptyset$ und $\{u \in \mathbb{R}_+^m : A^T u \geq g\} \neq \emptyset$ gültig ist.

Übung 12.4 Es sei eine ganzzahlige Menge S gemäß (16) gegeben, und es seien Konstanten $\delta \geq 0$, $\alpha \geq 0$, $\beta \geq 0$ gegeben. Beweisen Sie folgende Aussage: Aus der Gültigkeit der Ungleichungen

$$\sum_{i=1}^{n} r_i x_i - \alpha\,(x_k - \delta) \leq r_0 \quad \text{und} \quad \sum_{i=1}^{n} r_i x_i + \beta\,(x_k - \delta - 1) \leq r_0$$

für S folgt die Gültigkeit der Ungleichung $\sum_{i=1}^{n} r_i x_i \leq r_0$ für S. Geben Sie einen Beweis mit Hilfe der Chvatal-Gomory-Rundung.

12.3 Matroide, Greedy-Algorithmus

Eine wichtige Form eines kombinatorischen Optimierungsproblems wird durch das folgende Modell erfaßt. Es sei eine gegebene Grundmenge durch die Indexmenge $N = \{1, \cdots, n\}$ beschrieben und durch $c = (c_1, \cdots, c_n)^T \in \mathbb{R}^n$ seien Bewertungen der Elemente der Grundmenge erklärt, woraus für eine Teilmenge $F \subset N$ eine Bewertung $c(F) := \sum_{j \in F} c_j$ definiert wird. Ein **kombinatorisches Optimierungsproblem** besteht nun darin, aus einem wohldefinierten System $\mathcal{F}$ von Teilmengen von N im Sinne der Bewertung c optimale $F \in \mathcal{F}$ auszuwählen:

$$c(F) \to \min ! \quad \text{bei} \quad F \in \mathcal{F}. \tag{21}$$

Bemerkung 12.2 Alle im Abschnitt 9.4 betrachteten Probleme haben die Form (21). Beim Rucksackproblem besteht $\mathcal{F}$ aus solchen Teilmengen von einzupackenden Gegenständen, so daß in der Summe der Volumina das Rucksackvolumen nicht überschritten wird. □

Wenn man, wie in Übung 9.2 eingeführt, jeder Menge $F \subset N$ durch die Vorschrift

$$x_i = \begin{cases} 1 & \text{falls } i \in F \\ 0 & \text{anderenfalls} \end{cases} \tag{22}$$

einen Vektor x zuordnet, so wird durch (21) ein 0-1 Optimierungsproblem im $I\!\!R^n$ beschrieben. Läßt man in dem Modell (21) auch „Mengen" F zu, in denen ein Element auch mehrfach enthalten sein kann, so wird durch die Zuordnung $x_i = k$, falls das Element i k-mal in F enthalten ist, durch (21) ein ganzzahliges Optimierungsproblem im $I\!\!R^n$ beschrieben.

Ein wichtiger Spezialfall von zulässigen Bereichen $\mathcal{F}$ für das Problem (21) wird durch die Matroide beschrieben. Ein **Matroid** $M = (N, \mathcal{F})$ ist eine endliche Menge N mit einem System $\mathcal{F}$ von Teilmengen von N, so daß gilt:

- $\emptyset \in \mathcal{F}$, $\hspace{8cm}$ (23)

- $K \in \mathcal{F} \wedge L \subset K \Rightarrow L \in \mathcal{F}$, $\hspace{5cm}$ (24)

- $K, L \in \mathcal{F} \wedge \operatorname{card}(K) = \operatorname{card}(L) + 1 \Rightarrow \exists\, a \in K \setminus L$ mit $L \cup \{a\} \in \mathcal{F}$. (25)

Die Elemente eines Systems $\mathcal{F}$, die der Forderung (24) genügen, heißen unabhängige Mengen. Alle anderen Teilmengen von N heißen abhängige Mengen.

Beispiel 12.3 Minimalgerüst
N repräsentiere die Menge aller Kanten in einem ungerichteten zusammenhängenden Graphen G. Die Menge aller zyklenfreien Kantenmengen in G bildet ein Matroid. $\square$

Eine unabhängige Menge F heißt maximal in N, wenn $F \cup \{k\} \notin \mathcal{F}$ für alle $k \in N \setminus F$ gilt. Zugehörig definieren wir durch

$$r(T) = \max_{S \subset T} \{\operatorname{card}(S) \,:\, S \in \mathcal{F}\} \quad \text{für } T \subset N \tag{26}$$

die **Rangfunktion** $r : \operatorname{pot} N \to I\!\!R$ von $\mathcal{F}$.

LEMMA 12.6 *Es seien $M = (N, \mathcal{F})$ ein Matroid, $T \subset N$ eine beliebige Teilmenge von N und F_1 und F_2 maximale unabhängige Teilmengen von T. Dann gilt*

$$\operatorname{card}(F_1) = \operatorname{card}(F_2) = r(T). \tag{27}$$

Beweis: Übungsaufgabe 12.5.

Beispiel 12.4 Es sei $A \in \mathcal{L}(I\!\!R^n, I\!\!R^m)$, $n > m$. Wir definieren $\mathcal{F}$ durch diejenigen Teilmengen $F \subset N = \{1, \cdots, n\}$, für die die Spalten von A mit Nummern aus F linear unabhängig sind. Es gilt $r(N) = \operatorname{rang}(A)$. $\square$

Für ein gegebenes System $\mathcal{F}$ von Teilmengen von N und ein $T \subset N$ sei
$$\mathcal{F}_T := \{F \in \mathcal{F} : F \subset T\}.$$

LEMMA 12.7 *Es sei* $M = (N, \mathcal{F})$ *ein Matroid und* T *eine Teilmenge von* N. *Dann ist auch* $M_T = (T, \mathcal{F}_T)$ *ein Matroid.*

Beweis: Übungsaufgabe 12.5.

Die maximalen unabhängigen Mengen $F \in \mathcal{F}$ heißen auch Basen des Matroids $M = (N, \mathcal{F})$.

LEMMA 12.8 *Es seien* F_1 *und* F_2 *zwei Basen von* M, *und es sei* $r \in F_1 \setminus F_2$. *Dann existiert ein* $s \in F_2 \setminus F_1$ *mit* $(F_1 \cup \{s\}) \setminus \{r\} \in \mathcal{F}$.

Beweis: Übungsaufgabe 12.5.

Im weiteren beschreiben wir zunächst einen einfachen Näherungsalgorithmus für das Problem (21). Dabei wird sukzessive ein $F \in \mathcal{F}$ aufgebaut. Ausgehend von der leeren Menge fügt man in jedem Schritt zu einer bekannten Teillösung $(k_1, \cdots, k_r)$ ein bestmögliches k (im Sinne der Bewertung c und der Zugehörigkeit zu $\mathcal{F}$) hinzu. Es sei $E := \{ K \in \mathrm{pot} N : \exists F \in \mathcal{F} \text{ mit } K \subset F \}$, d.h. E ist die Menge der Teilmengen, die zu einem zulässigen F vervollständigt werden können. Wir setzen $\mathcal{F} \neq \emptyset$ voraus.

Greedy-Algorithmus

(i) Es sei $F := \emptyset$.

(ii) Falls $F \in \mathcal{F}$ und $\min\{ c_i : i \in N \setminus F \wedge F \cup \{i\} \in E \} \geq 0$, so stoppe,

(iii) Bestimme $c_k := \min\{ c_i : i \in N \setminus F \wedge F \cup \{i\} \in E \}$, setze $F := F \cup \{k\}$ und gehe zu (ii).

Die bei Abbruch des Algorithmus erhaltene Menge F nennen wir **Greedy-Lösung**. Der Greedy-Algorithmus findet im allgemeinen nur eine Näherungslösung für das Problem (21). Ist der zulässige Bereich ein System unabhängiger Mengen, so hat man

SATZ 12.5 *Es seien* $\mathcal{F}$ *ein System unabhängiger Mengen,* F_g *eine Greedy-Lösung und* F^* *eine Optimallösung des Problems (21). Dann gilt:* $(N, \mathcal{F})$ *ist ein Matroid genau dann, wenn* $c(F_g) = c(F^*)$ *für alle Gewichtsfunktionen* c *ist.*

Beweis: Für $\mathrm{card}\, N$ gleich 0 oder 1 ist der Satz offensichtlich richtig. Wir setzen deshalb $n := \mathrm{card}\, N \geq 2$ voraus.

$' \Rightarrow '$: In dem Matroid $(N, \mathcal{F})$ sei $T \subset N$ die Menge aller negativ bewerteten Elemente von N. Da $\mathcal{F}$ ein System unabhängiger Mengen ist, sind sowohl die Greedy-Lösungen als auch alle Optimallösungen maximale unabhängige Mengen im System $(T, \mathcal{F}_T)$. Ohne Beschränkung der Allgemeinheit gelte $c_1 \leq c_2 \leq \cdots \leq c_n$, und es sei $F_g = \{k_1, \cdots, k_p\}$ mit $k_1 < k_2 < \cdots < k_p$ und $F^* = \{l_1, \cdots, l_p\}$ mit

$l_1 < l_2 < \cdots < l_p$. Wir nehmen an, daß F_g nicht optimal ist. Da F^* Optimallösung ist, existiert ein Index

$$s = \min\{\, i \,:\, 1 \le i \le p,\ c(l_i) < c(k_i) \,\}.$$

Wir betrachten nun die Mengen $K = \{\, k_1, \cdots, k_{s-1} \,\}$, $\bar{K} = \{\, k_1, \cdots, k_{s-1}, k_s \,\}$ und $L = \{\, l_1, \cdots, l_s \,\}$. Wegen $K, L \in \mathcal{F}$ existiert nach (25) ein $r \in L \setminus K$ mit $K' := \{\, k_1, \cdots, k_{s-1}, r \,\} \in \mathcal{F}$, und es gilt $c(\bar{K}) > c(K')$. Es sei $c(k_t) \le c(r) < c(k_{t+1})$. Dann wird im $(t+1)$-ten Schritt des Greedy-Algorithmus gerade r ausgewählt, d.h. $\bar{K}$ ist nicht der Anfangsteil einer Greedy-Lösung.

$'\Leftarrow'$: Aus der Annahme, daß $(N, \mathcal{F})$ kein Matroid ist, folgt die Existenz von Mengen $K, L \in \mathcal{F}$ mit

$$\operatorname{card} K = \operatorname{card} L + 1 =: l + 1 \quad \text{und} \quad L \cup \{\, k \,\} \notin \mathcal{F} \text{ für alle } k \in K \setminus L.$$

Mit $T := K \cup L$ folgt, daß auch $(T, \mathcal{F}_T)$ kein Matroid ist.
Wir definieren eine Bewertung c durch

$$c_j = \begin{cases} -(l+2) & \text{für } j \in L \\ -(l+1) & \text{für } j \in T \setminus L \end{cases}, \qquad c_j = 0 \text{ sonst}.$$

Die Greedy-Lösung für diese Bewertung ist $F_g = L$ mit der Bewertung $c(L) = -l(l+2)$. Eine Optimallösung hat aber höchstens den Wert $-(l+1)(l+1)$. ∎

Für eine endliche Menge N nennen wir eine Funktion $F : \operatorname{pot} N \to \mathbb{R}$ **submodular**, wenn

$$f(S) + f(T) \ge f(S \cup T) + f(S \cap T) \quad \text{für } S, T \subset N \tag{28}$$

gilt. Mit der durch (26) eingeführten Rangfunktion r hat man den folgenden

SATZ 12.6 *Es sei $\mathcal{F}$ ein System unabhängiger Mengen über N. Dann gilt : $(N, \mathcal{F})$ ist ein Matroid genau dann, wenn die Rangfunktion $r : \operatorname{pot} N \to \mathbb{R}$ von $\mathcal{F}$ submodular ist.*

Ein Beweis dieses Satzes kann in [JT88] oder [NW88] nachgelesen werden.

LEMMA 12.9 *Es sei $\mathcal{F}$ ein System unabhängiger Mengen über N mit der Rangfunktion r. Dann sind folgende Aussagen äquivalent*

(i) $T \in \mathcal{F}$.
(ii) $\operatorname{card}(T) \le r(T)$.
(iii) $\operatorname{card}(T \cap S) \le r(S)$ *für alle* $S \subset N$.

Beweis : Übungsaufgabe 12.5.

Entsprechend (22) können den Elementen F von $\mathcal{F}$ 0-1 Vektoren aus dem $\mathbb{R}^n$, $n = \operatorname{card}(N)$, zugeordnet werden. Mit

$$G(\mathcal{F}) = \{\, x \in \mathbb{R}_+^m \,:\, \sum_{i \in F} x_i \le r(F) \text{ für } F \subset N \,\} \tag{29}$$

erhält man dann eine 0-1 Formulierung des Problems (21), falls $(N, \mathcal{F})$ ein System unabhängiger Mengen ist, in der Form

$$c^T x \to \min ! \qquad \text{bei} \qquad x \in \{0, 1\}^n \cap G(\mathcal{F}). \qquad (30)$$

Ist $N(\mathcal{F})$ ein Matroid, so wird $G(\mathcal{F})$ auch Matroidpolyeder genannt. In diesem Fall ist $G(\mathcal{F})$ die konvexe Hülle der den unabhängigen Mengen zugeordneten Vektoren.

Im Lemma 12.7 wurde gezeigt, daß die Matroideigenschaft bei Einschränkungen der Grundmenge N erhalten bleibt. Im folgenden untersuchen wir eine spezielle Erweiterung der Grundmenge N und damit auch eine Erweiterung des Mengensystems $\mathcal{F}$. Wir konstruieren eine Menge M als Vereinigung von n gegebenen gleichmächtigen, paarweise durchschnittsfremden Mengen N_i. Es sei also

$$M = \bigcup_{i=1}^n N_i \quad \text{mit card} N_i = k \quad \text{und} \quad N_i \cap N_j = \emptyset \quad \text{für} \quad i \neq j. \qquad (31)$$

Weiterhin sei mit $N = \{k_1, \cdots, k_n\} \subset M$, wobei $N \cap N_i = k_i$ gelte, ein Repräsentant der Partition gegeben. Außerdem sei $(N, \mathcal{F})$ ein System unabhängiger Mengen. Für ein $F \in \mathcal{F}$ definieren wir

$$I(F) := \{i : i \in \{1, \cdots, n\}, F \cap N_i \neq \emptyset\} \qquad (32)$$

und damit die Erweiterung

$$\varphi(F) := \{\bigcup T_i : T_i \subset N_i, i \in I(F)\} \qquad (33)$$

von F und die Erweiterung

$$\mathcal{F}_M := \bigcup_{F \in \mathcal{F}} \varphi(F) \qquad (34)$$

von $\mathcal{F}$. Dann gilt

LEMMA 12.10 *Mit $(N, \mathcal{F})$ ist auch $(M, \mathcal{F}_M)$ ein System unabhängiger Mengen.*

Beweis : Übungsaufgabe 12.5.

Durch die Erweiterung (32), (33) werden in einem Unabhängigkeitssystem gewisse Symmetrien und Wiederholungen von Elementen in dem Sinne erfaßt, daß die Elemente einer Menge N_i gleichberechtigt in bezug auf das System $(M, \mathcal{F}_M)$ sind. Damit wird die Struktur eines $F \in \mathcal{F}_M$ durch die Größen card$(F \cap N_i)$, $i = 1(1)n$, erfaßt.

Der Polyeder $G(\mathcal{F}_M)$ wird entsprechend (29) durch die Ungleichungen

$$\sum_{i \in F} x_i \leq r(F) = r(I(F)) + \sum_{i \in I(F)} [\text{card}(N_i \cap F) - 1], \quad F \subset M, \qquad (35)$$

beschrieben. Wir untersuchen nunmehr eine geeignete Zerlegung dieser Menge von Ungleichungen. Für ein vorgegebenes $S \subset N := \{1, \cdots, n\}$ hat man die Ungleichungen

$$\sum_{i \in F} x_i \leq r(I(F)) + \sum_{i \in I(F)} [\text{card}(N_i \cap F) - 1], \quad F \subset M, \ I(F) = S. \qquad (36)$$

Wählt man nun für ein festes $k \in N$ nur solche Mengen F mit $\text{card}(N_i \cap F) = k$ für $i \in I(F)$ so erhält man die folgende Teilmenge von Ungleichungen aus (36)

$$\sum_{i \in F} x_i \leq r(S) + (k-1)\text{card}(S), \quad F \subset M, \ I(F) = S. \tag{37}$$

Die durch $\bar{r}(S) := r(S) + (k-1)\text{card}(S)$ definierte Funktion ist als Summe zweier submodularer Funktionen über N ebenfalls submodular über N. Die Ungleichungen

$$\sum_{i \in F} x_i \leq \bar{r}(S) \text{ für } F \subset M \text{ mit } I(F) = S \text{ und } \text{card}(N_i \cap F) = k \text{ für } i \in I(F), \tag{38}$$

$$\text{für } S \subset N \text{ und } k \in N$$

definieren einen Relaxationspolyeder $G_R(\mathcal{F}_M)$ mit $G(\mathcal{F}_M) \subset G_R(\mathcal{F}_M)$.
Mit der Substitution

$$y := \sum_{j \in N_i} x_j, \quad i = 1(1)n, \tag{39}$$

kann $G_R(\mathcal{F}_M)$ äquivalent beschrieben werden durch

$$\bar{G}_R(\mathcal{F}_M) = \left\{ y \in \mathbb{R}^n_+ : \sum_{i \in S} y_i \leq \bar{r}(S) \text{ für } S \subset N \right\}. \tag{40}$$

Damit hat man für das Optimierungsproblem (21) die ganzzahlige Relaxation

$$c^T x \to \min! \quad \text{bei } x \in \mathbb{Z}^n_+ \cap \bar{G}(\mathcal{F}_M).$$

In Verallgemeinerung der Darstellung (40) nennen wir einen Polyeder

$$G(f) = \left\{ x \in \mathbb{R}^n_+ : \sum_{i \in S} x_i \leq f(S) \text{ für } S \subset N \right\}, \tag{41}$$

wobei f eine nichtfallende submodulare Funktion über der endlichen Menge N bezeichne, ein **Polymatroid**. Mit dieser Definition wird der Matroidbegriff auf den $\mathbb{R}^n$ übertragen, und die für Matroide gültigen Aussagen gelten sinngemäß für Polymatroide. Der Greedy-Algorithmus kann für Optimierungsprobleme mit linearer Zielfunktion und polyedrischem zulässigen Bereich formuliert werden, und es gilt eine Satz 12.6 entsprechende Aussage. Die Komplexität des Greedy-Algorithmus wird wesentlich durch den Test $F \cup \{i\} \in E$? bestimmt. Kann hier ein polynomialer Aufwand gesichert werden, so ist der Greedy-Algorithmus insgesamt polynomial.

Auf Grund der günstigen Eigenschaften des Greedy-Algorithmus bei der Optimierung von linearen Zielfunktionen über Matroiden oder Polymatroiden sind solche Optimierungsaufgaben von besonderem Interesse, in denen die zulässigen Bereiche eng mit Matroiden zusammenhängen, also zum Beispiel als Vereinigung oder Durchschnitt von Matroiden darstellbar sind. Wir betrachten im weiteren das Zuordnungsproblem (s. Beispiel 1.2 und Abschnitt 10.3) als Beispiel für das Matroid-Durchschnittsproblem. Es sei $G = (V_1 \cup V_2, E)$ mit $V_1 = \{v_1, \cdots, v_n\}$, $V_2 =$

$\{w_1, \cdots, w_n\}$, $E = \{(v, w) : v \in V_1, w \in V_2\}$ ein bipartiter Graph. Für $e \in E$ sei eine Bewertung $c(e) \in \mathbb{R}$ bekannt. Wir definieren zwei Matroide $M_i = (E, \mathcal{F}_i)$, $i = 1, 2$, durch

$$\mathcal{F}_i := \left\{ F_i \subset E : \begin{array}{l} \text{je zwei Kanten aus } F_i \text{ inzidieren mit} \\ \text{verschiedenen Knoten aus } V_i \end{array} \right\}, \ i = 1, 2.$$

Das Zuordnungsproblem wird dann durch die folgende Optimierungsaufgabe beschrieben:

$$c(F) \to \min ! \quad \text{bei} \quad F \in \mathcal{F}_1 \cap \mathcal{F}_2, \ \text{card} F = n. \tag{42}$$

Damit gilt

LEMMA 12.11 *Es seien Bewertungen $c, c^1, c^2 \in \mathbb{R}^n$ mit $c^1 + c^2 = c$ und ein $q \in \{0, 1, 2, \cdots\}$ gegeben. Falls $S \subset N$ eine Optimallösung der Probleme*

$$c^i(F) \to \min ! \quad \text{bei} \quad F \in \mathcal{F}_i, \ \text{card} F = q, \ i = 1, 2 \tag{43}$$

ist, so ist S auch Optimallösung des Problems

$$c(F) \to \min ! \quad \text{bei} \quad F \in \mathcal{F} := \mathcal{F}_1 \cap \mathcal{F}_2, \ \text{card} F = q. \tag{44}$$

Im folgenden Algorithmus wird das Problem (43) für wachsendes q gelöst bis $q = n$ erreicht ist. Dabei erfolgen geeignete Modifizierungen der Bewertungen c^1 und c^2.

ZOP-Algorithmus

(i) Starte mit c^1, c^2, S entsprechend Lemma 12.11, falls solche Lösung für ein q, $1 \le q < n$, bekannt ist. Anderenfalls setze $q = 0$, $S = \emptyset$, $c^1 = c$, $c^2 = 0$.

(ii) Falls $q = n$ ist, so ist S Optimallösung für (41).
Berechne
$K_i := \{j \in E \setminus S : S \cup \{j\} \in \mathcal{F}_i\}$, $L_i := (E \setminus S) \setminus K_i$, $i = 1, 2$.

(iii) Berechne $m_i := \min\{c_j^i : j \in K_i\}$, i=1,2.
Konstruiere den Graphen $D_S(c^1, c^2) = (E \cup \{s, t\}, \mathcal{E})$ mit folgenden Bögen
$(s, j) \in \mathcal{E}$ falls $j \in K_1$ und $c_j^1 = m_1$,
$(j, t) \in \mathcal{E}$ falls $j \in K_2$ und $c_j^2 = m_2$,
$(j, k) \in \mathcal{E}$ falls $j \in L_2$, $(S \cup \{j\}) \setminus \{k\} \in \mathcal{F}_2$ und $c_j^2 = c_k^2$,
$(k, j) \in \mathcal{E}$ falls $j \in L_1$, $(S \cup \{j\}) \setminus \{k\} \in \mathcal{F}_1$ und $c_j^1 = c_k^1$.
Enthält $D_S(c^1, c^2)$ keinen Weg von s nach t, so gehe zu (iv), anderenfalls bestimme einen Weg $s, j_1, k_1, \cdots, k_{p-1} j_p, t$ von s nach t mit minimaler Bogenzahl (z.B. mit dem Dijkstra-Algorithmus).
Setze $S := (S \cup \{j_1, \cdots, j_p\}) \setminus \{k_1, \cdots, k_{p-1}\}, q := q + 1$ und gehe zu (ii).

(iv) Setze
$$E_1 := \{\, j \in E \; : \text{es existiert ein } s - j \text{ Weg in } D_S(c^1, c^2)\,\}, \; E_2 := E \setminus E_1.$$
Berechne
$$\delta_i := \min\{\, c_j^i - m_i \; : \; j \in K_i \cap E_{3-i}\,\}, \; i = 1, 2,$$
$$\eta_i := \min\{\, c_j^i - c_k^i \; : \; j \in L_i \cap E_{3-i}, (S \cup \{j\}) \setminus \{k\} \in \mathcal{F}_{3-i}, k \in E_i\,\}, i = 1, 2.$$
$$\varepsilon := \min\{\, m_1 + m_2, \delta_1, \delta_2, \eta_1, \eta_2\,\}.$$
$$\varepsilon_1 := \min\{\, \varepsilon, m_1\,\},$$
$$\varepsilon_2 := \varepsilon - \varepsilon_1.$$
Setze $c_j^i := c_j^i + \varepsilon_i$ für $j \in E_i$, $i = 1, 2$,
$$c_j^i := c_j - c_j^{3-i} \text{ für } j \in E_{3-i}, \; i = 1, 2.$$
Gehe zu (iii).

Ähnliche Algorithmen zur Lösung des Zuordnungsproblems sind die ungarische Methode (siehe z.B. in [PS82]) und die Algorithmen von Tomizawa [Tom71]. In [BD80] sind FORTRAN-Programme für Zuordnungs- und Matchingprobleme enthalten. Für ein Zuordnungsproblem der Dimension n benötigen die Algorithmen $O(n^3)$ Rechenoperationen zur Lösung.

Übung 12.5 Beweisen Sie die Lemmata 12.6 bis 12.10.

Übung 12.6 Welche zu (24) und (25) analogen Eigenschaften gelten für Polymatroide?

Übung 12.7 Lösen Sie das Zuordnungsproblem mit der Bewertungsmatrix
$$C = \begin{pmatrix} 6 & 3 & 2 & 8 & 3 \\ 8 & 7 & 8 & 4 & 5 \\ 4 & 9 & 3 & 2 & 7 \\ 6 & 8 & 5 & 3 & 2 \\ 7 & 5 & 6 & 3 & 9 \end{pmatrix}.$$

Übung 12.8 Betrachten Sie das Rundreiseproblem mit n Orten ($n \geq 5$). Zeigen Sie, daß die Ungleichung
$$x_{ij} \geq 0 \quad \text{für beliebige} \quad i, j \in \{1, \cdots, n\} \; \text{mit } i \neq j$$
eine Facetten-Ungleichung des Rundreisepolyeders darstellt.
Welche Situation liegt im Fall $n = 4$ vor?

Literaturverzeichnis

[AB84]   O. Axelsson, V.A. Barker. *Finite element solution of boundary value problems.* Academic Press, New York, 1984.

[Ada75]   R.A. Adams. *Sobolev spaces.* Academic Press, New York, 1975.

[AHU74]   A.V. Aho, J.E. Hopcroft, J.D. Ullman. *The Design and Analysis of Algorithms.* Addison-Wesley, London, 1974.

[Aig76]   M. Aigner. *Kombinatorik,II. Matroide und Transversaltheorie.* Springer-Verlag, Berlin - Heidelberg - New York, 1976.

[Ans86]   K.M. Anstreicher. A monotonic projective algorithm for fractional linear programming. *Algorithmica*, 1:483–498, 1986.

[Arm66]   L. Armijo. Minimization of functions having Lipschitz-continuous first partial derivatives. *Pac.J.Math.*, 16:1–3, 1966.

[AS89]   J. Abaffy, E. Spedicato. *ABS projection algorithms: Mathematical techniques for linear and nonlinear equations.* Halsted Press, New York, 1989.

[BBZ81]   A. Ben-Israel, A. Ben-Tal, S. Zlobec. *Optimality in nonlinear programming: A feasible direction approach.* Wiley, New York, 1981.

[BC84]   C. Berge, V. Chvatal, eds. Topics on perfect graphs. *Annals of Discrete Mathematics*, 21, 1984.

[BD62]   R.E. Bellman, S.E. Dreyfus. Applied dynamic programming. *University Press, Princeton*, 1962.

[BD80]   R.E. Burkard, V. Derigs. *Assignment and Matching Problems: Solution Methods with Fortran Programs.* Springer, 1980.

[BDM73]   C.D. Broyden, J.E. Dennis, J.J. Moré. On the local and superlinear convergence of quasi-Newton methods. *Inst.Math.Appl.*, 12:223–245, 1973.

[Bee77]   K. Beer. *Lösung großer linearer Optimierungsaufgaben.* Deutscher Verlag d. Wiss., Berlin, 1977.

[Bel58a]   R.E. Bellman. Dynamic Programming. *University Press, Princeton*, 1958.

[Bel58b]   R.E. Bellman. On a routing problem. *Quarterly of Applied Mathematics*, 16:87–90, 1958.

[Bel70]   E.J. Beltrami. *An Algorithmic Approach to Nonlinear Analysis and Optimization.* Academic Press, 1970.

[Ber73]   C. Berge. *Graphs and Hypergraphs.* North-Holland, Amsterdam, 1973.

[Ber75]   D.P. Bertsekas. Necessary and sufficient conditions for a penalty method to be exact. *Math.Programming*, 9:87–99, 1975.

[Ber82]   D.P. Bertsekas. *Constrained optimization and Lagrange multiplier methods.*
          Academic Press, New York, 1982.

[BF91]   F. Brezzi, M. Fortin. *Mixed and hybrid finite element methods.* Springer,
          Berlin, 1991.

[BG67]   C. Berge, A. Ghouila-Houri. *Programme, Spiele, Transportnetze.* Teubner,
          Leipzig, 1967.

[BGK83]   A. Bachem, M. Grötschel, B. Korte. *Mathematical programming : The state
          of the art.* Springer, Berlin, 1983.

[BGT81]   R.G. Bland, D. Goldfarb, M.J. Todd. The ellipsoid method: A survey. *Ope-
          rations Research*, 29: 1039–1091, 1981.

[Bit65]   L. Bittner. Eine Verallgemeinerung des Verfahrens des logarithmischen Po-
          tentials von Frisch für nichtlineare Optimierungsprobleme. *Prekopa, A.(ed):
          Colloqu. on applic.math.to econ.*, pages 43–53, 1965.

[BM71]   M. Bellmore, J.E. Malone. Pathology of traveling salesman subtour elimina-
          tion algorithms. *Operations Research*, 19: 278–307, 1971.

[BNY87]   R.H. Byrd, J. Nocedal, Y. Yuan. Global convergence of a class of quasi-
          Newton methods on convex problems. *SIAM J.Numer.Anal.*, 24: 1171–1190,
          1987.

[BO75]   E. Blum, W. Oettli. *Mathematische Optimierung.* Springer, Berlin, 1975.

[Bor82]   K.H. Borgwardt. The average number of pivot steps required by the simplex-
          method is polynomial. *Zeitschrift für Operations Research*, 26: 157–177, 1982.

[Bor87]   K.H. Borgwardt. Probabilistic analysis of optimization algorithms. Some
          aspects from a practical point of view. *Acta Math.Appl.*, 10: 171–210, 1987.

[Bra92]   D. Braess. *Finite Elemente.* Springer, Berlin, 1992.

[Bro65]   C.G. Broyden. A class of methods for solving nonlinear simultaneous equati-
          ons. *Math.Comp.*, 19: 577–593, 1965.

[BS79]   M.S. Bazaraa, C.M. Shetty. *Nonlinear programming: Theory and algorithms.*
          Wiley, New York, 1979.

[BT97]   D. Bertsimas, J.N. Tsitsiklis. *Introduction to Linear Optimization.* Athena
          Scientific, Belmont, Massachusetts, 1997.

[Bur72]   R.E. Burkard. *Methoden der Ganzzahligen Optimierung.* Springer-Verlag,
          Wien-New York, 1972.

[Bur73]   W. Burmeister. Die Konvergenzordnung des Fletcher-Powell-Algorithmus.
          ZAMM, 53: 693–699, 1973.

[Cea71]   J. Cea. *Optimization, théorie et algorithmes.* Dunod, Paris, 1971.

[CH95]   B. Chen, P.T. Harker. A continuation method for monotone variational ine-
          qualities. *Math. Programming (Series A)*, 69: 237–254, 1995.

[CH97]   B. Chen, P.T. Harker. Smooth approximations to nonlinear complementarity
          problems. *SIAM J. Optimization*, 7: 403–420, 1997.

[Cha76]   Ch. Charalambous. A negativ-positive barrier method for nonlinear program-
          ming. *Int.J.System Sci.*, 7: 557–575, 1976.

[Chr75]   N. Christofides. *Graph Theory: An Algorithmic Approach.* Academic Press, London, 1975.

[Cia78]   P.G. Ciarlet. *The finite element method for elliptic problems.* North-Holland, Amsterdam, 1978.

[Cla83]   F.H. Clarke. *Nonsmooth analysis and optimization.* Wiley, New York, 1983.

[CM95]   B. Chen, O.L. Mangasarian. Smoothing methods for convex inequalities and linear complementarity problems. *Math. Programming,* 71:51–69, 1995.

[Coo71]   S.A. Cook. The complexity of theorem-proving procedures. *Proc. of the 3rd Annual ACM Symp. on the Theory of Computing Machinery,pp.151-158,* 1971.

[Dak65]   R.J. Dakin. A tree search algorithm for mixed integer programming problems. *Computer Journal,* 8:250–255, 1965.

[Dan63]   G.B. Dantzig. *Linear Programming and Extensions.* Princeton University Press, 1963.

[DF91]   H. Dyckhoff, U. Finke. *Cutting and Packing in Production and Distribution, A Typology and Bibliography.* Physica-Verlag, 1991.

[DH91]   P. Deuflhard, H. Hohmann. *Numerische Mathematik.* de Gruyter, Berlin, 1991.

[dH94]   D. den Hertog. *Interior Point Approach to Linear, Quadratic and Convex Programming.* Kluwer Academic Publishers, Dordrecht, 1994.

[Die72]   J. Dieudonné. *Grundzüge der modernen Analysis.* Deutscher Verlag der Wissenschaften, Berlin, 1972.

[Dij59]   E.W. Dijkstra. A note on two problems in connexion with graphs. *Numer. Math.,* 1:269–271, 1959.

[Din70]   E.A. Dinic. Algorithm for solution of a problem of maximum flow in a network with power estimation. *Soviet Math.Doklady,* 11:1277–1280, 1970.

[DM74]   J.E. Dennis, J.J. Moré. A characterization of superlinear convergence and its application to quasi-Newton methods. *Math.Comp.,* 28:549–560, 1974.

[DM75]   W.F. Demjanov, W.N. Malozemov. *Einführung in Minimax-Probleme.* Geest & Portig K.-G., Leipzig, 1975.

[DM89]   U. Derigs, W. Meier. Implementing Goldberg's max-flow-algorithm – a computational investigation. *ZOR-Methods and Models of Operations Research,* 33:383–403, 1989.

[Dri66]   N. J. Driebeck. An algorithm for the solution of mixed integer programming problems. *Man.Sci.,* 12:576–587, 1966.

[DS83]   J.E. Dennis, R.B. Schnabel. *Numerical Methods for unconstrained optimization and nonlinear equations.* Prentice-Hall, Englewood Cliffs, 1983.

[DW60]   G.B. Dantzig, P. Wolfe. Dekomposition principle for linear programs. *Operations Research,* 8(1):101–111, 1960.

[Edm65]   J. Edmonds. Paths, trees, and flowers. *Canad.J.Math.,* 17:449–467, 1965.

[EP84]   Yu.G. Evtushenko, V.A. Purtov. Sufficient conditions for a minimum for
           nonlinear programming problems. *Soviet Math.Dokl.*, 30:313–316, 1984.

[ERSD77]   K.-H. Elster, R. Reinhardt, M. Schäuble, G. Donath. *Einführung in die nicht-
           lineare Optimierung.* Teubner, Leipzig, 1977.

[ET76]   I. Ekeland, R. Temam. *Convex analysis and variational problems.* North
           Holland, Amsterdam, 1976.

[Fed78]   R.P. Fedorenko. *Näherungsweise Lösung von Aufgaben der optimalen Steue-
           rung (russ.).* Nauka, Moskau, 1978.

[FF62]   L.E. Ford, D.R. Fulkerson. *Flows in Networks,*. Princeton, 1962.

[FG78]   J. Freytag, Ch. Großmann. Eine Erweiterung der Verfahren der zulässigen
           Richtungen. *Optimization,* 9:581–589, 1978.

[FG82]   M. Fortin, R. Glowinski. *Méthodes der Lagrangien augmenté.* Dunod, Paris,
           1982.

[Fia83]   A.V. Fiacco. *Introduction to sensitivity and stability analysis in nonlinear*
           programming. Academic Press, New York, 1983.

[Fis92]   A. Fischer. A special Newton-type optimization method. *Optimization,*
           24:269–284, 1992.

[Fle75]   R. Fletcher. An ideal penalty function for constrained optimization.
           J.Inst.Math.Appl., 15:319–342, 1975.

[Fle87]   R. Fletcher. *Practical Optimization Methods (2-nd edition).* Wiley, New York,
           1987.

[FM68]   A.V. Fiacco, G.P. McCormick. *Nonlinear Programming: Sequential Uncon-
           strained Minimization Techniques.* Wiley, New York, 1968.

[FM96]   R.M. Freund, S. Mizuno. Interior Point Methods: Current Status and Future
           Directions. *OPTIMA, Mathematical Programming Society Newsletter,* 51,
           1996.

[FP63]   R. Fletcher, M.J.D. Powell. A rapidly convergent descent method for mini-
           mization. *Computer J.,* 6:163–168, 1963.

[FP97]   M.C. Ferris, J.-S. Pang, eds. *Complementarity and Variational Problems.*
           Society for Industrial and Applied Mathematics, Philadelphia, 1997.

[FR64]   R. Fletcher, C.M. Reeves. Function minimization by conjugate gradients.
           Comput.J., 7:149–154, 1964.

[Fri55]   K.R. Frisch. The logarithmic potential method of convex programming. *Me-
           morandum of May 13, University Institute of Economics, Oslo,* 1955.

[Gal87]   T. Gal (ed.). *Grundlagen des Operations Research 1-3.* Springer, 1987.

[GB96]   C.C. Gonzaga, J.F. Bonnans. Fast convergence of the simplified largest step
           path following algorithm. *Math. Programming,* 76:95–115, 1996.

[GG66]   P.C. Gilmore, R.E. Gomory. The theory and computation of knapsack func-
           tions. *Op.Res.,* 14:1045–1074, 1966.

[GGZ74]   H. Gajewski, K. Gröger, K. Zacharias. *Nichtlineare Operatorgleichungen.* Aka-
           demie Verlag, Berlin, 1974.

[GJ79] M.R. Garey, D.S. Johnson. *Computers and Intractability – A Guide to the Theory of NP-Completeness.* Freeman, San Francisco, 1979.

[GK76] Ch. Großmann, H. Kleinmichel. *Verfahren der nichtlinearen Optimierung.* Teubner, Leipzig, 1976.

[GK77] Ch. Großmann, A.A. Kaplan. Penalty methods in nonlinear programming (survey). *Math.OF u. Statistik, Ser.Optimization,* 8(2):281–298, 1977.

[GK79] Ch. Großmann, A.A. Kaplan. *Strafmethoden und modifizierte Lagrange-Funktionen in der nichtlinearen Optimierung.* Teubner, Leipzig, 1979.

[GK85] Ch. Großmann, A.A. Kaplan. On the solution of discretized obstacle problems by an adapted penalty method. *Computing,* 35, 1985.

[GL81] H.P. Gacs, L. Lovasz. Khachian's algorithm for linear programming. *Mathematical Programming Study,* 14:61–68, 1981.

[GLS88] M. Grötschel, L. Lovasz, A. Schrijver. *Geometric Algorithms and Combinatorial.* Springer, Heidelberg, 1988.

[GLT81] R. Glowinski, J.L. Lions, R. Trémoliere. *Numerical analysis of variational inequalities (2-nd ed.).* North Holland, Amsterdam, 1981.

[GM72] A.M. Geoffrion, R.E. Marsten. Integer programming algorithms, a framework and state-of-the-art survey. *Man.Sci.,* 18:465–491, 1972.

[GMW81] P.E. Gill, W. Murray, M.H. Wright. *Practical optimization.* Academic Press, New York, 1981.

[Gol81] M. Goldmann. Einige Erläuterungen zum Khachian-Verfahren. *Zeitschrift für Operations Research,* 25:B95–B112, 1981.

[Gom58] R.E. Gomory. Outline of an algorithm for integer solution to linear programs. *Bull.Amer.math.Soc.,* 46:275–278, 1958.

[GR90] R.D. Grigorieff, R.M. Reemtsen. Discrete approximation of minimization problems I/II. *Numer.Funct.Anal.Optimiz.,* 11:701–761, 1990.

[GR92] Ch. Großmann, H.-G. Roos. *Numerik partieller Differentialgleichungen.* Teubner, Stuttgart, 1992.

[Gro81] Ch. Großmann. A feasible direction method for large scale problems. *Methods of mathematical programming,* 1981. pp.107–122,(Zakopane,1977) PWN Warsaw.

[Gro83] Ch. Großmann. An effective method for solving linear programming problems with flexible constraints. *ZOR,* T27:107–122, 1983.

[Gro84] Ch. Großmann. Dualität und Strafmethoden bei elliptischen Differentialgleichungen. *ZAMM,* 64, 1984.

[GT79] G. Gierth, J. Terno. The Nicholson principle in discrete dynamic optimization. *Math.Operationsforsch.Statist., Ser.Optimization,* 10(1):67–77, 1979.

[GT89] E.G. Golštejn, N.V. Tretjakov. *Modifizierte Lagrange Funktionen (russ.).* Nauka, Moskau, 1989.

[Gui69] M. Guinard. Generalized Kuhn-Tucker conditions for mathematical programming in a Banach space. *SIAM J.Control,* 7:232–241, 1969.

[Gwi89] J. Gwinner. A penalty approximation for a unilateral problem in nonlinear elasticity. *Math.Meth.Appl.Sci.*, 11: 447–458, 1989.

[Hae79] K. Haessig. *Graphentheoretische Methoden des Operations Research*. Teubner, Stuttgart, 1979.

[Han81] P. Hansen, ed. Studies on graphs and discrete programming (Annals of Discrete Mathematics II), 1981.

[Hau78] D. Hausmann, ed. Integer programming and related areas: A classified bibliography 1976–1978. Springer-Verlag, 1978.

[Hes75] M.R. Hestenes. *Optimization Theory*. John Wiley, 1975.

[Hes80] M. Hestenes. *Conjugate Direction Methods in Optimization*. Springer-Verlag, 1980.

[HHNL88] I. Hlaváček, J. Haslinger, J. Nečas, J. Lovišek. *Numerical solution of variational inequalities*. Springer, Berlin, 1988.

[HHP94] W.W. Hager, D.W. Hearn, P.M. Pardalos, eds. *Large Scale Optimization*. Kluwer Academic Publishers, Dordrecht, 1994.

[HJK79] P.L. Hammer, E.L. Johnson, B. Korte, eds. Discrete Optimization I/II (Annals of Mathematics 4/5), 1979.

[HJKN77] P.L. Hammer, E.L. Johnson, B. Korte, G.L. Nemhauser, eds. Studies in integer programming (Annals of Discrete Mathematics I), 1977.

[HK71] M. Held, R.M. Karp. The traveling salesman problem and minimum spanning trees. *Oper. Res.,18:1138-1162 and Math.Prog. 1:6-25*, 1971.

[Hol72] R.B. Holmes. *A course on optimization and best approximation*. Springer, Berlin, 1972.

[Hu69] T.C. Hu. *Integer Programming and Network Flows*. Addison–Wesley Publishing Company, 1969.

[Hua67] P. Huard. Resolution of mathematical programming with nonlinear constraints by the method of centres. In J. Abadie, editor, *Nonlinear programming*, pages 207–219. Amsterdam, 1967.

[HZ82] R. Hettich, P. Zencke. *Numerische Methoden der Approximation und semi-infiniten Optimierung*. Teubner, Stuttgart, 1982.

[Iba76] T. Ibaraki. Theoretical comparisons of search strategies in branch-and-bound algorithms. *Journal of Computer and Information Science*, 5: 315–344, 1976.

[Iba77] T. Ibaraki. Power of dominance relations in branch-and-bound algorithms. *Journal of the Association for Computing Machinery*, 24: 264–279, 1977.

[IT79] A.D. Ioffe, V.M. Tichomirov. *Theorie der Extremalaufgaben*. Deutscher Verlag der Wissenschaften, Berlin, 1979.

[Jah94] J. Jahn. *Introduction to the theory of nonlinear optimization (2-nd. edition)*. Academic Press, New York, 1994.

[JSTU76] W. Jerke, W. Schiebel, J. Terno, G. Unger. Ein Beitrag zur Behandlung der Entartung beim Simplexverfahren. *Beiträge zur Numer.Mathem.*, 4, 1976. Deutscher Verlag der Wiss., Berlin.

[JT88]   H.T. Jongen, E. Triesch. *Optimierung A,B.* Vorlesungsskript, Augustinus-Buchhandlung Aachen, 1988.

[Kan96]   C. Kanzow. Some noninterior continuation methods for linear complementarity problems. *SIAM J. Matrix Analysis and Applications*, 17:851–868, 1996.

[Kar84]   N. Karmarkar. A new polynomial time algorithm for linear programming. *Combinatorica*, 4:375–395, 1984.

[KF71]   A.A. Korbut, J.J. Finkelstein. *Diskrete Optimierung.* Berlin, 1971.

[Kha79]   L.G. Khachian. A polynomial algorithm in linear programming. *Soviet Mathematics Doklady*, 20:191–194, 1979.

[Kiw85]   K.C. Kiwiel. *Methods of descent for nondifferentiable optimization.* Springer, Berlin, 1985.

[KK62]   H.P. Künzi, W. Krelle. *Nichtlineare Programmierung.* Springer, Berlin, 1962.

[KKRS85]   H. Kleinmichel, W. Koch, C. Richter, K. Schönefeld. Überlinear konvergente Verfahren der nichtlinearen Optimierung. *Studientext TU Dresden*, 1985.

[KLS75]   W. Küpper, K. Lüder, L. Streitferdt. *Netzplantechnik.* Physica, Würzburg-Wien, 1975.

[KM72]   V. Klee, G.J. Minty. How good is the simplex algorithm? In O. Shisha, editor, *Inequalities III*, pages 159–175. Academic Press, 1972.

[KMY91]   M. Kojima, S. Mizuno, A Yoshise. An $O(\sqrt{n}L)$ iteration potential reduction algorithm for linear complementary problems. *Math. Prog.*, 50:331–342, 1991.

[Knu79]   D.E. Knuth. *The Art of Computer Programming, Vol I/II.* Addison-Wesley, 1979.

[Kos89]   P. Kosmol. *Methoden zur numerischen Behandlung nichtlinearer Gleichungen und Optimierungsaufgaben.* Teubner, Stuttgart, 1989.

[Kos91]   P. Kosmol. *Optimierung und Approximation.* de Gruyter, 1991.

[KP81]   H. König, D. Pallaschke. On Khachian's algorithm and minimal ellipsoids. *Numer.Math.*, 36:211–223, 1981.

[KPY91]   K.O. Kortanek, F. Potra, Y. Ye. On some efficient interior point methods for nonlinear convex programming. *Lin. Algebra Appl.*, 152:169–189, 1991.

[Kra75]   W. Krabs. *Optimierung und Approximation.* Teubner Studienbücher, 1975.

[KS88]   A. Kielbasinski, H. Schwetlick. *Numerische lineare Algebra.* Deutscher Verlag der Wissenschaften, Berlin, 1988.

[KT92]   A.A. Kaplan, R. Tichatschke. Stable approximation schemes for incorrect variational problems. *Sib.Advances in Math.*, 2:123–132, 1992.

[KT94]   A.A. Kaplan, R. Tichatschke. *Stable Methods for Ill-Posed Variational Problems.* Akademie Verlag, Berlin, 1994.

[Lar68]   R.E. Larson. *State Increment Dynamic Programming.* Elsevier, New York, 1968.

[Las70]   L.S. Lasdon. *Optimization Theory for Large Systems.* MacMillan, London, 1970.

[LD60]   A.H. Land, A.G. Doig. An automatic method for solving discrete programming problems. *Econometrica*, 28:497–520, 1960.

[LM78]   C. Lemarechal, R. Mifflin. *Nondifferentiable optimization*. Pergamon Press, Oxford, 1978.

[LM90]   K. Luck, K.-H. Modler. *Getriebetechnik. Analyse, Synthese, Optimierung*. Springer Wien, 1990.

[LMSK63] J. Little, K. Murty, D. Sweeney, C. Karel. An algorithm for the traveling salesman problem. *Operations Research*, 11:972–989, 1963.

[Loo70]   F.A. Lootsma. Boundary properties of penalty functions for constrained minimization. *Philips Res.Rept.Suppl.*, 3, 1970.

[Lou89]   A.K. Louis. *Inverse und schlecht gestellte Probleme*. Teubner, Stuttgart, 1989.

[LP66]   E.S. Levitin, B.T. Poljak. Methody minimizacii pri naličii ograničenii. *Ž.Vyčisl.Mat.i Mat.Fiz.*, 6:787–823, 1966.

[Lue69]   D.G. Luenberger. *Optimization by Vector Space Methods*. John Wiley, 1969.

[Man76]   O.L. Mangasarian. Equivalence of the complementarity problem to a system of nonlinear equations. *SIAM J.Appl:Math.*, 31:89–92, 1976.

[Mar70]   R. Martinet. Regularisation d'inequations variationelles par approximation successive. *RAIRO*, 4:154–159, 1970.

[Meg89]   N. Megiddo, ed. *Progress in Mathematical Programming, Interior-Point and Related Methods*. Springer-Verlag, 1989.

[Meh77]   K. Mehlhorn. *Effiziente Algorithmen*. Teubner, Stuttgart, 1977.

[Mit70]   L.G. Mitten. Branch-and-bound methods: General formulation and properties. *Operations Research*, 18:24–34, 1970.

[Mor63]   J.J. Moreau. Fonctions convexes duales et points proximeaux dans un espace hilbertien. *C.R.Acad.Sci.,Paris*, 255:2897–2899, 1963.

[MR87]   G.P. McCormick, K. Ritter. Alternative proofs of the convergence properties of the conjugate-gradient method. *J.Optim.Theor.Appl.*, 13:497–518, 1987.

[MT90]   S. Martello, P. Toth. *Knapsack Problems*. Wiley , Chichester, 1990.

[MTZ60]   C.E. Miller, A.W. Tucker, R.A. Zemlin. Integer programming formulations and traveling salesman problems. *Journal of the Association for Computing Machinery*, 7:326–329, 1960.

[Mul92]   B. Mulansky. Chebyshev approximation by spline function with free knots. *IMA J.Numer.Anal.*, 12:95–105, 1992.

[Nem66]   G.L. Nemhauser. *Introduction to Dynamic Programming*. Wiley, 1966.

[Neu75]   K. Neumann. *Operations Research Verfahren, Band I-III*. Hanser, München – Wien, 1975, 1977, 1975.

[Nic66]   T.A.J. Nicholson. Finding the shortest route between two points in a network. *Comp.J.*, 9:275–280, 1966.

[NM93]   K. Neumann, M. Morlock. *Operations Research*. Hanser, München-Wien, 1993.

[NN94]   Yu. Nesterov, A. Nemirovskii. *Interior point polynomial algorithms in convex programming*. SIAM, Philadelphia, 1994.

[NW88]   G.L. Nemhauser, L.A. Wolsey. *Integer and Combinatorial Optimization*. Wiley, 1988.

[OL74]   S.S. Oren, D.G. Luenberger. Self scaling variable metric (SSVM) algorithms, Part II: criteria and sufficient conditions for scaling a class of algorithms. *Management Science*, 20: 845–862, 1974.

[Osb85]   M.R. Osborne. *Finite Algorithms in Optimization and Data Analysis*. Wiley, Chichester, 1985.

[Pad80]   M.W. Padberg, ed. *Combinatorial optimization, Mathematical Programming Study 12*. North-Holland, 1980.

[Pie83]   J. Piehler. *Algebraische Methoden in der ganzzahligen Optimierung*. Teubner, Leipzig, 1983.

[Pol71]   E. Polak. *Computational methods in optimization. A unified approach*. Academic Press, New York, 1971.

[Pow78]   M. Powell. The convergence of variable metric methods for nonlinear constrained optimization calculations. Nonlinear Programming 3, 1978.

[PR69]   E. Polak, G. Ribière. Note sur la convergence de méthodes de directions conjuguées. *Rev. Fr. Inf. Rech. Oper.*, 16: 35–43, 1969.

[PS82]   C.H. Papadimitriou, K. Steiglitz. *Combinatorial Optimization: Algorithms and Complexity*. Prentice-Hall, Englewood Cliffs, 1982.

[Pse83]   B.N. Pseničnij. *Die Linearisierungsmethode (russ.)*. Nauka, Nowosibirsk, 1983.

[Raz83]   B.S. Razumikhin. *Classical principles and optimization problems*. Reidel, Dordrecht, 1983.

[Ree94]   R.M. Reemtsen. Some outer approximation methods for semi-infinite optimization problems. *J.Comp.Appl.Math.*, 53: 87–108, 1994.

[Rob74]   S.M. Robinson. Perturbed Kuhn-Tucker points and rates of convergence for a class of nonlinear-programming problems. *Math.Programming*, 7(1): 1–16, 1974.

[Roc70]   R.T. Rockafellar. *Convex Analysis*. Princeton, New Jersey, 1970.

[Roc73]   R.T. Rockafellar. The multiplier method of Hestenes and Powell applied to convex programming. *JOTA*, 12: 555–562, 1973.

[Roc74]   R.T. Rockafellar. Augmented Lagrange multiplier functions and duality in nonconvex programming. *SIAM J.Control*, 12(2): 268–285, 1974.

[Roc76]   R.T. Rockafellar. Augmented Lagrangians and applications of the proximal point algorithm in convex programming. *Math.Op.Res.*, 1(2): 97–116, 1976.

[RTV97]   C. Roos, T. Terlaky, J.-Ph. Vial. *Theory and Algorithms for Linear Optimization*. John Wiley & Sons, Chichester, 1997.

[SA90]   H.D. Sherali, W.P. Adams. A hierarchy of relaxations between the continuous and convex hull representations for zero-one programming problems. *SIAM J.Disc.Math.*, 3: 411–430, 1990.

[SB90]   D.F. Shanno, A. Bagchi. A unified view of interior point methods for linear programming. *Annals of Operations Research*, 22: 55–70, 1990.

[Sch79]   H. Schwetlick. *Numerische Lösung nichtlinearer Gleichungen*. Deutscher Verlag d. Wiss., Berlin, 1979.

[Sch86]   A. Schrijver. *Theory of Linear and Integer Programming*. Wiley, New-York, 1986.

[Sch89]   W. Schirotzek. *Differenzierbare Extremalprobleme*. Teubner, Leipzig, 1989.

[Sch92]   J.W. Schmidt. Dual algorithms for solving convex partially separable optimization problems. In *Jahresberichte DMV*, pages 40–62, 1992.

[Sho85]   N.Z. Shor. *Minimization methods for nondifferentiable functions*. Springer, Berlin, 1985.

[SK91]   H. Schwetlick, H. Kretzschmar. *Numerische Verfahren für Naturwissenschaftler und Ingenieure*. Fachbuchverlag, Leipzig, 1991.

[Sol84]   D. Solow. *Linear Programming*. North-Holland, New York, 1984.

[Spe93]   P. Spelucci. *Numerische Verfahren der nichtlinearen Optimierung*. Birkhäuser Verlag, Basel, Boston, Berlin, 1993.

[SST77]   T.H.C. Smith, V. Srinivasan, G.L. Thompson. Computational performance of three subtour elimination algorithms for solving asymmetric traveling salesman problems. In [HJKN77], 1977.

[STF86]   A.G. Suharev, A.V. Timohov, V.V. Fedorov. *Vorlesungen zu Optimierungsverfahren (russ.)*. Nauka, Moskau, 1986.

[STU79]   W. Schiebel, J. Terno, G. Unger. Ein Beitrag zur Klassifizierung von Rundreiseproblemen. *Math.Operationsforsch.Statist.,Ser.Optimization*, 10(4): 523–528, 1979.

[SW70]   J Stoer, C. Witzgall. *Convexity and Optimization in Finite Dimensions I*. Springer Berlin, 1970.

[SZ92]   H. Schramm, J. Zowe. A version of the bundle idea for minimizing a nonsmooth function: conceptual idea, convergence analysis, numerical results. *SIAM J.Optimization*, 2: 121–152, 1992.

[Tah75]   H.A. Taha. *Integer Programming, Theory, Applications, and Computations*. Academic Press, 1975.

[TB86]   M.J. Todd, B.P. Burrell. An extension of Karmarkar's algorithm for linear programming using dual variables. *Algorithmica*, 1: 409–426, 1986.

[Ter81]   J. Terno. *Numerische Verfahren der diskreten Optimierung*. Teubner, Leipzig, 1981.

[TLS87]   J. Terno, R. Lindemann, G. Scheithauer. *Zuschnittprobleme und ihre praktische Lösung*. Verlag Harri Deutsch, Thun und Frankfurt/Main, 1987.

[Tod96]   M.J. Todd. Potential reduction methods in mathematical programming. *Math. Programming*, 76: 3–45, 1996.

[Tom71]   N. Tomizawa. On some techniques useful for solution of transportation network problems. *Networks 1*, pages 173–194, 1971.

[TS86] J. Terno, G. Scheithauer. Complexity investigations on the ellipsoid algorithm. *Optimization*, 17:203–207, 1986.

[TW80] J.F. Traub, H. Woźniakowskij. *A General Theory of Optimal Algorithms.* Academic Press, New York, 1980.

[Vas81] F.P. Vasiliev. *Methoden zur Lösung von Extremalaufgaben (russ.).* Nauka, Moskau, 1981.

[Vog67] W. Vogel. *Lineares Optimieren.* Geest & Portig, Leipzig, 1967.

[Wag88] D. Wagner. Kombinatorische Optimierung, Schriften zur Informatik und Angewandten Mathematik. Bericht Nr.130, RWTH Aachen, 1988.

[Wel76] D.J.A. Welsh. *Matroid Theory.* Academic Press, 1976.

[Wer92] J. Werner. *Numerische Mathematik 2.* Vieweg, 1992.

[Wie71] A.P. Wierzbicki. A penalty function shifting method in constrained static optimization and its convergence properties. *Arch.Automat.Telemech.*, 16:395–416, 1971.

[Wil78] H.P. Williams. *Model Building in Mathematical Programming.* Wiley, 1978.

[Wol63] P. Wolfe. Methods of nonlinear programming. In *Recent Advances in Mathematical Programming*, pages 67–86, 1963.

[Ye91] Y. Ye. An $O(n^3L)$ potential reduction algorithm for linear programming. *Math. Prog.*, 50:239–258, 1991.

[YP90] Y. Ye, F. Potra. An interior-point algorithm for solving entropy optimization problems with globally linear and locally quadratic convergence rate. *Working Paper 90-92, University of IOWA*, 1990.

[Zan69] W.I. Zangwill. *Nonlinear programming: a unified approach.* Prentice Hall, Englewood Cliffs, 1969.

[Zei90] E. Zeidler. *Nonlinear functional analysis and its applications I-IV.* Springer, Berlin, 1985-90.

[Zou60] G. Zoutendijk. *Methods of feasible directions.* Elsevier, Amsterdam, 1960.

[Zur81] V.I. Zurkov. *Dekomposition in Aufgaben großer Dimensionen (russ.).* Nauka, Moskau, 1981.

Index

äquivalent, polynomial, 221
äußere Zentrenmethoden, 173
ZF-Separierungsproblem, 228
$\mathcal{NP}$-hartes Problem, 228
$\mathcal{NP}$-vollständiges Problem, 223
k-Matching, gewichtetes, 270
n-stufiger Entscheidungsprozeß, 305
1-Baum, 295
3-Satisfiability, 282
3-dimensionales Matching, 280

A-orthogonale Richtung, 92
Abbildung
    Inzidenz-, 42
    Restriktions-, 12
Abstände, Koppel-, 274
Abstiegsrichtung, 66
Abstiegsverfahren, 66
aktive Restriktionen, 20
aktiver Knoten, 278
Aktivität, kritische, 276
Algorithmus, 214
    Dijkstra, 273
    FML, 274
    FSS-Rucksack-, 310
    Greedy-, 327
    Innerer-Pfad, 240
    Innerer-Punkt-, 251
    Karmarkar-, 255
    max-card 1-Matching in bipartiten
        Graphen, 270
    MERGE, 218
    MPM-, 276
    nichtdeterministisch polynomialer,
        222
    Transport-, 148
    Trust Region, 81
    TSP2-, 293
    von Benders, 314
    ZOP-, 331
Algorithmus von Karmarkar, 255
Alphabet, 214
Alternante, 37
Alternativkonzept, 286
alternierende Kette, 270
Anfangsknoten, 264
Armijo-Prinzip, 71, 198

Armijo-Schrittweite, 71
asymmetrischer Graph, 265
Außengrad, 265
Aufdatierung, 86
    BFGS-, 89
    DFP-, 89
    in Graphen, 273
Aufgabe, 214
    Satelliten-, 299
    Zentral-, 299
aussagenlogische Formel, 224
Austauschregeln, 124
Austauschverfahren, 123
Auswahlregel, 284
average case, 216

Babuška-Brezzi-Bedingungen, 191
Barrierefunktion, 166
    inverse, 170
    logarithmische, 170
Barrieremethode, parameterfreie, 173
Barrieretechnik, 238
Barriereverfahren, 172
Basisvariablen, 111
Baum, 265
    1-Baum, 295
Bedingung
    Babuška-Brezzi-, 191
    John-, 26
    Komplementaritäts-, 27
    Kuhn-Tucker-, 26
    Neben-, 13
    obere-Schranken-, 291
    Sättigungs-, 146
    Slater-, 25
    strenge Komplementaritäts-, 32
    Ungleichungsneben-, 13
Bellmansche Funktion, 303
Bereich, zulässiger, 10
Best bound search, 286
BFGS-Aufdatierung, 89
Bildraum, 154
binäre Kodierung, 215
bipartiter Graph, 270
Bipolarensatz, 14
bipolarer Kegel, 13
Bogenmenge, 42, 264

Bogennetz, Vorgangs-, 44
Bounding, 284
branch and bound, 42
Branching, 284
Broyden-Familie, 90
Broyden-Verfahren, 87
bundle Verfahren, 103

CG-Basisverfahren, 92
CG-Verfahren, 92, 96
    allgemeiner Fall, 98
    vorkonditioniertes, 98
Charakterisierungssatz der linearen
    Optimierung, 143
charakteristischer Quotient, 123, 126
Cholesky-Zerlegung, modifizierte, 81
Chvatal-Gomory-Rundung, 323
Clique, 281
Co-Kreis, 265
Co-Zyklus, 265
    elementarer, 265
    Schnitt, 268
constraint qualification, 22
    Mangasarian-Fromowitz, 25
critical path method, 277

Dekompositionsverfahren, 297
deterministische Turing-Maschine, 214
DFP-Aufdatierung, 89
Dichotomiekonzept, 286
Differential, Sub-, 52, 102
Digraph, 264
Dimension der polyedrischen Menge,
    108
Dominanzrelation, 288
duale Optimierungsaufgabe, 47
duale Variable, 51
duales Problem, 51
duales Simplexschema, 125
duales Simplexverfahren, 125
Dualitätsaussage, starke, 143
Dualitätslücke, 47
Dualraum, 53
dynamische Optimierung
    Methode, 303
    Rekursionsformeln, 303
    Verfahren von Bellman, 307

Ebene, 106
    Hyper-, 106
    linear unabhängige Hyper-, 109
echter Schnitt, 41
Ecke, 108
    entartete, 110

reguläre, 109
Einbettung, parametrische, 104
Eingangsinformation, Umfang, 215
Element, Pivot-, 123
elementarer Co-Zyklus, 265
Elementarkreis, 265
Elementarmatrix, 140
Elementarzyklus, 265
Empfindlichkeitsfunktion, 52
Endknoten, 264
entartete Ecke, 110
entscheidbar, 116, 126
Entscheidungsproblem, 214
    komplementäres, 227
    nichtdeterministisch polynomiales,
        222
Entscheidungsprozeß, n-stufiger, 305
Erfüllbarkeitsproblem, 224
Exact Cover, 281
exakte Straffunktion
    regularisierte, 170
exakte Straffunktion, 170
exponentielle Straffunktion, 170
exponentielles Problem, 217
Extremalpunkt, 108

face, 113
Facette, 113
Familie, Broyden-, 90
Farkas-Lemma, 25
Fenchel-Konjugierte, 52
Fläche, 113
    Stützhyper-, 113
Fluß
    Prä-, 277
    Start-, 279
Flußproblem, verallgemeinertes, 267
Formel
    aussagenlogische, 224
    Rückrechnungs-, 64
    Sherman-Morrison-, 88
Forward State Strategie, 308
FSS-Rucksack-Algorithmus, 310
Funktion
    Barriere-, 166
    Bellmansche, 303
    Empfindlichkeits-, 52
    exakte Straf-, 170
    exponentielle Straf-, 170
    gleichmäßig konvexe, 69
    Hilfsziel-, 132
    inverse Barriere-, 170
    konkave, 48

konvex-konkave, 50
konvexe, 18
Lagrange-, 28
logarithmische Barriere-, 170
modifizierte Lagrange-, 178
Potential-, 249
quadratische Straf-, 170
Rang-, 326
regularisierte exakte Straf-, 170
Restriktions-, 13
stark konvexe, 69
stetige, 14
Straf-, 165
streng konvexe, 18
submodulare, 328
Ziel-, 10
Funktional, modifiziertes Lagrange-, 188

gültige Ungleichung, 113
ganzzahlige Menge, 318
ganzzahlige Polyeder, 317
ganzzahliges Problem, 39
gedämpftes regularisiertes
        Newton-Verfahren, 78
gemischte Variationsgleichung, 157, 184
Gerüst, 265
    Minimal-, 326
gewichtetes k-Matching, 270
gleichmäßig konvexe Funktion, 69
Gleichung
    gemischte Variations-, 157, 184
    Quasi-Newton-, 86
Goldener Schnitt, 73
Gomory-Schnitt, 41, 325
GOMORY-Strafkosten, 290
Grad
    Außen-, 265
    Innen-, 265
Gradient, Sub-, 52, 102
gradientenähnlich, 68
Gradientenverfahren, 67
Graph, 264
    asymmetrischer, 265
    Baum, 265
    bipartiter, 270
    Di-, 264
    Gerüst, 265
    Netz, 265
    Netzwerk, 265
    Schichten-, 279
    stark zusammenhängender, 265
    symmetrischer, 265
    Teil-, 264

transitiver, 265
ungerichteter, 264
Unter-, 264
vollständiger, 265
zusammenhängender, 265
Greedy-Algorithmus, 327
Greedy-Lösung, 327

Hülle, konvexe, 18
Halbraum, 106
Hamilton-Kreis, 281
Hesse-Matrix, 30
Hilfszielfunktion, 132
    Methode, 133
Hyperebene, 106
    linear unabhängige, 109
Hyperfläche, Stütz-, 113

Independent Set, 281
Innengrad, 265
Innerer Pfad, 240
Innerer-Pfad-Methode, 235
Innerer-Punkt-Algorithmus für konvexe
        Probleme, 251
Intervallhalbierung, 228
inverse Barrierefunktion, 170
Inverse, Produktform, 140
Inzidenzabbildung, 42
Inzidenzmatrix, 267
    verallgemeinerte, 267
isolierter Knoten, 270
isoliertes lokales Minimum, 12

John-Bedingung, 26

künstliche Variable, 132
kürzester Weg, 273
Kante, 264
Kapazität des Schnittes, 268
Kegel, 13
    -hülle, 13
    bipolarer, 13
    konvexer, 13
    Linearisierungs-, 20
    Ordnungs-, 13
    polarer, 13
    polyedrischer, 14
Kegelhülle, 13
Kern, 153
Kette, 265
    alternierende, 270
    nichtabgesättigte, 43
    vergrößernde, 270
Klasse, Oren-Luenberger-, 90

Knoten
  aktiver , 278
  Anfangs-, 264
  End-, 264
  isolierter, 270
  Quelle, 265, 267
  Senke, 265, 267
Knotenmenge, 42, 264
Knotentausch, 290
Kodierung, binäre, 215
Kodierungsschema, 214
kombinatorisches Optimierungsproblem,
  325
kompakt, 14
kompakte Menge, 14
komplementäres Entscheidungsproblem,
  227
Komplementaritätsbedingung, 27
  strenge, 32
Komplexität, 39
  average case, 216
  lineare Optimierung, 229
  worst case, 216
Komponenten, 265
konjugierte Richtung, 92
Konjugierte, Fenchel-, 52
konkave Funktion, 48
konvex, 18
  -konkave Funktion, 50
  Funktion, 18
  Hülle, 18
  Kegel, 13
  Menge, 18
  streng, 18
Konvexkombination, 18
Konzept
  Alternativ-, 286
  Dichotomie-, 286
  Partiallösungs-, 286
Koppelabstände, 274
Kreis, 265
  Co-, 265
  Elementar-, 265
  Hamilton-, 281
kritische Aktivität, 276
kritischer Weg, 276
Kuhn-Tucker-Bedingung, 26

Lösung
  Greedy-, 327
  lokale, 11
  optimale, 11
  Partial-, 286

  zulässige, 11
Lagrange
  Funktion, 28
  modifizierte, 178
  Funktional, modifiziertes, 188
  Methode, modifizierte, 180
  Relaxation, 61
Landau-Symbole, 17
Levitin-Poljak-Verfahren, 206
linear unabhängige Hyperebene, 109
Lineare Optimierung
  Charakterisierungssatz, 143
  Standardaufgabe, 114
Linearisierungskegel, 20
logarithmische Barrierefunktion, 170
lokale Lösung, 11

Mannigfaltigkeit, 152
Markierung, zulässige, 278
Maschine
  deterministische Turing-, 214
  nichtdeterministische Turing-, 221
Matching
  3-dimensionales, 280
  gewichtetes k-, 270
  maximum cardinality matching, 270
  perfektes, 270
Matching Problem, 270
Matrix
  Elementar-, 140
  Hesse-, 30
  Inzidenz-, 267
  optimal reduzierte, 293
  total unimodulare, 320
  verallgemeinerte Inzidenz-, 267
Matroid, 326
  Poly-, 330
maximaler Fluß, 268
maximum cardinality matching, 270
Menge
  Bogen-, 42, 264
  der zulässigen Richtungen, 17
  Dimension der polyedrischen, 108
  ganzzahlige, 318
  Knoten-, 42, 264
  kompakte, 14
  konvexe, 18
  polyedrische, 106
  rationale, 317
  zulässige, 10
Methode
  branch and bound, 42
  critical path method, 277

des inneren Pfades, 240
dynamische Optimierung, 303
Hilfszielfunktion, 133
Innerer-Pfad, 235
Metra-Potential- (MPM), 274
modifizierte Lagrange-, 180
parameterfreie Barriere-, 173
parameterfreie Straf-, 173
reine Straf-, 171
Straf-, 165
Straf-Verschiebungs-, 182
Subgradienten, 103
variable Metrik, 89
Zentren-, 173
Methode, äußere Zentren-, 173
Minimale Kosten Regel, 150
Minimalgerüst, 326
Minimierung
    Strahl-, 67, 197
Minimum, isoliertes lokales, 12
Modell, 213
    TSP, 292
modifizierte Cholesky-Zerlegung, 81
modifizierte Lagrange-Funktion, 178
modifizierte Lagrange-Methode, 180
modifiziertes Lagrange-Funktional, 188
monoton separables Problem, 305
MPM-Algorithmus, 276

Nebenbedingung, 13
    Ungleichungs-, 13
Netz, 265
Netzwerk, 265
Newton-Verfahren, gedämpftes
    regularisiertes, 78
nichtabgesättigte Kette, 43
Nichtbasisvariablen, 111
nichtdeterministisch polynomialer
    Algorithmus, 222
nichtdeterministisch polynomiales
    Entscheidungsproblem, 222
nichtdeterministische Turing-Maschine,
    221
node swapping, 290
Notation, 5–6
Nullraum, 153
NW-Ecken Regel, 150

obere Schranke, 285
obere-Schranken-Bedingungen, 291
oberhalbstetig, 48
optimal reduzierte Matrix, 293
optimale Lösung, 11
optimaler Wert, 11

Optimierung
    semiinfinite, 34
    Standardaufgabe der linearen, 114
Optimierungsaufgabe, duale, 47
Optimierungsproblem
    gestörtes, 55
    kombinatorisches, 325
    quadratisches, 161
Orakel, 221
Ordnungskegel, 13
Oren-Luenberger-Klasse, 90
Orthant, 13
    nichtnegativer, 13
Orthoprojektor, 153

P1-Verfahren, 200
    für allgemeine Startpunkte, 203
P2-Verfahren, 199
Parameter, Straf-, 170
parameterfreie Barrieremethode, 173
parameterfreie Strafmethode, 173
parametrische Einbettung, 104
Partiallösung, 286
Partiallösungskonzept, 286
Partition, 301
PCG-Verfahren, 98
Penalties, 290
Penalty Verfahren, 165
perfektes Matching, 270
Pivotelement, 123
Plan, Transport-, 145
polarer Kegel, 13
Polyeder, 106
    ganzzahlige, 317
polyedrische Menge, 106
polyedrischen Menge
    Dimension, 108
polyedrischer Kegel, 14
Polymatroid, 330
polynomial äquivalent, 221
polynomiale Transformation, 219
polynomialer Algorithmus,
    nichtdeterministisch, 222
polynomiales Entscheidungsproblem,
    nichtdeterministisch, 222
polynomiales Problem, 216
Potentialfunktion, 249
Präfluß, 277
primale Variable, 51
primales Problem, 51
primales Simplexverfahren, 119
Prinzip
    Armijo-, 71, 198

Projektions-, 299
Problem, 213
 ZF-Separierungs-, 228
 $\mathcal{NP}$-hart, 228
 $\mathcal{NP}$-vollständig, 223
 3-Satisfiability, 282
 3-dimensionales Matching, 280
 Clique, 281
 duales, 51
 Entscheidungs-, 214
 Erfüllbarkeits-, 224
 Exact Cover, 281
 exponentielles, 217
 ganzzahliges, 39
 Independent Set, 281
 K01, 228
 kombinatorisches Optimierungs-,
  325
 komplementäres Entscheidungs-,
  227
 linear restringiertes, 106
 Matching, 270
 maximaler Fluß, 268
 monoton separables, 305
 nichtdeterministisch polynomiales
  Entscheidungs-, 222
 polynomiales, 216
 primales, 51
 quadratisches Optimierungs-, 161
 Rucksack-, 308
 Rundreise-, 45
 SAT, 224
 Satisfiability, 224
 semiinfinites, 33
 separables, 303
 Teil-, 213
 Transport-, 145
 TSB, 214
 TSP, 45
 verallgemeinertes Fluß-, 267
 Vertex Cover, 280
 Zuordnungs-, 270
 Zuschnitt-, 40
Produktform der Inversen, 140
Programm, Richtungssuch-, 195
Projektionsprinzip, 299
Projektor, Ortho-, 153
Prozeß, n-stufiger Entscheidungs-, 305
Pufferzeiten, 276
Punkt
 Extremal-, 108
 r-innerer, 108
 Sattel-, 29, 46

Punkte, relativ innere, 108

quadratische Straffunktion, 170
quadratisches Optimierungsproblem,
  161
Quasi-Newton-Gleichung, 86
Quasi-Newton-Verfahren, 85, 86
Quelle, 265, 267
 Schein-, 152
Quotient, charakteristischer, 123, 126

Rückrechnungsformeln, 64
r-innerer Punkt, 108
Rangfunktion, 326
rationale Menge, 317
Raum
 Bild-, 154
 Dual-, 53
 Halb-, 106
 Null-, 153
Reduktion
 Spalten-, 291
 Zeilen-, 291
reduzierte Matrix, optimal, 293
Regel
 Austausch-, 124
 minimale Kosten, 150
 NW-Ecken, 150
 Streichungs-, 285
reguläre Ecke, 109
regularisierte exakte Straffunktion, 170
reine Strafmethode, 171
Rejection, 285
Rekursionsformeln der dynamischen
  Optimierung, 303
Rekursivität, 289
Relation, Dominanz-, 288
relativ innere Punkte, 108
Relaxation, 15, 284
 Lagrange-, 61
restart, 100
Restriktion, 13
 aktive, 20
 flexible, 315
Restriktionsabbildung, 12
Restriktionsfunktion, 13
revidiertes Simplexverfahren, 139
Richtung
 A-orthogonale, 92
 Abstiegs-, 66
 konjugierte, 92
 zulässige, 17
Richtungssuchprogramm, 195
Rundreiseproblem, 45

symmetrisches, 291
Rundung, Chvatal-Gomory-, 323

Sättigungsbedingung, 146
SAT, 224
Satellitenaufgaben, 299
Satisfiability, 224
Sattelpunkt, 29, 46
Satz
    Bipolaren-, 14
    Charakterisierungssatz der linearen
        Optimierung, 143
Schattenpreis, 55
Scheinquelle, 152
Scheinsenke, 152
Schema
    duales Simplex-, 125
    Kodierungs-, 214
    Simplex-, 122
Schichtengraph, 279
Schlupfvariable, 106
Schnitt, 268
    echter, 41
    Gomory-, 41, 325
    Kapazität, 268
Schranke
    obere, 285
    untere, 284
Schrittweite, Armijo-, 71
semiinfinite Optimierung, 34
Senke, 265, 267
    Schein-, 152
separables Problem, 303
    monoton, 305
Separation, 284, 301
    strenge, 301
Sherman-Morrison-Formel, 88
Simplexschema, 122
    duales, 125
Simplextableau, 122
Simplexverfahren, 118
    duales, 125
    primales, 119
    revidiertes, 139
    Tableauform, 121
Slater-Bedingung, 25
Spaltenreduktion, 291
Sprache, 214
SQP-Verfahren, 206
SSVM-Technik, 90
Stützhyperfläche, 113
Standardaufgabe der linearen
    Optimierung, 114

stark konvexe Funktion, 69
stark zusammenhängender Graph, 265
starke Dualitätsaussage, 143
Startfluß, 279
stetig, 14
    auf einer Menge, 14
    oberhalb-, 48
    unterhalb-, 15
stetige Funktion, 14
Straf-Verschiebungs-Methode, 182
Straffunktion, 165
    exakte, 170
    exponentielle, 170
    quadratische, 170
    regularisierte exakte, 170
Strafkosten, 290
    GOMORY-, 290
    verbesserte, 290
Strafmethode, 165
    parameterfreie, 173
    reine, 171
Strafparameter, 170
Strahlminimierung, 67, 197
Strategie, 284
    Forward State, 308
Streichungsregel, 285
streng konvex, 18
streng konvexe Funktion, 18
strenge Komplementaritätsbedingung,
    32
strenge Separation, 301
Subdifferential, 52, 102
Subgradient, 52, 102
Subgradienten Methoden, 103
submodulare Funktion, 328
Subtourverbote, 292
Suchprogramm, Richtungs-, 195
symmetrischer Graph, 265
symmetrisches Rundreiseproblem, 291

Tableau,Simplex-, 122
Tausch, Knoten-, 290
Technik, SSVM-, 90
Teilgraph, 264
Teilproblem, 213
total unimodulare Matrix, 320
Transformation
    polynomiale, 219
    Young-, 52
transitiver Graph, 265
Transportalgorithmus, 148
Transportplan, 145
Transportproblem, 145

Trust Region Algorithmus, 81
Trust Region Verfahren, 82
TSP2-Algorithmus, 293
Turing-Maschine
    deterministische, 214
    nichtdeterministische, 221

Umfang der Eingangsinformation, 215
unabhängig, positiv linear, 24
ungerichteter Graph, 264
Ungleichung
    gültige, 113
    Variations-, 20
Ungleichungsnebenbedingung, 13
untere Schranke, 284
Untergraph, 264
unterhalbstetig, 15

V-elliptisch, 185
Variable
    Basis-, 111
    duale, 51
    freie, 135
    künstliche, 132
    Nichtbasis-, 111
    primale, 51
    Schlupf-, 106
variable Metrik, 89
Variationsgleichung, gemischte, 157, 184
Variationsungleichung, 20
Vektoren, positiv linear unabhängige, 24
verallgemeinerte Inzidenzmatrix, 267
verallgemeinertes Flußproblem, 267
verbesserte Strafkosten, 290
Verfahren
    Abstiegs-, 66
    Austausch-, 123
    Barriere-, 172
    Beale, 161
    Broyden-, 87
    bundle, 103
    CG-, 92, 96
    CG-Basis-, 92
    Dekompositions-, 297
    der reduzierten Gradienten, 201
    der zulässigen Richtungen, 194, 198
    duales Simplex-, 125
    Ford/Moore, 274
    gedämpftes regularisiertes Newton-,
        78
    Goldberg, 278
    Goldener Schnitt, 73
    Gradienten-, 67
    Levitin-Poljak-, 206

Mannigfaltigkeits-Suboptimierung,
    159
P1-, 200
P2-, 199
PCG-, 98
Penalty, 165
primales Simplex-, 119
Quasi-Newton-, 85, 86
revidiertes Simplex-, 139
Simplex-, 118
SQP-, 206
Trust Region, 82
von Bellman, 307
vorkonditioniertes CG-, 98
Wilson-, 208
vergrößernde Kette, 270
Vertex Cover, 280
Verzweigung, 284
vollständiger Graph, 265
Vorgangsbogennetz, 44
Vorkonditionierer, 98
vorkonditioniertes CG-Verfahren, 98

Weg, 265
    kürzester, 273
    kritischer, 276
Wert, optimaler, 11
Wilson-Verfahren, 208
worst case, 216

Young-Transformation, 52

Zeilenreduktion, 291
Zeiten, Puffer-, 276
Zentralaufgabe, 299
Zentrenmethoden
    äußere, 173
Zerlegung, modifizierte Cholesky-, 81
Zielfunktion, 10
    Hilfs-, 132
ZOP-Algorithmus, 331
zulässige Lösung, 11
zulässige Markierung, 278
zulässige Menge, 10
zulässige Richtung, 17
zulässiger Bereich, 10
Zuordnungsproblem, 270
zusammenhängender Graph, 265
    stark, 265
Zuschnittprobleme, 40
Zyklus, 147, 265
    Co-, 265
    Elementar-, 265
    elementarer Co-, 265

Schwarz
Numerische Mathematik

Die ausführliche Darstellung des Grundwissens zur erfolgreichen numerischen Lösung von Aufgaben der angewandten Mathematik ist stark algorithmisch ausgerichtet. Das Hauptziel besteht darin, die grundlegenden Methoden nach ihrer theoretischen Begründung so zu formulieren, daß eine Implementierung auf einem Rechner auf der Hand liegt. Damit soll der Leser angeregt werden, die Verfahren selber praktisch zu erproben.

Das Buch eignet sich zum Selbststudium, setzt nur die Kenntnisse aus Vorlesungen des ersten Studienjahres voraus und erleichtert den Zugang zu weiterführender Literatur.

Mit der vierten Auflage des Buches wurde eine Aktualisierung des Stoffumfanges erreicht, indem in verschiedener Hinsicht Ergänzungen eingefügt wurden. Um eine oft bemängelte Lücke zu schließen, wurden grundlegende Methoden zur Behandlung von Randwertaufgaben bei gewöhnlichen Diffentialgleichungen aufgenommen. Weiter wurde im gleichen Zug die für die Computergraphik zentrale Bézier-Technik zur Darstellung von Kurven und Flächen berücksichtigt. Schließlich fanden den die modernen Aspekte der Vektorisierung und Parallelisierung von Algorithmen im Rahmen von zwei Problemstellungen Aufnahme im Buch. Das notwendige Vorgehen zur Vektorisierung wird am Beispiel der effizienten Lösung von linearenGleichungssystemen mit vollbesetzter und tridiagonaler Matrix

Von Prof. Dr.
Hans Rudolf Schwarz
Universität Zürich

Mit einem Beitrag von
Prof. Dr. **Jörg Waldvogel**
Eidg. Technische
Hochschule Zürich

4., überarbeitete und
erweiterte Auflage. 1997.
653 Seiten mit 119 Bildern,
158 Beispielen und
118 Aufgaben.
16,2 x 22,9 cm.
Kart. DM 64,–
ÖS 467,– / SFr 58,–
ISBN 3-519-32960-3

Preisänderungen vorbehalten.

dargelegt. Desgleichen werden die wesentliche Idee und Techniken der Parallelisierung einerseits am Beispiel der Lösung von tridiagonalen linearen Gleichungssystemen und andererseits im Fall des Eigenwertproblems für eine symmetrische, tridiagonale Matrix entwickelt und die einschlägigen Algorithmen dargestellt.

B.G. Teubner Stuttgart · Leipzig